Georg Schanz

Das Wunder der Organisation – Band 5

Sexualität

Rediroma-Verlag

Bibliografische Information der Deutschen Nationalbibliothek:
Die Deutsche Nationalbibliothek verzeichnet diese Publikation in der Deutschen Nationalbibliografie;
detaillierte bibliografische Daten sind im Internet über http://portal.dnb.de abrufbar.

ISBN 978-3-98885-126-0

www.rediroma-verlag.de
48,95 Euro (D)

Vorwort zu Band 5 – Sexualität Teil 1

Ich schreibe in einer Buchreihe geschrieben (4 Bände sind auf dem Markt: Georg Schanz: Das Wunder der Organisation - Menschen zwischen Pflichten und Emotionen).

Bitte beachten Sie: Einige Links für Abbildungen und Fotos habe ich aus Lizenzgründen (zu teuer) herausgenommen, ich gebe aber die Bildlinks an und füge dafür andere lizenzfreie Abbildungen und Fotos ein.

(„1“) ***Ich gebe hiermit den Band 5 – Sexualität-Teil 1 heraus.***

Bei der Übernahme von Abhandlungen gibt es Überschneidungen und Wiederholungen, weil sie jeweils aus verschiedenen Bänden stammen. Das ist eine Redundanz, die zwar zum Teil überflüssig wäre, aber auch dem Vergessen vorbeugt.

Es sollen folgen:

(„2“) ***2023/2024 Band 6 – Sexualität-Teil 2 soll folgende Themen behandeln:***

- ***Nachbereitung zur “Zauberhaften” (Band 5 – Sexualität-Teil 1)***
  - ***Information und Kommunikation***
  - ***Dimensionen psychischer Störungen***
- ***Ethik und Moral***
- ***Sexualität und Sexismus***
- ***Prostitution***
  - ***Zur Realität in der Prostitution (Organisationsformen)***
  - ***Wie ist Prostitution zu bewerten?***
  - ***Nutzen der Prostitution – gegen den Mainstream der Entrüstung***
- ***Sex-organisierte Einrichtungen***
  - ***Swingerclubs***
  - ***Sex-Clubs, Lounges***
  - ***Erotik-Discos für Paare und Singles***
  - ***Pornokinos, Erotik- und Sexkinos***
  - ***FKK FKK-Seen und FKK-Strände,***
  - ***Orte für Fetische, geheime Liebes- und Sexorte***

(„3“) 2024/2025 Band 7 – Sexualität-Teil 3 soll folgende Themen behandeln:

- ***Sexuelle Orientierung und sexuelle Vielfalt***

    - ***Bisexualität und Pansexualität***
    - ***Asexualität***
    - ***Coming-out***
    - ***Vorurteile rund um die sexuelle Orientierung***
    - ***Diskriminierung und sexuelle Orientierung.***
    - ***Heterosexualität***
    - ***Homosexualität***
    - ***“Geschlechter“***
      (weiblich, männlich, inter, divers, offen oder „keine Angabe“)

    Identifizierende und geschlechtsspezifische Orientierungen

    - ***Geschichte und Struktur der geschlechtlichen Technikkritiken***
    - ***Femismus***

        - ***Feministische Prinzipien***
        - ***Politischer Feminismus***
        - ***Liberaler Feminismus***
        - ***Differenzfeminismus***
        - ***Radikaler Differenzfeminismus***
        - ***Konservativer Feminismus***
        - ***Sozialistischer Feminismus***
        - ***Transformativer Feminismus***
        - ***Öko-Feminismus***
        - ***Postkolonialer Feminismus***
        - ***Risiken und Konflikte***

    - ***Maskulinismus***

        - ***Prinzipien männlicher “Ideologien”***
        - ***Antifeminismus***
        - ***Frauenfeindlichkeit***
        - ***Misandrie und Misogyn***
        - ***Risiken und Konflikte***

- ***Gender und Genderismus***

        - ***Geschlechtseintragung***
          (weiblich, männlich, inter, divers, offen oder „keine Angabe“)

        - ***Sprache und Sprachphilosophie***
        - ***Geschlechtergerechte Sprache***
        - ***Gender-Ideologien***
        - ***Risiken und Konflikte***

(„4“) *Nicht nur in Hamburg sind die Nächte lang.*

Man sieht nur das, was man gern sieht. Was in einer Partnerschaft als normal gilt, kann an anderer Stelle Ausbeutung sein.

https://www.pexels.com/de-de/foto/mann-paar-liebe-frau-6475609/

Alle Fotos und Videos auf Pexels können kostenlos heruntergeladen und verwendet werden.

https://www.fr.de/rhein-main/wiesbaden/die-not-der-wiesbadener-prostituierten-90295441.html:

- *“...**Illegal arbeitende Prostituierte** befänden sich in akuten Notsituationen, berichtet die Frauenbeauftragte, sie würden von Zuhältern in Reisebussen von Stadt zu Stadt gefahren, um den Freiern Abwechslung, „Frischfleisch“ nennt sie dieses Geschäftsmodell, zu bieten.*

- *In der Regel stammten sie aus Osteuropa, der Dominikanischen Republik oder Kuba, wüssten nicht, in welcher Stadt sie sich befänden, sprächen kein Deutsch und müssten wie Sklavinnen Akkordarbeit verrichten – mindestens fünf Freier am Tag, um allein die Zimmermiete für etwa 200 Euro am Tag zu bezahlen.*

In mehrstöckigen Groß-Bordellen, die in jeder Etage „unterschiedliche Themenfelder“ anböten, werde die ausweglose Lage der Frauen ausgenutzt. „Die meisten sind nicht krankenversichert“, sagt Veit-Prang, „es gibt kein Mitgefühl für sie.“

- **Die “eklusiven Schönheiten”** *kommen in jungen Jahren (ab 18) In Versuchung: In einer Ausbildung verdienen Sie vielleicht im Monat 1.000 € und spatter dann 3.000 € und wenig mehr. Ab 18 können Sie schon am 6.000 € und über 10.000 € pro Monat nach Hause bringen und in Ausnahmrfällen auch deutlich mehr. Das hilft im jungem Alter über moralische Bedenken hinweg.*

Aber die Wenigsten sorgen vor für Alter, Krankkeit und Pflege und landen dann günstigstenfalls beim Bürgergeld, ein großer finanzieller Abstieg mt erheblichem Verlust an Lebenstandard. Das kann zu **tiefen sellischen Verletzungen** *führen: Frauen die ihren Körper "freiwillig" für Geld verkaufen, laufen vor ihren eigenen Problemen davon? Dieser Beruf ist kein Problem, was will man mir da wegnehmen? Nach einer Weile merken sie “Wir sind nach Meinung der Gesellschaft der niedrigste Niveau und verdien keine Anerkennung. Erst später wird den Frauen klar, was sie mit sich haben machen lassen…“*

(**https://www.trauma-and-prostitution.eu/category/wissenschaftliche-texte/psychische-und-koerperliche-auswirkungen/**)

Links für *Abbildungen und Fotos habe ich aus Lizenzgründen hier nicht dargestellt.*

https://hhguide.de/wp-content/uploads/2018/08/SexHouse-ReeperbahnDSC_8107-1100x734.jpg
EROS-Center: Reeperbahn 146, 20359 Hamburg

Link für lizensierte Abbildungen und Fotos
https://upload.wikimedia.org/wikipedia/commons/thumb/e/ee/Hamburg-St._Pauli_Eros-Center_01.jpg/1200px-Hamburg-St._Pauli_Eros-Center_01.jpg

https://curiouscongress.files.wordpress.com/2014/01/5.png

Herbertstraße Hamburg St. Pauli

https://pixabay.com/de/photos/hamburg-reeperbahn-herbertstra%C3%9Fe-1047028/

Bilder: Hamburg, Reeperbahn, Herbertstraße. Kostenlose Nutzung Inhaltslizenz

Die Nutzung von Pinterest ist grundsätzlich kostenlos. Nur wenn Du als Unternehmen Werbeanzeigen schalten möchtest, fallen Kosten an.26.01.2023

https://www.pinterest.de/pin/584764951461943O7/
https://www.pinterest.de/pin/393150242477427974/

Eros-Center Hamburg, Reeperbahn
https://pixabay.com/de/photos/hamburg-prostituierte-st-pauli-2271422

Bilder: Hamburg, Prostituierte, St pauli. Kostenlose Nutzung. Inhaltslizenz

Anhang / Anlage 4: Zum ersten Mal im Puff

*Nutzungsbedingungen: Diese Nutzungsbedingungen regeln die Nutzung von bestimmten Angeboten auf der Website www.hellozurich.ch. Mit der Nutzung der Website bestätigt der User, dass er die Nutzungsbedingun-gen gelesen, verstanden und akzeptiert hat. Die Nutzungsbedingungen gelten für zahlende User, also Inhaber*innen des hellozurichPasses, sowie User, die das Magazin kostenlos nutzen.*

https://www.hellozurich.ch/de/impressum/
https://www.google.com/search?q=https://www.hellozurich.ch/cms/cache/1fee4ad01bcb01557bd5a0d72d1fc296.jpg&sxsrf=APwXEdeKRpu93Zewl9G3isUNetwdNcmLHA:1680065672846&source=lnms&tbm=isch&sa=X&ved=2ahUKEwjuhYStrlD-AhXh9rsIHW3aBXoQ_AUoAXoECAIQAw&biw=1112&bih=563&dpr=1.65

Alles in Allem sind das unübersichtliche und durchaus komplexe Verhaltensparadigmen, die der Einzelne nicht mehr durchschaut und ihnen häufig ausgeliefert ist. Der Wunsch nach dem superlativen sexuellen Höhepunkt führt nach langwierigem und anstrengenden Bemühen zu der meist zu späten Erkenntnis „Es war mehr Illusion als reales Erleben“ und vielfach zu einem empfundenen Scheitern eines Lebensabschnittes.

Das Geschäftsmodell war lukrativ, weil Schiffe, die im Hamburger Hafen immer gewartet und repariert werden mussten. Günstige Ersatzteile waren häufig nicht vorrätig und mussten bestellt werden – Lieferzeit je nach spezifischen Bedarf ca. 2 bis 10 Tage.

Das Hafengeld (Liegegebühren) variiert von Hafen zu Hafen und wird üblicherweise nach Länge gestaffelt. In Hamburg zahlten damals 20-40 DM pro Tag. Frachtschiffe sind im Regelfall 150 bis 200 m lang, manche liege noch darüber, d.h., dass man bei 150 m Länge mit 1.000 DM pro Tag zu rechnen musste. Große Frachtschiffe müssen mit deutlich mehr rechnen.

Nach meinem Studium arbeitete ich u.a. bei einem Schiffsarmaturenwerk in Hamburg.

Damals (1965) entwickelten, produzierten und vertrieben sie Armaturen, wenn es um es die technischen Ausstattung von Schiffsmotoren geht. Mit einem Produktionsvolumen von mehr als 400.000 Armaturen pro Jahr zählten sie zu den erfahrenen Spezialisten dieser Branchen. Die Produkte waren weltweit erfolgreich im Einsatz.

Was machte damals Sinn? Je länger ein Schiff in Hafen lag, wäre eine Pumpenreparatur mit Heute sind sowohl größere Schiffe wie höhere Tonnagen und auch eine andere Preisgestaltung 500 DM günstig gewesen, aber wenn die Reparatur 3 Tage dauert, dann können 3.000 DM und mehr Liegegebühren dazu kommen. Dann macht eine neue Pumpe mit einem Preis von 1.000 DM immer noch Sinn.

Promotionaktionen: Die Schiffseigner und Reedereien waren mit den hohen Kosten nicht zufrieden und mussten hofiert werden und da hatte das Unternehmen besondere Promotionaktionen vorgesehen, von denen ich bei meinem Einstieg nichts wusste.

Im Unternehmen herrschte ein rauer Ton; es wurde autoritär und direktiv geführt, was damals noch üblich war. Widerspruch wurde kaum geduldet, aber weder Betriebsrat noch andere Mitarbeiter wehrten sich dagegen. Mich ließ man weitgehend in Ruhe, auch hatte ich zunächst weitgehend freie Hand bei der Arbeit.

Man hatte wohl anderes mit vor. Nach ca. 6 Wochen rief die Geschäftsleitung zu sich. Ich dachte zunächst, ich hätte etwas falsch gemacht und war nicht guter Laune, als ich hinkam. Aber man begrüßte mich sehr freundlich. Wie es mir gefiele und ob ich mit den Arbeitsbedingungen zufrieden sei – einfach small talk.

Mir wurde dann eröffnet, dass in zwei Wochen ca. 10 (Herren von Kunden Reeder, Schiffseigner, Kapitäne, Schiffoffizieren, Schiffsingenieure, leitende Angestellte der Verwaltung, Prominente aus der Schiffs- und Hafenszene, einfach wichtige Persönlichkeiten) kommen würde, die 3 Tage lang die Firma besichtigen wollten.

- *Funker, Matrosen, Maschinisten, Elektriker, Köche, Dienstpersonal u.a. waren wohl nicht vorgesehen, und Frauen schon gar nicht. Nach meinen damaligen Erfahrungen fragte ich mich, eine ausgiebige Besichtigung, verbunden mit guter Bewirtung, guter Küche, Bier, Wein, Kaffee, Kuchen und der gleichen mehr, würde mit ausgiebigen Gesprächen mit den Kundenbetreuern und einer Diskussion mit unseren Kontaktpartner und der Geschäftsleitung vielleicht einen Tag dauern, eher weniger.*

- *Aber es ging weiter: Die Herren müssen das Gefühl haben, bei uns Willkommen zu sein und es darf ihnen an „nichts" fehlen, eine zuvorkommende Behandlung ist selbstverständlich. Sie sollen Hamburg und uns von der besten Seite kennen lernen.*

- *Dann nahm das Gespräch eine Wendung: „Sie werden die Herren in einem Hotel in St. Pauli unterbringen und ihnen auch dort zur Verfügung stehen.*

- *Das wird auch für Sie ein Erlebnis sein. St. Pauli hat Einiges zu bieten, was auch für Sie erfreulich sein dürfte. Kennen Sie die Reeperbahn und die dortigen Gebiete? Auch Sie dürfen im Rahmen des zeitlich Möglichlichen amüsieren, aber nüchtern bleiben und aufmerksam."*

- *Ich stellte eine Frage: „Muss ich das alles allein machen?"*

- *Verständnisvoll antwortete meine Gegenüber: „Das hat bisher Herr XXX gemacht, aber der ist jetzt über 60 Jahre und will sich aus diesem Projekt zurückziehen. Sie haben jetzt 3 Wochen, in denen er Sie einarbeiten wird. Wenn solche Veranstaltungen laufen, erhalten Sie pro Monat 500 DM Reisekostenerstattung. Was halten davon? "*

- *500 DM, das waren 40 % meines monatlichen Bruttogehaltes und ich dachte, wenn es mir nicht gefällt, kannst Du immer noch Nein sagen. Also sagte ich zu.*

- *Noch Eines: Im „Unternehmen darf niemand etwas davon erfahren. Das muss unter uns bleiben. Ein Mann Ihrer Kompetenz und Persönlichkeit wird das verstehen."*

- *Das hörte ich gern: Das ließ sich mit meine „Kompetenz und Persönlichkeit" machen, aber was ich damals noch nicht wusste: Geheime Informationen verbreiten sich am schnellsten. Ich wunderte zwar, dass mir alle mit wissenden Blicken zulächelten, besonders die Damen, aber ich dachte, das läge an meiner sympathischen Ausstrahlung.*

- *Dann begegnete ich Herrn XXX, der mich einarbeiten sollte. Das war ein älterer Herr, überraschend schlank und gut aussehend, und wirkte vor allem seriös und kommunikativ, fast väterlich freundlich und verständnisvoll.*

- *Er sagte wir sollten das nicht im Unternehmen besprechen: Ich kenne da ein nettes Lokal, da gehen wir Morgen um 11.00 Uhr hin. Wir fahren mit meinem Wagen, ich bringe Sie danach zur S-Bahn nach Bahnhof Altona.*

Die Realität ist häufig anders.

  - *Wir gingen zum Café Keese, das es seit 1948 als Tanzlokal auf der Reeperbahn gab. Es gibt in Hamburg nicht mehr. Das Besondere war der Ball Paradox, bei dem die Frauen die Männer zum Tanzen aufforderten. Wir aßen und tranken etwas zum Mittagessen.*

  - *Zum Tanzen hat uns keine Dame aufgefordert, wahrscheinlich waren wir etwas zu früh.*

  - *XXX: „Haben Sie Fragen?"*

  - *ICH: „Und hier gehen Sie mit den Herren hin? Wollen die das?"*

  - *XXX: „Nun die Herren sind zwar Weltmänner, aber in den Rotlichtvierteln zeichnet sie eine gewisse Zurückhaltung aus, man könnte fast sagen Schüchternheit und Hemmungen, vor allem, wenn Sie an Ihre Ehefrauen, Kinder und Enkel denken. – Und was tut man dann?"*

- *Das konnte ich verstehen, wenn ich an meine Freundin, meine spätere Frau, dachte, die das auch besser nicht wissen sollte. Geschäftsfreunde, gestandene Familienväter, die ich betreute, das hätte sie wohl erlaubt.ICH. „Man versucht sie aufzulockern und die Stimmung zu entkrampfen“*

- *XXX: „Richtig! Um das zu beschleunigen, braucht man einige Getränke und die nehmen wir hier ein.“*

EROSCENTER FRANKFURT am Main:
https://unsplash.com/de/fotos/vXgxdHduRGU
ein Schild an einem Gebäudein Germany herunter Laden Sie dieses kostenlose HD-Foto von John Cameron (@john_cameron) in Frankfurt, Germany herunter
Veröffentlicht am 8. Dezember 2022Kostenlos zu verwenden im Rahmen der Unsplash Lizenz

Lizenz: ***https://de.wikipedia.org/wiki/Datei:Caf%C3%A9_Keese.nnw.jpg***

WEITERNUTZUNG DIESES FOTOS MIT:

Foto: NordNordWest, Lizenz: Creative Commons by-sa-3.0 de
Rechtsgültig ist alleine der Lizenzvertrag in seinem Wortlaut. Für eine kostenlose Weiternutzung empfehle ich besonders die Beachtung folgender Lizenzbedingungen:
1. Fügen Sie meinen Namen wie oben angegeben bei: NordNordWest,
2. eine Kopie dieser Lizenz oder deren vollständige Internetadresse bei: https://creativecommons.org/licenses/by-sa/3.0/de/legalcode
3. und im Falle einer Abwandlung einen Hinweis darauf, dass es sich um eine Abwandlung handelt.

Im Falle eines Verstoßes gegen die Lizenzbedingungen erlöschen die eingeräumten Nutzungsrechte automatisch. Wenn Sie Fragen haben oder andere Nutzungsbedingungen oder eine höhere Auflösung wünschen, kontaktieren Sie mich bitte über nnwest@t-online.de oder hinterlassen mir eine Nachricht auf meiner Diskussionsseite (unangemeldet möglich). Ich freue mich über Mitteilungen, wo meine Bilder verwendet werden, oder Belegexemplare.

Café Keese Foto: NordNordWest, Lizenz: Creative Commons by-sa-3.0 de

Café Keese: https://ahoihamburg.de/wp-content/uploads/2015/12/cafe-keese.jpg
Links für *Abbildungen und Fotos habe ich aus Lizenzgründen hier nicht dargestellt.*

(Café Keese inside)

Café Keese:

Nicht Lizenzpflichtig hier abgebildet Dieses Bild ist nur zur redaktionellen Nutzung bestimmt.
https://www.istockphoto.com/de/foto/das-cafe-keese-auf-st-pauli-hamburg-gm950499264-259439771?phrase=cafe+keese+hamburg&searchscope=image%2Cfilm

- *ICH: „Aha. Sind die hinterher nicht ein Wenig benommen?*
- *XXX: „Benommen ist gut. Manche der vornehmen Herren, müssen wir von hier aus direkt ins Hotel bringen lassen. Die wissen am anderen Tag häufig nicht, warum, wann und wie sie dahin gekommen sind.“*
- *ICH: „Machen da die Taxiunternehmen mit?“*
- *„Wir haben Verträge mit einigen Taxiunternehmen.“*
- *ICH: „Könnte es nicht sein, dass die Herren sich während der Fahrt übergeben?“*
- *XXX: „Das kommt vor. Wir haben sowohl mit den Hotels wie mit den Taxiunternehmen Verträge. – Im Ausnahmefall zahlen wir Reinigungskosten.“ Das kommt vor. Wir haben sowohl mit den Hotels wie mit den Taxiunternehmen Verträge. – Im Ausnahmefall zahlen wir Reinigungskosten.“ ICH: „Wird das nicht ausgenutzt?“*
- *XXX: „Kaum, weil alle daran gut verdienen und das niemand gefährden will.“ Was mich betrifft, ich habe dann weniger Arbeit.“*
- *ICH: „Wie wirkt sich der Ausfall mancher der Herren auf die anderen aus?“*
- *XXX: „Was mich betrifft, ich habe dann weniger Arbeit. Und die verbleiben Herren sind stolz, dass sie mehr vertragen können.“*
- *ICH: „Und wie geht es weiter?“*
- *XXX: „Mit einem Bisschen Glück verlieren noch mehr Herren.“*
- *ICH: „Wie das?“*

- *XXX: „Nun die hier anwesenden Damen suchen nicht alle das Tanzvergnügen oder einen Partner.“ – Nein, sie sind durchaus professionell unterwegs und, wenn es klappt, werben sie einen oder mehrere Herren ab und verschwinden dann mit denen, wohin auch immer. Für mich ist das Entlastung.“*
- *ICH: „Wie wird das mit den Kosten geregelt?“*
- *XXX: „Jeder Herr bekommt 500 DM ausgehändigt und das reicht im Allgemeinen.*

– Wenn er mehr braucht, muss er es auslegen und bekommt es dann erstattet.“

- *ICH: „Was kostet das im Einzelnen?“*
- *XXX: „Da gibt es – je nach Anspruch – eine Kostenspanne für den Basispreis liegt zwischen 100 und 300 DM für 2 Stunden. Jede weitere Stunde kostet 50 bis 150 DM.“*
- *ICH: „Kann man auch mehr ausgeben?“*
- *XXX: „Das kann man immer. Wer sehr hohe Ansprüche hat, braucht man entsprechende Adressen und dann 1.000 DM und manchmal mehr.“*
- *ICH: „Und die Adressen kennen Sie?“*
- *XXX: „Nicht wirklich, aber ich kennen die meisten Zuhälter, die profitieren ebenfalls von unserer Zusammenarbeit und werden bei der Vermittlung das Beste tun.“*
- *ICH: „Lerne ich die auch kennen?“*
- *XXX: „Damit fangen wir Morgen ab 18.00 Uhr an, Termine habe ich schon.“*
- *ICH: „Dann begleiten Sie die Herren nicht in die entsprechenden „Quartiere“?*
- *XXX: „Früher, vor etwas mehr als 10 Jahren, habe ich das noch gemacht, aber die*

  „Profis“ kennen sich besser aus und das aufgrund ihrer Erfahrung auch besser.“
- *ICH: „Und was ist mit verbleibenden. Einige wollen nur bummeln, viele Lokale kennen lernen, Musik hören und Tanzen, andere wollen zu Pornofilmen, Striptease, Frauenringen u.a., das Wichtigste ist, dass die Frauen nackt sind. Sexmassagen voyeuristisches Zuschauen und direktere Dienstleistungen, das organisieren die Zuhälter.“*
- *ICH: „Und was machen Sie?“*
- *XXX: Nun die Herren, die sich eher unselbständig verhalten und permanente Betreuung brauchen, sind für mich die Schwierigsten: Ich muss Ihnen das Gefühl geben, dass sie sich völlig normal verhalten und Scham keineswegs angebracht ist. Für die brauche ich viel Zeit, muss sie überall hin begleiten und komme dann manchmal erst um 4 Uhr morgens nach Hause.“*
- *ICH: „Das sind doch alles seriöse und gestandene Männer. Wir kann es sein, dass die sich darauf einlassen?“*
- *XXX: „Selbst viele ältere Männer und jüngere sowieso sind im Prinzip kleine Jungen, die mit ihrem Spielzeug spielen wollen. Nur das Spielzeug hat sich geändert. Wenn es um Sex geht, rutscht bei vielen Männern der Verstand in die Hose. Wenn die Herren in ihrem Rausch glauben, bei den Frauen begehrt zu sein – und das können die Damen, dann treten Blockaden der Selbstbeherrschung auf. Und die meisten wissen später nicht mehr, wie es dazu kommen konnte.*

- *ICH: „Gibt es auch Herren, die sich dem verschließen?“´*
- *XXX: „Die kommen nicht zu diesen Veranstaltungen. Ich will nicht ausschließen, dass einzelne Herren von ihren Kollegen überredet wurden, hierher zu kommen und hier nach Auswegen suchen, dem zu entkom-men. Vielleicht ist mancher Beschwipste nur ein Scheinbetrunkener, der das Alles nicht mitmachen möchte.“*
- *ICH: „Was macht man denjenigen Geschäftspartner, die man so nicht gewinnen kann?“*
- *XXX: „Das ist eine andere Baustelle. Für manche Geschäftspartner gibt es jedes Vierteljahr eine Tombola, für die sie Loose kaufen können. So viel ich weiß, kostet ein Los 100 DM. Der Unterschied zu einer normalen Tombola ist, dass alle, die gewinnen sollen, auch gewinnen.“*
- *ICH: „Was gibt es dann für Preise?“*
- *XXX: „Mein Kollege, der der das alles organisiert, darf an sich nichts erzählen, aber im Vertrauen: Das beginnt mit einem vergleichsweise teuren Sportfahrrad, über Tennis- und Golfausrüstungen samt Tournierteilnahmen und endet mit Luxusreisen, fast in alle Welt.“*
- *ICH: „Rechnet sich das denn?“*
- *XXX: „Wenn sich das nicht rechnen würde, wäre es relativ schnell eingestellt worden.“*
- *ICH: „Gibt es denn auch Fälle, dass die Ehefrauen etwas mitbekommen?“*
- *XXX: „Leider ja, weil einer der Teilnehmer im Streit dem anderen etwas auswischen wollte.“*
- *ICH: „Und was geschah dann?“*
- *XXX: „Unsere Geschäftsleitung hat im Brustton der Entrüstung Stellung genommen und darauf verwiesen, dass sie so etwas nie dulden würde.“*
- *ICH: „Wie sind Sie damit umgegangen?“*
- *XXX: „Ich konnte bestätigen, dass wir an dem Tag im Hamburger Rathaus eine Führung wahrgenommen haben und anschließend im Ratskeller essen waren. – Eine Dame ist angereist und ich wurde als Zeuge herbeigerufen. Als sie mich sah, musste sie einsehen, dass der Kollege ihren Mann nur anschwärzen wollte. Ich habe anschließend ihr erst beim Alsterpavillon Kaffee und Kuchen kredenzen lassen, abends sind wir in den Ratskeller essen gegangen, danach habe ich ins Hotel Atlantik bis aufs Zimmer begleitet und mich dann verabschiedet. Alles auf Kosten unserer Firma. Der ganze Rahmen hat ihr wohl sehr gut gefallen. Deshalb hat sie sich bei unserer Geschäftsleitung bedankt und mich herzlich grüßen lassen.“*
- *ICH: „Wie fühlten Sie sich?“*
- *XXX: „Einfach beschissen. Und das ist abgesehen von meinem fortgeschrittenen Alter einer der Gründe, weshalb ich aufhören möchte.“*
- *ICH: „Was würden Sie mir raten?“*

- *XXX: „Wenn Sie versuchen, das abzublasen, erleben Sie hier keine glückliche Stunde mehr. Unsere Geschäftsleitung verträgt keinen Widerspruch und man wird sie mit Abmahnungen und Kündigungsdrohungen belasten. Ob unserer Betriebsrat geschmiert wird, weiß ich nicht, aber der wird Ihnen um keinen Preis helfen."*
- *ICH: „Was soll ich tun?"*
- *XXX: „Entweder Sie heulen mit den Wölfen oder suchen sich einen neuen, möglichst besseren Arbeitgeber. Ich schlage folgendes vor: Ich gehe Ende des Jahres in den Ruhestand, ansonsten müsste ich diesen merkwürdigen Job noch weiter ausüben. Halten Sie bis Ende des Jahres durch und dann gehen wir Beide, ich in den Ruhestand und Sie, wohin sie wollen."*
- *Es kam denn doch etwas anders, als mit XXX abgesprochen. Ich musste festellen, dass Organisation und Aufwand der jeweiligen Maßnahmen mich völlig in Beschlag nahmen. Allem, was nicht gleich klappte, musste ich hinterherlaufen, um nicht unter Beschuss zu geraten.*
- *Ich lernte die Zuhälter kennen, die alles etwas bösartig aussahen und schon einmal geboxt hatten oder zumindest gerungen oder gecatcht. Der Eine sagte zu mir, wir müssen so aussehen, sonst glaubt einem keiner und wir verlieren unsere Stellung. Nach einiger Zeit behandelten sie mich, als wenn ich einer von ihnen war.*
- *Ich lernte auch manche der Damen kennen und bei meinen sehr ablehnenden Vorurteilen war ich überrascht, wie attraktiv, liebenswert und menschlich sie waren – ich hätte wohl alles von ihnen haben können.*
- *Was ich vorher nicht gewusst habe: Ich ging davon aus, dass pro Monat eine einwöchige Maßnahme mit ca. 10 Teilnehmer stattfinden würde. Für den Sommer war das so (Urlaubszeit), aber im Frühling und Herbst gab es bis drei Veranstaltungen und kurz vor Weihnachten Ende November bis Mitte Dezember auch. Da relativierten sich 500 DM Reisekostenerstattung, zumal meine normale Arbeit als Leiter der Betriebsabrechnung nicht ruhte*

  Das Alles gefiel mir in keinster Weise und ich kündigte rechtzeitig. Man versuchte mich noch mit finanziellen Zuwendungen zu halten, aber ich hatte die Nase endgültig voll. Danach hatte ich tatsächlich Ruhe und konnte noch Einiges im Sinne der Organisation bewirken.

Inhaltsverzeichnis **Seite**

Inhaltsverzeichnis Seite

A. Sexualität und Internet
(von direkten Kontaktlinks bis Partnervermittlungen und Singlebörsen)

A.1 Überblick

Abbildung / Grafik 1: Sexualität und Internet(Nutzungs- und Kontaktformen)

TABELLE

Bereiche der Onlinesexualität	Beispiele
Pornografie	Aktive Produktion oder Rezeption des vorhandenen pornografischen Materials
Sexshops	Käuflicher Erwerb von erotischen Produkten
Sexuelle Tätigkeit	Prostitution: Vermarktung der „Offline-Sex-Arbeit" versus Ausübung der „Online-Sex-Arbeit" („Cyberprostitution")
Sexualbezogene Psychoedukation und Beratung	Websites, Foren, Onlineberatungsstellen mit Fokus auf sexualbezogene Probleme
Anbahnung sexueller Kontakte	Unentgeltliche sexuelle Kontakte („Cybersex")
Austragungsort sexueller Subkulturen	Plattformen für marginalisierte sexuelle Subkulturen

(Döring, 2009)

Sexualität und Internet
(von direkten Kontaktlinks bis Partnervermittlungen und Singlebörsen)

- *Internetsexualität oder auch Onlinesexualität", „Cybersexualität", „virtuelle Sexualität"*
  - *umfasst alle sexualbezogenen Inhalte*
  - *und Aktivitäten im Netz*
  - *Onlinepornografie,*
  - *sexualbezogene Psychoedukation und*
  - *Onlineberatung sowie Anbahnung sexueller Kontakte über Chats*
  - *oder soziale Netzwerke wie Facebook.*

- *Erotika und Pornografie des Partners*
  - *positive wie negative Auswirkungen*
  - *von Onlinepornografie und Cybersex in Partnerschaften*
  - *bis hin zu ungewollter Konfrontation,*
  - *zum Beispiel durch sexuelle Belästigung in Chatrooms,*
  - *„Grooming" oder erzwungene Cyberprostitution)*

Sexualität und Internet
(von direkten Kontaktlinks bis Partnervermittlungen und Singlebörsen)

Selbst gewählte Nutzungsformen

1. *Sexualbezogene Psychoedukation und Beratung im Internet ...*

2. *Sexuelle Kontakte*

- *Internet- oder Mobilfunkkommunikation*
- *sexuelle und romantische Kontakte aufzubauen*
- *und Beziehungen einzugehen*
- *inzwischen eine Normalvariante des Kennenlernens.*

- *jeder 6. Internetnutzer ab 14 Jahren bereits*
- *in Onlinesinglebörsen oder Dating-Apps wie Tinder*
- *(Mitglieder in Deutschland: zwei Millionen, täglich 8 000 neue Mitglieder)*
- *Jedes 3. Paar lernte sich online kennen).*

- *beiläufige Kennenlernen,*
  - *geselligen Foren oder Fachdiskursen stattfindet,*
  - *die gezielte Partnersuche über Onlinekontaktanzeigen*
  - *oder unverbindliche Affären oder Nebenbeziehungen*
  - *über Sex-Chats oder Dating-Apps.*

- *Face-to-face-Situationen*
  - *Eine Besonderheit von intimen Beziehungen im Internet liegt*
  - *in einer beschleunigten Selbstöffnung:*
  - *Wegfall körperlicher Kopräsenz minimiert Stressfaktoren*
  - *Schneller wird intensive Nähe erlebt wird*
  - *angebahnte Beziehungen führen schneller in einer Ehe*
  - *und ebenso in Elternschaft als offline begonnene Partnerschaften.*

- *Sex-Robotic*
  - *Sex-Robotic wird kontrovers diskutiert bezüglich ethischer Aspekte,*
  - *spezifischen Überlegungen zum Beispiel bezüglich des Potenzials,*
  - *Prostitution zu reduzieren*
  - *wachsemde Akzeptanz in der Bevölkerung vor,*
  - *die insgesamt eine Aufgeschlossenheit aufzeigen,*
  - *die bei Männern tendenziell stärker ausgeprägt ist als bei Frauen.*

Sexualität und Internet
(von direkten Kontaktlinks bis Partnervermittlungen und Singlebörsen)

3. Sexuelle Subkulturen:

- *verstärkt von Menschen genutzt,*
- *die sich mit ihrem sexuellen Erleben und Verhalten*
- *außerhalb des gesellschaftlichen Mainstream befinden.*
- *Es ermöglicht die Vernetzung einer sexuellen Subkultur und*
- *Anonymität beziehungsweise Diskretion der Onlinekommunikation,*
- *begünstigt den Austausch über tabuisierte oder*
- *auch gesellschaftlich nicht tolerierte sexuelle Themen und Praktiken.*
- *Die öffentliche Einschätzung und Auswirkungen*
- *der Onlinevernetzung von sexuellen Subkulturen*
- *hängt von der Akzeptanz dieser Gruppen*
- *im jeweiligen gesellschaftlichen Diskurs ab .*

4. Sexuelle Tätigkeit:

- *Das Internet spielt aufgrund der Anonymität eine große Rolle bei*
- *Vermarktung von Sextourismus, Prostitution, Cyberprostitution*
- *und anderen Varianten von kommet-ziell-sexuellen Tätigkeiten.*
- *Das Internet wird in diesem Kontext zum einen als wichtiger Faktor im*
- *Zusammenhang mit Zwangsprostitution und Frauenhandel dargestellt.*
- *Befürchtungen, dass die Onlinekommunikation der Prostituierten*
- *mit erhöhter Gefahr für sexuelle Übergriffe einher gehen.*

Problematische Effekte und Nutzungsformen

1. Cybersexsucht ...

2. Barebacking:

- *Der Begriff stammt ursprünglich aus der US-amerikanischen Rodeoterminologie und bedeutet „Reiten ohne Sattel".*

- *In der Schwulenszene wird damit der bewusste Geschlechtsverkehr*
- *ohne Kondom bezeichnet…*

3. Sexuelle Gewalt:

- *Im Spektrum der ungewollten sexualbezogenen Internetnutzung*
- *stellt sexuelle Gewalt im Internet das schwerwiegendste Problem dar.*

- *Verschiedene Phänomene sind hier anzutreffen,*
  - *vom **pädophilen „Grooming"** über Chaträume oder „Sexting"*
  - ***„virtuellen Vergewaltigung"***

  - ***Sexuelle Viktimisierung** erfolgt häufig*
  - *durch Hochladen von Videos oder Fotos .*

  - *Relevanz, über die medienspezifischen Möglichkeiten*
  - *derartige Übergriffe auszuüben, Bescheid zu wissen.*
  - *Nur dann können sie adäquat mit betroffenen Opfern,*
  - *aber auch Tätern umgehen*

Abbildung / Grafik 2: "Hoffnungen und Realität ???"
Lizenzpflichtig hier nicht dargestellt
https://www.toonpool.com/cartoons/tinder-342434

Karikatur / Darstellung: Eine Frau zur anderen:

Das klingt vielversprechend ...
dunkelbraunes Haar, treu,
kuschelig
und gut im Bett ...

Um die Ecke sitzt ein kleiner Teddybär und kein Liebhaber.

Chatten im Internet:

Bilder: Paar, Romantik, Liebe. Kostenlose Nutzung. Inhaltslizenz

https://kompetenz-online.at/wp-content/uploads/2019/07/onlinehandel_istockphoto-899198454-1024x1024.png
https://pixabay.com/de/photos/paar-romantik-liebe-kuss-liebhaber-3064048/

Onlinesexualität: Eine Vielfalt sexueller Phänomene
Eichenberg, Christiane
https://www.aerzteblatt.de/archiv/188545/Onlinesexualitaet-Eine-Vielfalt-sexueller-Phaenomene Univ.-Prof. Dr. phil. Christiane Eichenberg, Fakultät für Medizin der Sigmund Freud / Privatuniversität Wien, Kelsenstraße 2, 1030 Wien, Literatur im Internet:www.aerzteblatt.de/pp/lit0517:

Frau Eichenberg bezieht sich vielfach auf Nicola Döring, die eine deutsche Universitäts-Professorin für Medienpsychologie und Medienkonzeption an der TU Ilmenau ist und u.a. diese Thematik ausführlich bearbeitet hat.

Das Thema „Internetsexualität“ ist für die psychotherapeutische Praxis relevant, weil die damit zusammenhängenden Erfahrungen und Probleme der Patienten immer häufiger Anlass zur Aufnahme einer Therapie sind.

*... Der Begriff **„Internetsexualität“** (oder auch „Onlinesexualität“, „Cybersexualität“, „virtuelle Sexualität“) umfasst alle sexualbezogenen Inhalte und Aktivitäten im Netz. Er kennzeichnet eine Vielfalt von sexuellen Phänomenen, wie zum Beispiel*

- *Onlinepornografie,*
- *sexualbezogene Psychoedukation und Onlineberatung*
- *sowie die Anbahnung sexueller Kontakte über Chats*
- *oder soziale Netzwerke wie Facebook.*

Laut Döring lassen sich Formen von sexuellen Internetaktivitäten anhand der aktuellen empirischen Befundlage in sechs große Bereiche klassifizieren (Tabelle).

Abbildung / Grafik 3: Bereiche Internetaktivitäten

TABELLE

Bereiche der Onlinesexualität	Beispiele
Pornografie	Aktive Produktion oder Rezeption des vorhandenen pornografischen Materials
Sexshops	Käuflicher Erwerb von erotischen Produkten
Sexuelle Tätigkeit	Prostitution: Vermarktung der „Offline-Sex-Arbeit“ versus Ausübung der „Online-Sex-Arbeit“ („Cyberprostitution“)
Sexualbezogene Psychoedukation und Beratung	Websites, Foren, Onlineberatungsstellen mit Fokus auf sexualbezogene Probleme
Anbahnung sexueller Kontakte	Unentgeltliche sexuelle Kontakte („Cybersex“)
Austragungsort sexueller Subkulturen	Plattformen für marginalisierte sexuelle Subkulturen

(Döring, 2009)

Insgesamt können Internetnutzer auf unterschiedliche Art und Weise mit Onlinesexualität konfrontiert werden – von der selbst gewollten und bewusst initiierten Nutzung, über indirekten Einbezug beispielsweise durch exzessiven Konsum von

Erotika und Pornografie des Partners *(zu den positiven wie negativen Auswirkungen von Onlinepornografie und Cybersex in Partnerschaften*

Selbst gewählte Nutzungsformen

1. **Sexualbezogene Psychoedukation und Beratung im Internet**

...

2. **Sexuelle Kontakte**:

Zu sexualbezogener Internetnutzung zählt auch, via Internet- oder Mobilfunkkommunikation sexuelle und romantische Kontakte aufzubauen und Beziehungen einzugehen – inzwischen eine Normalvariante des Kennenlernens. So hat jeder 6. Internetnutzer ab 14 Jahren bereits in Onlinesinglebörsen oder Dating-Apps wie Tinder (Mitglieder in Deutschland: zwei Millionen, täglich 8.000 neueMitglieder) nach Partnern gesucht). Jedes 3. Paar lernte sich online kennen).

Nach (Döring) lassen sich verschiedene Formen der Beziehungsanbahnung, -entwicklung und -motivation unterscheiden:

Das **beiläufige Kennenlernen**, *das etwa im Rahmen von geselligen Foren oder Fachdiskursen stattfindet, sowie die gezielte Partnersuche über Onlinekontakt-anzeigen oder unverbindliche Affären oder Nebenbeziehungen über Sex-Chats oder Dating-Apps.*

Face-to-face-Situationen: *Eine Besonderheit von intimen Beziehungen imInternet liegt in einer im Vergleich zu Face-to-face-Situationen beschleunigten Selbstöffnung: Durch den Wegfall körperlicher Kopräsenz werden Stressfaktoren minimiert, was dazu führt, dass in Netzbeziehungen häufig sehr schnell intensive Nähe erlebt wird … Die beschleunigte Beziehungsentwicklung scheint sich auch fortzusetzen, denn laut einer Studie der Universität Zürich münden online angebahnte Beziehungen schneller in einer Ehe und ebenso in Elternschaft als offline begonnene Partnerschaften.*

Sex-Robotic *… Eine spezifische und erweiterte Form des Cybersex stellt dieSex-Robotic dar, kontrovers diskutiert bezüglich ethischer Aspekte, therapeutischem Nutzen aber auch spezifischen Überlegungen zum Beispielbezüglich des Potenzials, Prostitution zu reduzieren Inzwischen liegen ersteBefunde zur Frage nach der Akzeptanz in der Bevölkerung vor, die insgesamt eineAufgeschlossenheit aufzeigen, die bei Männern tendenziell stärker ausgeprägt ist als bei Frauen.*

3. **Sexuelle Subkulturen:** *Das Internet wird laut Döring verstärkt vonMenschen genutzt, die sich mit ihrem sexuellen Erleben und Verhalten außerhalb des gesellschaftlichen Mainstream befinden. Es ermöglicht die Vernetzung einer sexuellen Subkultur und die Anonymität beziehungsweise Diskretion der Onlinekommunikation, begünstigt den Austausch über tabuisierte oder auch gesellschaftlich nicht tolerierte sexuelle Themen und Praktiken. Die öffentliche Einschätzung und Auswirkungen der Onlinevernetzung von sexuellen Subkulturenhängt von der Akzeptanz dieser Gruppen im jeweiligen gesellschaftlichen Diskurs ab …*

4. **Sexuelle Tätigkeit:** *Das Internet spielt aufgrund der Anonymität oderPseudoanonymität seiner Nutzer auch eine große Rolle bei der Vermarktung von Sextourismus, Prostitution, Cyberprostitution und anderen Varianten von kommerziell sexuellen Tätigkeiten. Das Internet wird in diesem Kontext zum einen alswichtiger Faktor im Zusammenhang mit Zwangsprostitution und Frauenhandel dargestellt. Außerdem gibt es Befürchtungen, dass die Onlinekommunikation der Prostituierten mit erhöhter Gefahr für sexuelle Übergriffe einher gehen …*

5. Problematische Effekte und Nutzungsformen

Neben den vorgestellten Chancen (aber auch Risiken) des Internet als psycho-edukatives und therapeutisches Medium für Sexualität und dem Internet als Raum für sexuelle Tätigkeit, kann die sexualbezogene Internetnutzung auch mit klinisch relevanten Problemen einhergehen. In diesem Kontext werden die Cybersexsucht, das „Barebacking“ sowie sexuelle Gewalt im Internet selbst exemplarisch vorgestellt.

Abbildung / Grafik 5: „ ... DOT.COM ...“
Lizenzpflichtig hier nicht dargestellt
https://www.ev-akademie-tutzing.de/static/media/attachments/V201610-22A85F01AB2C4A73B52BC8E5D40BDDB5/Beitrag%20Eichenberg.pdf

Karikatur / Darstellung:

Patient:

Jeden Tag, immer,
sehe ich nur noch DOT-COM:
Ich kann nicht mehr.
Ich stehe das nicht durch !!!

Psychiater:

Ich kenne eine WEB-Seite,
die Ihnen helfen wird.

Cybersexsucht ... Deutlich wird ebenso, *wie hilfreich oder sogar notwendig es ist, in der Behandlung die Nutzung moderner Medien als Thema mit einzu-beziehen.*

https://www.aerzteblatt.de/archiv/131672/Cybersexsucht-Evidenzbasierte-Empfehlungen-zur-Therapie-stehen-noch-aus
***10/2012**Cybersexsucht: Evidenzbasierte Empfehlungen zur Therapie stehen noch aus*
WISSENSCHAFT
CYBERSEXSUCHT: EVIDENZBASIERTE EMPFEHLUNGEN ZUR THERAPIE STEHEN NOCH AUS
PP 11, Ausgabe Oktober 2012, Seite 471
Eichenberg, Christiane

Die ***diagnostische Einordnung der Cybersexsucht*** *wird kontrovers diskutiert. Aktueller Trend ist, sie zu den Verhaltenssüchten zu zählen. Dies hat Implikationen für die Behandlung.*

Online-Gambling und Cybersex: *Alle Medien wurden in der Vergangenheit sexuell besetzt. So verwundert es nicht, dass auch das Internet sexualbezogen genutzt wird. Mit der Einführungs- und frühen Etablierungsphase des Internets dominierten medienpessimistische Stimmen, die das Internet pathologisierten und ihm destruktive Effekte – so auch im Bereich der Sexualität – zuschrieben. In den letzten Jahren differenzierte sich die Diskussion auf der Basis empirischer Befunde, die nahelegen, dass das Internet für sich genommen zu keiner pathologischen Nutzung führt, sondern vielmehr bestimmte Nutzungsfacetten. Dazu zählen vor allem Online-Gambling und Cybersex. Studien konnten zeigen, dass der Konsum pornografischer Inhalte im Internet am besten den zwanghaften Internetgebrauch ein Jahr später voraussagt.*

Verbreitung: *Die sexuelle Internetnutzung ist weit verbreitet. Dabei muss zwischen Cybersex im engeren (Nutzung direkter computervermittelter Interaktionen zur sexuellen Erregung und Befriedigung) und im weiteren Sinn (auch verschiedene Nutzungsweisen von Online-Erotika und -Pornografie [4]) unterschieden werden. Vor allem die Rezeption von Online-Erotika und -Pornografie gehört für viele Internetnutzer zu ihrem Nutzungsspektrum.*

Eine norwegische bevölkerungsrepräsentative Studie *ermittelte, dass 63 Prozent der Männer und 14 Prozent der Frauen im Netz entsprechendes Material abrufen (5). Für Studierende einer deutschen Universität wurden in einer Stichprobe noch höhere Raten gefunden (88 Prozent der männlichen und 56 Prozent der weiblichen Studierenden, wobei jeweils 19 Prozent beziehungsweise neun Prozent angaben, Cybersex im engeren Sinne zu betreiben).*

Als Attraktivität und suchtfördernde Nutzungsaspekte *des Internets im sexuellen Bereich gelten vor allem die niedrige Zugangsschwelle (kostengünstig, anonym), die Mannigfaltigkeit des pornografischen Materials (Fotos, Filme, Texte, Video-Chats et cetera) auch zu jeder spezifischsten Vorliebe, der grenzenlose Markt, das Verschwimmen der Grenzen zwischen Rezipient, Produzent und Anbieter, die Möglichkeit zur Interaktion mit gegenseitiger Beeinflussung von Fantasien beziehungsweise realem Verhalten und ein niedriges Risiko, dass die Aktivitäten entdeckt warden Befragungsstudien bei Sexualtherapeuten zeigen, dass der Hauptmanifestationsort der Sexsucht heutzutage das Internet ist).*

Diagnostische Einordnung der Cybersexsucht

Seit vielen Jahren wird die Kontroverse darüber geführt, zu welcher nosologischen Einheit die Sexsucht zugeordnet werden soll. Entsprechend wurden verschiedene Skalen entwickelt, die sie unterschiedlich operationalisieren, so zum Beispiel im Rahmen von Zwangsstörungen (Sexual Compulsivity Scale), Störungen der Impulskontrolle (Sexual Inhibition & Sexual Excitation Scales), Störungen der Sexualpräferenz (Hypersexual Disorder Screening Inventory) oder im Rahmen von Suchterkrankungen (Sexual Addiction Screening Test .

Kriterien und Messinstrumente: *So divergieren auch aufgrund der Anwen-dung verschiedener Kriterien und Messinstrumente die Prävalenzschätzungen der Cybersexsucht zwischen ein und 8,3 Prozent). Cooper et al. ermittelten zum Beispiel in einer internetbasierten Frage-bogenstudie mit N = 9 265 Teilnehmern einen Anteil von 83 Prozent unauffälligen Cybersex-Usern gegenüber elf Prozent mit prob-lematischem und knapp sechs Prozent mit süchtigem sexuellem Verhalten, von denen ein Prozent als „Cybersex Compulsive" eingestuft wurde. Somit wird deutlich, dass die Mehrheit der Nutzer keine mit ihrem Nutzungsverhalten zusammenhängende Probleme aufweist.*

Verhaltenssucht *ist ein relativ neuer Begriff für exzessive, belohnende Verhal-tensweisen, die Merkmale einer psychischen Abhängigkeit aufweisen). Die Bezeichnung Verhaltenssucht macht die Handlungen des Nutzers, das heißt die Nutzung, und nicht das Mittel (oder Medium) zum Objekt der Pathologie. In der Revision des DSM-V sollen Verhaltenssüchte explizit mit aufgenommen werden, indem das bisherige Kapitel „Substance-related Disorders" neu bezeichnet werden soll. Laut dem Vorschlag sollen unter „Addiction and Related Disorders" neben substanzbezogenen Süchten auch Verhaltenssüchte aufgenommen werden.*

Abbildung / Grafik 5:Unterschiedliche Wahrnehmungen

https://i.pinimg.com/564x/2e/d1/e6/2ed1e62d0c744fd1f0cf07fe8c67e28b.jpg
Die Nutzung von Pinterest ist grundsätzlich kostenlos. Nur wenn Du als Unternehmen Werbeanzeigen schalten möchtest, fallen Kosten an. 26.01.2023

Pathologisches Glücksspiel (Gambling Disorder) *wird hier mit großer Wahrscheinlichkeit als erste Verhaltenssucht im DSM-V miteinbezogen werden. Grund dafür ist, dass die Glücksspielsucht-Forschung unter Verwendung bildgebender Verfahren (EEG, fMRT) nachweisen konnte, dass äquivalente neuronale Korrelate für kognitive und affektive Prozesse bei der Suchtentstehung und -aufrechterhaltung anzunehmen sind, die man so auch bei stoffgebundenen Süchten findet. Unter Verwendung des in der Suchtforschung etablierten Reiz-Reaktions-Paradigmas konnten Wölfling et al. nachweisen, dass bereits die Präsentation von suchtrelevanten Reizen ausreichte, um bei pathologischen Glücksspielern eine vertiefte emotionale Reizverarbeitung auszulösen.*

Experimentell-psychopathologische Äquivalenznachweis: *Auch wenn es erste Hinweise auf die Zuordnung der Sexsucht zu den Verhaltenssüchten gibt, so fehlt für die Aufnahme in das Kapitel „Addiction and Related Disorders" bislang der experimentell-psychopathologische Äquivalenznachweis von Sexsucht und substanz-bezogenen Abhängigkeitserkrankungen. Dafür wird es nötig sein, neurobiologische Korrelate entsprechend der Forschung zum pathologischen Glücksspiel nachzu-weisen. Insgesamt werden die spezifischen Manifestationsorte der Verhaltenssüchte (wie das Internet: Online-Gambling oder Internetsexsucht) zunächst nur im Anhang des DSM-V aufgeführt werden, verbunden mit dem Ziel beziehungsweise der Notwendigkeit, weitere Forschung zu stimulieren).*

Implikationen für die Behandlung

- ***Multimodale Therapieansätze:*** *Es herrscht heute weitgehend Einigkeit darüber, dass multimodale Therapieansätze, die sowohl mit verschiedenen Settings arbeiten (Einzel- und Gruppentherapie, familientherapeutische Ansätze, Paartherapie, Selbsthilfegruppen, Psychopharmakotherapie) als auch vor dem Hintergrund verschiedener Modellvorstellungen (psychodynamisch, kognitiv-behavioral, systemisch) entwickelt wurden, indiziert sind. Briken et al. unterscheiden Behandlungsziele erster, zweiter und dritter Ordnung. Zunächst stehen die Diagnostik und Behandlung eventuell vorliegender komorbider Störungen im Fokus.*

- ***Problembewusstsein:*** *Bei noch gering ausgeprägtem Problembewusstsein oder einer ambivalenten Haltung gegenüber der Veränderung des cybersexsüchtigen Verhaltens können Techniken wie zum Beispiel das Motivational Interviewing) hilfreich sein. Diese zu nutzen und für eine Therapie zu motivieren, betrifft vor allem Fachkräfte der Primärversorgung, da laut einer Studie nur zehn Prozent der Betroffenen eine Therapie aufnehmen).*

- ***Therapieschritte:*** *Für weitere Therapieschritte ist zunächst der Entzug von den Cybersex-Aktivitäten Voraussetzung, mittelfristig wird jedoch keine absolute, sondern eine selektive Abstinenz angestrebt. Dazu hilfreich sind bezogen auf den Umgang mit dem Internet verhaltenstherapeutische Techniken zur Selbst- und Stimuluskontrolle (zum Beispiel durch zeitliche Beschränkung der Netznutzung, Filtersoftware, Platzierung des Computers an Orte, die für andere Familienmitglieder einsehbar sind). Psychopharmakotherapie (zum Beispiel mit Natrexon, vgl. oder SSRI wie Citalopram, kann ebenso im Einzelfall unterstützen.*

- ***Rückfallvermeidung: In*** *einer zweiten Phase stehen Rückfallvermeidung (auch in Form von Selbsthilfegruppen, die nach dem sogenannten Zwölf-Schritte-Programm arbeiten wie AS-Anonyme Sexoholiker oder SLAA-Sex and Love Addicts Anonymous), Förderung einer integrativeren und beziehungsreicheren Sexualität und die Einbeziehung von Partnern (eventuell Paartherapie) und anderen Bezugspersonen im Vordergrund. Der weitere Behandlungsplan (dritte Phase) variiert mit den bestehenden Komorbiditäten und vor allem der zugrundeliegenden Ätiologie.*

- *Erst nach einer* ***intensiven Stabilisierungsphase*** *können jetzt lebens-geschichtliche Zusammenhänge, die sich mit der aktuellen sexsüchtigen Problematik in Verbindung bringen lassen, rekonstruiert und aufgearbeitet werden. Eichenberg und Blokus beschreiben den entsprechend der vorherr-schenden Ätiologie indizierten Behandlungsstil. So wird zum Beispiel bei einer dominierenden neurotischen Dynamik das Durcharbeiten des zugrundelie-genden Konflikts im übertragungsfokussierten Vorgehen indiziert sein, bei einer Traumadynamik hingegen eine Bearbeitung der traumatischen Erlebnisse. Cybersexsüchtigem Verhalten an der Schwelle zur Delinquenz muss vor allem mit verhaltenstherapeutischen Methoden begegnet werden.*

Fazit

Wenn eine Äquivalenz zwischen stoffgebundenen Süchten und der (Cyber-)Sexsucht in weiteren Untersuchungen erbracht werden kann, muss das therapeutische Vorgehen dem angepasst werden. Wenn somit wie bei stoffgebundenen Suchterkrankungen auch bei der Sexsucht die Suchtentwicklung über das Belohnungssystem als neurobiologische Grundlage verläuft, ist zum Beispiel der therapeutische Versuch, Verhaltensalternativen zum süchtigen Verhalten aufzubauen, kaum erfolgversprechend. Behandlungsansätze, die exzessive Online-Sexualität als Zwangs- oder Impulskontrollstörung verstehen, würden hingegen auf diese Techniken typischerweise zurückgreifen. Auch aus psychodynamischer Perspektive unterliegen Zwangs- und Suchtprozesse sehr verschiedenen Dynamiken und Abwehrkon-stellationen.

Insgesamt stehen evidenzbasierte Therapieempfehlungen zur Behandlung der Cybersexsucht noch aus. Gleichzeitig ist es wichtig, die vielfältigen Ausdrucks- und Kommunikationsformen von Online-Sexualität nicht unkritisch zu pathologisieren und ebenso das Internet im Rahmen seiner Chancen zur sexualbezogenen Gesund-heitsförderung anzuerkennen und zu nutzen.

Priv.-Doz. Dr. phil. Christiane Eichenberg, Dipl.-Psych.

Cybersexsucht

Barebacking: *Der Begriff stammt ursprünglich aus der US-amerikanischen Rodeoterminologie und bedeutet „Reiten ohne Sattel“. In der Schwulenszene wird damit der bewusste Geschlechtsverkehr ohne Kondom bezeichnet…*

- ***Sexuelle Gewalt:*** *Im Spektrum der ungewollten sexualbezogenen Internetnutzung stellt sexuelle Gewalt im Internet das schwerwiegendste Problem dar. Verschiedene Phänomene sind hier anzutreffen,*
- *vom* ***“pädophilen „Grooming“*** *über Chaträume oder „Sexting“ (Austausch erotischer Fotos über das Smartphone, vor allem praktiziert von Jugendlichen auch durch Unterdrucksetzen der Peergroup, eigene Fotos zur Verfügung zu stellen)*
- *von* ***„virtueller Vergewaltigung“:*** *bis hin zu dem bislang wenig erforschten Problem der „virtuellen Vergewaltigung“ zum Beispiel in Rollenspielen. In diesem Zusammenhang wird die Frage diskutiert, inwieweit es bei „virtuellen“ Opfern zu realen Traumatisierungen kommen kann.*
- ***Sexuelle Viktimisierung*** *erfolgt häufig durch Hochladen von Videos oder Fotos (zum Beispiel von Nacktszenen einer Ex-Freundin) auf Community-Plattformen, was zu massiven psychischen Folgen bei den Betroffenen führen kann.*

Demzufolge ist es für Ärzte und Therapeuten von Relevanz, über die medienspezifi-schen Möglichkeiten derartige Übergriffe auszuüben, Bescheid zu wissen. Nur dann können sie adäquat mit betroffenen Opfern, aber auch Tätern umgehen …“

Abbildung / Grafik 6: Cybersexsucht

https://www.pinterest.de/pin/876864989927502730/
https://www.pinterest.de/pin/772156298635088296/

Die Nutzung von Pinterest ist grundsätzlich kostenlos. Nur wenn Du als Unternehmen Werbeanzeigen schalten möchtest, fallen Kosten an. 26.01.2023

A.2 Von Partnervermittlungen und Singlebörsen bis zu Promiskuität und Prosostitution

„... Partnervermittlungen teurer als Singlebörsen: *Singlebörse oder Partnervermittlung? Das ist die erste Frage, wenn Sie im Internet auf Partnersuche gehen möchten. Partnervermittlungen sind vier bis fünf Mal teurer als Singlebörsen ...“*

(„1“) Partnervermittlungen und Singlebörsen

Schanz: Warnung

Risiko des Scheiterns: *Ob ein solches Chat-Format erfolgreich ist oder nicht, merkt man erst, wird er nach längerer Zeit sichtbar. Die Wahrscheinlichkeit eine/n geeigneten Partner zu finden oder gar sexuelle Kontakte erfolgreich zu verwirklichen ist eher gering.*

Man kann sagen, dass die Erreichung gewünschter Partnerschaften nicht so häufig wie gewünscht ist. Von denn meisten Chat-Foren ist eher abzuraten.

„Chat-Fakes“: *Auch bei sogenannten seriösen Programme (Testsieger: Beste Singlebörse) man mit „Chat-Fakes“ rechnen. Das sind Mitarbeiter der Portale, die quasi aus der Verwaltung einen Account, also eine/n interessierte/n Chatbewerber/In (als Lockvögel) simulieren), um den Eindruck großer Auswahl zu erzeugen und die eigenen wirtschaftlichen Interessen zu stabilisieren. Verkehrte Welt, wenn Männer Frauenaccounts wahrnehmen und Frauen Männeraccounts, ein Treffen wäre im Heterofall sowieso sinnlos.*

Täuschungen mit krimineller Absicht: *Es gibt aber auch Personen, die auf Kontakte eingehen, um sehr persönliche Vorteile (finanzielle Interessen) zu erschleichen. Es kann bis zu schweren Straftaten führen.*

- ***Phishing („Angeln“),*** *indem z.B. auf gefälschte WEB-Seiten gelockt wird oder über Emails und soziale Netzwerke agiert wird).*

- ***Romance Scamming / „Love Scamming“:*** *Das ist eine schwer zu durchschauende Form einer romantisch und echt scheinenden Zuneigung und Liebe, bei der das Opfer mit einer sehr attraktiv scheinenden und emotional intensiven Zuneigung „in die Falle gelockt wird.*

Persönlichen Eindruck: *Alle begrifflichen, funktionellen und emotionalen Parameter ersetzen nicht den persönlichen Eindruck, eine Art Explosion der Gefühle, wie ein elektrischer Schlag, der einen unverhofft trifft und in das Land von Euphorie und Faszination versetzt.*

„Lotto-Glück“ / Wahrscheinlichkeit: *Die Wahrscheinlichkeit, dass man einen Partner/In findet, der/die diesem Anspruch gerecht wird, ist gering. - Wie gering, ist unbekannt; Auch Pareto liegt mit 20:80 % zu hoch.*

Minderanspruch: *Der Versuch, mit einem/r Partner/In sich abzufinden, der eben nicht dem Ideal entspricht, kann sich rächen. Warum gehen heute viele Partnerschaften relativ schnell auseinander.*

Gleich Allein oder Später Allein: *Entweder man bleibt allein, weil man den/die ideale/n Partner/In nicht findet oder weil man sich von dem/der nicht idealen Partner/In trennt.*

Das ist das

- ***lukrative Geschäftsmodell***
- ***aller Partnervermittlungen oder Singlebörsen,***

ob vor Ort, ob im Anzeigengeschäft, ob bei Dating-Veranstaltungen oder ob im Internet, wo und wie auch immer.

Abbruch und Wiederholung: *Selbst wenn es zu einer Partnerschaft kommt, ist völlig unsicher, ob und wie lange sie halten. Manche gehen noch im Chat auseinander, manche Teilnehmer/Innen sieht man nach relativ kurzer Zeit wieder. Wie oft sich Suchen wiederholen, ist nicht bekannt, aber etliche Teilnehmer/Innen sind mehr als 5 Jahre im Chat.*

Abbildung / Grafik 7: „Von Partnervermittlungen und Singlebörsen bis ...“ Teil 1

Von Partnervermittlungen und Singlebörsen bis zu Promiskuität und Prostitution

Partnervermittlungen sind teurer als Singlebörsen

Singlebörse oder Partnervermittlung?

(„1“) Partnervermittlungen und Singlebörsen

- *Risiko des Scheiterns*
- *gewünschte Partnerschaften nicht so häufig wie gewünscht ist.*
- *Von denn meisten Chat-Foren ist eher abzuraten.*

- *„Chat-Fakes“:*
  - *Auch bei sogenannten seriösen Programme*
  - *muss man mit „Chat-Fakes“ rechnen.*
  - *Das sind Mitarbeiter der Portale, die Lockvögel simulieren,*
  - *um den Eindruck großer Auswahl zu erzeugen*
  - *und die eigenen wirtschaftlichen Interessen zu stabilisieren.*

- *Täuschungen mit krimineller Absicht*
  - *Phishing („Angeln“) auf gefälschte WEB-Seiten gelockt*
  - *oder über Emails und soziale Netzwerke*
  - *oder über Emails und soziale Netzwerke*

  - *Romance Scamming / „Love Scamming“: Form einer*
  - *omantisch und echt scheinenden Zuneigung und Liebe,*
  - *bei der das Opfer mit einer sehr attraktiv scheinenden*
  - *und emotional intensiven Zuneigung „in die Falle gelockt wird“.*

(„2“) Freizügigkeit und Anonymität

Wirklich attraktiven Angebote:

- *die wirklich attraktiven Angebote sind nur denjenigen zugänglich,*
- *die eine gewisse, vor allem auch finanzielle Strahlkraft haben.*

- *Damen aller Art: in durchaus seriösen Berufen,*
- *sind aber gleichzeitig Mitglied bei Portalen wie*
  - *www.sexmitomis.de/omasex-12171/omasexkontakte-...*
  - *www.bumswillig.de/bumswillig-12171/bumswillige-kontakte ...*
  - *Unverbindliche Ficks. ...*
  - *www.fickenohnehintergedanken.de/results.php?area=...*
  - *www.gelangweilteehefrau.de/results.php?area= ...*
  - *usw.*

- *Anonymität: Obwohl mit Fotos (zum Teil Fakes) geworben wird,*
  - *aber diejenige, die diese Damen kennen,*
  - *nicht gleichzeitig die Kunden sind,*
  - *bleibt eine gewisse Anonymität gewahrt.*

- *Prostitution: Es ist kaum nachweisbar, ob Prostitution vorliegt,*
- *wahrscheinlich eher ja, aber eben nicht unmittelbar nachweisbar.*

- *Verheiratete Frauen:*
  - *Anteil verheirateter Frauen vergleichsweise hoch;*
  - *ob die Ehemänner das wissen, ist mehr als unsicher.*
  - *Umgekehrt – ähnlich,*
  - *Aber in Frage kommende Männer gehen schon vorher fremd (z.B. auf Geschäftsterminen und –reisen)*

  - *Dabei sind die meisten dieser Damen sehr gut gekleidet, geschmackvoll ausgestattet und sehr selbstbewusst.*

  - *Man könnte den Eindruck haben,*
  - *nicht die Damen verhalten sich unmoralisch,*
  - *sondern man selbst habe sich eindeutig geirrt.*

Psycho-soziale Abhängigkeiten:

- *und darauf basierende Verhaltensänderungen geben.*
- *Enttäuschungen können häufig zu Rückschlägen führen.*

- *Positive Erlebnisse (auch wenn sie selten zu 100 % erfüllt werden),*
  - *schaffen Euphorie und können emotionale Abhängigkeiten erzeugen.*
  - *Entzugserscheinungen, wenn es nicht wie gewünscht klappt.*

- *Nicht Prinz / Nicht Prinzessin:*
  - *Früher im Märchen wartete man auf den*
  - *Prinz oder auf die Prinzessin, heute weiß man, dass Prinzen und*
  - *Prinzessinnen nicht immer das Gelbe vom Ei sind.*

  - *Lotto-Glück“ / Wahrscheinlichkeit:*
    - *Die Wahrscheinlichkeit, dass man einen Partner/In findet,*
    - *der/die diesem Anspruch gerecht wird, ist gering.*

- *Minderanspruch (Selbsttäuschung)*
  - *Der Versuch, mit einem/r Partner/In sich abzufinden,*
  - *der eben nicht dem Ideal entspricht, kann sich rächen.*
  - *Deshalb gehen viele Partnerschaften relativ schnell auseinander.*

- *Gleich Allein oder Später Allein:*
  - *Entweder man bleibt allein,*
    - *weil man den/die ideale/n Partner/In nicht findet*
    - *oder weil man sich von dem/der nicht idealen Partner/In trennt.*

Das lukrative Geschäftsmodell (Partnervermittlungen oder Singlebörsen)

- *ob vor Ort,*
- *ob im Anzeigengeschäft,*
- *ob bei Dating-Veranstaltungen*
- *oder ob im Internet, wo und wie auch immer.*

Abbruch und Wiederholung:

- *Selbst wenn es zu einer Partnerschaft kommt, ist völlig unsicher,*
- *ob und wie lange sie halten.*

- *Manche gehen noch im Chat auseinander,*
- *manche Teilnehmer/Innen sieht man nach relativ kurzer Zeit wieder.*
- *Wie oft sich Suchen wiederholen, ist nicht bekannt,*
- *aber etliche Teilnehmer/Innen sind mehr als 5 Jahre im Chat.*

Abbildung / Grafik 8: „Von Partnervermittlungen und Singlebörsen bis ...“ Teil 2

Von Partnervermittlungen und Singlebörsen bis zu Promiskuität und Prostitution

Partnervermittlungen sind teurer als Singlebörsen

Singlebörse oder Partnervermittlung?

(„1“) Partnervermittlungen und Singlebörsen

- *Risiko des Scheiterns*
- *gewünschte Partnerschaften nicht so häufig wie gewünscht ist.*
- *Von denn meisten Chat-Foren ist eher abzuraten.*
- *„Chat-Fakes“:*
  - *Auch bei sogenannten seriösen Programme*
  - *muss man mit „Chat-Fakes“ rechnen.*
  - *Das sind Mitarbeiter der Portale, die Lockvögel simulieren,*
  - *um den Eindruck großer Auswahl zu erzeugen*
  - *und die eigenen wirtschaftlichen Interessen zu stabilisieren.*
- *Täuschungen mit krimineller Absicht*
  - *Phishing („Angeln“) auf gefälschte WEB-Seiten gelockt*
  - *oder über Emails und soziale Netzwerke*
  - *oder über Emails und soziale Netzwerke*
  - *Romance Scamming / „Love Scamming“: Form einer*
  - *omantisch und echt scheinenden Zuneigung und Liebe,*
  - *bei der das Opfer mit einer sehr attraktiv scheinenden*
  - *und emotional intensiven Zuneigung „in die Falle gelockt wird“.*

(„5“) Tendenz zu mehr Promiskuität und Prostitution:

(„5.1“) Wirkungen und Eigenschaften:

Wenn wir von folgenden Kriterien aus-gehen,

- *Ehrlichkeit, Humor, Treue, Intelligenz, Zuverlässigkeit,*
- *Einfühlungs-vermögen, Familiensinn, Offenheit, Optimismus,*
- *Gute Manieren, Sportlich-keit, Aufmerksamkeit, Respekt, Zärtlichlichkeiten, Gemeinsame Unterhaltungen,*
- *Aussehen, Ausstrahlung,*
- *Körperbau, Gesicht, Lächeln, Augen, Haare, Körpersprache, Gestik, Mimik, Körperhaltung, Habitus, Loyalität, Barm-herzigkeit, Aufmerksamkeit, Kommunikationsfähigkeit usw., dann gibt es*

- *erwartetes Verhalten (Zielvorgabe),*
- *tatsächliche Zuordnung (tatsächliche Einordnung der Suchenden).*

- *Wenn man z.B. erwartet, dass eine Prostituierte nicht so intelligent zu sein braucht, kann man sich erheblich täuschen.*

Zunahme promiskuitiven Verhalten:

- *Wenn es hier auch um ein fiktives Beispiel geht,*
- *der Zunahme an promiskuitiven Verhalten,*
- *verstärkt bei Frauen ist eine durchaus registrierte Tendenz,*
- *nicht mehr so „prüde“ wie früher;*
- *sondern eher zunehmend “).*

(„4“) Motive, Hintergründe und Probleme

- *Dabei ist Fremdgehen bei Männern ein Hauptmotiv;*
- *sie sind zum Teil verheiratet oder in festen Partnerschaften.*

- *Das gibt es auch bei Frauen, noch in geringerem Ausmaße,*
- *aber stark zunehmend.*

Schwierigkeiten bei der Partnersuche:

- *Viele Damen und Herren im Alter zwischen ca. 20 und 50,*
- *die es anscheinend schwer haben, eine/n Partner/In zu finden.*
- *Der eigentliche Grund dafür ist der jeweilige Anspruch*
- *(verbreitet durch alle Arten von Medien, vor allem der digitalen).*

Lockvögel: Es werden Damen und Herren gewählt,

- *deren Attraktivität sehr hoch ist.*
- *Mit solchen Personen rechnet der Kunde in den Vermittlungen gar nicht.*

Echte User?

- *Wir haben in unserem Test festgestellt,*
- *dass eine Vielzahl der weiblichen Userprofile*
- *von Animateuren bzw. Controllern zentral von Portalen betreut werden.*
- *Bei männlichen Usern ist die Chance zwar höher,*
- *es sind aber auch Fake-Profile unterwegs.*

Animateure bzw. Chat-Unterhalter arbeiten für die Betreiber

- *und verwalten mehrere fiktive Profile.*
- *Hiermit sollen das Nachrichtenaufkommen*
- *und der Gewinn des Dating-Portals erhöht werden.*
- *Echte Treffen mit diesen Nutzern sind generell ausgeschlossen.*

Tatsächliche Paarbildungen:

- *Was immer man sich von dieser Art Programme/Portale verspricht,*
- *sie sind mit Vorsicht zu genießen.*
- *Aufgrund von ca. 500 Kontakten in 20 dieser Internetanwendungen*
- *habe ich folgenden „nicht repräsentativen“ Eindruck gewonnen,*
- *der Tendenzen aufzeigt, aber nicht statistisch eindeutig ist.*

Tatsächliche Paarbildungen scheinen relativ selten (Dauer mindestens 3 Monate) zu sein

- *und wenn, dann dauern es häufig mehr als 3 Jahre*
- *(ca. 15% bei 100 Kontaktpersonen pro Suchende/n).*
- *Es entstehen günstigstenfalls 5 Partnerschaften insgesamt pro Jahr.*
- *Damit ist aber keine Aussage*
- *über den zeitlichen Bestand solcher Paarbildungen gegeben.*

Größere Auswahl und Anonymität:

- *Ein wichtiger Grund ist der Drang nach Anonymität,*
- *verbunden mit der Furcht, im eigenen Umfeld belächelt zu werden,*
- *und mit noch stärkerer Angst, an den/die Falsche zu geraten.*

Die wirklichen Ursachen für die Partnersuche im Internet

- *ist einerseits die Hoffnung auf eine größere Auswahl*
- *und andererseits, alles geheim zu halten,*
- *damit kein/e andere/r es bemerkt und kommentieren kann.*

Grafik 9: „Von Partnervermittlungen und Singlebörsen bis ..." Teil 3

Von Partnervermittlungen und Singlebörsen
bis zu Promiskuität und Prostitution

Partnervermittlungen sind teurer als Singlebörsen

Singlebörse oder Partnervermittlung?

(„1") Partnervermittlungen und Singlebörsen

- Risiko des Scheiterns
- gewünschte Partnerschaften nicht so häufig wie gewünscht ist.
- Von denn meisten Chat-Foren ist eher abzuraten.
- „Chat-Fakes":
  - Auch bei sogenannten seriösen Programme
  - muss man mit „Chat-Fakes" rechnen.
  - Das sind Mitarbeiter der Portale, die Lockvögel simulieren,
  - um den Eindruck großer Auswahl zu erzeugen
  - und die eigenen wirtschaftlichen Interessen zu stabilisieren.
- Täuschungen mit krimineller Absicht
  - Phishing („Angeln") auf gefälschte WEB-Seiten gelockt
  - oder über Emails und soziale Netzwerke
  - oder über Emails und soziale Netzwerke
  - Romance Scamming / „Love Scamming": Form einer
  - omantisch und echt scheinenden Zuneigung und Liebe,
  - bei der das Opfer mit einer sehr attraktiv scheinenden
  - und emotional intensiven Zuneigung „in die Falle gelockt wird".

(„5") Tendenz zu mehr Promiskuität und Prostitution:

(„5.1") Wirkungen und Eigenschaften:

Wenn wir von folgenden Kriterien aus-gehen,

- Ehrlichkeit, Humor, Treue, Intelligenz, Zuverlässigkeit,
- Einfühlungs-vermögen, Familiensinn, Offenheit, Optimismus,
- Gute Manieren, Sportlich-keit, Aufmerksamkeit, Respekt, Zärtlichlichkeiten, Gemeinsame Unterhaltungen,
- Aussehen, Ausstrahlung,
- Körperbau, Gesicht, Lächeln, Augen, Haare, Körpersprache, Gestik, Mimik, Körperhaltung, Habitus, Loyalität, Barm-herzigkeit, Aufmerksamkeit, Kommunikationsfähigkeit usw., dann gibt es

- erwartetes Verhalten (Zielvorgabe),
- tatsächliche Zuordnung (tatsächliche Einordnung der Suchenden).

- Wenn man z.B. erwartet, dass eine Prostituierte nicht so intelligent zu sein braucht, kann man sich erheblich täuschen.

Zunahme promiskuitiven Verhalten:

- Wenn es hier auch um ein fiktives Beispiel geht,
- der Zunahme an promiskuitiven Verhalten,
- verstärkt bei Frauen ist eine durchaus registrierte Tendenz,
- nicht mehr so „prüde" wie früher;
- sondern eher zunehmend ").

(„4") Motive, Hintergründe und Probleme

- Dabei ist Fremdgehen bei Männern ein Hauptmotiv;
- sie sind zum Teil verheiratet oder in festen Partnerschaften.

- Das gibt es auch bei Frauen, noch in geringerem Ausmaße,
- aber stark zunehmend.

Schwierigkeiten bei der Partnersuche:

- Viele Damen und Herren im Alter zwischen ca. 20 und 50,
- die es anscheinend schwer haben, eine/n Partner/In zu finden.
- Der eigentliche Grund dafür ist der jeweilige Anspruch
- (verbreitet durch alle Arten von Medien, vor allem der digitalen).

Lockvögel: Es werden Damen und Herren gewählt,

- deren Attraktivität sehr hoch ist.
- Mit solchen Personen rechnet der Kunde in den Vermittlungen gar nicht.

Echte User?

- Wir haben in unserem Test festgestellt,
- dass eine Vielzahl der weiblichen Userprofile
- von Animateuren bzw. Controllern zentral von Portalen betreut werden.
- Bei männlichen Usern ist die Chance zwar höher,
- es sind aber auch Fake-Profile unterwegs.

Animateure bzw. Chat-Unterhalter arbeiten für die Betreiber

- und verwalten mehrere fiktive Profile.
- Hiermit sollen das Nachrichtenaufkommen
- und der Gewinn des Dating-Portals erhöht werden.
- Echte Treffen mit diesen Nutzern sind generell ausgeschlossen.

Tatsächliche Paarbildungen:

- Was immer man sich von dieser Art Programme/Portale verspricht,
- sie sind mit Vorsicht zu genießen.
- Aufgrund von ca. 500 Kontakten in 20 dieser Internetanwendungen
- habe ich folgenden „nicht repräsentativen" Eindruck gewonnen,
- der Tendenzen aufzeigt, aber nicht statistisch eindeutig ist.

Tatsächliche Paarbildungen scheinen relativ selten
(Dauer mindestens 3 Monate) zu sein

- und wenn, dann dauern es häufig mehr als 3 Jahre
- (ca. 15% bei 100 Kontaktpersonen pro Suchende/n).
- Es entstehen günstigstenfalls 5 Partnerschaften insgesamt pro Jahr.
- Damit ist aber keine Aussage
- über den zeitlichen Bestand solcher Paarbildungen gegeben.

Größere Auswahl und Anonymität:

- Ein wichtiger Grund ist der Drang nach Anonymität,
- verbunden mit der Furcht, im eigenen Umfeld belächelt zu werden,
- und mit noch stärkerer Angst, an den/die Falsche zu geraten.

Die wirklichen Ursachen für die Partnersuche im Internet

- ist einerseits die Hoffnung auf eine größere Auswahl
- und andererseits, alles geheim zu halten,
- damit kein/e andere/r es bemerkt und kommentieren kann.

Abbildung / Grafik 10: „ auch das noch …“

Lizenzpflichtig hier nicht dargestellt
Aus: https://de.toonpool.com/user/64/files/paartherapie_2708795.jpg:
Auszugsweise: Stiftung Warentest: Singlebörsen im Test
https://praxistipps.chip.de/stiftung-warentest-singleboersen-im-test_46002

Paartherapie:

https://www.pinterest.de/pin/643592603020815166/

Die Nutzung von Pinterest ist grundsätzlich kostenlos. Nur wenn Du als Unternehmen Werbeanzeigen schalten möchtest, fallen Kosten an.26.01.2023

(„2“) Freizügigkeit und Anonymität

- ### Wirklich attraktiven Angebote:

Angeboten wird fast alles. Aber der tatsächliche Zugriff erweist sich insofern als schwierig, weil die ***wirklich attraktiven Angebote*** *nur denjenigen zugänglich werden, die eine gewisse, vor allem auch finanzielle Strahlkraft haben.*

Damen aller Art: *Dabei bewegen sich Damen mit durchaus seriösen Berufen, sind aber gleichzeitig Mitglied bei Portalen wie*

www.sexmitomis.de/omasex-12171/omasexkontakte-…
www.bumswillig.de/bumswillig-12171/bumswillige-kontakte …
Oma Sex in …. aus will Sex … - Oma Lover
www.omalover.de/results.php?area=.&place_id=74552…40…g…_Unverbindliche Ficks”
www.fickenohnehintergedanken.de/results.php?area=…
Unverbindliche Ficks in …, Fick Dates mit …
www.fickenohnehintergedanken.de/results.php?area= …_
Ältere Frauen für Sex in Himmel1969, …
www.sexmitälterenfrauen.de/results.php?area=…
Gelangweilte Ehefrauen in …. www.gelangweilteehefrau.de/results.php?area=… …_
Omasex in …- mit Night_Life38, 42, eine Oma aus dem Bereich …
www.lokaleromasex.de/results.php?area=…. &place_id=40163…_
Die aktivsten Mitglieder auf [WEBSITE_NAME]. Seite …
www.omasexdate.de/most-active-members.php?page=321_…
www.omasexdate.de/results.php?area=Wetter%20(…)&place_id…_

Anonymität: *Obwohl mit Fotos geworben wird, aber diejenige, die diese Damen kennen, nicht gleichzeitig die Kunden sind, bleibt eine gewisse Anonymität gewahrt*

Erstes Date mit Juristen (Abbildung / Grafik 11)

https://www.pexels.com/de-de/foto/mann-und-frau-essen-2418920/

Prostitution: *Es ist kaum nachweisbar, ob Prostitution vorliegt oder nicht; wahrscheinlich eher ja, aber eben nicht unmittelbar nachweisbar.*

Verheiratete Frauen: *Dabei ist der Anteil verheirateter Frauen vergleichsweise hoch; ob die Ehemänner das wissen, ist mehr als unsicher.*

Dabei sind die meisten dieser Damen sehr gut gekleidet, geschmackvoll ausgestattet und sehr selbstbewusst. Man könnte den Eindruck haben, nicht die Damen verhalten sich unmoralisch, sondern man selbst habe sich eindeutig geirrt.

Abbildung / Grafik 12: : „Tinderella“
Lizenzpflichtig hier nicht gebildet *Aus:*
https://cdn.unitycms.io/images/EiEEcV5M4cb8Cj7Ns95ytq.jpg?op=ocroped&val=1200,1200,1000,1000,0,0&sum=1pYbHzvwSKo:

Abbildung / Grafik 12:
https://images.pexels.com/photos/5911162/pexels-photo-5911162.jpeg?auto=compress&cs=tinysrgb&w=1260&=750&dpr=2

Speichern   Like   In Canva bearbeiten   Kostenloser Download

Du kannst alle Fotos und Videos auf Pexels kostenlos verwenden.

(„3") Fiktive Angebote

https://www.vice.com/en/article/g5qnp9/dating-surrogacy-that-teaches-relationships-sex-etiquette
2022 VICE MEDIA GROUPS London, New Aork, Shamani Joshi, Redaktion
Shamani Joshi ist eine auf die Generation Z fokussierte Kulturreporterin, die Gespräche über Technologie, Drogen, Sex und unkonventionelle Lebensstile kuratiert.

Abbildung / Grafik 13:

„Ich werde dafür bezahlt,
mit Leuten auf gefälschte Dates zu gehen,
um sie auf echte vorzubereiten."

FOTO MIT FREUNDLICHER GENEHMIGUNG VON AILI SEGHETTI

"... Als Aili Seghetti, eine Verbraucherforscherin und Intimitätscoach, vor etwa 15 Jahren von Großbritannien nach Indien zog, befand sie sich mitten im komplexen und oft toxischen Dating-Zyklus des Landes.

... Wir führen sie im Grunde durch alles, was sich bis zum erotischen Moment aufbaut, ohne zum eigentlichen Moment zu gelangen."

... Mit ihren Klienten beginnen Seghettis Sitzungen in der Regel mit einer Beratung, um die Person, ihr Wertesystem, ihre Ängste und Wünsche zu verstehen und ob sie nach etwas Lässigem suchen oder auf der Suche nach einem langfristigen Partner sind. Sie führt normalerweise einen Persönlichkeitstest durch, der ihrem Team hilft zu verstehen, welche Art von Person der Kunde ist.

Sie bietet ihren Kunden auch an, Profile in Dating-Apps zu entwerfen und gibt ihnen Tipps, wie sie sich selbst stylen und pflegen können. Sie entwirft dann ein Date nach den Interessen und Vorlieben des Kunden ...

"... Wir haben Kunden, die romantische Gefühle für uns entwickeln, aber das wird dann zu einer Möglichkeit, ihnen beizubringen, mit Ablehnung umzu-gehen", erklärte sie. "Wenn Sie sich verabreden, werden Sie irgendwann mit Ablehnung konfrontiert, besonders wenn Sie schüchtern oder unbeholfen sind, also ist dies der perfekte Weg für sie, um zu üben, wie man mit Ablehnung umgeht."

... Und was ist mit den Fällen, in denen sie oder jemand aus ihrem Team Gefühle für ihre Kunden einfängt? ... "Wir vermischen nicht das Geschäftliche mit dem Vergnügen", betonte sie. "In unserem Beruf haben wir es immer mit Gefühlen und Emotionen zu tun, und das hat uns gelehrt, sie zu regulieren. Es ist nicht falsch, Gefühle für jemanden zu haben, aber das bedeutet nicht, dass du ein Leben mit ihm aufbauen willst... "

Konkrete Damen: *Allerdings habe ich fiktive Angebote an konkrete Damen gerichtet und siehe da, plötzlich kann man diese Damen ein Wenig im Netz verfolgen und erkennen, dass sie doch Kontakte annehmen, die eher zweifelhaft sind.*

Aber nachdem sie gemerkt haben, dass ich dahinter steckte und ich ihnen gegenüber nett und verständnisvoll aufgetreten bin, haben sie mich irgendwie akzeptiert.

Mich hat Ihr Charme durchaus angesprochen: *Da verstecken sich Fähigkeiten, die den Männern signalisieren sollen, dass sie die Einzigen sind, die diese Frau glücklich machen können. Und die glauben es all zu gern, auch wenn sie wissen müssten, dass das ein Manipulationsversuch sein könnte.*

"Clash of Civilizations" oder "cultural Clash": *Personen in diesem Umfeld sind „Gefangener ihrer Sucht nach Sex". Die Moralvorstellungen laufen hier zum Teil gegeneinander und sind selbstgerecht bis verlogen, aber auch diese Frauen brauchen Verständnis, Menschlichkeit und wenn möglich Hilfe, weil sie sich „nirgendwo" akzeptiert finden und häufig zu Depressionen neigen, vielfach krankhaft.*

Jungfrauen finden? *Heute noch stoßen Migranten aus einigen Ländern und ältere Generationen auf das heutige Angebot und verstehen die Welt nicht mehr. Während Frauen vor der Ehe keinen Geschlechtsverkehr gehabt haben durften und natürlich uneheliche Kinder schon gar nicht, wird es heute schwierig sein, noch echte Jungfrauen zu finden.*

Portale (wie Bumswillig): *Das Format und die Bezeichnung der Portale (z.B. Bumswillig in ...) obliegt nicht den Damen, sondern einem aggressiven Marketing, aber man gewöhnt sich an die Begrifflichkeiten und hält sie für normal.*

Die Verzweiflung *vieler dieses Damen, keinen „echte“ Partner gefunden zu haben, treibt sie in Portale, die zwar eine grenzenlose Sexualität versprechen, aber kaum echte Partnerschaft.*

Sexuelle Ausschweifung: *Dazu kommt die Unfähigkeit, sich gegen den Vorwurf sexueller Ausschweifung wehren zu können, vor allem dann, wenn der Gegner der Mann ist, den sie bewundern und gern als Partner gewinnen würden.*

Empfindlichkeiten: *Man mag sich wundern: Wenn man diese Damen mit großem Nachdruck auf die Amoralität ihres Handelns hinweist, zeigen sich Empfindlichkeiten, mit denen man gar nicht gerechnet hat.*

Abbildung / Grafik 14: „ … April, April …“
https://de.toonpool.com/cartoons/April%20April_122069
Lizenzpflichtig hier nicht angebildet

Karikatur / Darstellung: Ein Paar liegt nackt im Bett und sie sagt zu ihm:

Es gibt da wirklich immer nur Dich, Liebling!
Aus dem Schrank kommt eine männliche Stimme: **“April, April!”**

ABBILDUNG / GRAFIK 14:
https://www.pexels.com/photo/woman-in-gray-shirt-sitting-beside-man-7556600/
Unglückliche Ehefrau, die ihren Ehemann nach Untreue um Verzeihung bittet.

In Canva bearbeiten   Kostenloser Download

Du kannst alle Fotos und Videos auf Pexels kostenlos verwenden.

(„4“) Motive, Hintergründe und Probleme

Dabei ist ***Fremdgehen bei Männern*** *ein Hauptmotiv; sie sind zum Teil verheiratet oder in festen Partnerschaften. Das gibt es auch bei* ***Frauen,*** *noch in geringerem Ausmaße,* ***aber stark zunehmend.***

Schwierigkeiten bei der Partnersuche: *Viele Damen und Herren im Alter zwischen ca. 20 und 50, die es anscheinend schwer haben, eine/n Partner/In zu finden. Der eigentliche Grund dafür ist der jeweilige Anspruch (verbreitet durch alle Arten von Medien, vor allem der digitalen).*

Lockvögel: *Es werden Damen und Herren gewählt, deren* ***Attraktivität*** *sehr hoch ist. Mit solchen Personen rechnet man in den Vermittlungen gar nicht; denn die meisten hätte fast überall große Chancen eine/n Partner zu finden. Aber sie dienen (bewusst oder unbewusst) als* ***Lockvögel.*** *Deshalb verlieren sich die Kontakte in ellenlangen Chats, an deren Ende der attraktivere Partner aussteigt.*

Echte User? *Wir haben in unserem Test festgestellt, dass eine Vielzahl der weiblichen Userprofile von Animateuren bzw. Controllern zentral von den Portalen betreut werden. Bei männlichen Usern ist die Chance zwar höher, es muss aber davon ausgegangen werden, dass hier auch Fake-Profile unterwegs sind.*

Animateure bzw. Chat-Unterhalter *arbeiten für die Betreiber und verwalten mehrere fiktive Profile. Hiermit sollen das Nachrichtenaufkommen und somit der Gewinn des Dating-Portals erhöht werden. Echte Treffen mit diesen Nutzern sind generell ausgeschlossen.*

Tatsächliche Paarbildungen: *Was immer man sich von dieser Art Programme/Portale verspricht, sie sind mit Vorsicht zu genießen. Aufgrund von ca. 500 Kontakten in 20 dieser Internetanwendungen habe ich folgenden „nicht repräsentativen“ Eindruck gewonnen, der Tendenzen aufzeigt, aber nicht statistisch eindeutige Aussagen liefert.*

Tatsächliche Paarbildungen scheinen relativ selten (Dauer mindestens 3 Monate) zu sein und wenn, dann dauern es häufig mehr als 3 Jahre (ca. 15% bei 100 Kontaktpersonen pro Suchende/n). Meinem Eindruck nach entstehen günstigstenfalls 5 Partner-schaften insgesamt pro Jahr in der Folge. Damit ist aber keine Aussage über den zeitlichen Bestand solcher Paarbildungen gegeben.

Größere Auswahl und Anonymität: *Ein wichtiger Grund ist der Drang nach Anonymität, verbunden mit der Furcht, im eigenen Umfeld belächelt zu werden, und mit noch stärkerer Angst, an den/die Falsche zu geraten. Die wirklichen Ursachen für die Partnersuche im Internet ist einerseits die Hoffnung auf eine größere Auswahl und andererseits, alles geheim zu halten, damit kein/e andere/r es bemerkt und kommentieren kann.*

(„5“) Wirkungen und Eigenschaften:

Wenn wir von folgenden Kriterien ausgehen, Ehrlich-keit, Humor, Treue, Intelligenz, Zuverlässigkeit, Einfühlungsvermögen, Familiensinn, Offenheit, Optimismus, Gute Manieren, Sportlichkeit, Aufmerksamkeit, Respekt, Zärtlich-lichkeiten, Gemeinsame Unterhal-tungen, Aussehen, Ausstrahlung, Körperbau, Gesicht, Lächeln, Augen, Haare, Körpersprache, Gestik, Mimik, Körperhaltung, Habitus, Loyalität, Barherzigkeit, Aufmerksamkeit, Kommunikationsfähigkeit usw., dann gibt es

- ***erwartetes Verhalten (Zielvorgabe),***
- ***tatsächliche Zuordnung (tatsächliche Einordnung der Suchenden).***

Wenn man z.B. erwartet, dass eine Prostituierte nicht so intelligent zu sein braucht, kann man sich erheblich täuschen.

Abbildung / Grafik 15: Tendenzen (Erwartete und tatsächliche Zielerreichung)

(EVZ) = erwartetes Verhalten (Zielvorgabe),
(TZS)= tatsächliche Zuordnung (wie sich die Suchenden tatsächlich einordnen),

an einem fiktiven Modell	Anspruchsvoll		Mittlere Tendenz		Sexistisch	
(Punktwerte / hoch=9/mittel = 6/niedrig = 3)	EVZ/TZS		EVZ/TZS		EVZ/TZS	
Ehrlichkeit		(9/6)		(9/6)		(6/3)
Intelligenz		(6/6)		(6/9)		(3/6)
Einfühlungsvermögen		(6/9)		(6/6)		(6/9)
Aussehen		(6/6)		(6/6)		(9/9)
Körperbau		(6/6)		(6/6)		(9/9)
Summe	EVZ"=9+9+6+6+6"	36	EVZ"=9+6+6+6+6"	33	EVZ"=6+3+6+9+9"	33
	TZS"=6+6+9+6+6"	33	TZS"=6+9+6+6+6"	33	TZS"=3+6+9+9+9"	36
Erfüllungsgrad=(TZS/EVZ)*100		91,67 %		100,00 %		109,09 %

Zunahme promiskuitiven Verhalten: *Wenn es hier auch um ein fiktives Beispiel geht, der Zunahme an promiskuitiven Verhalten, verstärkt bei Frauen ist eine durchaus registrierte Tendenz, nicht mehr so „prüde" wie früher „100:80:60" sondern eher zunehmend wie im Beispiel „92:100:109", in der Realität vielleicht nur zur Hälfte des Trends („96:90:85").*

A.3 Warum Dating-Portale es erschweren, die/den Richtige/n zu finden

Liebe: Der Traum vom gemeinsamen Glück

Abbildung / Grafik 16: Der Traum von gemeinsamen Glück
https://www.geo.de/magazine/geo-wissen/15142-rtkl-partnerboersen-warum-dating-portale-es-erschweren-den-richtigen-zu-finden/

- ***Dieser Inhalt stammt aus:***

Carolin Löbbert für GEO Wissen
GEO WISSEN NR. 58 Liebe: Der Traum vom gemeinsamen Glück
Liebe: Der Traum vom gemeinsamen Glück

Abbildung / Grafik 17: Partnerauswahl
Aus: Lizenzpflichtig daher nicht abgebildet
https://image.geo.de/30115732/t/Dv/v5/w960/r0/-/geo-wissen-ernaehrung-58-partnerboerse-titel-png--64615-.jpg

Viele Männer und Frauen achten bei der Partnersuche im Netz vor allem auf das Aussehen und andere eher oberflächliche Kriterien – und schließen damit viele Menschen aus, die eigentlich viel besser zu ihnen passen © Carolin Löbbert für GEO Wissen.

(„1“) Singlebörsen, Partnervermittlungen, Sextreffs oder Seitensprungagenturen

… Einen Lebensgefährten zu finden gehörte schon immer zu den zentralen Lebenszielen vieler Menschen. Aber lange mussten sich alleinstehenden Männer und Frauen mit jenen Kandidaten begnügen, denen sie in ihrem Dorf oder Stadtteil, im Büro, Verein oder unter Freunden begegneten. Sie mussten hoffen, dass sich in diesem Umfeld jemand finden würde, der annähernd den eigenen Vorstellungen entsprach. Heute muss ein Beziehungswilliger dagegen – zumindest theoretisch – keine Kompromisse mehr eingehen. Vielmehr kann er sich bei einer oder gleich mehreren Singlebörsen anmelden und nach seinem Wunschpartner suchen. Allein in Deutschland bieten mehr als 2500 Internetportale (Singlebörsen, Partner-vermittlungen, Sextreffs oder Seitensprungagenturen) ihre Dienste bei der Suche nach einem Partner an.

(„1.1“) Schnelle Nacht zu zweit oder große Liebe

Das Angebot *reicht von den Marktführern wie Parship, eDarling, Elitepartner, LoveScout24 oder neu.de zu spezialisierten Anbietern, die etwa Millionäre zusammenführen oder Hundefreunde, Science-Fiction-Fans, Vegetarier oder Seeleute, groß gewachsene oder beleibte Menschen, Jäger und Angler, Asexuelle und Grufties sowie Hochsensible oder Schnauzbartträger und deren Fans. Es gibt Dienste, bei denen die große Liebe das Ziel ist, andere für die schnelle Nacht zu zweit. Angebote, bei denen nur Frauen den Kontakt initiieren dürfen, und solche für Europäer, die ein Date mit einem Asiaten oder einer Asiatin suchen.*

Und wer bereit ist, sich international *umzusehen, dem eröffnen sich noch weitaus mehr Möglichkeiten …*

(„1.2) Liebe durch Algorithmus

Und wer bereit ist, sich international umzusehen, dem eröffnen sich noch weitaus mehr Möglichkeiten …

Paradies oder nur Illusion: *Nicht selten verheißen die Partnervermittlungen gleichsam das Paradies: dass ein Mensch mit ihrer Hilfe genau jenen -Gefährten finden kann, der am besten zu ihm oder ihr passt. Dass sich niemand mehr mit einer nur mittelmäßigen Beziehung begnügen muss.*

Glücksformel: *Etliche Anbieter versprechen gar, eine Glücksformel gefun-den zu haben: einen raffinierten Algorithmus, mit dessen Hilfe sich der passende Partner aus dem schier unüberschaubaren Angebot herausfiltern lässt.*

Irrationalität und Individualität: *Die Realität zeigt allerdings, dass Singles zwar aus unendlich vielen kontaktwilligen Männern und Frauen wählen können – aber dennoch oft nicht den Richtigen oder die Richtige finden. Der britische Wirtschaftswissenschaftler Peter Backus wollte vor einigen Jahren herausfinden, wie wahrscheinlich es für ihn ist, eine passende Partnerin zu finden. Backus, damals 30, versuchte zu verstehen, wieso er keine Freundin hatte, obwohl seine Ansprüche doch vergleichsweise bescheiden wirkten. Er wünschte sich eine Partnerin, die wie er in London lebt, die zwischen 24 und 32 Jahre alt sein sollte, die gut aussieht und studiert hat. Backus berechnete, dass rund 10 510 Frauen in Großbritannien diese Mindestkriterien erfüllten.*

Anschließend kalkulierte er, wie viele dieser Personen keinen Partner hätten, wie viele sich wohl auch zu ihm hingezogen fühlen könnten und mit wie vielen aus dieser Teilmenge er sich ausreichend gut verstehen würde.

Ergebnis ist eher die mangelnde Wahrscheinlichkeit eines Treffers

Laut seiner Formel kamen nur 26 Frauen im Großraum London für ihn infrage. Statistisch bedeutete dies, so rechnete Backus aus, dass er 780 Jahre lang jeden Abend ausgehen müsste, um einer von ihnen zufällig zu begegnen.

Profile und ihre vermeintliche Maßgeblichkeit: *Um diese derart geringe Wahrscheinlichkeit zu verbessern, den richtigen Lebenspartner zu treffen, entstanden vor 20 Jahren die ersten Singlebörsen im Internet. Die meisten glichen anfangs digitalisierten Versionen der Kontaktanzeigen in den Tageszeitungen. In diesen auch heute noch populären Dating-Portalen legen Mitglieder Profile an. Darin stellen sie sich mit Fotos, Angaben über Alter, Beruf oder Hobbys und einer kurzen Selbstbeschreibung vor. Die Mitglieder können ihre Profile gegenseitig lesen und sich elektronisch kontaktieren. Die Singlebörsenziele dabei entweder auf ein unverbindliches Kennenlernen (in Deutschland etwa LoveScout24, neu.de, iLove oder DatingCafe). Oder sie vermitteln Kontakte für sexuelle Abenteuer und Seitensprünge (beispielsweise secret.de, casualsex24.de, Joyclub.de, poppen.de)…*

Wie im Supermarkt können die Nutzer von Dating-Portalen ihren Wunschpartner nach seinen Eigenschaften auswählen. Viele entwickeln dabei eine regelrechte Shoppingmentalität, beobachten Soziologen.

Abbildung / Grafik 18: „ von der Stange“
Lizenzpflichtig hier nicht abgebildet
Aus: https://image.geo.de/30115732/t/Dv/v5/w960/r0/-/geo-wissen-ernaehrung-58-partnerboerse-titel-png--64615-.jpg

Schanz: Wenn das überhaupt möglich ist, dann müssten für jede/n Teilnehmer/In die Kriterien der Auswahl individuell ermittelt werden, was noch möglich wäre, aber die

Algorithmen zur Synchronisierung unterschiedlicher Kriterienlogiken mit von einander abweichenden Dimensionen und Maße

bleibt vorerst reine Hypothese, abgesehen davon, das die Teilnehmer/Innen sie selbst nicht oder nur sehr eingeschränkt kennen.

(„2“) Online vs reales Leben

Spontane Emotionalität: *In der Realität bahnen sich Beziehungen nach archaischen Mechanismen an. Forscher haben festgestellt, dass dabei viele unbewusst verzeichnete Sinneseindrücke eine Rolle spielen, etwa die Form des Gesichts, der Klang der Stimme, der Geruch. Diese Wahrnehmungen sind anfangs weitaus wichtiger als Informationen etwa über Wohnsitz, Beruf, Lieblingsfarbe.*

Bewertung der Sinneseindrücke: Online muss sich ein Single dagegen für oder gegen ein Kennenlernen entscheiden, noch ehe er den potenziellen Partner getroffen hat, noch bevor er vielfältige Sinneseindrücke sammeln konnte. Dafür kennt er oft bereits zahlreiche Details aus dem Leben des anderen, weiß zum Beispiel um dessen politische Einstellung, ist über seinen beruflichen Werdegang informiert oder seine musikalischen Vorlieben …

Abbildung / Grafik 19: Bedürfnisse. Gefühle und Emotionalität

https://www.pinterest.de/pin/365706432220998944/
Die Nutzung von Pinterest ist grundsätzlich kostenlos. Nur wenn Du als Unternehmen Werbeanzeigen schalten möchtest, fallen Kosten an.26.01.2023

Abbildung / Grafik 20: „Die Qual der Wahl“
Lizenzpflichtig hier nicht abgebildet
Aus: https://image.geo.de/30115738/t/8G/v4/w960/r0/-/geo-wissen-ernaehrung-58-partnerboerse-wahl-png--64618-.jpg

Quantität und Zufriedenheit: *Rund 200 Profile schauen sich Nutzer von Onlineportalen im Schnitt nach jedem Einloggen an. Das große Angebot erschwert es vielen, sich für einen Kandidaten zu entscheiden – und macht sie Studien zufolge oft auch unzufriedener mit der irgendwann getroffenen Wahl …*

Oberflächliche Kriterien: *Stattdessen wählen sie nach oberflächlichen Kriterien aus, wie Forscher wissen. Frauen achten oft vor allem auf Körpergröße und den ökonomischen Status des Mannes; Männer auf das Alter einer Frau. Und in vielen Fällen treffen beide Geschlechter ihre Entscheidung nicht danach, wie gut der Profiltext formuliert ist, sondern vor allem nach der Strahlkraft des Fotos und der Attraktivität der abgebildeten Person. Darin zeigt sich ein Mechanismus, der tief in unserer Psyche verankert ist. Von Natur aus neigen wir dazu, vom Aussehen eines anderen auf die gesamte Person zu schließen. Wirkt jemand attraktiv, vermuten wir instinktiv, dass dieser Mensch auch klug, kompetent und vertrauenswürdig wäre – selbst wenn jeder weiß, dass solche Zuweisungen längst nicht immer stimmen …“*

(„3“) Scamming: Polizeiberatung

https://www.polizei-beratung.de/themen-und-tipps/betrug/scamming/

- ***Auszugsweise: Scamming: Vorsicht bei virtuellen Bekanntschaft (zum Teil stichwortartig, Überschriften***

„ … Versprochen wird die große Liebe, das schnelle Geld oder der Traumjob - doch hinter den verlockenden Angeboten steckt häufig so genanntes Scamming.

*Oft führt der Weg zum ersehnten Glück nämlich über **Vorauszahlungen an** Betrüger **(Scammer).** Die unter dem Namen **Nigeria Connection** bekannt gewordene Betrugsmasche beschränkt sich mittlerweile nicht mehr nur auf Massenmails mit absurden Gewinnversprechen, sondern tritt in vielfältiger Form in Erscheinung.*

Betrug mit vorgetäuschter Liebe
Betrug mit falscher Identität (Soldat)
Betrug mit falschen Geldversprechen
Betrug mit Wohnungsangeboten
Betrug mit dem Traumjob
Betrug mit gefälschten Schecks
Betrug mit sicherem Autokauf

Vorsicht bei Romance-Scamming: *Ein kurzer Chat oder eine nette Mail von einem Unbekannten – das so genannte Love- oder Romance-Scamming fängt harmlos an. Die Scammer suchen auf **Online-Partnerbörsen** oder in **sozialen Netzwerken** wie Instagram, Snapchat oder Facebook nach Opfern und durchforsten dort die Mitgliederlisten. Eine kurze Online-Einladung zum Chat dient vielen als Erstkontakt. Um sich beim potenziellen Opfer interessant zu machen, legen ich **Romance Scammer** ungewöhnliche Lebensgeschichten zu – und sie hinterlassen immer einen seriösen Eindruck.*

Scamm-Männer *geben sich als Ingenieure, Architekten, Soziologen, Konstrukteure in der Ölindustrie, als Tierärzte, Computerspezialisten und U.S. Soldaten aus. Auf den Fotos des Scammer-Profils bekommen weibliche Opfer eine attraktive weiße Person präsentiert – die* ***Bilder sind allerdings gestohlen****. Und auch wenn der „Neue“ vorgibt, in Amerika oder im europäischen Ausland zu leben, so sitzt er wahrscheinlich in Westafrika. Davon merken die Opfer allerdings nichts, denn diese Chat-Bekanntschaften sprechen perfekt Englisch oder benutzen kostspielige Übersetzungstools für ihre Mails.*

Scamm-Frauen *geben sich bevorzugt als Krankenschwestern, Ärztinnen, Mitarbeiterinnen im Waisenhaus oder als Lehrerinnen, Schauspielerinnen sowie als Geschäftsfrauen jeder Art aus. Die Frauen auf den Bildern in Netzwerken und auf Dating-Seiten sind äußerst attraktiv. Aber auch diese Bilder sind meist gestohlen oder einzig für das Scamming fotografiert worden. Das ist an Fotostrecken mit ähnlichen Posen und Kleidung zu erkennen. Viele Frauen geben sich als Russinnen aus. Sie können aber auch aus Südamerika, Thailand, Afrika oder Europa stammen. Auch alle Scamm-Frauen* ***beherrschen die englische Sprache, manchmal sogar die deutsche Sprache, perfekt.***

- ## *Vorgehen der Scammer*

Unverzichtbarkeit und Abhängigkeit: Sowohl Scam-Männer als auch Scam-Frauen schaffen es, sich ***im täglichen Leben ihrer Opfer unverzichtbar zu machen*** *– und zwar ohne ein einziges Treffen. Auf eine romantische Mail am Morgen folgt ein kurzes Telefonat am Mittag, nach Feierabend wird gechattet oder stundenlang telefoniert. Bei den Gesprächen geht es zu Beginn keineswegs um Geld, sondern um den Beruf, die Familie sowie um Liebe und eine gemeinsame Zukunft. Oft werden Geschichten über verstorbene Ehepartner und Kinder aufgetischt.*

geschäftlich oder aus familiären Gründen nach Westafrika oder …
Bitte um Geld aus einer momentanen Notlage
Druck auf Opfer ausüben – z.B. wegen Täuschung, Betrug …
Drohung mit Strafanzeigen …
Mobbing, Stalking und andere Formen der Belästigung

- ## *Romance- oder Love-Scammer erkennen*

Arten der Kontaktaufnahme (Überlegenheit, große Bildung, Liebenswürdigkeit …)

Über Netzwerke oder Dating-Seiten kommen Scammer an Mailadressen

Einladung zum Chat dient als Lockmittel

Sprache: ***Die Betrüger kommunizieren meistens*** *(sehr gutes Englisch und Deutsch)*

Bildern: Scamm-Frauen locken ihre Opfer bevorzugt mit schönen Fotos, auf denen sie oft leicht bekleidet zu sehen sind, während Scamm-Männer häufig Fotos von uniformierten Männern nutzen.

Inhalt der Mails: ***Scammer überhäufen ihre Opfer schon nach dem ersten Kontakt mit ellenlangen Briefen voller*** *schwülstiger Liebesschwüre.*

Internationale Verbindungen und Möglichkeiten und Beziehungen

Bitten um Geld / Visum / Päckchen- oder Briefversand / gemeinsames Konto

Scam-Frauen erbetteln sich häufig Einladungen nach Deutschland.

So überprüfen Sie Ihre Online-Bekanntschaft / Was tun, wenn ich gescammt wurde?

Ignorieren

Beweissammlung (Chatkopien) auf einem Speichermedium wie beispielsweise Ihrem bevorzugten Cloud-Dienst, einer externen Festplatte, einem USB-Stick oder einer CD-ROM

Überweisungsbelege

Selbsthilfeseiten im Internet erklären Ihnen ebenfalls, wie Sie sich vor größerem Schaden schützen können. Dort erfahren Sie, was Sie konkret tun müssen, um alle Beweise sichern zu können.

Hilfe holen: ***Erstatten Sie Anzeige bei der*** *Polizei.*
Blockieren: ***Brechen Sie jeglichen*** *Kontakt ab.*
Kontrolle über den Rechner der Opfer.

- ## *Folgen für Opfer und Strafverfolgung der Täter*

finanzieller Schaden: *Wenn Sie aus reiner Gefälligkeit oder Hilfsbereitschaft einen Scheck einlösen, der sich später als gefälscht herausstellt und deshalb von der Bank rückbelastet wird, bleibt der finanziellen Schaden bei Ihnen.*

Betrug gem. § 263 StGB: *Danach wurden Sie Opfer eines Betrugs gem. § 263 StGB. Allerdings geraten gerade in diesen Fällen auch die Opfer sehr schnell in den Verdacht, mit den Tätern gemeinsame Sache zu machen. Dies kann unter Umständen eine Strafanzeige durch die Bank zur Folge haben.*

gefälschte Ausweise und andere Dokumente: Wenn Sie einem Scammer bereits Kopien von Ausweisdokumenten übersandt haben und konkrete Anhaltspunkte dafür haben, dass Ihre Daten für gefälschte Ausweise missbraucht werden, sollten Sie Strafanzeige bei der Polizei erstatten.

Absurditäten: *Problematisch ist, dass die Kontaktaufnahmen der Scammer so genannte straffreie Vorbereitungshandlungen darstellen – eine absurde Mail allein ist also nicht illegal.*

Strafanzeige wegen Betruges: Wenn Sie aber einen finanziellen Schaden erlitten haben, dann sollten Sie in jedem Fall bei der Polizei Strafanzeige wegen Betruges erstatten.

- ### *Niemals Geld an Unbekannte …"*

Grundsätzlich sollte man Menschen, die man nie persönlich kennengelernt oder gesehen hat, kein Geld überweisen oder auf sonstige Forderungen eingehen. Gerade im Internet tummeln sich viele ***Betrüger, die an der Gutgläubigkeit ihrer Mitmenschen viel Geld verdienen*** *wollen. Seien Sie also immer* ***misstrauisch bei unglaublichen Angeboten****, ob bei der Wohnungs- oder der Partnersuche.*

A.4 EXKURS
„Erotische Intelligenz" ./. "Sexuelle Intelligen" ./. "Mentale Intelligenz"

Abbildung / Grafik 21: **Erotische Intelligenz-Nietsche *„Oh Gott" ./. „Gott ist tot"***
Lizenzpflichtig hier nicht abgebildet
https://encrypted-tbn0.gstatic.com/images?=tbn:ANd9GcRhQjpdlsY1eOCjCUeALO Atp09-20dYPJGtHHjb1401_-5NnQ86-2Pa3f-1FecqpTwiKC4&usqp=CAU

Abbildung / Grafik 21: GOD ...
Die Nutzung von Pinterest ist grundsätzlich kostenlos. Nur wenn Du als Unternehmen Werbeanzeigen schalten möchtest, fallen Kosten an. 26.01.2023

https://i.pinimg.com/564x/ce/35/7c/ce357c257a2660729e7ee928356f687a.jpg
https://i.pinimg.com/564x/6f/f6/78/6ff678e96ad8d31a0eadcc92d4a9a43c.jpg

Auszugsweise:
https://www.zeit.de/kultur/2016-05/sexpowerment-porno-feminismus-camille-emmanuelle-interview

Was hat Nietzsche wirklich über „Gott ist tot" gesagt?

"God is dead," Der deutsche Philosoph Friedrich Nietzsche erklärt in seinem Werk „Die schwule Wissenschaft" von 1882: „Gott bleibt tot. Und wir haben ihn getötet."

Das Zitat wird oft missverstanden oder aus dem Zusammenhang gerissen. Nietzsche bezog sich darauf, wie die Aufklärung zur Erosion religiöser Überzeugungen beigetragen hatte, die lange Zeit als grundlegendes Glaubenssystem für einen Großteil der Welt gedient hatten.

Sexpowerment:"Erotische Intelligenz ist wichtig"

„... Die Autorin Camille Emmanuelle möchte Frauen einen befreiten Umgang mit Sex ermöglichen. In Frankreich ein Tabubruch. Hat Berlin Paris in puncto Libertinage überholt? / Interview: ***Cécile Calla*** */ 23. Mai 2016, 13:59 Uhr*
Die französische Journalistin Camille Emmanuelle © thepaulgreen.com

INHALT„... Die Journalistin Camille Emmanuelle, 35, ist die neue Stimme des französischen Feminismus. In ihrem kürzlich in Frankreich erschienen Essay-Buch ***Sexpowerment, le sexe libère la femme (et l'homme)*** *plädiert sie für eine sexuelle Revolution, die sowohl Frauen als auch Männer von gesell-schaftlichen Erwartungen befreit. Mehr noch, sie verteidigt sogar mit viel Humor einen spielerischen Umgang mit den sexuellen Rollen.*

ZEIT ONLINE: *Madame Emmanuelle, brauchen heutige Frauen wirklich noch dringend einen Diskurs über sexuelle Aufklärung und Rollenzuschreibungen?*

Camille Emmanuelle: *Ich habe eine sehr bewegende E-Mail einer 47-jährigen Frau bekommen: Hätte sie mein Buch mit 18 Jahren gelesen, wäre ihr Leben anders verlaufen. Wir brauchen einen Diskurs, der weder prüde ist, noch die sexuelle Performanz zelebriert. Ich sage nicht, dass man dreimal am Tag einen Orgasmus haben oder 40 Sextoys besitzen soll, was man übrigens noch oft in Frauenzeitschriften liest. Im Bereich der sexuellen Aufklärung für Erwachsene gibt es noch sehr viel zu tun. Man spricht heute viel von emotionaler Intelligenz. Die erotische Intelligenz ist auch wichtig.*

Schanz: *Quantifizierende Aussagen und Generalisierungen sind in aller Regel wenig aussagefähig. Wer soll bestimmen, ob, in welcher Weise und mit welcher Ausstattung Sexualität betrieben werden soll.*

„Erotische Intelligenz“ *ist letztlich ein begriffliches Konglomerat, das Erotik als sinngebende Sexualität mit allen Sinnen definiert, Liebe zu planen, phantasievoll zu gestalten, auszuleben, konzentriert zu genießen und auszuleben*

„Sexuelle Intelligenz“ als Unterbegriff *ist isofern abzugrenzen, weil man manchen promiskuitiven Menschen (auch* **Prosttituierten) eine emotional-operative Fähigkeit zuschreibt, sexuelle Euphorie zu bewiren**

HINWEIS: *“... Erotische Intelligenz: Hochsensibel lieben und sinnlich leben*

Mit allen Sinnen lieben Wahre Liebe finden und beglückende Sexualität erleben – Gerade hochsensible Menschen verfügen über besondere sinnliche Fähigkeiten! Wie man dieses verborgene Sinnes-Instrumentarium entfaltet, zeigt Anne Heintze. ..
Datum der Erstveröffentlichung: BROSCHIERT – 15. MAI 2017

Camille Emmanuelle: Die „erotische Intelligenz“ *sollte sich nicht auf „Voyeurismus, Kopfkino und sexuelle Lust“ beschränken.*

ZEIT ONLINE: *Haben Frauen damit ein besonderes Problem?*

Camille Emmanuelle: *Die gesellschaftlichen Erwartungen an den Körper und die Sexualität lasten besonders schwer auf ihnen. Aber auch Männer müssen einen anderen Diskurs über Männlichkeit und Virilität führen. Virginie Despentes schrieb in* ***King Kong Theorie*** *(Berlin Verlag, 2007), dass kein Autor in den vergangenen dreißig Jahren einen innovativen Text über Männlichkeit verfasst habe. Prince, der wunderbar mit den sexuellen Zuschreibungen gespielt hat, ist gerade gestorben. David Bowie vor ein paar Monaten. Wer wird jetzt diese Rolle übernehmen?*

ZEIT ONLINE: *Wird stattdessen weiterhin lieber eine traditionelle Männ-lichkeit zelebriert?*

Camille Emmanuelle: *Nun, die Emanzipation hat natürlich einiges durcheinander gebracht. Es herrscht großes Unverständnis zwischen den Geschlechtern. Deshalb blicken manche lieber zurück. Noch dazu befinden wir uns in Frankreich in einer wirtschaftlichen, politischen und Identitätskrise.*

ZEIT ONLINE: *Nicht nur in Frankreich!*

Camille Emmanuelle: *In einer solchen Zeit verkrampfen die Menschen beim Thema Sexualität. Deutsche oder englische Kollegen waren sehr überrascht von dem Skandal um das Kunstwerk des Briten Anish Kapoor in Garten von Versailles, das Ähnlichkeiten mit einer Vagina hatte. Sie wunderten sich auch über die großen Demos gegen die Homo-Ehe in Frankreich. Wir wurden sonst überall als Land von Sade und Apollinaire gefeiert. Aber das ist Blödsinn.*

Schanz: ***Gesellschaftliche Erwartungen,*** *wie Menschen ihre sexuelle Rolle wahrnehmen sollen, mögen für viele interessant sein, aber verbindlich sollten sie nicht sein. Wer sich danach richtet, was typisch männlich und typisch weiblich ist, unterwirft sich einem Modediktat.*

Prince Rogers Nelson (Verbindung von sexuellem Verlangen und religiösem Glauben) und David Bowie (unterschiedliche Geschlechterrollen bis zu querer Sexualität) mögen für viele zu Vorbildern geworden sein und in manchen Szenen als Vorbilder und Wegbereiter für Erotische Intelligenz gelten, aber es darf keine Pflicht sein, sich dem anzuschließen und in diese Richtung zu expandieren.

Einschränkungen des „eigenen Ichs“: *Diese Art Vorbilder sind im Sinne der Emanzipation Einschränkungen des „eigenen Ichs“ und im Prinzip das Gegenteil dessen, was Selbstbefreiung bedeutet.*

Identitätskrisen *resultieren meistens daraus, dass Menschen mit den ihnen zugedachten oder von ihnen gewählten Rollenbilder nicht klar kommen.*

Toleranz in der Kunst: *Die künstlerischen Darstellungen von Geschlechtsorganen, pornographischem Geschehen und das Eintreten für sexuelle Orientierungen mögen wertvoll und wichtig sein und als beispielhaft für Toleranz gelten, aber ein Beweis für Erotische Intelligenz ist das noch nicht. Menschen, die ihre Vorstellungen von Sexualität verbal, offensiv und plakativ zur Schau stellen, sind zunächst nur extrovertiert, nicht zwingend erotisch intelligent. –*

Ob „erotisch intelligente“ Menschen ihre Auffassungen unbedingt in der Öffentlichkeit verbreiten müssen, weiß ich nicht, aber sie dürfen es.

Prüderie ist nicht verboten: *Andererseits mag Prüderie nicht gewünscht sein und als überholt gelten, aber wer das für sich als Wert beansprucht, muss die Freiheit haben, so zu leben, sich dann aber auch mit etwaigen Folgen abfinden.*
ZEIT ONLINE: *Die Lektüre ihres neuen Essays* ***Sexpowerment*** *ist sehr unterhaltsam. Das liegt auch an den vielen persönlichen Anekdoten und der humorvollen Umgangssprache. Wollten Sie das Klischee der humorlosen Feministin knacken?*

Camille Emmanuelle: *Ich wollte vor allem niemanden belehren. Das Buch mokiert sich über die gesellschaftlichen Anforderungen an Körper und Sexualität, aber ich wollte auf keinen Fall selbst welche aufstellen. Ich erzähle von meinem Leben, weil dadurch Humor und Selbstironie möglich sind. Im Alter zwischen 15 und 35 hatte ich so viele verschiedene Meinungen wie Frisuren. Es war mir auch wichtig zu erzählen, vor welchem Hintergrund dieser Diskurs stattfindet. Ich bin nicht Malala, komme auch nicht aus Afghanistan, sondern bin 1980 in Frankreich geboren, in einer gebildeten Familie aufgewachsen. Und trotzdem hat es lange gedauert, bis ich mich von all diesen Stereotypen befreien konnte. Wenn ich manchen Frauen ermöglichen kann, etwas Zeit zu gewinnen, umso besser …*

Schanz: *Dass* ***Camille Emmanuelle niemanden belehren will, passt nicht ganz zu den bisher geäußerten Anliegen.*** *Vermutlich ist für sie vor allem das Wissen um die von ihr gebrachten Zusammenhänge „Erotische Intelligenz“.*

Was aber ist „Erotische Intelligenz“ konkret? Eher ein Placebo ode rein Traumbild?

Placebo: *Es gibt eine Reihe von Definitionen bis zu Tests, wobei Wissenschaftlichkeit im engeren Sinne kaum zu finden ist. Letztlich sind es Wünsche an eine erfüllte Sinnlichkeit, die „Erotik“ und „Sexualität“ verbindet. Mir scheint das eher den Charakter eines Placebos zu haben als auf konkreten Wirkungsanalysen zu beruhen, kaum mit sinnvollen therapeutischen Ansätzen.*

Traumbild: *Aber sie verfehlen ihre Wirkung nicht und bringen viele Menschen dazu, permanent „euphorischen Erlebnissen“ nachzulaufen, um ihre Weiblichkeit, ihre Männlichkeit, gesellschaftliche Fortschritts-Hoffnungen und „wer weiß was“ zu optimieren. Wahrscheinlich landen viele in „Verwirrungsphantasien“*

Realität: *oder sie schaffen den erlösenden Ausstieg in die Realität mit den immer erforderlichen Kompromissen.*

Die „Erotische Intelligenz Autoren/Innen“ loben dann die Modernität und den unentbehrlichen Avantgardismus ihrer Empfehlungen, schreiben Bücher, geben Interviews und sonnen sich im Licht „vermeintlichen Ruhms“.

Abbildung / Grafik 22: Erwartungen und Realität „Vorspiel ./. Nachspiel“
Lizenzpflichtig hier nicht angebildet:
https://www.catprint.de/wp-content/uploads/2020/12/a721.jpg
***Karikatur / Darstellung**: Ein heterosexuell Paar beim Geschlechtsverkehr. Sie schaut ihn böse an und fragt „Kein Vorspiel?“*
Er: „Ich bin schon in der Nachspielzeit.“

Camille Emmanuelle: *Im Vergleich zu Paris habe ich eine wirkliche sexuelle Freiheit in Berlin gespürt. Sie existiert sowohl im Alltag als im Nachtleben. Lesbische Frauen gehen zum Beispiel ganz normal Hand in Hand in Berlin spazieren. In Paris würden sie sich das außerhalb des Marais, das bekannt ist für seine homosexuelle Szene, oder mancher Bars nicht trauen.*

Die großen Demos gegen die Homo-Ehe haben dem homophoben Diskurs neuen Raum gegeben. Das Faszinierende am KitKat oder dem Berghain ist ja, dass man als Hetero auch willkommen ist. Fetischabende, wie sie im KitKatClub stattfinden, gibt es in Paris nur in einem kleinen geschlossenen Kreis. Die Grenzen zwischen den verschiedenen Welten sind in Berlin durchlässiger.

Diese freie Atmosphäre hat meiner Meinung nach auch mit einer alternativen, feministischen Szene zu tun. In der deutschen Hauptstadt, gibt es auch schon seit zehn Jahren ein alternatives Pornofilmfestival. Als ich da zu einer Reportage hinkam, war ich völlig überrascht zu sehen, dass Kinder einfach im Festivalcafé herumliefen. In Paris könnte man noch nicht einmal ein solches Festival organisieren.

Schanz: *Die* **sexuelle Freiheit in Berlin** *äußert sich ihres Erachtens darin, dass im Nachtleben lesbische Frauen zum Beispiel ganz normal Hand in Hand in Berlin spazieren gehen, dass es eine homosexuelle Szene gibt und dass es ein Pornofestival gibt, in dem Kinder herumlaufen, dass quasi alles Sexuelle öffentlich möglich ist, dafür und auch dagegen, wie große Demos gegen die Homo-Ehe.*

Ob das **im Vergleich zu Paris Maßstab** *für Sexuelle Intelligenz ist oder nur die bei uns erwartete Toleranz möchte ich nicht entscheiden, aber sie mag Paris besser kennen als ich, dennoch habe ich Zweifel, dass dort weniger „Erotische Intelligenz" herrscht.*

Es scheint mir alles vielschichtiger, komplexer und unübersichtlicher zu sein. Paris und sein Umfeld (Île-de-France, auch als Agglomeration Paris bezeichnet) ist im Vergleich mit Berlin ein heterogener Moloch. Die Probleme wie fehlender Wohnraum, übermäßige Umweltbelastung, erhebliche Sozialprobleme in Verbindung mit einem zum Teil unzufriedenen Ausländeranteil („cultural clash") gehören zu den Konfliktschwerpunkten der Stadt, die Berlin auch kennt, aber bei Weitem nicht in diesem Umfang.

Nicht eindeutig: *Deshalb lassen sich m.E. Aussagen über „Erotische Intelligenz" nicht eindeutig verifizieren, weil die Vielfalt und die regionalen Unterschiede die Vergleichbarkeit erschweren.*

Das erotische Paris mit seinem Nachtlebeben, allen Etablissements und vielen Sexangeboten bietet quantitativ mehr als Berlin, aber auch das muss noch keine abschließende Bewertung *„Erotischer Intelligenz" und sexueller Freiheit sein.*

ZEIT ONLINE: *Sie zertrümmern mit viel Witz ein weitverbreitetes Klischee, nämlich das der Pariserin als Verkörperung der perfekten Frau. Ist da nichts dran?*

Camille Emmanuelle: *Ich stamme aus der Provinz, kam mit 22 Jahren nach Paris. Da merkte ich, dass es eine Diskrepanz gibt zwischen der Wirklichkeit und dem Bild, das die Frauenzeitschrift* **Elle** propagiert*: die schicke gut gestylte schlanke Frau, die ihren Kaffee in Saint-Germain-des-Prés trinkt und mit ihren drei Kindern auf die Île de Ré in Urlaub fährt. Ich habe rundere, ältere und vulgäre Frauen gesehen. Die perfekte Frau, von der* **Elle** *schreibt, "sexy aber nicht* **too much**", *"schlank ohne Diät", "super Job und super Mutter", die habe ich einfach nicht getroffen. Ich habe selbst unter diesen Stereotypen gelitten, denn ich komme nicht in Slim-Jeans rein und Ballerinas passen mir einfach nicht. Trotzdem gehört es zur Besonderheit der französischen Kultur, die Schönheit der Frauen wie zum Beispiel in den Filmen von François Truffaut hervorzuheben.*

ZEIT ONLINE: *Sie verteidigen einen Feminismus, der Schönheit nicht auslässt, und stellen sich selbst gern als Feministin in Strapsen dar. Ist das nicht eine sehr französische Herangehensweise?*

Camille Emmanuelle: *Mich haben nordamerikanische Persönlichkeiten beeinflusst, wie die Schauspielerin und Burlesque-Tänzerin Louise de Ville, die sehr mit der Weiblichkeit gespielt oder sie überbetont hat. Ich trage Lippenstift nicht etwa, weil ich den sexistischen Kodex umsetzte, sondern weil ich es so mag und freiwillig entscheide. Genauso ist es mit den Strapsen.*

Man kann eine freie Frau sein und mit den Gendercodes spielen wie im Karneval. Einen Tag trage ich Jeans und Sneakers und am nächsten Tag bin ich wie ein Pin-up angezogen. Der feministische Kampf darf sich nicht gegen die Weiblichkeit richten.

ZEIT ONLINE: *Sie verteidigen einen sexpositiven Feminismus, der sich nicht für ein Verbot der Pornografie und der Prostitution ausspricht, im Gegensatz zu den meisten französischen Feministinnen. Warum ist Ihre Meinung so isoliert?*

Schanz:

Persönlichkeitsideale *(Schönheitsideal, Idealisierung, Idealtypus, Vorbild, Mode) mögen als Vergleichswerte irrational wirken, aber der Mensch kann sich ihnen nicht entziehen.*

Der Wunsch von Schiller/Beethoven in der 9. Sinfonie „Freude, schöner Götterfunken, Tochter aus Elysium, Wir betreten feuertrunken, Himmlische, dein Heiligtum. Deine Zauber binden wieder, was die Mode streng geteilt, alle Menschen werden Brüder, wo dein sanfter Flügel weilt." wird nicht erfüllt. Die Mode teilt und der Mensch spielt mit.

Was ist erreichbar: *Wer eine/n Partner/In auswählt, wird von der äußeren Attraktivität im hohen Maße beeinflusst werden, auch wenn der/die Erwählte das nicht will und nicht erreichbar ist.*

Aber selbst, wenn der/die so idealisierte Partner/In erreichbar ist, bedeutet das ja nicht, dass sich daraus eine harmonische Beziehung ergeben muss, wenn die Persönlichkeiten nicht zusammenpassen.

Mit der Irrationalität leben: *Insofern müssen wir mit der Irrationalität leben (schicke gut gestylte schlanke Frau, super Job und super Mutter, sexy und solide, Schönheit der Frauen wie zum Beispiel in den Filmen von François Truffaut hervorheben).*

Wikipedia: „... Schönheitsideale existieren für beide Geschlechter, spielten und spielen aufgrund ihrer gesellschaftlichen Stellung jedoch sowohl für das eigene Selbstverständnis als auch für die Wahrnehmung von außen eine größere Rolle für Frauen als für Männer.

Männliche und weibliche Schönheitsideale wandeln sich mit der Zeit, nehmen aufeinander Bezug und gleichen sich zumindest teilweise aneinander an. Allerdings ist auch das Gegenteil der Fall: die starke Betonung der Geschlechtsunterschiede. Als Ideal galt also oft genau das, was als besonders und typisch männlich oder weiblich wahrgenommen wurde..."

Ob wir wollen oder nicht, ***wir müssen damit leben*** *und allem Anschein nach kommen die meisten damit zurecht.*

Camille Emmanuelle: *In Frankreich kommen immer dieselben Feministinnen, meistens die Sprecherin der Bewegung Osons le féminisme, zu Wort. Einzelne Stimmen werden vernachlässigt. In den USA gibt es viel mehr einzelne Persönlichkeiten, deren Stimmen in diesen Debatten zu hören sind. In Frankreich gab es in den neunziger Jahren eine merkwürdige Allianz zwischen katholischen Vereinen wie dem Mouvement du Nid und Feministen, die sich einerseits um Prostituierte kümmerten und anderseits für deren Verbot eintraten. Das führte zu einem Gesetz, das die Freier bestraft. Ich bin eigentlich keine wütende Feministin, aber da war ich wirklich sauer auf diese Feministinnen. Denn das bringt die Prostituierten in Gefahr und trifft zuerst die Ärmsten, die die auf den Straßenstrich gehen.*

ZEIT ONLINE: *In Deutschland ist die Gesetzgebung viel liberaler, was dazu führt, dass es Flatratebordelle gibt. Halten Sie das für wünschenswert? Würden Sie sagen, dass Prostitution ein ganz normaler Beruf ist?*

Camille Emmanuelle: *In einer idealen Welt würden sich Männer gleichberechtigt auf dem Markt der Verführung bewegen und könnten auf bezahlten Sex verzichten. Aber es ist nicht so.*

Man sollte Prostitution als Job anerkennen, auch wenn es kein harmloser Job ist. Weder die deutschen Flatratebordelle noch die Bestrafung der Freier können eine Lösung sein.

Das intelligenteste Modell wäre wahrscheinlich ein selbstständiger Status.

Moralvorstellungen bringen uns zu keiner Lösung. Als ich jung war, befürwortete ich ein Prostitutionsverbot. Nachdem ich viele Gespräche mit Prostituierten geführt hatte, begriff ich, dass sich hinter dem Begriff Prostitution verschiedene Situationen verbergen. Vielleicht sollte man dazu eine große internationale Konferenz wie zum Thema Umwelt organisieren. Man sollte gemeinsam mit den Prostituierten überlegen, wie die beste Gesetzgebung aussehen könnte.

Schanz: *Wer Prostituierte nicht für intelligent hält, kann sich täuschen.*
Bei Kontakten mit der „Zauberhaften" sagte sie zur mir:

Genie ./. Schlampe: *„Wenn ein Produkt aus der Militärtechnik erfolgreich auf den Markt gebracht wird und im Einsatz Hunderten von Menschen das Leben kostet, bleibt der Erfinder ein technisches Genie. Wenn ich aber Hunderte von Männern glücklich mache, bin ich kein Sexgenie, sondern eine Schlampe. Ist das gerecht?"*

Unrecht oder nicht? *Gerechtigkeit ist ein Begriff, der ebenso interpretierbar ist wie Ethik und Moral. Der logisch denkende Wissenschaftler wird nach der „Apfel-Birnen-Theorie" sagen, weder die Hypothese selbst, noch ihre Eingangsdaten, sind vollständig und schon gar nicht repräsentativ. Aber bei mir bleibt das unbestimmte Gefühl, dass die Zauberhafte nicht „ganz" Unrecht hat.*

Dialog mit der „Zauberhaften" (ZH):

„ …ZH: um 18:27: Andere Frauen tun das Gleiche und sind auch nicht besser als ich.

ICH: um 18:29: Auch das ist richtig. Damen und Herren aus dem Bürgertum und auch aus der gehobenen Gesellschaft und der Prominenz, tun im Rahmen der sexuellen Freizügigkeit das Gleiche und sind nicht besser, können sich hinter ihren bürgerlichen Fassaden besser verstecken und ihre „moralische Kompetenz" zur Schau tragen.

ZH: um 18:31: Das ist Scheiße. Und Männer dürfen alles.

ICH: um 18:33: Ja, bei Männern war man immer großzügiger; die mussten sich die Hörner abstoßen. Eine Frau ist entweder eine Schlampe, wenn sie gleich beim ersten Date mit dem Mann ins Bett geht, oder ein dumme Kuh, wenn sie es nicht tut.

ZH: um 18:34: Findest Du das gerecht?

ICH: um 18:39: Nein, das ist nicht gerecht, aber die Menschen tun meistens das, was ihnen nützt, unabhängig davon, ob es gerecht oder ungerecht ist.
ZH: um 18:42: Wird sich das ändern? …"

Vorerst bestimmt nicht.

„… Prostituiertenverbände behaupten, dass Ehen und Partnerschafften Prostitution mit einem „Freier" sind. Die Bezahlung besteht in der Bestreitung des Lebensunterhaltes und aller damit verbundenen kostenpflichtigen Vorteile (Modische Ausstattung, Schmuck, Urlaube usw.).

Sie gehen noch weiter: In der Anbahnung einer Partnerschaft im normalen Bürgertum sind die Kosten für gemeinsames Essen, Veranstaltungen und Vergnügungen aller Art, Geschenke usw. nichts anderes als der Preis für Sexleistungen und damit mit durchaus häufiger Prostitution gleich zu setzen, vor allem dann, wenn nacheinander eine Mehrzahl dieser Art Kontakte mit wechselnden Partner stattfindet, um den vermeintlich Richtigen zu finden…"

Das entspricht natürlich nicht dem Selbstverständnis der Betroffenen und der Bewertung durch Staat und Gesellschaft.

ZEIT ONLINE: *Schweden hat nicht nur ein Verbot der Prostitution, sondern auch viel für die Gleichberechtigung zwischen Mann und Frau getan.*

Camille Emmanuelle: *Die Auswirkungen der schwedischen Maßnahmen sind noch unklar und die Debatte wird sehr ideologisch geführt, sowohl von den Befürwortern der Abschaffung wie von den Sexarbeiterinnen. Es gibt übrigens auch zunehmend Frauen, die die Dienste männlicher Prostituierter bezahlen. Es zeigt, dass auch Frauen ihre Emotionen vom Sex trennen können.*

ZEIT ONLINE: *Sie glauben, dass man einen Blick für gute, feministische Pornos entwickeln kann, so wie man eben einen guten Geschmack erlernt. Ist das nicht illusorisch angesichts der Flut von sexuell expliziten Bildern? Wie soll man ein junges Publikum vor denen schützen?*

Camille Emmanuelle: *Ich teile diese Sorge über die Jugendlichen, vor allem wenn YouPorn die einzige Aufklärungsquelle bleibt. Ich komme aus einer Generation, der nur ein paar pornografische Videokassetten, Magazine und Comics zugänglich waren. Aber ein Verbot wäre die falsche Antwort.*

Wir brauchen eine bessere alternative, feministische Pornografie, auch wenn es mir bewusst ist, dass sie nur einen geringen Anteil der Gesamtproduktion repräsentiert.

Eine andere sexuelle Aufklärung, wie es sie im norwegischen oder britischen Fernsehen gibt, ist auch sehr wichtig. In Frankreich: nichts dergleichen. Auch in den Schulen redet man fast immer nur noch von Prävention und nicht von Lust. Die Gesellschaft trägt in diesem Bereich eine immense Verantwortung.

Schanz: Letztlich ist bei uns fast gar nichts verboten, weder „grelle" Pornographie, Life-Übertragungen, Videokassetten, Magazine und Comic. Auch eine bessere Alternative, feministische Pornografie wäre erlaubt.

Auszugsweise: https://www.faz.net/aktuell/gesellschaft/menschen/pornographie-als-massenphaenomen-wie-schaedlich-sind-pornos-16798590.html / KONSUM MIT FOLGEN: Wie schädlich sind Pornos? / VON LEONIE FEUERBACH / - AKTUALISIERT AM 04.06.2020-17:31

Wahrheit oder Absurdität: *Ob das alles von den Konsumenten verarbeitet werden kann, bleibt offen, weil „ … über die Auswirkungen dieses Konsums wird kaum öffentlich debattiert. Zu Unrecht, findet etwa die Psychologin Tabea Freitag, die zusammen mit ihrem Mann die „Return – Fachstelle Mediensucht" in Hannover gegründet hat.*

Denn fast 90 Prozent der gefragtesten Mainstream-Pornos zeigten Gewalt und Demütigung von Frauen. „Natürlich gibt es unseriöse Wissenschaftler, die trotz der Vielzahl eindeutiger Studien behaupten, eine negative Wirkung von Pornographie sei nicht nachgewiesen", sagt Freitag. – „Aber das ist ungefähr so absurd, wie wenn man sagt, eine Wirkung von rechtsradikalen Bildern und Botschaften in den Medien sei nicht nachgewiesen."

Korrelation zwischen Pornokonsum und Angstzuständen: „ *… Eine Untersuchung fand schon 2012 heraus, dass 30 Prozent der teilnehmenden Männer zwischen 18 und 24 Jahren unter einer erektilen Dysfunktion litten. 2015 wies eine andere Studie einen Zusammenhang zwischen häufiger Masturbation zu Pornographie und erektiler Dysfunktion nach. Untersuchungen zeigen nicht nur, dass ein erhöhter Pornokonsum mit einer niedrigeren Beziehungsqualität und einem Anstieg der Scheidungsrate einhergeht, so Melzer. Sie lassen auch eine positive Korrelation zwischen Pornokonsum und Angstzuständen, Einsamkeit und depressiven Symptomen vermuten.*

Zwanghaftes sexuelles Verhalten bei Pornosucht? *Die von der Weltgesundheits-organisation herausgegebene Internationale Klassifi-kation der Krankheiten (ICD) listet Pornosucht zwar bisher nicht als Krankheit auf. Die ICD-11, die Anfang 2022 in Kraft tritt, kennt aber als Diagnose „Compulsive Sexual Behaviour Disorder" (zwanghaftes sexuelles Verhalten) – und darunter fällt auch Pornosucht …"*

Schanz: *Es ist wie immer: Die Profiteure leugnen solche Wirkungen, je mehr die Menschen moralisieren, desto mehr fordern sie Verbote.*

Verständnismöglichkeiten Aufklärung: *In Einem hat sie Recht: Die Aufklärung über Anatomie, Physiologie, neurologische psycho-soziale Wirkungen und Funktionen der Sexualität sollte Kindern und Jugendlichen so vermittelt werden, dass die Grenzen ihrer Verständnismöglichkeiten nicht überschritten werden.*

Aber wie soll das gehen? Wer ist dazu geeignet und kann das gewähr-Leisten. Eltern. Lehrer und andere Vertreter/Innen der Gesellschaft, die selbst nicht vernünftig aufgeklärt wurden?

Es gibt mehr Ratgeber/Innen als gelungene Ansätze*. Gibt es überhaupt gute Modelle, die in der Praxis optimal funktionieren? Objektiv gesehen wahrscheinlich nicht.*

Aber ausgehend davon, dass etwas geschehen wird und muss, werden unsichere Vermittler/Innen sich informieren und es mit etwas Intelligenz und Geschick besser machen als in früheren Zeiten. Nichts Optimales, aber „der Weg ist das Ziel“. Von Stufe zu Stufe kann es einmal mehr, manchmal weniger gelingen, und mit der Zeit wird es nicht gut, aber besser werden.

Kaum beweisbar: *Manche Wissenschaftler behaupten, es gäbe weniger sexuelle Extreme und Prostitution, wenn die Aufklärung richtig gelaufen wäre. Möglich, aber kaum bewiesen oder beweisbar.*

ZEIT ONLINE: *Das Kopftuch, das mit dem weiblichen Körper beziehungsweise religiösen Projektionen auf diesen Körper verbunden ist, thematisieren Sie in Ihrem Essay nicht. Warum nicht?*

Camille Emmanuelle: *Das ist ein sehr komplexes Thema, zu dem ich noch keine endgültige Meinung habe. Als Heranwachsende war ich für ein Kopftuchverbot in den Schulen. Heute denke ich, dass es einen Riesenfehler der Regierung war.*

Trotzdem fällt es mir als sexpositiver Feministin schwer zu sagen, dass es sich bei dem Kopftuch um eine freie Wahl handelt. Soweit ich weiß, gibt es kein einziges Land in der Welt, das den Minirock vorschreibt. Ich frage mich auch, was das für die Männer bedeutet. Muss der weibliche Körper verdeckt werden, damit sich die Männer kontrollieren? Das alles ist nicht besonders fortschrittlich.

Ich habe den Eindruck, dass manche junge Frauen das Kopftuch heute wie ein Piercing tragen, um zu zeigen, dass sie anders sind. Grundsätzlich bin ich aber der Meinung, dass man viel zu viel über das Kopftuch spricht und dabei viele Leute verkrampfen. Ich bin Atheistin und antiklerikal. Aus meiner Sicht sollte der Glaube eine private Angelegenheit bleiben ...“

Schanz:* Mentale Intelligenz:** *Es ist* ***unsinnig *In einer normalen Partnerschaft Leistungskompetenzen Iin Liebe und Sexualität zu erwarten.*

Letztlich bewirken
zeitlich wachsendes Vertrauen und innige Sympathie *die wirksame Affinität, die dauerhafte Partnerschaft braucht.*

Scheitern: *Jede Partnerschaft kann scheitern, die des normalen Menschen, aber auch die der Liebesprofis und die wahrscheinlich viel häufiger.*

Man muss nicht besondere erotische und sexuelle Kompetenzen nachweisen*. Jemand, der von Natur aus schüchtern ist, wird nicht als Draufgänge/Inr und mitreißender Liebesheld/In auftreten und handeln können. Aber er/sie kann andere Stärken haben, wenn er z.B. mit seinem/ihrem Verhalten die stabile Zuneigung anderer gewinnen kann.*

Sexueller Heldenstatus: *So kann er/sie, ohne einen sexuellen Heldenstatus anzustreben, die Liebe derer erleben, die sich der Innigkeit und persönlichen Zuwendung hingeben, ohne dramaturgischen Pomp.*

Selbstüberschätzung: *Umgekehrt hat auch der/die extrovertierte Draufgänger/In nicht unbedingt ein Glück, er/sie kann an seiner/ihrer Selbstüberschätzung scheitern, wenn er/sie diese nicht in den Griff bekommt.*

Generelle und verbindliche Vorgaben: *für alle: Jede/r mag mit seiner/ihrer Situation zufrieden sein oder auch nicht, aber niemand ist in der Lage, eine generellen und verbindlichen Vorgabe für alle zu benennen, wie es besser funktionieren würde.*

Auch ***seriöse Therapeuten*** *analysieren im konkreten Fall eher nach „trial and error“ und bedarfsweise mit Psychopharmaka in der Hoffnung, dem Patienten zu helfen.*

Bei manchen überwiegt das Eine, bei anderen das Andere.

Ein ausgeglichenes Verhältnis kann als Normalität angesehen werden.

A.5 Kennenlernen im Internet / Online-Dating / Flirt-Portale

(„1“) Verhaltensentwicklung:

Sexistisch ist hier nicht als krankhafter Ansatz der Sexsucht (Nymphomanie, Satyriasis) gemeint, sondern als spürbare Verhaltens-entwicklung (stärkere zum Teil extreme Betonung der Sexualität).

www.t-online.de/leben/liebe/id_46411622/flirt-portale-vor-und-nachteile-des-kennenlernens-im-internet.html

„... Sie sind hier: Home > Leben > Liebe > Singles > Online-Dating > Flirt-Portale - Vor- und Nachteile des Kennenlernens im Internet / Online-Dating / Flirt-Portale: Vor- und Nachteile des Kennenlernens im Internet 17.02.2012, 16:30 Uhr | j b (CF) Online-Dating ist eine Alternative zum klassischen Kennen-lernen. / (Quelle: Peter Widmann/ imago images):

Partner fürs Leben: *... Durch die moderne Technik des Internets wird die Möglichkeit, einen Partner über das weite Netz kennen zu lernen, immer größer. Flirt-Portale bieten gute Möglichkeiten, den Partner fürs Leben zu finden. Vor allem Jugendliche und langjährige Singles nutzen diese Platt-formen, um neue Kontakte zu knüpfen. Es können viele Vorteile genossen werden, doch es gibt auch diverse Nachteile, die nicht vergessen werden sollten.*

Abbildung / Grafik 25: "betrügerische Absichten beim Chatten" ergänzt mit Geld scheinen https://pixabay.com/de/illustrations/mann-mode-gut-aussehend-attraktiv-8043165/ Kostenlose Nutzung unter der Pixabay-Inhaltslizenz

https://www.pinterest.de/pin/707487422733746198/ Die Nutzung von Pinterest ist grundsätzlich kostenlos. Nur wenn Du als Unternehmen Werbeanzeigen schalten möchtest, fallen Kosten an. 26.01.2023

(„2") *Die Vorteile von Flirt-Portalen*

Schüchternheit: *Die Vorteile der Flirt-Portale liegen auf der Hand. Schüchternheit spielt keine Rolle mehr, es ist angenehm, über Chat zu kommunizieren. Außerdem kann jeder sich im besten Licht darstellen. Negative Dinge werden ausgeblendet und die positiven Merkmale der Persönlichkeit in den Vordergrund gehoben.*

Aussehen: *Auch das Aussehen spielt keine allzu große Rolle, da nur die schönsten Fotos genutzt werden und diese in aller Sorgfalt ausgewählt werden können.*

Missbrauch: *Doch auch gerade diese Vorteile können missbraucht werden. Dadurch ergeben sich Nachteile und somit eine große Gefahr (Betrug im Internet: Wie Sie sich beim Online-Dating schützen).*

Abbildung / Grafik 23: Kennenlernen im Internet / Online-Dating / Flirt-Portale Teil 1

Kennenlernen im Internet / Online-Dating / Flirt-Portale

- *Verhaltensentwicklung*
  - *Partner fürs Leben: … Durch die moderne Technik des Internets*
  - *Partner über das weite Netz kennen zu lernen*
  - *Flirt-Portale bieten gute Möglichkeiten, den Partner zu finden.*
  - *Vor allem Jugendliche und langjährige Singles nutzen Plattformen,*
  - *um neue Kontakte zu knüpfen. Es gibt Vorteile*
  - *Doch auch diverse Nachteile, die nicht vergessen werden sollten.*
- *Die Vorteile von Flirt-Portalen*
  - *Schüchternheit: spielt keine Rolle mehr,*
  - *es ist angenehm, über Chat zu kommunizieren.*
  - *Außerdem kann jeder sich im besten Licht darstellen.*
  - *Negative Dinge werden ausgeblendet*
  - *und positiven Merkmale der Persönlichkeit können betont werden.*
  - *Aussehen: Auch das Aussehen spielt keine allzu große Rolle,*
  - *da nur die schönsten Fotos genutzt werden*
  - *und diese in aller Sorgfalt ausgewählt werden können.*
- *Missbrauch: Doch auch gerade diese Vorteile können missbraucht werden. Dadurch ergeben sich Nachteile und somit eine große Gefahr (Betrug im Internet: Wie Sie sich beim Online-Dating schützen).*
- *Die Nachteile von Flirt-Portalen*
  - *Betrüger unter den vermeintlichen Flirt-Partnern.*
  - *Sobald es dann zu einem echten Treffen kommt,*
  - *können unerwartete Überraschungen auftreten.*
  - *Eventuell entspricht das Äußere nicht.*
  - *Kriminalität: Doch dies sind noch die harmlosen Fälle.*
  - *Betrug im Internett*
  - *In den Nachrichten konnte man vermehrt*
  - *von Vergewaltigungen und sogar Mord hören,*
  - *nachdem ein reales Treffen stattgefunden hatte.*
- *Absicherung:*
  - *Voreilige Zusammenkünfte sind zu vermeiden.*
  - *Falls Sie doch ein Treffen wagen,*
  - *sollten Sie sich immer in der Öffentlichkeit treffen,*
  - *unter Umständen sogar eine Freundin oder einen Freund*

Quantitative Übersicht (Mittelwerte / Schwankungsbreite)

- *Durchschnittlichen absoluten Abstände mit 5% nicht auffällig,*
- *aber gerade bei Affären / Fremdgehen und Promiskuität (bürgerlich, Prostituierte) sind starke Schwankungen möglich.*

- *Das heißt, dass es zwischen den einzelnen Portalen*
- *erhebliche Unterschiede geben kann,*
- *die sich summarisch ausgleichen können.*

Die durchschnittliche relative Schwankungsbreite

Anspruchsvoll *= (50+60+20+30+10+20)/6 = 31,6666667 %*
Mittlere Tendenz *= (30+50+30+40+20+30)/6 = 33,3333333 %*
Sexistisch *= (20+30+40+50+40+40)/6 = 36,6666667 %*

Anspruchsvoll/ Mittlere Tendenz *= ((33,3333333/31,6666667)-1)*100 = 5,263 %*

Mittlere Tendenz/ Sexistisch *= ((/33,3333333)-1)*100 = 10,0 %*

- *Die Unterschiede **(5,263 % und 10,0 %)** deuten darauf hin,*
- *dass das Gefälle von anspruchsvoll zu mittlere Tendenz*
- *deutlich niedriger ist als von mittlere Tendenz zu sexistisch.*

Quantitative Übersicht (Mittelwerte / Schwankungsbreite)

Mittelwerte		*Anspruchsvoll*	*Mittlere Tendenz*	*Sexistisch*
Echte Paarsucher	**A**	55-70 %	25-40 %	10-15 %
	B	50-65 %	30-40 %	10-30 %
	C	60-70 %	35-45 %	20-35 %
	D	50-55 %	40-50%	40-45 %
	E	35-40 %	20-75%	20-25 %
	Summe	250:300	150:250	100:150%
	/5	50-60 %	30-50 %	20-30 %

- *Das bedeutet, dass die einzelnen Kategorien (A, B, C, D, E)*
- *weit auseinander liegen können*
- *und dass die Summe das tatsächliche Gefälle nicht wiederspiegelt, sondern dass die einzelnen Kategorien völlig daneben liegen.*

- *Promiskuität: Wenn die Liebe zu einer Person nicht reicht*
  - *„ … Eine große Anzahl an Sexpartnern vorweisen zu können,*
  - *ist gesellschaftlich immer noch ein heißes Eisen.*
  - *Wie lässt sich Promiskuität eigentlich definieren –*
  - *und was steckt hinter dem häufigen Partnerwechsel?*
  - *Mehr zum Thema Partnersuche*
  - *Bei Bettgeschichten wird viel geschummelt*
  - *Ehrlichkeit ./. Aufschneiderei:*
    - *„… Wie sexuell freizügig,*
    - *wie promisk, leben und lieben die Deutschen?*
    - *Der Durchschnittsbürger hat in seinem Leben 6,3 SEX-partner*
    - *Ehrlichkeit: Doch sind Männer und Frauen tatsächlich ehrlich mit der Auskunft zu ihrem Liebesleben?*
    - *Noch immer bekennen sich Männer eher zur Anzahl ihrer sexuellen Kontakte und schummeln im Kreise ihrer Freunde gerne noch die eine oder andere Bettgeschichte dazu,*
    - *während Frauen dazu neigen, tiefzustapeln.*
  - *Frauen mit zweifelhaftem Ruf:*
    - *ein gesellschaftlich tradierter Konsens,*
    - *der sexuell aktiven Frauen einen zweifelhaften Ruf zuschreibt*
    - *und Männern den eines „tolles Hechtes“.*

Abbildung / Grafik 24: Kennenlernen im Internet / Online-Dating / Flirt-Portale Teil 2

Kennenlernen im Internet / Online-Dating / Flirt-Portale

- Verhaltensentwicklung
  - Partner fürs Leben: ... Durch die moderne Technik des Internets
  - Partner über das weite Netz kennen zu lernen
  - Flirt-Portale bieten gute Möglichkeiten, den Partner zu finden.
  - Vor allem Jugendliche und langjährige Singles nutzen Plattformen,
  - um neue Kontakte zu knüpfen. Es gibt Vorteile
  - Doch auch diverse Nachteile, die nicht vergessen werden sollten.
- Die Vorteile von Flirt-Portalen
  - Schüchternheit: spielt keine Rolle mehr,
  - es ist angenehm, über Chat zu kommunizieren.
  - Außerdem kann jeder sich im besten Licht darstellen.
  - Negative Dinge werden ausgeblendet
  - und positiven Merkmale der Persönlichkeit können betont werden.
  - Aussehen: Auch das Aussehen spielt keine allzu große Rolle,
  - da nur die schönsten Fotos genutzt werden
  - und diese in aller Sorgfalt ausgewählt werden können.
- Missbrauch: Doch auch gerade diese Vorteile können missbraucht werden. Dadurch ergeben sich Nachteile und somit eine große Gefahr (Betrug im Internet: Wie Sie sich beim Online-Dating schützen).
- Die Nachteile von Flirt-Portalen
  - Betrüger unter den vermeintlichen Flirt-Partnern.
  - Sobald es dann zu einem echten Treffen kommt,
  - können unerwartete Überraschungen auftreten.
  - Eventuell entspricht das Äußere nicht.
  - Kriminalität: Doch dies sind noch die harmlosen Fälle.
  - Betrug im Internett
  - In den Nachrichten konnte man vermehrt
  - von Vergewaltigungen und sogar Mord hören,
  - nachdem ein reales Treffen stattgefunden hatte.
- Absicherung:
  - Voreilige Zusammenkünfte sind zu vermeiden.
  - Falls Sie doch ein Treffen wagen,
  - sollten Sie sich immer in der Öffentlichkeit treffen,
  - unter Umständen sogar eine Freundin oder einen Freund mitnehmen.

Quantitative Übersicht (Mittelwerte / Schwankungsbreite)

Promiskuität: Wenn die Liebe zu einer Person nicht reicht

- Promiskuität ./. Beziehungsfähigkeit
  - Viele merken erst nach ca. nach 3 Monaten, dass es nicht passt.
  - Wer keine langjährigen Beziehungen hat, der sucht natürlich weiter"
- Unsicherheit:
  - Ängste, Geborgenheitsbedürfnisse, Sicherheit.
  - Das versuchen manche durch Abwertung, Missionierung etc.
  - zu steuern/ihre Umwelt zu beeinflussen"
- Faktor: die Fortpflanzung / Sinn der Fortpflanzung
  - Promiskes Verhalten erhöht die Wahrscheinlichkeit,
  - Nachkommen zu zeugen und die eigenen Gene weiterzugeben.
  - Und das gilt nicht nur für Männer.
- Untreue: Studien behaupten,
  - dass Frauen von Natur aus promisk seien.
  - weibliche Untreue ist genauso verbreitet wie männliche.
  - Paartherapeut Ragnar Beer hat in einer Umfrage herausgefunden,
  - dass 45 Prozent der Befragten in ihrer Partnerschaft untreu waren.
- Seitensprung kann genetische Vorteilen:
  - „Focus" weist darauf hin,
  - dass aus dem Seitensprung ein biologischer Nutzen
  - für die Frau entsteht:
  - Der feste Partner steht für Sicherheit im Familienverbund,
  - der sexuelle Seitensprung kann aber für
  - genetische Vorteile in der Fortpflanzung sorgen ...
- Sittenwächter Religion Nord ./. Süd:
  - Dass Promiskuität in nördlichen Metropole eher an der Tagesordnung ist
  - als in ländlicheren oder südlicheren Regionen Deutschlands,
  - verweist auf die Bedeutung einer religiös geprägten Lebenseinstellung
  - in Bezug auf das Ausleben freier Sexualität.
  - In vielen Religionen wird Sex vor der Ehe abgelehnt,
  - wie zum Beispiel vom Islam und vom Christentum
  - (besonders verbreitet in den USA).
  - In Deutschland befürworten etwa die Zeugen Jehovas
  - und die Neuapostolische Kirche Enthaltsamkeit bis zur Eheschließung ...

Kontrovers diskutiert: serielle Monogamie

- Akzeptierter Erfahrungsschatz erwachsener Menschen:
- mit gewissen Vorleben auf serielle Abwechslung.
  - Seriell monogam: Wer keine langjährigen Beziehungen hat –
  - und das muss nicht beziehungsunfähig heißen – [...]
  - der sucht natürlich weiter
  - „Auch mit vielen Partnern in meinem Leben
  - würde ich mich nicht als promisk bezeichnen.
  - Abschreckung: Manche Forenteilnehmer empfinden
  - diese Lebensführung dennoch als abschreckend:.
  - „Ich möchte zumindest keinen Partner, dessen 21ster Versuch einer ernstgemeinten Partnerschaft ich bin",
  - beschreibt eine Nutzerin ihre Einstellung.
  - Wieso verläuft die Kontroverse zum Thema derart emotionsgeladen?
  - Unsicherheit in der modernen Gesellschaft, Ängste,
  - Geborgenheitsbedürfnisse, Sicherheit.
  - Das versuchen manche durch Abwertung, Missionierung etc. zu steuern / ihre Umwelt zu beeinflussen", deutet ein Nutzer..."
- Ab wann fängt Promiskuität an?
  - Ethik und Moral sind keine Sinne zur sexuellen Steuerung,
  - die zwingend etwas wahrnehmen („zu heiß")
  - und darauf reagieren („Hand weg").
  - Wir müssen damit leben, dass Menschen aufgrund ihrer genetischen Veranlagung, Einflüssen aus Physiologie (z.B. hormonale Dosierung), Neurologie und Psychologie, ihrer Sozia-lisierung und traditioneller Prägung unterschiedliche psychisch-soziale Lebensmodelle entwickeln, die alle gleich lebenswert sein können,
  - wenn dem gesellschaftliche Normen (Staat und Recht, Religionen, Institutionen und Organisationen aller Art, informelle und soziale Kontrolle) und emotionale Konkurrenzen anderer (wie Ehre, Besitzanspruch, Treue und Eifersucht) nicht entgegenstehen.
  - Jede/r darf im Grundsatz „nach seiner/ihrer Fasson leben". Wer monogam leben will, darf das, wer nicht, darf das auch, wenn auch Einfluss gesellschaftlicher Restriktivität.
  - Das mag vielen in seinem/ihrem Lebensmodell nicht gefallen,
  - ist aber Ergebnis evolutionärer Entwicklung und gesellschaftlicher Realität,
  - mehr oder weniger akzeptiert.
  - Fazit. Promiskuität wird noch immer häufig gesellschaftlich verurteilt. Dabei sind viele wechselnde Partner nicht unbedingt als Zeichen von Charakterschwäche zu werten – jede Liebesbiografie verläuft individuell, abhängig von Erziehung, Wertesystem und sogar Lebensmittelpunkt.
  - Es sind dynamische subjektive, aber gruppenspezifische Einstellungen und Verhaltensweisen, die dann funktionieren, wenn einem/r das eigene Image in der Gesellschaft keine Probleme bereitet (Im Prinzip nach dem Motto: „Ist der Ruf erst ruiniert, lebt man völlig ungeniert.").

(“3”) Nachteile von Flirt-Portalen

Betrüger: *Nachteile sind unter anderem die Betrüger unter den vermeintlichen Flirt-Partnern. Sobald es dann zu einem echten Treffen kommt, können unerwartete Überraschungen auftreten. Eventuell entspricht das Äußere nicht dem, was zuvor auf dem Profilbild zu sehen war.*

Kriminalität: *Doch dies sind noch die harmlosen Fälle. In den Nachrichten konnte man vermehrt von Vergewaltigungen und sogar Mord hören, nachdem ein reales Treffen stattgefunden hatte.*

Absicherung: *Voreilige Zusammenkünfte sind zu vermeiden. Falls Sie doch ein Treffen wagen, sollten Sie sich immer in der Öffentlichkeit treffen, unter Umständen sogar eine Freundin oder einen Freund mitnehmen. So steht dem Online-Dating nichts mehr im Wege.*

(„4“) Quantitative Übersicht (Mittelwerte / Schwankungsbreite)

- ***Die durchschnittliche Differenz*** *betont die quantitativen Veränderungen.*

Mittelwert	Anspruchsvoll	Mittlere Tendenz	Sexistisch
Echte Paarsucher	50-60 % (55)	30-50 % (40)	20-30 % (25)
Affären/Fremdgehen	20-30% (25)	30-40 % (35)	40-50 % (45)
Promiskuität	10-20% (15)	+20-30 % (25)	30-40 % (35)
(davon bürgerlich	10 %	15%	20 %)
(davon Prostituierte	5 %	10 %	15 %)
Durchschnittliche Differenz		(-15+10+10) = 5 %	(-15+10+10) = 5 %

- *Zwar sind die durchschnittlichen absoluten Abstände mit 5% nicht auffällig, aber gerade bei Affären / Fremdgehen und Promiskuität (bürgerlich, Prostituierte) sind starke Schwankungen möglich. Das heißt, dass es zwischen den einzelnen Portalen erhebliche Unterschiede geben kann, die sich summarisch ausgleichen können.*

- ***Die durchschnittliche relative Schwankungsbreite***

Anspruchsvoll = (50+60+20+30+10+20)/6 = 31,6666667 %
Mittlere Tendenz = (30+50+30+40+20+30)/6 = 33,3333333 %
Sexistisch = (20+30+40+50+40+40)/6 = 36,6666667 %

Anspruchsvoll/
Mittlere Tendenz = ((33,3333333/31,6666667)-1)*100 = 5,263 %

Mittlere Tendenz/
Sexistisch = ((/33,3333333)-1)*100 = 10,0 %

Die Unterschiede ***(5,263 % und 10,0 %)*** *deuten darauf hin, dass das Gefälle von anspruchsvoll zu mittlere Tendenz deutlich niedriger ist als von mittlere Tendenz zu sexistisch. Was das genau bedeutet, ist nicht bekannt. Aber möglich wäre, dass die Unterschiede (die Zusammensetzung der konditionalen Kriterien) zwischen den Kategorien nicht scharf und eindeutig genug sind.*

- ***Quantitative Übersicht (Mittelwerte / Schwankungsbreite)***

  - ***Die durchschnittliche relative Schwankungsbreite***

    Da es keine exakte Datenerhebung für die Portale gibt, wird im Folgenden ein fiktives Modell genommen (A, B, C, D, E) am Beispiel Echte Paarsucher:

Mittelwerte		***Anspruchsvoll***	***Mittlere Tendenz***	***Sexistisch***
Echte Paarsucher	***A***	***55-70 %***	***25-40 %***	***10-15 %***
	B	***50-65 %***	***30-40 %***	***10-30 %***
	C	***60-70 %***	***35-45 %***	***20-35 %***
	D	***50-55 %***	***40-50%***	***40-45 %***
	E	***35-40 %***	***20-75%***	***20-25 %***
	Summe	***250:300***	***150:250***	***100:150%***
	/5	***50-60 %***	***30-50 %***	***20-30 %***

Das bedeutet, dass die einzelnen Kategorien (A, B, C, D, E) weit auseinander liegen können und dass die Summe das tatsächliche Gefälle nicht nur nicht wiederspiegelt, sondern dass die einzelnen Kategorien völlig daneben liegen.

z.B. A	**Anspruchsvoll**	**Mittlere Tendenz**	**Sexistisch**
	=((55+70)/50+60)-1)*100	***=((25+40)/(30+50)-1)*100***	***=((10+15)/(20+30)-1)*100***
	= + 13 % über Durchschnitt	*=- 18,75 % unter Durchschnitt*	*= - 50 % unter Durchschnitt*

(„5“) ***Promiskuität: Wenn die Liebe zu einer Person nicht reicht***

https://www.t-online.de/leben/liebe/id_65550176/promiskuitaet-haeufiger-partnerwechsel.html

18.09.2013, 11:38 Uhr | ElitePartner.de / Saskia Balke
Auszugsweise: Wer mehrere Liebschaften hat, wird schnell schief angesehen. (Quelle: Thinkstock by Getty-Images):

„ … Eine ***große Anzahl an Sexpartnern*** *vorweisen zu können, ist gesellschaftlich immer noch ein heißes Eisen. Wie lässt sich Promiskuität eigentlich definieren – und was steckt hinter dem häufigen Partnerwechsel?*

Mehr zum Thema Partnersuche

Fallen für Singles: 7 Sünden bei der Partnersuche / Der erste Eindruck zählt : Diese Datingsünden sollten Sie vermeiden Partnersuche : Signale für die große Liebe Tipps für besseren Sex …"

Bei Bettgeschichten wird viel geschummelt

Ehrlichkeit ./. Aufschneiderei: *„… Wie sexuell freizügig, wie promisk, leben und lieben die Deutschen? Der Durchschnittsbürger hat in seinem gesamten Leben 6,3 Sexualpartner.*

Ehrlichkeit: *Doch sind Männer und Frauen tatsächlich ehrlich mit der Auskunft zu ihrem Liebesleben? Noch immer bekennen sich Männer eher zur Anzahl ihrer sexuellen Kontakte und schummeln im Kreise ihrer Freunde gerne noch die eine oder andere Bettgeschichte dazu, während Frauen dazu neigen, tiefzustapeln.*

Frauen mit zweifelhaftem Ruf: *Hinter diesem Verhalten steckt ein gesellschaftlich tradierter Konsens, der sexuell aktiven Frauen eher einen zweifelhaften Ruf zuschreibt und Männern den eines „tolles Hechtes".*

Abbildung / Grafik 26: „What's your number?"

So kommen unsere britischen Nachbarn mit der Frage „What's your number?"
auf folgendes Ergebnis: Im Durchschnitt haben britische Frauen offiziell nur auf
4,7 Liebhaber, die Männer kommen mit 9,3 Partnerinnen auf die doppelte Anzahl,
was die Frage aufwirft, mit wem die Herren dann eigentlich das Bett teilen ……

Wahrscheinlich haben die Männer übertrieben oder es gibt deutlich mehr Frauen als Männer.

1. Gleichung (Ziel) $4,7x = 9,3y$
2. Gleichung (%) $x+y=100$

$4,7(100-y)=9,3y$
$470-4,7y=9,3y$
$14y=470$

Männer $y=33,57\%$ 470/14
Frauen $x=66,43\%$ 100-33,57

Probe

Frauen/Männer=66,43/33,57 1,9788502 *(Es gibt doppelt so viel Frauen wie Männer.)*

Wenn von 100 Personen 66,43 Frauen sind und 33,57 Männer, dann entspricht das dem
Verhältnis von 9,3 zu 4,7.

So kommen auch unsere britischen Nachbarn mit der Frage „What's your number?" auf folgendes Ergebnis: Im Durchschnitt haben britische Frauen offiziell nur ***4,7 Liebhaber****, die Männer kommen mit* ***9,3 Partnerinnen*** *auf die doppelte Anzahl, was die Frage aufwirft, mit wem die Herren dann eigentlich das Bett teilen ……*

nur 4,7 Liebhaber, die Männer kommen mit 9,3 Partnerinnen

*(**Anmerkung Schanz:** Wahrscheinlich haben die Männer übertrieben oder sie haben ihre eigenen Frauen dazu gezählt, während die beteiligten Damen nicht verheiratet waren.)*

	Frauen (Liebhaber)		Männer (Partnerinnen)
	1 nicht verheiratet		1
	2 nicht verheiratet		2
	3 nicht verheiratet		3
	4 nicht verheiratet		4
0,7	4 nicht verheiratet	"+ Eigene Frau"	5 "+ Eigene Frau"
	6 Eigene Frau		6 Eigene Frau
	7 Eigene Frau		7 Eigene Frau
	8 Eigene Frau		8 Eigene Frau
9,3	9 Eigene Frau		9 Eigene Frau

- ***Promiskuität ./. Beziehungsfähigkeit:*** *… Im ElitePartner-Forum eine sehr kontrovers diskutierte Frage: "Mehr als ein Sexualpartner pro Zyklus, mehr als sechs Partner pro Jahr, mit 20 Jahren mehr als 5 Partner, mit 30 Jahren mehr als 10, mit 40 Jahren mehr als 20 Partner", so legt ein Nutzer die Messlatte für Promiskuität an. „Ich finde einen Sexpartner pro Jahr alles andere als promisk! Viele merken nach 3 Monaten, dass es nicht passt. Wer keine langjährigen Beziehungen hat – und das muss nicht beziehungsunfähig heißen – der sucht natürlich weiter" …*

- ***Unsicherheit:*** *„Ich glaube, es geht hier um Unsicherheit in der modernen Gesellschaft, Ängste, Geborgenheitsbedürfnisse, Sicherheit. Das versuchen manche durch Abwertung, Missionierung etc. zu steuern/ihre Umwelt zu beeinflussen", deutet ein Nutzer Biologischer Faktor: die Fortpflanzung*

- ***Sinn der Fortpflanzung: …Promiskes Verhalten*** *erhöht die Wahrscheinlichkeit, Nachkommen zu zeugen und die eigenen Gene weiterzugeben. Und das gilt nicht nur für Männer.*

- ***Untreue:*** *Studien behaupten, dass Frauen von Natur aus promisk seien. Studien beweisen, dass weibliche Untreue genauso verbreitet ist wie männliche: Paartherapeut Ragnar Beer hat in einer Umfrage herausgefunden, dass 45 Prozent der Befragten in ihrer aktuellen Partnerschaft untreu waren.*

- ***Sicherheit Familienverbund ./: Seitensprung genetische Vorteilen:*** *Ein Artikel in der Zeitschrift „Focus" weist darauf hin, dass aus dem Seitensprung ein biologischer Nutzen für die Frau entsteht: Der feste Partner steht für Sicherheit im Familienverbund, der sexuelle Seitensprung kann aber für genetische Vorteile in der Fortpflanzung sorgen …*

- ***Sittenwächter Religion Nord ./. Süd:*** *… Dass Promiskuität in der nördlichen Metropole eher an der Tagesordnung ist als in ländlicheren oder südlicheren Regionen Deutschlands, verweist auf die Bedeutung einer religiös geprägten Lebenseinstellung in Bezug auf das Ausleben freier Sexualität: In vielen Religionen wird Sex vor der Ehe abgelehnt, wie zum Beispiel vom Islam und vom Christentum (besonders verbreitet in den USA). In Deutschland befürworten etwa die Zeugen Jehovas und die Neuapostolische Kirche Enthaltsamkeit bis zur Eheschließung …*

Abbildung / Grafik 27: „Garden of Eden"
Lizenzpflichtig hier nicht abgebildet

Aus: https://www.cartoonstock.com/cartoon?searchID=CS175864 / verändert

Abbildung / Grafik 27: VERTREIBUNG AUS DEM PARADIES

https://www.pinterest.de/pin/1083467622838409368/

Die Nutzung von Pinterest ist grundsätzlich kostenlos. Nur wenn Du als Unternehmen Werbeanzeigen schalten möchtest, fallen Kosten an. 26.01.2023

- ***Kontrovers diskutiert: serielle Monogamie***

Aus: ***https://www.t-online.de/leben/liebe/id_65550176/promiskuitaet-haeufiger-partnerwechsel.html***

Akzeptierter Erfahrungsschatz erwachsener Menschen: *„… Doch wann hört der akzeptierte Erfahrungsschatz erwachsener Menschen mit einem gewissen Vorleben auf und wann fängt Promiskuität an?*

- ***Anzahl Partner:*** *Im ElitePartner-Forum eine sehr kontrovers diskutierte Frage: "Mehr als ein Sexualpartner pro Zyklus, mehr als sechs Partner pro Jahr, mit 20 Jahren mehr als 5 Partner, mit 30 Jahren mehr als 10, mit 40 Jahren mehr als 20 Partner“, so legt ein Nutzer die Messlatte für Promiskuität an. „Ich finde einen Sexpartner pro Jahr alles andere als promisk! Viele merken nach 3 Monaten, dass es nicht passt.*

- ***Seriell monogam:*** *Wer keine langjährigen Beziehungen hat – und das muss nicht beziehungsunfähig heißen – […] der sucht natürlich weiter“, stellt ein anderer fest. „Auch mit vielen Partnern in meinem Leben würde ich mich nicht als promisk bezeichnen, eher als seriell monogam“, bestätigt eine 50-Jährige.*

- ***Abschreckung:*** *Manche Forenteilnehmer empfinden diese Lebensführung dennoch als abschreckend: „Ich möchte zumindest keinen Partner, dessen 21ster Versuch einer ernstgemeinten Partnerschaft ich bin", beschreibt eine Nutzerin ihre Einstellung. Wieso verläuft die Kontroverse zum Thema Promiskuität derart emotionsgeladen? „Ich glaube, es geht hier um Unsicherheit in der modernen Gesellschaft, Ängste, Geborgenheitsbedürfnisse, Sicherheit. Das versuchen manche durch Abwertung, Missionierung etc. zu steuern / ihre Umwelt zu beeinflussen", deutet ein Nutzer…"*

Schanz: *Sexuelle Entwicklung und sexuelle Steuerung*

Aus: https://www.socialnet.de/lexikon/Sexuelle-Entwicklung:

*„… Unter **sexueller Entwicklung** wird ein Teil entwicklungs-psychologischer, philosophischer, sozialpädagogischer, anthropologischer, biologischer und geronto (pädagogischer) Theorie verstanden, die sich mit der Sexualentwicklung des Homo sapiens befasst…"*

*Ethik und Moral sind keine Sinne zur **sexuellen Steuerung**, die zwingend etwas wahrnehmen („zu heiß") und darauf reagieren („Hand weg"). Wir müssen damit leben, dass Menschen aufgrund ihrer genetischen Veranlagung, Einflüssen aus Physiologie (z.B. hormonale Dosierung), Neurologie und Psychologie, .ihrer Sozialisierung und traditioneller Prägung unterschiedliche psychisch-soziale Lebensmodelle entwickeln, die alle gleich lebenswert sein können, wenn dem gesell-schaftliche Normen (Staat und Recht, Religionen, Institutionen und Organisationen aller Art, informelle und soziale Kontrolle) und emotionale Konkurrenzen anderer (wie Ehre, Besitzanspruch, Treue und Eifersucht) nicht entgegenstehen.*

*Jede/r darf im Grundsatz **„nach seiner/ihrer Fasson leben".** Wer monogam leben will, darf das, wer nicht, darf das auch, wenn auch zum Teil unter Einfluss gesellschaftlicher Restriktivität.*

Das mag dem/der Einzelnen in seinem/ihrem Lebensmodell nicht gefallen, ist aber Ergebnis evolutionärer Entwicklung und gesellschaftlicher Realität, mehr oder weniger akzeptiert.

- ***Fazit. Promiskuität*** *wird noch immer häufig gesellschaftlich verurteilt. Dabei sind viele wechselnde Partner nicht unbedingt als Zeichen von Charakterschwäche zu werten – jede Liebesbiografie verläuft individuell, abhängig von Erziehung, Wertesystem und sogar Lebensmittelpunkt …"*
- *Es sind **dynamische subjektive,** aber auch*
- ***gruppenspezifische Einstellungen und Verhaltensweisen,***
- *die dann funktionieren, wenn einem/r das eigene Image in der Gesellschaft keine Probleme bereitet (Im Prinzip nach dem Motto: „Ist der Ruf erst ruiniert, lebt man völlig ungeniert.").*

Die Einsicht, dass viele wechselnde Partner nicht unbedingt als Zeichen von Charakterschwäche sind, endet meistens dann, wenn man selbst der Betrogene ist. Das muss rational nicht als logisch gelten, entspricht aber der Emotionalität der meisten Menschen, die dann unglücklich sind.

A.6 Beste Singlebörse (https://www.datingtestsieger.de/)

Abbildung / Grafik 28: „Altmodische Art“

https://www.toonsup.com/de/cartoon/singleboerse/g/10452.html

Von: Andreas Vollmar [mailto:a.vollmar@hotmail.de]
Gesendet: Freitag, 20. Oktober 2023 21:53
An: schanz.georg@t-online.de
Betreff: „https://www.toonsup.com/de/cartoon/singleboerse/g/10452.html“.

Hallo Herr Schanz,
wenn es nur um diesen einen Cartoon geht, können sie den gern ohne Weiteres in ihrem Buch verwenden.

Grüße
Andreas Vollmar
Gesendet von Mail für Windows

A.6.1 Ausgestaltung der Kontakte

(„1“) 1 Parship, 2 ElitePartner, 3 LoveScout24, 4 LemonSwan, 5 Zweisam

- ***Haftungsausschluss:*** *wir vergleichen die dargestellten Anbieter anhand objektiv nachvollziehbarer Prüfungskriterien, sowie auf Basis der Wertung unserer Experten-Redaktion. Dabei gehen wir mit großer Sorgfalt vor.*
- *Da sich die* ***Preise, Funktionen und Angebote*** *der Anbieter ändern können, übernehmen wir keine Haftung für die Aktualität und Richtigkeit der Darstellung in unserem Test. Um unseren Service kostenlos zur Verfügung stellen zu können, erhalten wir teilweise Provisionen von den dargestellten Anbietern.*

- *Diese beeinflussen nicht den Inhalt der dargestellten Informationen, jedoch können Sie die*
  - ***Positionierung auf unserer Seite** beeinflussen und sind somit ein*
  - *Zeichen der **Markposition und Popularität** des betreffenden Anbieters.*

(„2") Kontaktarten und Kontaktdichte

Abbildung / Grafik 29: „Dating"
https://pixabay.com/de/illustrations/mann-frau-liebe-dating-email-949058/
https://pixabay.com/de/images/search/z%C3%A4rtlichkeit/
Kostenlose Nutzung unter der Pixabay-Inhaltslizenz

Die seriösen Programme (Testsieger: Beste Singlebörse) haben zwar nicht als erste Aufgabe, Sex zu vermitteln, aber werden von Interessierten (Fremdgängern, Affären, Promiskuität und Prostitution) durchaus genutzt und es scheint auch Erfolge zu geben (schätzungsweise 2 - 3 Fälle auf 100 Kontakte), (Sexportale) aber vielversprechender und geeigneter sind folgende Portale (10 und mehr Fälle auf 100 Kontakte).

(„3“) DEUTSCHLAND TEST

Dieses ist nur ein Auszug dieser Internetangebote; schätzungsweise gibt es in Deutschland mehr als 100 Angebote (zum Teil ausländischer Herkunft) und weitere ca. 100 Regionalprogramme. Partnervermittlungen und Singlebörsen 2019 (Hintergrundinformationen)

http://www.servicevalue.de/studien-tests/themenschwerpunkte/sonstige-themen/studie/ deutschland-test-partnervermittlungen-und-singleboersen-2019/

Abbildung / Grafik 30: **Die Benchmarkstudie**

1. https://www.bumspartnerinnen.de/
2. https://www.cadalo.de/
3. https://www.casualfever.com/
4. https://www.dating-kompass.de/
5. https://date.deinseitensprung.com/

6. https://www.deutscher-sexchat.net/
7. https://www.erotikinsider.net/
8. https:/www.fick-chat.ccat.com/https://
9. www.fickenohnehintergedanken.de/
10. https://www.ficken-chat.com

11. www.ficken-cams.com/
12. https://date.fickdate.com/
13. https://www.fickendo.com/
14. https://www.fickraum.com/
15. https://www.fick-chat.cc/

16. https://www.ficktreff.com/
17. https://www.fickzentrum.com/
18. https://www.fickzone.com/
19. https://www.geilefotzen.net/porno-chat
20. https://www.gelegenheitssexkontakte.de/

21. https://start.milfsextreff.com/
22. https://www.mydirtyhobby.de/
23. https://www.nymphomanin.com/
24. https://www.poppen.de/
25. https://start.reifefickdates.com/

26. https://meinsexchat.de
27. https://www.sexeey.com/
28. https://www.sexmitschlampen.de/
29. https://www.verheiratetefrauen.de/
30. https://www.willnursex.de/
31. https://www.willsofortsex.de/

„Partnervermittlungen und Singlebörsen“ *kann über die Service-Value GmbH bezogen werden. Die Wettbewerbsanalyse enthält Gesamt-ergebnisse sowie detaillierte Einzelprofile zu 10 Partnervermittlungen und 11 Singlebörsen. Kontakt ServiceValue GmbH, Köln, +49.(0)221.67 78 67 -0, Info@ServiceValue.de* ***(Benchmarkstudie „DEUTSCHLAND TEST).***

„ … ***Wettbewerbsanalyse mit Detail-Auswertungen*** *für 10 Partnerver-mittlungen und 11 Singlebörsen 14.10.2019 – Single oder nicht: Manche Menschen sind überzeugte Singles, einige frisch getrennt, bei anderen hat es einfach noch nicht „klick" gemacht. Glaubt man den aktuellen Umfragen, sehnen sich 80 Prozent der deutschen Alleinstehenden nach der großen Liebe. Auf der Suche nach dem Liebesglück begeben sich 53 Prozent davon ins Internet.*

Ein ***Glücksgarant für Suchende*** *ist das Internet freilich nicht, zu unter-schiedlich sind die Interessen und Wünsche der 17 Millionen Alleinstehenden in Deutschland. So oder so: Durch den anhaltenden Trend zum Online-Dating schoss die Anzahl der Portale nach oben. Doch welche Online-Dating-Dienste stehen besonders hoch in der Gunst der Kunden? Dies untersucht Service Value in Kooperation mit DEUTSCHLAND TEST im fünften Jahr.*

(„4“) Partnervermittlungen und Singlebörsen 2019 (Hintergrundinformationen)

Abbildung / Grafik 31: Ranking

Gesamt-Ranking: Partnervermittlungen	Gesamt-Ranking: Single-Börsen
Bewertung Partnervermittlungen	Bewertung Singlebörse
sehr gute Darling.de	sehr gut Finya.de
sehr gut Parship.de	sehr gut lovescout24.de
Sehr gut ElitePartner.de	Sehr gut iLove.de
Gut lemonswan.de	Gut datingcafe.de
Gut gleichklang.de	Gut bildkontakte.de
	Gut Neu.de
Partner.de	Single.de
be2.de	FlirtCafe.de
Heartbooker.de	flirt-fever.de
PARWISE.de	zoosk.com
lovepoint.de	kissnofrog.de

(„5“) Angebot, Aufbau, Kosten, Funktionen und Zielgruppen:

Insgesamt wurden **1.972 Kundenurteile eingeholt**, *wobei zwischen Partnervermittlungen und Singlebörsen unterschieden wurde. Jeder Befragte des Online-Panels durfte dabei bis zu drei artnervermittlungen/Singlebörsen bewerten, bei denen er in den letzten zwölf Monaten Kunde war. Die Klassifizierung nahm ServiceValue unter anderem aus Angebot, Aufbau, Kosten, Funktionen und Zielgruppen vor.*

Insgesamt konnten **22 Teilaspekte der Dating-Dienst-Anbieter** *bewer-tet werden, diese wurden in den folgenden* **fünf Teildimensionen** *zusammengefasst:*

- ***Leistungsumfang,***
- ***Preis-Leistungs-Verhältnis,***
- ***Seriosität,***
- ***Kundenservice,***
- ***Website.***

In diesem Jahr erhalten sechs Anbieter die Bewertung „sehr gut", fünf Anbieter punkten mit „gut".

Wie erfolgreich und nachhaltig Online-Dating ist, lässt sich durch die Untersuchung nicht herausstellen.

Hintergrundinformationen: Die Benchmarkstudie „DEUTSCHLAND TEST: Partnervermitt-lungen und Singlebörsen 2019“ kann über die ServiceValue GmbH bezogen werden. Die Wettbewerbsanalyse enthält Gesamtergebnisse sowie detaillierte Einzelprofile zu 10 Partnervermittlungen und 11 Singlebörsen

Schanz: Statistische Unsicherheiten bei menschlichem Verhalten:

Gütekriterien *in der standardisierten Forschung in der rekonstruktiven Forschung sind bei Standardisierung und statistische Verfahren Objektivität, Reliabilität und Validität. Im folgenden Beispiel wird das vereinfacht dargestellt.*

Menschliches Verhalten zu messen und bewerten *ist schon deshalb schwierig, weil selten sicher, ob die Auswahl Kriterien vollständig und statistisch stimmig und aussagefähig genug ist. Eine Befragung mit einer Auswahl von 2.000 Befragten bei 1 Mill. Personen geht davon aus, dass sich die Gesamtmenge sich ähnlich verhält wie die Auswahl.*

Im Beispiel nehmen wir 5 fiktive Gruppen mit 5 fiktiven Kriterien. Die Prozentwerte sagen aus, wieviel von der Gruppenzahl (400) das Kriterium akzeptieren:

	Gruppe 1	Gruppe 2	Gruppe 3	Gruppe 4	Gruppe 5	Durchschnitt
Kriterium 1	22,00	26,00	20.00	32,00	16,00	19,20
Kriterium 2	13,00	28,00	19,00	27,00	19,00	21,20
Kriterium 3	16,00	22,00	14,00	21,00	24,00	19,40
Kriterium 4	25,00	12,00	34,00	18,00	21,00	22,00
Kriterium 5	33,00	14,00	25,00	13,00	11,00	19,20
Summen	109,00	102,00	92,00	111,00	91,00	101,00
Abweichung von 101	8,00	1,00	-9,00	10,00	-10,00	0,00

Dabei ist innerhalb dieser Konstellation der Unterschied zwischen der höchsten Abweichung (=10) zur niedrigsten (=-10) ***20 Prozent****.*

Auch wenn diese Zahlen willkürlich gewählt wurden, wie glaubhaft ist das Ergebnis, vor allem dann, wenn man diese 5 Gruppen (= 2.000) auf eine Gesamtmenge von 1.000.000 übertragen will?

Zwar erweisen sich viele Voraussagen und Hochrechnungen als relativ stimmig, andere weniger. Einige Anwendungen haben sich dauerhaft bewährt. Ob das die Zuverlässigkeit der Methoden ist oder eher der Zufall, kann ich nicht entscheiden.

(„6“) Stiftung Warentest: Singlebörsen im Test und ihre Unterschiede

Auszugsweise: ***Stiftung Warentest: Singlebörsen im Test***
https://praxistipps.chip.de/stiftung-warentest-singleboersen-im-test_46002
Für Links auf dieser Seite erhält CHIP ggf. eine Provision vom Händler, z.B. für mit oder grüner Unterstreichung gekennzeichnete / 07.12.2016 10:19 | von Sven Schulz

- **Riesige Unterschiede:** *„ ... Stiftung Warentest hat elf Singlebörsen und Partnervermittlungen getestet: Parship, eDarling, Neu.de und Co. werben mit der großen Liebe zu kleinen Preisen. "Kostenlos anmelden" geht überall, doch am Ende müssen Sie für den heißen Flirt mit Mr. oder Ms. Right tief in die Tasche greifen. Bei der Qualität der Dating-Portale gibt es riesige Unterschiede, wie der Vergleich von Stiftung Warentest zeigt.*

- **Partnervermittlungen teurer als Singlebörsen:** *Singlebörse oder Partnervermittlung? Das ist die erste Frage, wenn Sie im Internet auf Partnersuche gehen möchten. Partnervermittlungen sind vier bis fünf Mal teurer als Singlebörsen.*

- ***Die beste Partnerbörse bei Stiftung Warentest*** *ist Parship (Note 2,3): Die Webseite punktet mit vielen Möglichkeiten, um ein aussagekräftiges Dating-Profil zu erstellen. Über attraktive Partner bekommen Sie viele Infos und können sich ein genaues Bild machen.*

- ***Keine versteckten Kosten:*** *Bei der Registrierung und dem Vertrag **(6 Monate für 359 Euro)** gibt es keine versteckten Kosten, sondern alle Details auf einen Blick, lobt Warentest. Allerdings sei das Suchen nach dem oder der Richtigen und das Sortieren der einzelnen Parship-Profile recht schwer.*

- ***Schutz vor Belästigung:*** *Besonders positiv fiel die Beratung auf: Per Mail antwortete der Kundenservice vorbildlich auf Testfragen zum Schutz vor Belästigung und zur Steigerung der Attraktivität des eigenen Profils …*

(„7“) Gegenüberstellung GUT ./. WENIGER GUT

(https://www.zu-weit.de/.../test oder https://www.zu-zweit.de/idates/test#charts)

Erhebliche qualitative Unterschiede: Unabhängig davon, wie man Partnervermittlungen und Singbörsen grundsätzlich beurteilt und ihre Erfolgsaussichten einschätzt, gibt es erhebliche qualitative Unterschiede.

- *„ … **Die besten Online-Dating Seiten im Vergleich …** Mittlerweile sind Online-Dating Seiten fast unumstößlich für Singles geworden, die einen Traumpartner oder einen Seitensprung finden wollen. Wer nicht mehr alleine, sondern endlich zu zweit sein will, sucht im Internet nach der großen Liebe.*

- *Weit über **2500 Online Dating Seiten** tummeln sich derzeit allein auf dem deutschen Markt! Darunter, neben den bekannteren Partnervermittlungen, Singlebörsen und Casual-Dating Agenturen, auch speziellere Portale, beispielsweise für erotische Abenteurer oder christliche Singles.*

- ***Lokale Anbieter:** Du suchst Singles in deiner Nähe? Hier findest du z.B. Singles in Bayern oder auch einen heißen Seitensprung aus Bayern!*

- ***Behalte den Überblick:** Doch wo anfangen? ZU-ZWEIT.de gibt dir exklusiv verschiedenste Möglichkeiten auf den Weg, um endlich deinen Traum-Partner im Internet finden zu können. Wir haben getestet, geprüft und verglichen um dir die besten Chancen zu ermöglichen. Du willst so schnell wie möglich das für dich persönlich ideale Portal finden? Dann mach' unseren Test und finde heraus, welche Dating-Portale zu dir passen …“*

- *Im Folgenden geht es um eine **Gegenüberstellung GUT ./. WENIGER GUT,** ohne auf die konkreten Portale einzugehen (Das kann man im Internet finden.).*

  ***Nachteile, fehlende Vorteile**: Bei konkreter Inanspruchnahme sollten Sie nicht nur die Nachteile bedenken, sondern auch fehlende Vorteile.*

(„8“) Attraktivität der Damen (Sexuelle Verstärkungen)

Abbildung / Grafik 32: Attraktivität der Damen

https://www.pinterest.de/pin/228417012343164125/
Die Nutzung von Pinterest ist grundsätzlich kostenlos. Nur wenn Du als Unternehmen Werbeanzeigen schalten möchtest, fallen Kosten an.26.01.2023

Dabei dominieren

- ***sexuelle Verstärkungen in Gesicht und Körperlichkeit***
- ***und es ist nicht erstaunlich, dass promiskuitive Attraktivität dominiert;***
- ***gerade Prostituierte schneiden bei der Wirkung sehr gut ab.***

Folgende Merkmale werden in den Analyse genannt:

- *Ein* **sanfter Hüftschwung und ein eleganter Augenaufschlag** *haben eine deutlich größere Wirkung als ein flacher Bauch oder ein Schmollmund.*

- *Männer legen bei Frauen* **mehr Wert auf sexuelle Attraktivität** *als auf intellektuelles Niveau und beruflichen Erfolg.*

- ***Lockgesicht:*** *Sexuell Attraktive Frauen haben*
- *fe**minine Gesichtszüge,***
- ***kleines Kinn und schmale Augenbrauen .***
- *All das deutet auf einen* ***höheren Östrogenspiegel*** *hin*
- *und erhöht die* ***sexuelle Anziehungskraft****.*
- *Auch eine* ***höhere Frauenstimme*** *wirkt anziehend.*
- *Auf* ***Frauen mit roter Kleidung*** *sprechen Männer eher an.*
  https://www.wort-suchen.de/kreuzwortraetsel-hilfe/loesungen/abwertend+intellektuelle+Frau/337
  UGC GmbH, Am Sägerhof 3, 90596 Schwanstetten, Deutschland:

  - *Mit* **Blaustrumpf-Effekt** *ist hier die äußerliche Erscheinung (vor allem der Gesichtsausdruck) gemeint, die Intelligenz, Kompetenz und Erfolg ausdrückt und weniger die sexuelle Attraktivität.*

  - *Das heißt nicht, dass auch intellektuelle Frauen nicht genauso sexuell attraktiv sein können, aber sie wirken auf viele Männer abweisend.*

  - *Männer, die der sexuellen Attraktivität den Vorrang geben, sollten bedenken, dass man solche Frauen nicht immer für sich allein hat.*

  - *und dass folgende Einstellung, man sei lieber mit vielen an einer guten Sache beteiligt als allein an einer schlechten, nicht für jeden Mann gilt.*

A.6.2 Vergleichstests Singlebörsen und Partnervermittlungen

Abbildung / Grafik 33: Kriterien für Partnervermittlungen und Singlebörsen

Beste Singlebörse (https://www.datingtestsieger.de/)

Ausgestaltung der Kontakte

(„1") 1 Parship, 2 ElitePartner, 3 LoveScout24, 4 LemonSwan, 5 Zweisam

- Haftungsausschluss (Preise, Funktionen und Angebote)

- dargestellten Anbieter anhand objektiv nachvollziehbarer Prüfungskriterien,
- sowie auf Basis der Wertung unserer Experten-Redaktion.
- Dabei gehen wir mit großer Sorgfalt vor.
- Markposition und Popularität des betreffenden Anbieters.

(„2") Kontaktarten und Kontaktdichte

- Die seriösen Programme (Testsieger: Beste Singlebörse)
- haben zwar nicht als erste Aufgabe, Sex zu vermitteln,

- aber werden von Interessierten #(Fremdgängern, Affären, Promiskuität und Prostitution) durchaus genutzt und es scheint auch Erfolge zu geben (Sexportale: schätzungsweise 2 - 3 Fälle auf 100 Kontakte),

- aber vielversprechender und geeigneter sind folgende Portale (10 und mehr Fälle auf 100 Kontakte).

(„3") DEUTSCHLAND TEST

- Dieses ist nur ein Auszug dieser Internetangebote;
- schätzungsweise gibt es in Deutschland mehr als 100 Angebote
- (zum Teil ausländischer Herkunft)
- und weitere ca. 100 Regionalprogramme. Partnervermittlungen und Singlebörsen 2019 (Hintergrundinformationen)

- „ ... Wettbewerbsanalyse mit Detail-Auswertungen
- für 10 Partnerver-mittlungen und 11 Singlebörsen 14.10.2019
- Manche Menschen sind überzeugte Singles, einige frisch getrennt,
- bei anderen hat es einfach noch nicht „klick" gemacht.
- 80 Prozent der deutschen Alleinstehenden suchen nach der großen Liebe,
- 53 Prozent davon ins Internet.

- Ein Glücksgarant für Suchende ist das Internet freilich nicht,
- zu unter-schiedlich sind die Interessen und Wünsche
- So oder so: Durch den anhaltenden Trend zum Online-Dating
- schoss die Anzahl der Portale nach oben.

(„4") Partnervermittlungen und Singlebörsen 2019 (Hintergrundinformationen)

- Angebot, Aufbau, Kosten, Funktionen und Zielgruppen:
  - Insgesamt wurden 1.972 Kundenurteile eingeholt,
  - Zu Partnervermittlungen und Singlebörsen unterschieden wurde.
  - Jeder Befragte des Online-Panels durfte dabei b
  - is zu drei artnervermittlungen/Singlebörsen bewerten,
  - bei denen er in den letzten zwölf Monaten Kunde war.
  - Die Klassifizierung bestand zum ServiceValue unter anderem aus
  - Angebot, Aufbau, Kosten, Funktionen und Zielgruppen vor.

  - 22 Teilaspekte der Dating-Dienst-Anbieter,
  - jeweils fünf Teildimensionen

    - Leistungsumfang,
    - Preis-Leistungs-Verhältnis,
    - Seriosität,
    - Kundenservice,
    - Website.

      - Es erhalten sechs Anbieter die Bewertung „sehr gut",
      - fünf Anbieter punkten mit „gut".

- Hintergrundinformationen: Wettbewerbsanalyse enthält

  - Gesamtergebnisse
  - sowie detaillierte Einzelprofile zu 10 Partnervermittlungen
  - und 11 Singlebörsen.

- Zwar erweisen sich viele Voraussagen und Hochrechnungen
- als relativ stimmig, andere weniger.
- Einige Anwendungen haben sich dauerhaft bewährt.
- Ob das die Zuverlässigkeit der Methoden ist oder eher der Zufall,
- kann ich nicht entscheiden.

(„1“) Die besten Partnervermittlungen und Singlebörsen

Beratung: *Frauen und Männer suchen nach Beratung „Wie finde ich die passende Singlebörse“ und sind auf einige Online-Dating-Anbieter eingegangen.*

- *Bei **Partnervermittlunge**n werden „test-objektivierte“ Eigenschafts-profile abgeglichen,*
- ***bei Singlebörsen** (Dating-Anbiete) wählt man Fotos und subjektiven Eigen-schaftsangaben der Anbietenden zur Beurteilung.*

Interesse der Nachfragenden: *Wie glaubwürdig Berater wie Anbieter sind, ist unsicher und letztlich geht es darum, mit dem Angebot Geld zu verdienen und da wird mit Argumenten jongliert und das nicht immer im Interesse der Nachfragenden.*

Zu den bekanntesten Partnervermittlungen in Deutschland zählen:	*Zu den größten Singlebörsen in Deutschland zählen:*
PARSHIP.de (über 5.0 Mio. Mitglieder)	*Single.de (über 2.0 Mio. Mitglieder)*
Elitepartner.de (über 3.5 Mio. Mitglieder)	*kwick.de (ca. 1.0 Mio. Mitglieder)*
eDarling.de (ca. 2.5 Mio. Mitglieder)	*NEU.de (ca. 5.0 Mio. Mitglieder)*
Partner.de (ca. 1.0 Mio. Mitglieder)	*FriendScout24.de (über 6.0 Mio. Mitglieder)*
AcademicPartner.de (ca. 200.000 Mitglieder)	*bildkontakte.de (ca. 2.0 Mio. Mitglieder)*

(„2“) Gegenüberstellung GUT ./. WENIGER GUT (Anlage 6)

- ***Behalte den Überblick:*** *Doch wo anfangen? ZU-ZWEIT.de gibt dir exklusiv verschiedenste Möglichkeiten auf den Weg, um endlich deinen Traum-Partner im Internet finden zu können. Wir haben getestet, geprüft und verglichen um dir die besten Chancen zu ermöglichen. Du willst so schnell wie möglich das für dich persönlich ideale Portal finden? Dann mach' unseren Test und finde heraus, welche Dating-Portale zu dir passen …“*

  Im Folgenden geht es um eine Gegenüberstellung GUT ./. WENIGER GUT, ohne auf die konkreten Portale einzugehen (Das kann man im Internet finden.).

Abbildung / Grafik 34: Kriterien (gut – weniger gut)

GUT	WENIGER GUT
Überblick	**Überblick**
• *Hier gibt es die meisten Neuanmeldungen* • *Hohes Bildungsniveau der Mitglieder (ca. 52% Akademiker)* • *Effektive Partnersuche* • *passende Partnervorschläge (Grundlage eigenen Persönlichkeit* • *Gut geeignet für Unerfahrene* • *Hohe Erfolgsquote im Test (ca. 38%) finden den passenden Partner*	• *Wirksames Werbe- und Marketing-Image* • *Nutzerfreundliches Interface* • *Keine Abo-Gebühren* • *Extrem hohe Anzahl an Animateurinnen* • *Ungekennzeichnete Controller* • *Unzureichende Suchfunktionen* • *Hohe Kosten pro Chat-Nachricht*

(„4“) Verzeichnis der gängigsten Portale

Sind diese Listen wirklich komplett? Nein, auf keinen Fall!

Es gibt noch viel, viel mehr in Deutschland: über 2.000 Mitglieder-Karteien die von über 2.000 Unternehmen ins Leben gerufen wurden. Über 25.000 Domains mit da viel Anbieter, über Dutzende oder gar Tausende verschiedene Internet-Adressen. Viele sind gar nicht in unserer Liste, denn sie sind entweder: zu klein, verwaist oder Abzocker.

(„5“) Ausführlich „Beispiel Tinder“

***Wohl die älteste Dating-Agentur** **(seit ca. 110 Jahren / Internet seit ca. 35 Jahren):** Als Grund für die Einführung gibt Tinder an es sei „die belebteste Hochzeitssaison seit 35 Jahren“ nach der COVID-19-Pandemie. Im Rahmen der Veröffentlichung des „Explore“-Tabs fand die zweite sogenannte Swipe Night statt.*

Auszugsweise: WIKIPEDIA: Tinder (englisch für Zunder*) ist eine Kommerzielle* App *für* Mobile-Dating*, das heißt Partnersuche im Internet. Sie zählt damit zu den* Singlebörsen. *Tinder gehört der* Match Group Inc. *mit Hauptsitz in* Dallas, Texas. *Die App benutzt ein Swipe-System (*englisch *swipe ‚streifen, durchziehen‘), bei dem Nutzer die Profilfotos und -infos von anderen Nutzern in ihrer Nähe ansehen können. Gefällt dem Nutzer eine Person, so wischt er das Bild nach rechts. Gefällt sie ihm nicht, wischt er nach links. Wenn beide Nutzer ihre Bilder gegenseitig nach rechts gewischt haben, entsteht ein Match und man kann fortan mit dieser Person über einen* Chat *kommunizieren*

Tinder Basisdaten

Tinder	
Basisdaten	
Maintainer	Match Group
Entwickler	InterActiveCorp
Erscheinungsjahr	15. September 2012
Aktuelle Version	13.20.1 (Android) (31. Oktober 2022) 13.20.0 (iOS) (31. Oktober 2022)
Betriebssystem	Android, iOS, Web
Programmiersprache	Java, Objective-C, C#
Kategorie	Soziales Netzwerk
Lizenz	proprietär
deutschsprachig	ja
www.tinder.com	

https://www.datingtestsieger.de/imprint/ Digital Reviews GmbH, Am Haag 14, 82166 Gräfelfing / E-Mail: info@digital-reviews.de / Geschäftsführer: Ulf Marx
Test & Vergleich Tinder im Test
(Auszugsweise: https://www.zu-zweit.de/tinder/test#charts)
https://tinder.com/?lang=de:

Aus diesem Test: Tinder im Vergleich, Bei Tinder nachgefragt, Wie funktioniert Tinder? Design und Bedienbarkeit, Unser Test, Tinder Superlikes, Special Features, Tinder Select, Tinder Picks, Secret Admirer, Geswipet, gematcht - und jetzt?, Das Problem mit Tinder..., Abzocke bei Männern?, Tinder und die Liebe..., Zu dick für Tinder-Date: Frau aus England abserviert, Tinder Tipps und Tricks, Tinder-Sicherheitslücke ermöglicht genaue Ortung, Wie Tinder deine Daten verkauft, Tinder für den PC, Tinder Plus und Tinder Gold, Kosten und Preise, Fazit.

Tinder im Vergleich

Dank eines ***"Hot or Not"-Prinzips*** *kommen nur Nutzer miteinander in Kontakt, die sich auf den ersten Blick attraktiv finden. Das Prinzip der App ist, andere Nutzer als attraktiv oder nicht attraktiv zu markieren (sie nach links oder rechts "wegzuwischen"). Durch das einfache Prinzip macht Tinder viel Spaß, ist aber leider auch sehr oberflächlich und daher nicht für ernsthafte Beziehungen geeignet.*

Ergiebigkeit: *Wer auf der Suche nach einem echten Partner für eine ernsthafte Beziehung ist, wird hier eher nicht fündig. Ein paar Fake-Profile sind uns im Test auch begegnet.*

Erfahrungsbericht Tamara, 34:
"Nach 22 Dates habe ich es aufgegeben, alle wollten nur das Eine, ich aber eine Beziehung. Das habe ich bei Tinder sicher nicht gefunden. Ich hatte jeden Monat 2-3 Tinder-Dates und das nun fast ein ganzes Jahr lang. Ich stand 22 mal vor der Frage was ich anziehen sollte, wie ich meine Haare machen sollte, wie ich mich schminken sollte. Und das nur, um im Anschluss zu merken, dass es nur darum ging, dass ich mich ausziehen sollte. Ich wollte gefallen, um einen Partner zu finden, aber nun will ich mich nicht mehr verstellen - das ist zu anstrengend."

Wie funktioniert Tinder?

Profilerstellung

*Die **Profilerstellung** geht bei Tinder ausgesprochen schnell und bequem. Es gibt kein langwieriges Ausfüllen von Steckbriefen oder ähnliches. Als User muss man der App lediglich Zugriff auf sein Facebook-Profil oder die Handynummer gewähren. Wählt man Facebook, um seine Identität zu bestätigen, holt sich die App alle nötigen Informationen, inklusive Fotos, selbst. Interessant ist: Wählt man die Verifizierung via Mobilfunknummer wird zwar nicht das Facebook-Profil mit Tinder verknüpft, aber da dieses Tool ebenfalls zu Facebook gehört, erhält dieses Daten über Gerät, etc.*

***Schutz der Privatsphäre:** Etwas bedenklich fanden wir dabei, dass dieser Schritt obligatorisch ist - weigert man sich, der App seine persönlichen Daten zur Verfügung zu stellen, kann man sie leider nicht nutzen. Was den Schutz der Privatsphäre und der persönlichen Daten des Users angeht, ist dieses Vorgehen eher bedenklich. Schließlich will nicht jeder, dass seine gesammelten persönlichen Facebook-Daten von Fremden einsehbar sind - auch nicht von einer noch so coolen Dating-App.*

***Instagram-Profil mit Tinder verlinken:** Außerdem kannst du dein Instagram-Profil mit Tinder verlinken. Sollten dir 5 Fotos nicht genug sein um deine Urlaubsfotos, deinen persönlichen Style oder Momente aus deinem Leben zu zeigen, musst du deine beiden Accounts nur einmal vernetzen, um anderen Tinder Nutzern diese privaten Einblicke zu gewähren.*

***Spotify-Account mit Tinder koppeln:** Musik ist vielen Personen wichtig - hast du gerade ein besonderes Lieblingslied oder willst anderen Tinderellas und Tinder-Prinzen deinen Musikgeschmack nicht vorenthalten, besteht die Möglichkeit, deinen Spotify-Account mit Tinder zu koppeln. Dabei kannst du ein Lied, quasi deine persönliche Hymne, sowie die meistgehörten Songs Deines Lieblingskünstlers auswählen.*

Tinder – Design und Bedienbarkeit

Design und Bedienbarkeit

In Sachen Design und Benutzerfreundlichkeit setzt Tinder neue Maßstäbe. Noch keine der bisher von uns getestet en Apps war derart leicht und angenehm zu bedienen. Das Design der App sorgt dafür, dass sie intuitiv zu bedienen ist und verzichtet bewusst auf jegliche überflüssige Funktion.

Unser Test

Männer geben wenig preis: *In unserem Test hat sich gezeigt, dass die Herren meist wenig bis gar nichts über ihre Person und Persönlichkeit in ihre Profilbeschreibung aufnehmen: In der Regel beschränken sich die ehrlichen Angaben meist auf Größe und Ursprungsland oder besuchte Urlaubsländer. Einige nehmen noch Hobbys und Sportarten auf, aber nur wenn diese auch exotisch und extravagant sind: Statt Schach und Fußball liest man also eher Kitesurfen, Segeln oder Bouldern.*

Auch kommt es einem so vor, dass man als Person, die nicht allzu viel von der Welt gesehen hat, gleich zu einer Tinder-Minderheit gehört: Wer noch keinen anderen Kontinent besucht hat ist zwar nicht gleich unten durch, aber zumindest scheinbar nicht so weltoffen und reiselustig wie das Gegenüber …

Das Problem mit Tinder...

*Heutzutage steht der **Sex am Anfang** und ist nicht mehr der Höhepunkt einer Beziehung, sondern fast Voraussetzung, … Je nachdem wie gut man auf der körperlichen Ebene funktioniert, wird weiter in die andere Person investiert, oder eben nicht. Der Online-Dating-Alltag bei Dating-Apps ist oft anstrengend. Das Flirten ist fast wie Arbeit und oft mit Druck und Stress verbunden - zu viele Anwärterinnen gibt es dort draußen, die auf den ersten Blick gefallen und weiter inspiziert werden müssen. Oft enden die Beziehungen aber auch so schnell, wie sie begonnen haben …*

- ***Frauen suchen Beziehung:*** *Frauen nutzen Tinder vor allem für die Suche nach einer Beziehung,*

- ***Männer um Spaß zu haben*** *- es ist offensichtlich, dass das nicht zusammenpasst. Und dennoch kommt es zu Sex, da die Frauen hoffen, dass dann mehr daraus werden kann. Eine Frau, die leicht zu haben ist, kommt für Männer wiederum nicht infrage …*

Konkurrenzverhältnis: *Diese Apps verstärken das Konkurrenzverhältnis zwischen Singles und verschärfen das Misstrauen (Enttäuschungen, Abstumpfungen, Bezie-hungsmüdigkeit, Resignation, Depression usw.)…*

Abzocke bei Männern?

Es fällt auf, dass man als Mann nach der Anmeldung bei Tinder zunächst viel Sichtbarkeit hat und sehr viele Matches erhält, dieses erfreuliche Phänomen jedoch nach 1-2 Wochen abnimmt. Das liegt daran, dass das persönliche Ranking von dem Tinder-Algorithmus nach dieser Zeit herabgesetzt wird. Um wieder sichtbarer zu werden, muss man ständig sehr teure Boosts oder Mitgliedschaften erwerben, sonst wird man wohl eher kaum Matches haben.

Tinder Eingangsmaske 2

Tinder im Vergleich Wie funktioniert Tinder?

Wann sind die meisten Mitglieder bei Tinder online?
Genervt, dass du keine neuen Matches bekommst? Unserer Erfahrung nach sind die meisten Tinder-Nutzer in den Abendstunden und am Wochenende aktiv. Also schön geduldig bleiben. Notfalls kannst du auch bei den Einstellungen deinen Suchradius und Altersgrenzen bearbeiten, vielleicht matcht sich dann mehr.

Tinder-Sicherheitslücke ermöglicht genaue Ortung
Gegen Ende des Jahres 2013 konnte eine New Yorker Online-Sicherheitsfirma nachweisen, dass es aufgrund einer Tinder-Sicherheitslücke mithilfe des sogenannten Trilaterationsverfahrens möglich war den Aufenthaltsort jedes beliebigen Tinder-Nutzers auf 30 m genau zu bestimmen. Das Trilaterationsverfahren nutzt den Abstand dreier Punkte zum Zielpunkt, um dessen genaue Position zu errechnen und wird unter anderem von Mobilfunktanbietern verwendet, um die Position eines bestimmten Handys zu bestimmen ….

Wie Tinder deine Daten verkauft
Wenn du dich bei Dating-Apps wie Tinder anmeldest, teilst du potenziell viel über dein Leben - von sexuellen Vorlieben bis zum Umgang mit und Konsum von Drogen - sehr persönliche Daten also, die du preisgibst, damit dein potenzieller Partner auch zu dir passt.

Verstoß gegen Datenschutz: *Umso erschreckender ist es, dass eine Datenschutz-Organisation aus Oslo festgestellt hat, dass die Dating-Plattform offenbar - ebenso wie andere beliebte Dating-Apps - gegen grundlegende Regeln des Datenschutzes verstößt. Das ganze Ausmaß dieser Misere hat Digital-Reporter Jan Vollmer für euch zusammengefasst.*

Kostenlose Services
Tinder kann in seinen Grundfunktionen kostenlos genutzt werden.? Swipen, Matchen und Schreiben kann man umsonst.

Kostenpflichtige Services
Tinder Boost? Wer sich mehr Matches wünscht, kann seine Chance durch den "Tinder Boost" erhöhen. Dadurch sichert man sich für 30 Minuten eine Pole-Position und wird im Umkreis 10xhäufiger angezeigt.

Filterfunktionen? *Man kann entweder nur bei Personen angezeigt werden, die man selbst zuvor geliked hat oder sich nur kürzlich aktive Personen zuerst anzeigen lassen. Auch kann man für sich selbst Alter und Entfernung ausblenden lassen.*

Auszugsweise: ***Tinder: Kosten und Funktionen der Abo-Modelle im Vergleich - IMTEST***
Tinder - Kosten und Funktionen
https://www.zu-zweit.de/tinder/kosten

Kannst du Tinder kostenlos ausprobieren?

- Ja, du kannst Tinder kostenlos nutzen oder zumindest testen
- Alle Mitglieder können kostenlos Nachrichten senden
- Man kann mindestens die ersten **Nachrichten kostenlos lesen**

Kostenfakten bei Tinder

- einfache Anmeldung via FacebooE
- Grundfunktionen sind ohne Kosten nutzbar
- Bezahlung direkt via Appstore möglich
- Suche Tinder-Nutzer weltweit
- Kaum Sparpotential bei Tinder
- Kosten im niedrigen Bereich
- Booste dein Profil für mehr Matches

Das ist kostenlos:

Kostenlose Services

- Anmeldung
- Nachrichten schreiben
- Swipen

Das ist kostenpflichtig:

Kostenpflichtige Services

- Tinder Boost
- Filtefunktion
- Unbegrenzte Likes und mehr Superlikes
- Undo
- Tinder Reisepass
- Sofortige Matches
- Tinder Gold
- Tinder Platin

Ist Tinder teuer oder günstig?

Im Preisvergleich mit anderen Anbietern ist Tinder **im angemessenen Bereich**.

Dauer / Credits / Coins	Kosten	Gesamt
	Tinder Plus über 28	
12 Monate	6,67 EUR / Monat	80,04 EUR
6 Monate	10,00 EUR / Monat	60,00 EUR
1 Monat	16,49 EUR / Monat	16,49 EUR
	Tinder Plus	
12 Monate	2,62 EUR / Monat	31,44 EUR
6 Monate	3,42 EUR / Monat	20,49 EUR
1 Monat	3,91 EUR / Monat	3,91 EUR
	Tinder Gold über 28	
12 Monate	10,81 EUR / Monat	129,72 EUR
6 Monate	16,50 EUR / Monat	99,00 EUR
1 Monat	27,49 EUR / Monat	27,49 EUR
	Tinder Gold	
12 Monate	3,99 EUR / Monat	47,88 EUR
6 Monate	5,99 EUR / Monat	35,94 EUR
1 Monat	7,99 EUR / Monat	7,99 EUR

D

https://www.imtest.de/154342/kaufberatung/tinder-kosten-funktionen-abo-vergleich-apps-freizeit-technik/:

Tinder Platinum: Abo mit allen Funktionen

Bei Tinder Platinum sind die Funktionen aller Abos sowie die Grundfunktion enthalten. Außerdem können Nutzer und Nutzerinnen drei weitere Features exklusiv nutzen:

- Eine Nachricht vor dem Matchen versenden
- Likes priorisieren
- Vergebene Likes der letzten 7 Tage sehen

Vor allem das Verschicken einer Nachricht mit einem Like (bevor überhaupt ein Match zustande gekommen ist) soll die Erfolgschancen der Date-Suchenden erhöhen. Und das sind die durchschnittlichen Preise für Tinder Platinum:

Abo Laufzeit	Gesamtkosten
1 Monat	25,36 €
6 Monate	76,08 €
12 Monate	101,52 €

Unbegrenzte Likes und mehr Superlikes? *Auch die Begrenzung der Superlikes auf einen täglich wird mit Tinder Plus aufgehoben, zusätzlich kann man so viele normale Likes verteilen wie man will. Undo? Undo erlaubt, eine bereits weggewischte Person wieder zurückzuholen … Zahlungsmöglichkeiten (Kreditkarte, PayPal, App Store 9*

Bei den ***Tinder Gold-Preisen*** *profitieren derzeit nur die jüngeren Tinder-Nutzer. Über-28-Jährige zahlen nach wie vor den hier vergleichsweise sehr hohen Preis von 27.49 EUR für einen Monat Gold-Mitgliedschaft …*

Fazit
Tinder ist eine intuitiv designte App mit sehr vielen Nutzern und stets neuen Features. Dank des "Hot or Not"-Prinzips kommen nur Singles miteinander in Kontakt, die sich gegenseitig attraktiv finden und der Fun-Faktor der App ist ausgesprochen hoch. Dass viele Singles an "Tinderitis" erkranken, können wir aber nicht ganz verstehen. Auf Tinder sind hauptsächlich Studenten unterwegs, die sich in vielen Bereichen ähneln und deren Absichten meist uneindeutig und unbewusst sind. Wer unverbindliche, erotische Kontakte sucht, dem empfehlen wir daher Casual-Dating, da man hier auch schon im Voraus genau weiß, was das Gegenüber will und erwartet.

(„3.2") Beziehungssuche im Internet: Motivationen, Besonderheiten und Trends

Auszugsweise: Forum für Erwachsenenbildung

Die evangelische Zeitschrift für Bildung im Lebenslaufa/ lleinstehend/eigenständig 4/17

https://www.pedocs.de/volltexte/2021/22771/pdf/Forum_EB_2017_4_Eichenberg_Kuesel_Singles_Beziehungssuche.pdf

Univ.-Prof. Dr. phil. habil. Christiane Eichenberg
Leiterin des Instituts für Psycho somatik
Sigmund Freud Privat-Universität Wien
kontakt@ christianeeichenberg.de

Cornelia Küsel
Wissenschaftliche Mitarbeiterin und Dozentin
Universität der Bundeswehr München
cornelia.kuesel@unibw.de

("3.2.1") Online-Dating: Nutzungshäufigkeit und ökonomische Aspekte

„…In Deutschland hat schon jeder sechste Internetnutzer ab 14 Jahren mindestens einmal bereits in Online-Singlebörsen oder Dating-Apps nach Partnern gesucht3 – beispielsweise über „Tinder"

- *mit* ***2 Millionen Mitgliedern in Deutschland*** *und täglich*
- ***8000 neuen.*** *Insgesamt waren inDeutschland vor zwei Jahren rund*
- ***8,4 Millionen aktiveNutzer bei Online-Datingbörsen*** *angemeldet.*

2015 wurden rund ***118 Millionen Mitgliedschaften*** *in entsprechenden Portalen registriert, was dafür spricht, dass aktive Nutzer auf mehreren Plattformen angemeldet sind. Die off ensichtlich positive Einstellung gegenüber Online-Dating korreliert jeweilsmit der Affinität gegenüber dem Internet und der online verbrachten Zeit, nicht aber mit generellen Einstellungen gegenüber romantischen und sexuellen Beziehungen …*

("3.2.2") Welche Typen von Online-Partnerbörsen gibt es?

… Bei der Betrachtung von Online-Datingangeboten muss zwischen verschiedenen Typen von Portalen unterschiedenwerden, denen dann nach Döring auch verschiedene Formen der Beziehungsanbahnung ,-entwicklung und -motivation entsprechen: „Singles" sind bezeichnender-weise mit den sogenannten „Singlebörsen"

(1) direkt angesprochen, hier stehen ***lockere Flirtkontakte im Vordergrund*** *(zum Beispiel: https://www.fl irt.de; https://www.funfl irt.de); die „Partnerbörsen"*

(2) entsprechen am ehesten dem alten ***Äquivalent der Kontaktanzeige****, hier bekommt man potenziellpassende, durch Algorithmen ermittelte Partner vorgeschlagen (etwa: https://www.parship.de; https://www.elitepartner.de); dann gibt es*

(3) ***die „Erotik-Dating-/Casual-Dating-Portale"****, die unverbindliche Sexkontakte vermitteln wollen (wie z.B. https://www.c-date.de; https://www.secret.de); daneben noch sogenannte*

(4) ***„Nischenanbieter":*** *das heißt spezialisierte Plattformen mit dem Ziel der Zusammenführung von Menschen mit bestimmten Interessen und Vorlieben (zum Beispiel: https://kontaktebdsm.de; https://www.fetisch.de); und schließlich*

(5) das boomende ***„Social-Dating"*** *(etwa: Tinder, Badoo), das meist über das Smartphone betrieben wird und die Besonderheit bietet, dass durch GPS-Dienste die Nutzenden die Möglichkeit haben, sich Kontakte in unmittelbarer Nähe anzeigen zu lassen beziehungsweise standortabhängig zu suchen (das „location-based real-time dating" …*

("3.2.3") Wer nutzt mit welcher Motivation Online-Singlebörsen?

Soziale Integration: *…Die nun seit über zwanzig Jahren bestehende psychologische Online Datingfor-schung ist in der Lage, eine Reihe von Fragen, gerade auch zum Beziehungsverhalten von „Singles" im Internet, empirisch fundiert zu beantworten. Die Nutzung von Online-Datingbörsen ist mit Blick auf soziodemografische Aspekte unabhängig von Bildung und Einkommen, und es gibt kaum Unterschiede zwischen Nutzer/inne/n und Nichtnutzer/inne/n bezüglich der sozialen Integration: Nutzer/innen treffen sich in ihrer Freizeit gleich häufig mit Freunden und nehmen ebenso stark am Vereinsleben teil.*

Männer sowie die *Altersgruppe zwischen dreißig und fünfzig Jahren,* ***aber auch Jugendliche,***

nutzen Online-Börsen am intensivsten.
Hinsichtlich der ***Geschlechtsunterschiede im Interaktionsverhalten*** *zeigte sich,*

- *dass die Initiierung eines Kontakts mit sehr viel* ***größerer Häufigkeit von den Männern*** *als von den Frauen ausgeht – im Verhältnis von zu 27 %.*

- *Umgekehrt nehmen sich die Frauen häufiger als die Männer die Freiheit, auf* ***eine entsprechende Anfrage keine Antwort zu geb***

Insgesamt konnten ***kaum Zusammenhänge zwischen der Nutzung oder gar spezifischen Verhaltensweisen b****eim Online-Dating und entsprechenden Persön-lichkeitsmerkmalen gefunden werden.*

- *Die* ***Nutzungsmotive*** *beim Online-Dating sind heterogen, man unterteilt sie etwa*

- *in* ***Intrapsychische Bedürfnisse*** *(Zeitvertrieb, Geborgenheit/Nähe, Selbstbestätigung, Kontrolle)*

- *und* ***interpsychische Bedürfnisse*** *(Kommunikation, Flirt, Sex), wobei hier von geschlechtsunterschiedlichen Akzentuierungen auszugehen ist.*

- *So suchen Männer eher* ***kurzfristige Beziehungen*** *(mit geringem Commitment)*
- *oder* ***sexuelle Abenteuer****,*

- *während Frauen tendenziell auf der Suche nach eher* ***längerfristigen Beziehungen*** *(auch Freundschaft en) und Liebesbeziehungen sind –*

- *es gibt auch eigene Online-Partnerbörsen für* ***Singles mit Kinderwunsch*** *(wie:*
- *https://www.match-patch.de/partnersuche/ oder in Dänemark https://www.loveandkids.dk).*

- *Trotz der geschlechtsspezifischen Trends ist auch deutlich, dass sich sowohl Frauen als auch Männer im Netz* ***jenseits geschlechtsrollenstereotyper Erwartungsmuster bewegen****.*

- *Eine Befragung an Mitgliedern einer Singlebörse zu den Motiven ihrer Nutzer ergab, dass* ***20 % der Männer*** *bei der Partnersuche online auch darüber nachdenken,* ***eine Familie zu gründen.***

- ***Dies traf nur auf sieben Prozent der Frauen zu****. Dennoch sind auch einige Geschlechtsunterschiede markant, zum Beispiel bei den Präferenzen der Partnerwahl, wo* ***Frauen eine stärkere Präferenz als Männer für das Einkommen*** *als für physische Attribute haben …“*

("3.2.4") Die besten Singlebörsen

2022 / 2023 Übersichten

Auszugsweise:

https://www.top10-dating-seiten.de/lp/top-10-singleborsen/?source=gs&adw-cpn=desktop-m&c=2276&gclid=CjwKCAjwue6hBhBVEiwA9YTx8CZHVCrs1AHzEeqwUc2jijHnFBC8jr2dMCQPnmHL4FBCXTCCTK6csxoCPAkQAvD_BwE

2: Die besten Singlebörsen Abbildung / Grafik 35:

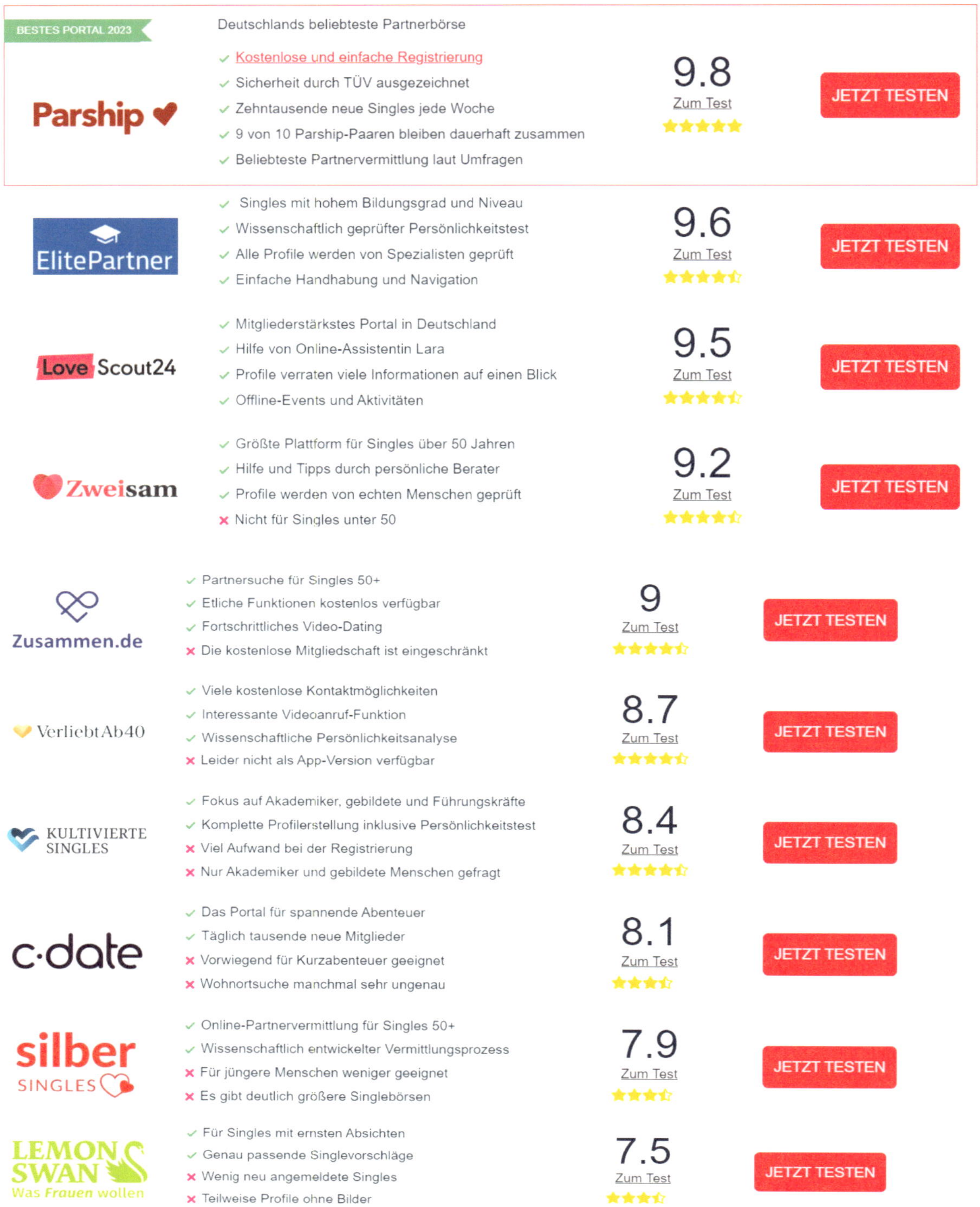

(„3.3“) Der Testsieger Parship unter der Lupe

AUSZUGSWEISE: HTTPS://WWW.SINGLEBOERSEN-VERGLEICH.DE/

„…PARSHIP IN 10 SEKUNDEN:

- *Parship ist eine der führende Partnervermittlung mit den meisten Neumitgliedern 2021/2022.*
- *Sie bekommen gezielt potenzielle Lebenspartner vorgestellt.*
- *Eine der höchste Vermittlungsrate aller Partnerbörsen*
- *Ihre Privatsphäre bleibt gut geschützt.*
- *Singles haben hier ein echtes Interesse, sich zu verlieben.*
- *Datenschutz & sorgfältig ausgefüllte Profile sind selbstverständlich.*
- *Kennenlernen nun auch per Video-Chat*
- *Nicht geeignet für die Suche nach unverbindlichen Flirts.*
- *alles kostenlos bis aufs Anschreiben (auch Anfragen beantworten ist gratis)*
- *volle Kommunikation ab 39,90 €/Monat …*

DER AUSFÜHRLICHE TESTBERICHT:

1. ***Sind Sie bei Parship richtig?***

   Parship (gegründet am Valentinstag 2001) *richtet sich ganz klar an* ***an-*** *spruchsvolle Singles,* ***die einen neuen Lebenspartner suchen. Darauf ist das gesamte*** *Parship Prinzip ausgelegt und wurde in den vergangenen knapp 20 Jahren perfektioniert: Sie brauchen nicht selbst mühsam und zeitaufwendig nach Mitgliedern zu suchen. Lehnen Sie sich entspannt zurück und vertrauen Sie dem wissenschaftlichen Partner-Matching. Auf Basis Ihrer Wunschvorstellungen und Ihrer paarpsychologischen Persönlichkeitsmerkmale bekommen Sie mögliche Lebenspartner vorgeschlagen.*

Schlichtweg zu teuer: ***Im Prinzip können ALLE bei dieser Online Kontaktbörse einen neuen Partner finden.*** **Realistisch betrachtet, ist der Service für Singles mit niedrigem Einkommensniveau allerdings schlichtweg zu teuer!** ***Wenn das entsprechende Kleingeld da ist, eignet sich Parship für junge Leute genauso wie alle anderen Altersgruppen.***

Die Parship Altersstruktur ist somit sehr ausgewogen:

Parship ist genau richtig, wenn Sie...

- *sich verlieben möchten*
- *ein Mann zwischen 25 & 70 Jahren sind*
- *eine Frau zwischen 22 & 65 Jahren sind*
- *über ein gehobenes Einkommen verfügen*

Parship ist nichts für Sie, wenn Sie...

- *nur schnelle Dates suchen*
- *vom Alter her nicht passen*
- *ein begrenztes Budget haben*

Wie groß & wie gut ist Parship?

Diese Partnerbörse investiert seit über 10 Jahren am meisten Geld in Werbung: Im Fernsehen, auf Plakaten und natürlich im Internet. Deshalb ist die Marke megabekannt:

Ein genauer Blick auf die Mitglieder

Insgesamt sind etwas mehr Frauen als Männer aktiv. Je höher das Alter, desto höher die Damenquote. Das ist übrigens bei allen Partnervermittlungen im deutschsprachigen Raum zu beobachten. Dennoch ist das Parship Verhältnis Männer / Frauen sehr ausgewogen.

Auf Parship sind Singles aktiv, die bewusst nach einer festen Beziehung suchen.

Durchschnittsalter:

♂40,9 Jahre ♀42,6 Jahre

Mindestalter: 18 Jahre

2. Berufsgruppen

Überproportional vertreten sind bei den Parship Mitgliedern folgende Berufs-gruppen:

- *Selbstständige & Management*
- *Singles aus dem Finanzsektor*
- *Lehrer, Ärzte & Journalisten*
- *Wissenschaftler & Ingenieure*

3. Mitglieder nach Bundesland

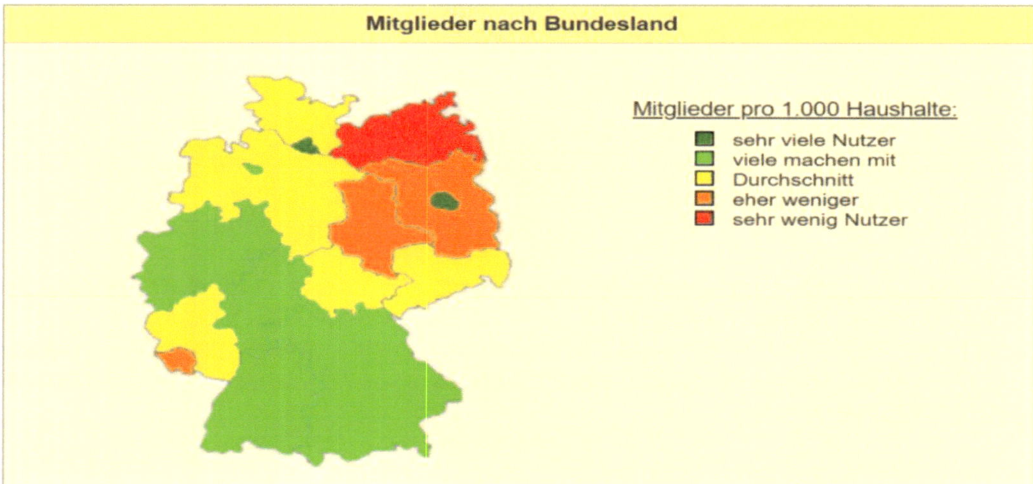

4. Wie erfolgreich vermittelt Parship?

Praxistipp:
Sollten Sie aus einer sehr kleinen Gemeinde kommen, empfehlen wir, dass Sie Ihren Wohnsitz bei der Anmeldung in die nächste größere Stadt verlegen.

Wahrscheinlich haben auch Sie ein Pärchen im Bekanntenkreis, das sich über Parship verliebt hat. Kein Wunder, denn die Erfolgsstatistik ist beeindruckend:

- *über 30% der Paare heiraten im ersten Jahr (!)*
- *Meilenstein Dezember 2020: 1.005.872 Singles haben sich über Parship verliebt.*
- *Parship zeichnet sich heute für jede 15. Ehe in Deutschland verantwortlich*
- *Warum ist das Parship-Prinzip so erfolgreich?*
- *Weil...die meisten Mitglieder sich wirklich binden möchten*
- *aufgrund der vielen Mitglieder sehr präzise vermittelt werden kann*
- *Parship funktioniert! Das zeigen auch Befragungen etlicher Parship-Paare:*
- *Ungefähr zwei Drittel der Paare, die sich über Parship kennengelernt haben, ziehen schon im 1. Jahr der Beziehung zusammen.*
- *Circa 37 Prozent der Parship-Paare heiratet im ersten Beziehungsjahr.*
- *74 Prozent der Paare ist sehr zufrieden mit der momentanen Beziehung.*

5. Wie funktioniert Parship?

Die Anmeldung bei Parship.de

Die Parship Registrierung *ist kinderleicht. In der Anmeldebox geben Sie Ihre E-Mail-Adresse und das gewünschte Passwort ein. Dann suchen Sie sich einen schicken Benutzernamen aus und los geht es. Einen Augenblick später landet eine Begrüßungs-E-Mail in Ihrem Posteingang. Hier finden Sie einen Link, den Sie klicken müssen, um die Anmeldung zu bestätigen. So einfach funktioniert bei Parship neu anmelden!*

Bereits registrierte Mitglieder können sich über den oben rechts auf der Startseite prominent platzierten Login-Button *direkt bei* Parship einloggen. *Man kann also den Parship Deutschland Login kaum übersehen.*

6. Das Parship-Prinzip

Paarpsychologische Vermittlungsalgorithmus: Das Herzstück von Parship ist der paarpsychologische Vermittlungsalgorithmus ("Matching"), der von der Universität Hamburg konzipiert wurde. Dieser beruht auf den neuesten wissenschaftlichen Erkenntnissen der Paarforschung und innovativen Test-verfahren.

Perfekte Partner/Innen sind schwer zu finden: Ursprünglich war die Idee, dass der Computer den perfekten Partner ausrechnet - was natürlich unmöglich ist. *Die Leistung besteht heute darin, dass die Partnersuchenden in Blöcke eingeteilt werden. Sie fühlen sich bei Parship wie auf einer "Singleparty im Bekanntenkreis" und nicht wie bei Tinder & Co. in einem "Fußballstadion", wo Ihnen zu 95% völlig unpassende Singles begegnen.*

Sie durchlaufen bei der Anmeldung den Parship-Persönlichkeitstest. *Dazu werden dazu 24 Dimensionen Ihres Beziehungsmusters wissenschaftlich analy-siert und "vermessen":*

- *Persönlichkeitsstruktur (z.B. sind Sie eher rational oder emotional?)*
- *Kommunikationsverhalten (Wunsch nach Nähe? Dominant? Schüchtern? Streitfreudig? Harmoniesüchtig?)*
- *Alltagsverhalten (Strukturiert? Spontan? Ausgehfreudig?)*
- *Lebensziele (Familienplanung?)*

- *Den Persönlichkeitstest sollten Sie in aller Ruhe ausfüllen. Denn desto* ge-nauer *Ihre Antworten sind, desto* passender *werden die generierten Partner-vorschläge und desto* größer *damit Ihre Erfolgsaussichten.*

Das Testergebnis

Freuen Sie sich jetzt schon auf die Auswertung Ihrer **Partnerschafts-Persön-lichkeit**. *Viele Parship Singles betrachten diese als äußerst wertvolle Hilfe-stellung, mehr über sich selbst zu erfahren:*

- *Welche Vorstellungen, Wünsche und Erwartungen habe ich bezüglich eines neuen Partners?*
- *Was sind meine persönlichen Gos und No-Gos?*
- *Stärke-Schwächen-Analyse.*
- *Wie erkenne ich alte Verhaltensmuster, um nicht wieder in dieselbe Beziehungsfalle zu tappen!*

Die Zusammenfassung Ihrer paarpsychologischen Eigenschaften und die ausführliche Auswertung können Sie sich in Ihrem **Parship-Mitglieder-Profil** *ansehen. Als Premium-Mitglied können Sie bei Parship Profilbilder sehen, wenn der andere Single ein Foto hochgeladen hat.*

Sie können später alle möglichen Sucheinstellungen ändern, aber eben nicht mehr die Werte aus dieser Befragung.

Das Parship Matching - Die Liebesformel

Der Matching-Algorithmus berücksichtigt 136 unterschiedlich gewichtete Faktoren und vergleicht nach diesen Regeln die Persönlichkeitsprofile. Für jeden möglichen Partner werden die sogenannten *"Parship-Matchingpoints"* **ermittelt, die zwischen 60 und 140 liegen.** Je höher die Punktzahl, je höher die Wahrscheinlichkeit, dass zwei Menschen zueinander passen.

Unmittelbar nach dem Matching-Prozess erhalten Sie sofort über 200 ausgewählte Kontaktvorschläge präsentiert:

Die Treffer sind nach gegenseitiger Übereinstimmung sortiert. Wofür gibt's viele "Parship-Matchingpunkte***"?***

- *Single A passt zu Ihren harten Vorgaben (Alter, Raucher/Nichtraucher,...).*
- *Sie erfüllen die harten Vorgaben von A.*
- *Abgleich der Persönlichkeitsmerkmale*
- *weitere Ähnlichkeiten (Hobbies, Beruf, Einkommen,...)*

Abbildung / Grafik 36: Parship Persönlichkeitstest

Was ist der Parship Persönlichkeitstest? Hilfe beim Fragebogen (singleboersen-kostenlos.com) https://www.singleboersen-kostenlos.com/was-ist-der-parship-persoenlichkeitstest-hilfe-beim-fragebogen

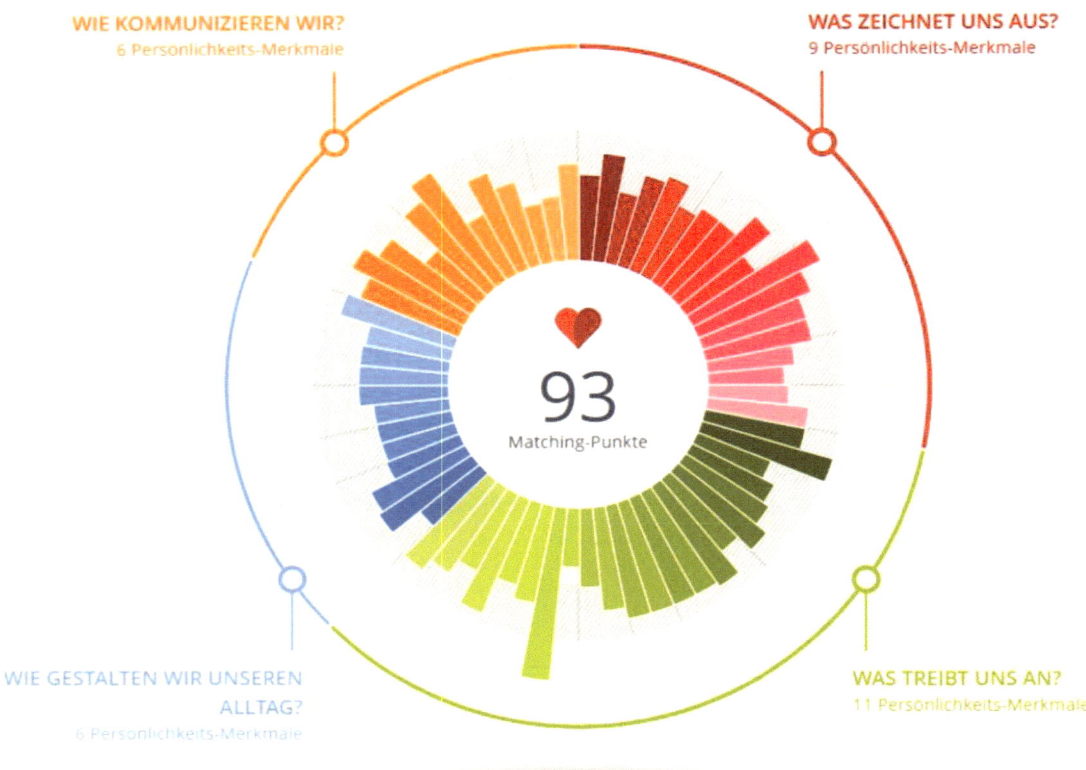

7. *WIE BEKOMMEN SIE MEHR KONTAKTVORSCHLÄGE?*

Parship.de zeigt Ihnen natürlich nicht alle Top-Treffer auf einmal, sondern wartet z.B. ab, weil ein anderer passender Single gerade schon in mehreren Dialogen steckt. Und es melden sich natürlich täglich immer neue mögliche Kandidaten an. Nach unseren Erfahrungen wird Ihnen da kaum langweilig werden!

Wollen Sie mehr?

Parship-Tipp

Wandeln Sie Ihre Wunschkriterien leicht ab, dadurch bekommen Sie sofort neue Mitglieder vorgeschlagen.

Wer sich häufig einloggt, wird anderen Singles auch häufiger vorgeschlagen und bekommt selbst mehr Partnervorschläge. Karteileichen sortiert der Algorithmus aus, um die anderen nicht zu enttäuschen.

- *Fakten zu Ihrer Person (Alter, Beruf, Wohnort,...)*
- *Ihre Wünsche (Raucher/Nichtraucher, Kinder?,...)*
- *25 Fragen, die Sie ausfüllen können (Ohne das kann ich nicht leben,...)*
- *Ihre paarpsychologischen Eigenschaften*
- *Ihr Foto-Album*

Sie können Ihr Parship Profil ändern, so oft Sie möchten. Es lohnt sich verschiedene Varianten auszuprobieren!

Ihre Privatsphäre bleibt geschützt:

- *Ihr Foto erscheint für die meisten Mitglieder vermischt. Nur **Premium-Mitglieder**, denen Sie vorgeschlagen werden, wird Ihr Foto aufgedeckt.*

- *Keiner sieht Ihren **Nachnamen oder Ihre Kontaktdaten**.*

- ***Private Angaben** zu Ihrem Gehalt o.ä. fließen nur in das Matching ein, werden aber nicht angezeigt.*

- ***Lächeln senden***
  Für die ganz Schüchternen, bringt allerdings erfahrungsgemäß nicht viel.

- ***Spaßfrage stellen***
  Sie fragen etwas Vorgegebenes und hoffen auf eine nette Antwort

- ***Eisbrecher***
  Sie machen ein kleines Fotoquiz, der andere auch - und beide bekommen die Auswertung.

- ***Freie Nachricht***
  Sie schreiben eine persönliche Nachricht.

8. Typischerweise sieht der Einstieg ins Kennenlernen dann so aus:

Bei den Parshippern hat es sich eingebürgert, andere Singles nicht mit ellenlangen Mails zu nerven. Recht schnell werden, nach einigen ausgetauschten Nachrichten ein Telefonat oder ein Videodate vereinbart.

Erst, wenn sich beide Seiten attraktiv und interessant finden, erfolgt das wirklich persönliche Treffen. Es ist gar nicht so ungewöhnlich, mit Parship ein erstes Treffen zu vereinbaren:

9. Parship Video-Date nutzen

Um Singles das Kennenlernen weiter zu erleichtern, wurde die Funktion "Parship Videodates" für die Plattform entwickelt. Die Partnervermittlung weiß: Stimme, Gestik und Mimik sind wichtige Kriterien beim Verlieben und vermitteln einen guten ersten Eindruck von der Persönlichkeit.

Nachdem Sie ein paar Nachrichten mit einem potenziellen Partner ausgetauscht haben und sich beschnuppert haben, können Sie ein Video Date direkt auf der Parship-Plattform starten. Den entsprechenden Button, um ein Video-Date zu starten, finden Sie sowohl im Mitgliederprofil oder direkt im Nachrichtenverlauf.

Ist Ihr Kontakt ebenfalls online, kann er das Parship Video Date annehmen. Nun müssen beide nur noch dem Zugriff auf Kamera sowie Mikrofon bestätigen und schon können Sie ein virtuelles Date erleben.

Für viele Singles ist ein virtuelles Parship Video Date, das sie in einer gewohnten Umgebung haben, wesentlich entspannter als an einem öffentlichen Ort.

Perfekt, um Ihre Privatsphäre zu schützen: *Sie brauchen beim Parship Video-Date weder Ihrem Flirt noch einem Drittanbieter Ihre Telefonnummer zu offenbaren, wie es bei einem Video-Anruf z.B. über WhatsApp oder Facetime nötig wäre. Somit gibt Ihnen Parship beim Video-Date die komplette Kontrolle darüber, wann Sie den nächsten Schritt gehen und persönliche Kontaktdaten austauschen.*

10. Parship Erfahrungen

82% der Nutzer würden die Parship-Webseite im Freundeskreis weiterem-pfehlen. Oder haben das bereits getan. Gründe:

- *Viele schätzen den Ansatz, sich nicht auf einem freien "Single-Marktplatz" behaupten zu müssen, sondern in einer unaufgeregten Atmosphäre vielversprechende Kandidaten kennenzulernen.*
- *Frauen und Männer sagen, dass sie "viele" bis "sehr viele" relevante Traumpartner vorgeschlagen bekommen.*
- *Wer Dates verabredet, erlebt nur selten, dass der andere nicht zum Treffen erscheint.*
- *Und am Ende verlieben sich bei Parship eben besonders viele und heiraten sogar. Allerdings sind nicht alle rundum glücklich:*

- *Häufigste Damen-Beschwerde: "***Ich hatte zwar reichlich Dates und Techtelmechtel. Aber irgendwie war nicht der Richtige dabei...***". Wer bereits mit online Bekanntschaften Erfahrungen gemacht hat, weiß, das kann leider überall passieren.*

- *Parship hat zwar die höchste Vermittlungsquote, aber dennoch klappt es bei über der Hälfte der Mitglieder NICHT mit dem Verlieben. Am Ende des Tages handelt es sich eben um einen gut gemachten Treffpunkt. Was man daraus macht, liegt an einem selbst...*

- *Kündigungsfrist: freche 12 Wochen! Unsere Empfehlung: Gleich nach der Bestellung die Parship Kündigung hinterherschicken, damit Sie es später nicht vergessen.*

11. *Was wird gegen Fake-Profile von Dritten getan?*

Um sicherzustellen, dass Romance-Scammer und andere Abzocker keine Chance auf der Plattform haben, setzt Parship auf ein dreistufiges Sicherheits-system:

- *Permanente Überwachung der Mitgliederaktivitäten mittels Künstlicher Intelligenz und des Kundenservices, z.B. bei verdächtigen IP-Adressen, Massen-E-Mails oder Mails mit verdächtigen Inhalten.*

- *Sorgfältige automatisierte Prüfung von allen Profilfotos und -texten (rund um die Uhr)*

- *Mitglieder melden verdächtige Profile, die es durch 1+2 geschafft haben*

Fazit:

Sie können davon ausgehen, dass hinter 99% der Profile, die Sie beim Testsieger sehen, auch tatsächlich echte Menschen stehen. Menschen, die mehr wollen als nur ein bisschen "spielen".

Rund 30% der Parship-Mitglieder haben den freiwilligen ID-CHECK gemacht. Eine 100% Garantie ist dieser allerdings nicht, da User nur einen Code bestätigen müssen, der aufs Smartphone übermittelt wird.

Praxistipp:
Mit dem ID-Check gewinnen Sie noch mehr Vertrauen bei den anderen Mitgliedern. Dauert weniger als eine Minute.

12. Kosten

Die Partnerbörse Parship lässt sich weitgehend kostenfrei ausprobieren, wie Sie in folgender Tabelle sehen können:

Kostenlose Funktionen

Kostenlose Funktionen:
▪ Profil anlegen ▪ Persönlichkeitstest ▪ Selbst suchen (begrenzt) ▪ Vorschläge erhalten ▪ Fotos sehen (begrenzt) ▪ "Hallo" senden ▪ Mails senden ▪ Mails lesen (begrenzt)

Alleine das Gratis-Gutachten zu Ihrer Persönlichkeit ist für viele schon ein Grund, sich anzumelden.

- *Schauen Sie, was für Singles Ihnen vorgeschlagen werden, wer Interesse an Ihnen hat - und lesen Sie persönliche Zuschriften. Nur Fotos bleiben für Sie vermischt.*
- *Bei den Spaßfragen & -antworten sowie den Eisbrechern dürfen Basismitglieder voll mitmischen.*
- *Und Sie dürfen kostenlos einmal auf jede Anfrage von einem Premium-Mitglied antworten!*

Kosten & Preise für Premium-Features

Das bringt eine Premium-Mitgliedschaft

- Flatrate für die volle Kommunikation
- Bilder Ihrer Kontaktvorschläge sehen
- variable Umkreissuche
- vollständige Persönlichkeitsauswertung als PDF
- Kontaktgarantie (bei Erstbestellung einer Premium-Mitgliedschaft)
- Profil-Check durch Profis

Parship Kosten 2022 (Standard-Preise)

Dauer	Kosten pro Monat	Gesamt
6 Monate PremiumLite	79,90€	479,40€
12 Monate PremiumClassic	59,90€	718,80€
24 Monate PremiumComfort	39,90€	957,60€

Finden Sie teuer? Das ist ja der Trick, warum Ihre Chancen so hoch sind:

- Der hohe Eintrittspreis trennt die Spreu vom Weizen.
- Darum treffen Sie auf niveauvolle Singles, die ernsthaft nach der großen Liebe suchen.
- Darum hat Parship nachgewiesen die höchste Erfolgschance.

Prüfen Sie selbst: ***Kostenlos anmelden und über 200 Partnervorschläge zeigen lassen!***

HINWEIS: Meist ist der Preis deutlich reduziert.

- *Aktuell 25% Rabatt für Neumitglieder*
- *Vorzugspreise für Altersgruppen und Regionen*
- *Sonder-Rabatte nach Jahreszeit oder z.B. zum Valentinstag*
- *Ein Parship Rabatt um 70 Prozent ist ebenfalls möglich.*

Also Augen auf und ggf. sofort zuschlagen!

Die faire Parship Kontaktgarantie

Je nach Laufzeit sind Ihnen zwischen 5 und 10 erfolgreiche Kontaktaufnahmen garantiert.

Sollten diese nicht klappen, verlängert sich Ihre Premium-Mitgliedschaft kosten-los. So lange, bis Sie Erfolg haben.

Zahlungsmöglichkeiten

Auf Wunsch monatliche Ratenzahlung gegen relativ geringe Aufschläge (zwi-schen 2,- und 6,- Euro).

Separat bestellbare Leistungen

- *Für das 40-seitige Persönlichkeitsgutachten fallen für Premium-Mitglieder keine Zusatzkosten an. Ohne Premium wäre es kostenpflichtig.*
- *Der persönliche ProfilCheck durch Experten ist für Premiums ebenfalls umsonst. Man kann ihn aber gesondert buchen.*

Kontakt, Support & Kündigung

Wir haben in all den Jahren schon viele Beschwerden von Kunden bekommen, dass sie sich bei der Singlebörse ihrer Wahl schlecht beraten fühlten. Über den Marktführer ehrlich gesagt noch nie!

Parship operiert zu 100% vom großen Hamburger Office *aus, das Sie direkt hinter der Mönckebergstraße finden. Besucher sind willkommen!*

Der Parship-Kundensupport *besteht aus rund 50 festangestellten Mitarbeitern (keine ausländische Hotline) und antwortet in der Regel binnen weniger Stunden.*

Während der normalen Geschäftszeiten ist auch die Telefon-Hotline gut erreichbar:

Kontakt-Möglichkeiten

Kontakt-Möglichkeiten	
Anschrift	PE Digital GmbH Kundenservice Parship Deutschland Speersort 10 20095 Hamburg
Telefon	040-637 904 91 (Mo-Fr 13-16 Uhr / So 12-14 Uhr)
Fax	040-460 026 596
E-Mail	Allgemein: info@parship.de Kündigung: premiumkuendigung@parship.de

Praxistipp:

Sie können im Mitgliederbereich einfach einen kostenlosen Telefontermin zu einer bestimmten Zeit beantragen und werden dann pünktlich von einem kompetenten Berater angerufen.

Unkomplizierte Kündigung Ihrer Premium-Mitgliedschaft

Wie bei Netflix, Ihrer Versicherung oder Ihrem Mobilfunk-Anbieter schließen Sie bei Parship immer ein Abo ab. Ohne Kündigung verlängert es sich wieder um dieselbe Laufzeit. So lange, bis Sie tot umfallen!

Die Kündigung akzeptiert das Unternehmen auf allen oben angegeben Wegen. Ein Dreizeiler reicht völlig aus, um Parship zu kündigen. Sie bekommen dann umgehend eine Eingangsbestätigung, in der Ihnen die Restlaufzeit mitgeteilt wird. Die Erfahrungen mit der Parship Kündigung sind angenehm, sofern man sich an die Fristen hält.
Aufpassen:

- *Beachten Sie die happige Kündigungsfrist von 12 Wochen!*
- *Vergessen Sie nicht, beim Parship kündigen Ihre Chiffrenummer oder Ihre E-Mail-Adresse anzugeben!* Resümee zu unserem Test

Die Bedienung der Website ist super-ausgereift. Auf keiner anderen Dating-Plattform sind mehr Singles auf der Suche nach dauerhaften Beziehungen. Die Parship-Erfolgsquote ist im Vergleich zum direkten Wettbewerb mit Abstand am öchsten.

Was wollen Sie mehr?

Die wichtigsten Anbieter-Daten tabellarisch zusammengefasst: Mitgliederniveau:	mittel bis hoch
Erfolgschancen:	68% haben Dates 42% verlieben sich
App vorhanden:	ja (iOS & Android)
Kontaktgarantie:	ja

Parship ja oder nein? *Wer im Internet etwas sucht, geht zu Google. Wer ein Hotel bucht, nimmt Booking.com. Und für die Partnersuche ist Parship heute der* **Gold-Standard**.

A.6.3 Chat-Beispiele

In einigen Chats ging es um ein Portal zur Anbahnung von Geschlechtsverkehr. Später erwies sich, dass die Damen aus der Prostitution kamen und aufgrund ihres Alters (42 bis 50), eine feste Bindung suchten.

Sie gingen davon aus, dass sie aufgrund ihrer attraktiven Erscheinung in der Lage sind, ihre Kontaktpartner sexuell für sich gewinnen. Dass sie sich parallel dazu, noch gegen Geld anboten, konnte ich über geeignete Parallelportale unter anderer Identität herausfinden.

Empfindlichkeiten: *Man mag sich wundern: Wenn man diese Damen mit großem Nachdruck auf die Amoralität ihres Handelns hinweist, zeigen sich Empfindlichkeiten, mit denen man gar nicht gerechnet hat (Auszug aus einem Chat):*

(„1") Konkreter Chat-Ablauf 1

Abbildung / Grafik 37:

Teilenehmer: ICH: und Dame mit Freundin (ihr): D.

***ICH:** um 22:53: Ich weiß über Euer Geschäft, über Dich und Deine Internet-Auftritte*

***D:** um 22:53: hallo hallo :) ja bei mir alles ok und wie sieht es denn bei Dir aus? was machst du gerade Schönes?*

***ICH:** um 22:56: mehr als Du vermutest. Aber ich empfinde keinerlei Genugtuung. Es macht mich eher traurig, was aus Dir geworden ist.*

***D:** um 23:16: hallo, wir schauen erstmal wer wir sind 😉 du bist aber nicht wirklich 18 Jahre mit dem Namen oder?*

https://vicy24.de/sexy-gogo-kleid-minikleid-partykleid-abendkleid-cocktailkleid-gruen-voyelles.html

(Dabei ging es um ein Portal zur Anbahnung von Geschlechtsverkehr, bei der das Foto und das Anliegen eindeutig zugeordnet werden konnte.)

***ICH:** um 23:32: Bist Du bumswillig in …?*

***D:** um 23:50: Haha, im Grunde schon. Aber ich kenn dich noch gar nicht. Warum hast du kein Bild?*

***ICH:** um 23:57: Allem Anschein habt ihr vergessen, wer ich bin. Ich bin … alt und möchte mich von Euch verabschieden. Es mag für Euch eine Freude sein, dass ich Euch beinahe auf den Leim gegangen bin.*

***D:** um 0:25: Kommst du denn jetzt da drauf, was ist denn passiert erzähl es mir doch mal, Ich höre dir gerne zu*

(In den Chats merkte man deutlich, dass eine Vielzahl anderer Kontakte bestand und die konkrete Erinnerung und einen konkreten Kontrakt häufig schwächelte.)

ICH: *um 0:33: Vielleicht erkennt Ihr das Foto: Dass ich Euren Lebenswandel nicht so toll finde, mag Euch wundern. Falls Ihr irgendeinmal ein schlechtes Gewissen solltest, dann denkt bitte an mich.*

... Pause ...

D: 0:36: *Was meinst Du, dass ich ein schlechtes Gewissen habe?*

ICH: *um 22:53: Ich weiß über Euer Geschäft, über Dich und Deine Internetauftritte.*

D: *um 22:53: hallo hallo :) ja bei mir alles ok und wie sieht es denn bei Dir aus? Was machst du gerade Schönes?*

ICH: *um 22:56: Mehr als Du vermutest. Aber ich empfinde keinerlei Genugtuung.*
Es macht mich eher traurig, was aus Dir geworden ist.

D: *um 23:16: hallo, was soll aus mir geworden sein?*

ICH: 23:20: *Eine Prostituierte.*

D: 23:25: *Ich verbitte mir das. Ich suche nur einen Partner, nicht Dich.*

... Pause ...

ICH: *6:16: Ich habe Dich schon unter (http://www.bumswillig.de/bumswillig-12171/bumswillige-kontakte-...) kontaktiert.*

D: *6:19: danke schön für den Hinweis. ich werde da reinschauen, grrr... bist du jetzt etwas runtergekommen?*

ICH: *6:21: Nein: Das ist leider eindeutig.*

D: *6:26: gut, dann kann ich jetzt leider auch nichts daran ändern, was du denkst.*
Ich bin da machtlos. Glaubst Du ich würde mich verkaufen?

ICH: *6:28: Ja, allerdings, das ist sicher. Es macht mich zwar sehr traurig, aber Du bist mir keine Rechenschaft schuldig.*

D: *6:32: nein das möchte ich auch nicht, mich für er irgendwas rechtfertigen... bin trotzdem enttäuscht.*

ICH: *6:34: Du tust mir Leid, aber ich sehe keinen Anhaltspunkt Dir zu glauben. Aber Du hast mich vorher nicht gebraucht, Du brauchst mich auch jetzt nicht.*
Weist Du, was Du unter (http://www.bumswillig.de/bumswillig-12171/bumswillige-kontakte-...) gesagt hast?

D: *6:36: Nein.*

Ich: *6:40 Uhr***:** *Ich will mit Dir ficken und brauchst nichts zu bezahlen.*

D: *6:45: Das ist nicht fair, mich unter anderem Namen anzusprechen.* **J***a, wie gesagt, ich muss dich glauben lassen, was du willst. da bin ich jetzt aus der Ferne machtlos.*

ICH: *6:48: Weißt Du, ich bin nicht der liebe Gott. Es wird sicherlich Gründe geben, weshalb Du da hineingeraten bist. Wenn Du zu mir ehrlich wärst: Jeder hat eine 2. Chance verdient.*

D: *6:51: ich bin da völlig ratlos und kann dir keine Erklärung bieten, warum ich (http://www.bumswillig.de/bumswillig-12171/bumswillige-kontakte-...) dort zu sehen bin...*

… Pause …

D: 9:58: *Wie geht es Dir? Können wir nicht alles vergessen?*

ICH: *10:04: Mit Ehrlichkeit wärest Du bei mir weiter. Ich habe die Programme noch einmal überprüft und festgestellt, dass sie aufgrund der Datenschutzbestimmungen echt sind Du sehr involviert. Die Fotos sind nicht geklaut. Was besonders schmerzt, dass die beiden wirklich attraktivsten Damen sich darauf eingelassen haben. So werde ich dann das Portal verlassen und versuchen Euch zu vergessen.*

D: *11:44: ich weiß zwar gerade nicht das, aber du wirst es mir bestimmt erklären.*

Ich: 11:47: *Ich habe Dich anfangs darauf angesprochen und Du hast mir dort eine Nacht für 300 € angeboten, dann aber warst DU mit 150 € zufrieden.*

D: 11:51: *Das kann nicht sein. Ich mache jetzt Schluss.*
(Die Dame stieg aus, weil sie sich überführt fühlte.)

… Pause – einige Zeit später …

D: 17:51: *Wenn man sich nahe kommt und wenn da auch Gefühle sind. So direkt ins Bett. nein, danke, ich bin ja keine Nutte, sondern eine Dame. Aber Du könntest viel Spaß mit mir haben, wenn Du mich wie eine Dame behandelst.*

ICH: 18:06: Das war jetzt natürlich erforderlich, um es mir zu zeigen. Da hatte ich schon bessere Angebote von Dir.

ICH: 17:52: Ich weiß, dass ihr bei //FickenOhneHintergedanken// aktiv mitgewirkt habt, aber darum will mich zurzeit nicht mehr kümmern. Ich stelle Dir eine Frage, die Du bitte wahrheitsgemäß beantworten sollst: Könntest Du Dir vorstellen, mit mir intim zu werden und dabei auch Genuss zu empfinden? Wenn nicht, werde ich weiter suchen.

D: *18:08: Wenn man eilt und nur was aufs Schnelle möchte, dann habe ich ein echt schlechtes Gefühl.*

ICH: *18:21: Ich habe Dich trotz mancher Vorbehalte, immer gemocht.*

D: *18:24: Schnell ist relativ, aber wenn beide es wirklich wollen, dann wird es funktionieren.*

Ich: *18:34: Passe ich denn zu dir? Das kannst du erst sagen, wenn du mich besser kennst, nicht wahr?*

D: *18:45: Du passt zu mir:*

ICH: *18:48: Das Kennenlernen brauchen wir Beide auch, aber weniger als andere.*

D: *19:03: Na, wir passen doch bisher ziemlich gut zueinander, mein Lieber, oder nicht?*

Ich: *19:05: Davon bin ich an sich ausgegangen.*

D: *19:07 Uhr: Du bist so kompliziert. Andere Männer kommen mit „dirty talk“ viel schneller zu Sache. Wollen wir?*

ICH: *19:10 Uhr: Deine Kollegin „XXX“ ist da einfühlsamer. Das Einzige, mit dem bei Euch Beiden zu tun habe, ist der Versuch unangenehme Wahrheiten zu verschweigen oder zu verstecken. Das kann man machen, wenn es schwer ist, die Wahrheit herauszufinden. Es war für mich so einfach, weil „XXX“ nicht mehr durchblickte und sich selbst reingelegt hat. Sie warf mir vor, ich hätte ihr eine Falle gestellt. Das stimmte allerdings.*

D: *19:27: oh jee...das ist dann ja wirklich krank.. das ist nicht mehr normal. oder?*

ICH: 19:52: Wenn ich jetzt mit Dir einig wäre und wir würden an sich auch glücklich sein, aber hinter Deinem Rücken würde ich bei //FickenOhne Hintergedanken// heimlich ein Verhältnis mit „XXX" eingehen, würde Dir das gefallen?

***D: 19:55:** Mach doch, das stört mich nicht, aber komm nicht wieder.*

***ICH:** 20:01: Dein Ausspruch //na wir passen doch bisher ziemlich gut zueinander mein lieber, oder nicht?// war doch eindeutig.*

***D:** 20:13: na klar würde mir das gefallen, ich freue mich immer darauf wenn ich mit dir Zeit verbringen kann.*

***ICH:** um 21:22: Ich habe eine Reise nach Hamburg vor (Notarvertrag für den Verkauf des Hauses meiner Mutter.*

***D:** um 21:30: Oh verstehe und wann Wirst du die Reise machen hoffentlich nicht gleich morgen?*

***ICH:** um 21:30: Am 20.06.2019 reise ich ab Düsseldorf und könnte tagsüber mit Dir treffen. Abends muss ich in Hamburg. Am Montag (24.06.2019) wird der Notarvertrag unterschrieben und ich fahre danach wieder Düsseldorf. Ich will Dich ja nicht gleich überfallen, aber Kuscheln und Küssen möchte ich am 20.06.2019 schon.*

***D:** um 21:36: Ich danke für dein Verständnis, es könnte ja auch sein, dass du gleich mal etwas im Bett machen willst mit mir.*

***ICH**: um 21:46: Kuscheln könnte man schon im Bett. Aber ich will Dir meine größte Freunde zumindest mitteilen (Lutschen im Paradies). Ob es dazu kommt, liegt letztlich bei Dir.*

***D:** um 21:51: Genau, schließlich habe ich ja auch noch einen Job, der bedient werden möchte.*

***ICH:** um 21:51: ich werde jetzt ins Bett gehen und weißt Du warum. Ich habe die letzte Nacht bis 4:00 Uhr nicht geschlafen..*

***D:** um 21:56: Ach okay, ich verstehe, naja dann wünsche ich dir eine schöne gute Nacht!*

… Pause …

***ICH:** um 10:47: Ich bin morgen vormittags unterwegs.*

***D:** um 10:50: Achso. okay dann passe auf dich auf. ich mache mir gerade was kleines zum essen. Bussi.*

ICH: um 11:30: Ich habe eine Frau, die etwas in Düsseldorf unternehmen möchte.

D: um 11:36: Achso okay. wenn Deine Frau was unternehmen möchte, dann kann es den ganzen Tag dauern.

ICH: um 14:12: Obwohl Du mich gelobt hast, ist dies ein trauriger Tag für mich. Du überschüttest mich mit Komplimenten. Vielen Dank dafür.

D: um 11:15: Würde mich freuen, wenn wir uns ein Wenig mehr kennen lernen würden.

ICH: Um 14:20: Du bist mir gegenüber zu nichts verpflichtet, aber ich möchte mit keiner Frau befreundet sein, die sich in solchen Portalen aufhält.

D: um 14:27: ah ja, das fällt dir aber sehr früh auf. Warum hast du dich dann hier angemeldet?

ICH: um 14:29: Ich spreche nicht vom ...

D: um 14:35: ah okay, jetzt verstehe ich was du meinst. Sprich doch „von Zeit miteinander verbringen" ..., das ist einfacher.

ICH: um 14:38: Du bist nicht ungeschickt, aber wenn Du auf Dauer alle Männer so anbaggerst, die Dir mit hohlen Phrasen (wie ich in diesem Falle) Hoffnungen machen, dann möchte ich nicht dazu gehören.

D: um 14:42: Ach ja, das ist schade, dass du mich so einschätzt. ich weiß wirklich nicht wie du jetzt auf sowas kommst. – Weiß Deine Frau von mir.

ICH: um 14:45: So konkret nicht, aber Sie weiß, dass ich im Prostituierten-Milieu recherchiere.

D: um 14:50: Was heißt das?

ICH: um 14:54: Ich schreibe Bücher (Das Wunder der Organisation – Menschen zwischen Pflichten und Emotionen).

D: um 14:58: Du spinnst, Du willst Dich nur wichtig machen.

ICH: um 15:02: Du kannst ja im Internet nachgucken.

... einen Tag später ...

D: um 11:55: Was soll das? Ich möchte nicht in Deinem Buch erscheinen. Wehe.

ICH: um 12:01: Nur anonym.

D: um 12:05: Arschloch! Du Schweinehund! Anständige Mädchen vorführen. Es ist aus.

(Damit war es dann zu Ende.)

(„2“) Konkreter Chat-Ablauf 2

Teilenehmer: ICH: und Dame Y:

Dabei ist Fremdgehen bei Männern ein Hauptmotiv; sie sind zum Teil verheiratet oder in festen Partnerschaften. Das gibt es auch bei Frauen, aber in geringerem Ausmaße.

Abbildung / Grafik 38:

:

Schwierigkeiten bei der Partnersuche:

Viele
Damen und Herren im Alter zwischen ca. 20 und 50, die es anscheinend schwer haben, eine/n Partner/In zu finde Der eigentliche Grund dafür ist der jeweilige Anspruch (verbreitet durch alle Arten von Medien, vor allem der digitalen).

Es werden Damen und Herren gewählt, deren Attraktivität sehr hoch ist. Mit solchen Personen rechnet man in den Vermittlungen gar nicht; denn die meisten hätte fast überall große Chancen eine/n Partner zu finden.

Aber sie dienen (bewusst oder unbewusst) als Lockvögel. Als offizielle „Chat-Koordinatoren“ erhalten sie günstige Konditionen und Zuwendungen).

https://www.weltbild.at/artikel/ebook/erotik-in-der-malerei_26319021-1
Schöne Lady im roten Kleid von Marita Zacharias

Deshalb verlieren sich die Kontakte in ellenlangen Chats, an deren Ende der attraktivere Partner aussteigt. Noch unseriöser sind „Chat-Fakes“: Das sind Mitarbeiter der Portale, die quasi aus der Verwaltung einen Account, also eine/n interessierte/n Chatbewerber/In simulieren. Verkehrte Welt, wenn Männer Frauenaccounts wahrnehmen und Frauen Männeraccounts, ein Treffen wäre im Heterofall sowieso sinnlos.

Chat (auszugsweise)

ICH: um 09:27: Hast Du 04.06.2019 vormittags Zeit, Dich mit mir bei Café … zu treffen?

Y: um 9:34: Sei mir nicht böse es gibt ja leider Immer noch kein Bild von Dir, da kann ich das nicht zusagen.

um 14:37: Na Du bist mir ja einer, so einfach machst du dir also. Seit wann geht der Knochen zum Hund? Nun sei mal nicht so bitter. ich wünsche dir jedenfalls Erfolg und gute Laune. Hab es gut!

ICH: um 14:42: Es mag dumm sein, dass wir in Konflikt geraten, aber ich habe keine Forderungen gestellt. Vielleicht ist es gut, dass Du mich auch von dieser Seite kennen lernst. Damit kannst Du Dir viel ersparen.

Y: um 14:47: Aus der Sicht betrachtet kannst du ohne weiteres recht haben. Sag mir doch einfach ganz konkret, was dich zum Ticken bringt...

(Spätestens an dieser Stelle, wird Vergeltung geplant, dafür, dass man die Dame hat auflaufen lassen.)

Ich: um 15:00: Du könntest das leicht schaffen.

Y: um 15:03: Was meinst du? Meine Frage war was dich zum Ticken bringt. Das bedeutet, worüber würdest du dich freuen, was magst du?

ICH: um 15:08: Über Dich / Dich. Mein Vorschlag für 04.06…..-vormittags: Ich käme auch nach R…, aber ich weiß dort nicht so gut Bescheid.

Y: um 15:10: Du willst von Emden nach R… fahren? Nur um mich kennen zu lernen? WOW. Das nenne ich Kavalier!

ICH: um 16:05: Wie kommst Du auf Emden, ich komme am 04.06….. - ca. 10:00/11:00 Uhr aus ÉT ...

Y: um 16:07: Wirklich? Dann sollten wir vielleicht etwas besser kennen-lernen, bis zum Datum meinst du nicht?

ICH: um 16:07: Wo wollen wir uns in R… oder wo auch immer treffen? Um ehrlich zu sein, ich möchte Dich gern umarmen und küssen. Alles andere holen wir nach.

Y: um 16:14: Ach du bist süß. Gefällt mir. Sag, kannst du auch ein paar Fotos von dir einstellen? Möchte mehr von dir sehen.

ICH: um 16:24: Fang nicht noch einmal Streit an. Vorsicht, das brächte uns auseinander.

Y: um 16:26: Ich fang doch kein Streit an mein Lieber, Das nur bisschen geneckt, was machst denn noch so schönes?

(Hier wird, wahrscheinlich bewusst, eine Falle gestellt.)

ICH: um 16:30: Wo treffen wir uns am Dienstagvormittag?

Y: um 16:35: Wer hat denn eigentlich was von Dienstag treffen gesagt? Ich bin natürlich am Dienstag hier wie jeden Tag und fühle mich hier sehr wohl mein Schätzchen.

Teilenehmer: ICH: und Dame Y:
(Zur Information: Das Thema ist vorher behandelt worden, wird hier aber verleugnet.)

ICH: um 16:51: Das heißt also: Ich darf nicht zu Dir kommen.

Y: um 16:53: Natürlich nicht. Soviel weiß ich nicht über dich und es wäre schön wenn wir uns hier erstmal antasten. Bin nicht so eine.

ICH: um 17:31: Dann haben wir es jetzt endgültig geschafft. Herzlichen Glückwunsch.

Y: um 17:35: (Jetzt erfolgt die Maßregelung und die Rache; der Mann wird zum Verlierer):

Aber was hätte das gebracht? Außer eigener Betroffenheit und einem Gefühl von Schäbigkeit und geschmackloser Impertinenz.

ICH: 17:40: Ja, ich bin hartnäckig in meinem Standpunkt,-- Du verschleierst Dich hinter Anonymität (kein Foto) und willst gleich aufs Ganze gehen,In Deinem Alter dürftest Du sicher mehr Lebenserfahrung besitzen, was denkst Du darüber? Du hast Recht. Ich werde mich nicht weiter aufdrängen.

(Danach war eine Fortsetzung ungewiss.)

Meine Antwort hätte lauten können: Wer sich in solchen Portalen anbietet, darf sich nicht wundern, wenn man wie eine Prostituierte behandelt wird.

Aber was hätte das gebracht? Außer eigener Betroffenheit und einem Gefühl von Schäbigkeit und geschmackloser Impertinenz.

(„3") „Bumswillig" (Sexuelle Anzüglichkeiten im Chat)

https://www.bumswillig.de/signup.php
Aus Portal Bumswillig Mach jetzt kostenlos bei Bumswillig mit. Ficke mit lokalen Sexkontakten, ohne Verpflichtungen und Hintergedanken noch heute Nacht

Es wird im Folgenden ein Chat wiedergegeben, der im Sinne des „dirty talk" erfolgt:

Bumswillig
Männer und Frauen aus Deutschland wollen zwanglosen Sex in deiner Nähe

- *A 1: Je mehr Du mich beachtest, desto mehr werde ich scharf. Mein Penis durchlebt ein Steifwerden mit einer Ejakulation nach der Anderen und vor meinen Augen tanzt Deine Vulva mit geöffneter Scheide, die Klitoris schwillt und feuchtet meine Zunge. Ich gleite über Deinen Damm zu Deinem Anus und schnuppere und kann nicht genug bekommen. Dein Körper bebt und windet sich vor glücklichem Empfinden. Ich spitze über Deine Brüste und Deine Lippen saugen gierig an meinem Penis, während ich Deine Brüste ablecke und mich vor Wollust nicht zu fassen weiß. Dann dringe ich von hinten in Dein Paradies (Vulva, Vagina) ein und wir explodieren in einem ewigen Orgasmus.*

- *A 2: Das wird sich ergeben, wenn mir zusammen nackt kuscheln und ich als Erstes Deinen ganzen Körper, den Duft und den Geschmack Deines Paradieses über Deinen Damm bis zu Deinem süßen PO-Loch wahrnehme und alle seine Fugen und Öffnungen streicheln, küssen, lecken und lutschen werde und darauf warte, dass Du mehr willst, nämlich dass ich bei Dir mit großer Aktivität und körperlicher Spannung meinen Penis in Deine Vulva und*

Deine Vagina schiebe und die Missionarsstellung mit Augenkontakt so lange ausübe, bis mich alle Kräfte verlassen und wir begeistert sind. --- Würde Dir das gefallen?

- *Aus Portal Bumswillig: Die Resonanz der Damen war zu ca. 60 % sehr positiv. Daraus folgende Beispiele. Nicht alle reagierten so ausführlich, aber jeweils begeistert (z.B.: Toll. Mach so weiter! Oder: Das könnte Spaß mache.).*

  - *Guten Morgen. Nah, das hört sich ja alles sehr gut an. Aber meine Frage beantwortet das jetzt nicht so wirklich. Wenn Du möchtest, dass wir hier jetzt zusammen Hand anlegen, bin ich dabei.*

  - *Holla, die Waldfee, Du gehst ja ran; das gefällt mit, wenn Du so offen bist. Wie wird es denn sein, wenn ich schon vorher stehe, was machst Du da mit mir? Also ich würde Dich sehr gerne kennenlernen und schauen, was in Dir steckt. Bist Du dazu bereit*

  - *Deine Beschreibung alleine war schon so heiß und bildreich, dass mein Kopfkino angesprungen ist. Das würde ich sehr gerne so mit Dir erleben und noch viel mehr. Hallo und guten Morgen, Joachim. Ich bin die ... Na, und ob mir das gefallen würde. Ich habe mich sehr über deine Nachricht gefreut, vor allem darüber, dass du so offen mit dem Thema Lust, Zärtlichkeit und Sex umgehst. Mein Vater ist 72 und druckst immer irgendwie herum, wenn es um Sexualität geht. Irgendwie ist es ihm peinlich, darüber zu reden. Da sieht man mal wieder, wie unterschiedlich die Männerwelt ist. Bist du schon immer so offen gewesen? Offenheit hat für mich auch sehr viel mit (gesunder) Neugier zu tun. Bist du neugierig? Wenn ja auf was und/oder wen? Liebe Grüße von …*

  - *Auf jeden Fall klingt es richtig heiß. Ich stelle mir das gerade richtig schön vor mit dir nackt zu kuscheln. Wie du das beschreibst gefällt mir das so gut, dass ich es am liebsten sofort genau so haben möchte. Ich kann es kaum erwarten, das mit dir zu erleben.*

  - *Du kannst sehr lebhaft erzählen. Das gefällt mir. Ich werde Deinen harten Schwanz so verwöhnen, dass Du es nicht mehr aushalten kannst und über meinen Busen spritzen musst.*

  - *Wow, das klingt wahnsinnig schön und erotisch. Ich finde Deine Gedanken sehr schön und möchte es so gerne mit Dir erleben. Wenn Du einen erotischen Roman schreibst, dann kaufe ich Dein Buch, grins.*

  - *Oha, Das ist ja jetzt schon richtig wie eine erotische Geschichte, das macht mich ja so wahnsinnig heiß beim Lesen, dass ich jetzt gleich mein Höschen auf die Seite gezogen habe und mich ein bisschen selbst berühren würde, wahnsinnig gut, wie Du das schreibst! Mach doch noch ein bisschen weiter bitte.*

Aber auch Frauen können bei Kontaktaufnahme sehr direkt sein (dirty talk), wie folgende Beispiele zeigen: / https://www.krimba.de/messages

- *Hi, ich suche einen Mann der Lust hat mir einen ganzen Abend lang nur in den Arsch zu ficken. Brauche es hinten mal wieder dringend, und wenn du noch Energie hast, dann kannst du gerne auch meine Pussy mit deinem Schwanz verwöhnen.*

- *Ich bin ein sehr direkter und offener Mensch und deswegen sage ich Dir gleich was ich möchte: ICH MÖCHTE FICKEN!!! :D und zwar sofort... zeig mir mal bitte deinen Schwanz, will sehen, was mich erwartet :D*

- *Ich mag es zum Beispiel sehr, wenn ich geleckt werde, und auf anal stehe ich auch. Ich mag auch gerne Doggy und am liebsten habe ich es, wenn man mir immer wieder im wechseln mal das Arschloch und mal die Fotze durchfickt.*

- *Also ich stelle mir vor, wie Du mich als erstes schön leckst, danach blase ich Dir einen, während du mich weiter fingerst und zwar meine Muschi und mein Arschloch im Wechsel, danach bereite ich mich darauf vor, Deinen Schwanz in Empfang zu nehmen, Du darfst dann im Wechsel erst meine Fotze und dann mein Arschloch verwöhnen, immer und immer wieder, bis Du dann richtig krass kommst, am besten in meinen Mund, denn ich stehe darauf, würde es zu deinen Vorlieben passen?*

- *Weist Du was ich gerade möchte. Ich bin gerade so geil, dass ich nur noch gefickt werden will. Mein Dildo bringt es einfach nicht mehr, ich brauche mal wieder einen richtig geilen Schwanz, so geil, wie ich gerade bin, kann ich nicht einmal schlafen, es ist einfach nur schrecklich. Ich kriege kein Auge zu.*

- *Weist du was ich habe ganz tolle Nachrichten für dich und zwar hat mein wochenend date abgesagt, und ich wäre noch frei für ein Fick-Wochenende, nicht viel labbern, sondern machen oder wie sagt man so schön :D magst du mir einmal etwas von dir verraten, z.B. mit oder ohne Gummi, anal, ja oder nein, rasiert ja oder nein usw.?? :) Schreib mir gerne zurück. Ich habe jetzt noch nicht so viel von dir gesehen, zeig mir doch auch mal Deinen geilen Schwanz, ich will sehen, worauf ich mich hier einlasse. Wie groß ist er? Sag doch mal ich bin sehr gespannt :)*

- *Ich brauche einen dominanten Mann, der mich richtig schön durchficken kann. Bin ich bei dir an der richtigen Stelle? Hier habe ich zu viele Weicheier getroffen, die mich nie richtig durchficken konnten.*

- *Hiii :) ich habe mal eine Frage an dich und zwar, wie gefallen Dir meine Bilder und magst Du gerne unrasierte Muschis lecken und ficken? Du kannst ganz ehrlich sein. Ich weiß, dass Frauen häufig rasiert sind, aber ich bin halt etwas Besonderes und übrigens meine Muschl riecht extrem.. :) ich hoffe, Du magst den Geruch und kriegst einen Ständer, wenn du mich dann leckst und meinen Duft in der Nase hast :) Ich würde mich gerne treffen und, wenn es passt auch ficken?! Ich würde mich dann vorher dafür vorbereiten.*

- *Oh ja, wirklich sehr. Bin überrascht, dass ich gleich zu Anfang so eine schöne ausführliche Nachricht von dir bekomme. Das heißt für mich, dass ich von dir einiges zu erwarten habe. Das ist eine Tatsache, die mir sehr gut gefällt. Was hast Du persönlich denn gerne, was könnte ich mit dir anstellen, was du besonders magst?*

(„4") *Emotional-kommunikative Wirkung (Merkmale und Kriterien?)*

Dese Merkmale und Kriterien können die emotional-kommunikative Wirkung bestimmen im Chat bestimmen – ***anzüglich bis seriös.***

(4.1") ***Neutralität / Emotionalität:*** *Es ist zweierlei, ob man eine Situation neutral beschreibt, wie sie ist, oder ob man in einem Chat jemanden mit Ethik und Moral konfrontiert (Emotionen, Reaktionen, Affekthandlungen).*

(4.2") ***Inhaltliche Logik / Glaubensparadigmen:*** *Vergleiche Wikipedia: Ethik bezieht sich auf Normen und Werte, deren Herkunft unbestimmt ist (Religionen, Christentum, Buddhismus, Thervada, japanisches Zen, Buddhis-mus, tibetischer Lamaismus und Shin, Islam, Glaubensgemeinschaften aller Art, esoterische Gruppierungen, Sekten, Okkultismus, außersinnliche Wahr-nehmungen und Psychokinese, magische und satanische Traditionen, ägyptische, indische, griechische Priester- und Mysterienkulte, Spiritismus bis hin zum Atheismus), weil* ***keine inhaltliche Logik mit zwingender Konsequenz*** *erkennbar ist.*

(4.3") ***Subjektive Befangenheit / Reiz des Verbotenen:*** *Die Sexualität unterliegt bei den meisten Menschen einer subjektiven Befangenheit, weil sich niemand der emotionalen Wirkung entziehen kann. Zwar will jeder Mensch Kontrolle über seine sexuellen Wünsche haben, aber oft ist es gerade das scheinbar Verbotene, was man sich heimlich wünscht, aber nicht zugeben will.*

(4.4") ***Begehren fast aller Männer:*** *Eine attraktive Frau, die alles anbietet „Kuscheln, Streicheln, Tasten, Rubbeln, Fingern, Lecken, Lutschen, von hinten und von vorn in Vulva und Vagina eindringen, anale Praktiken, den weiblichen Körper wahrnehmen, seinen Duft, seinen Geschmack, seine Vibrationen und seine Dynamik", wird vom heimlichen Begehren fast aller Männer begleitet.*

Bei den Frauen ist es sehr ähnlich und manchmal sogar intensiver.

(4.5") ***Treue und Misstrauen:*** *Es wandelt sich die Einstellung im Laufe gesellschaftlicher Entwicklungen. Treue ist gerade am Anfang einer Partnerschaft sehr ausgeprägt, Väter betrachten die sexuelle Entwicklung ihrer Töchter mit Misstrauen und Widerständen, bei Söhnen ist man im Allgemeinen großzügiger.*

(4.6") ***Emanzipation:*** *Im Zuge der weiblichen Emanzipation sind Frauen – meist nach längerem Verlauf einer Partnerschaft/Ehe – eher bereit auszubrechen als früher. Gerade Männer müssen sich daran gewöhnen, dass sie im Gefolge von Internetangeboten nicht mehr ohne Konkurrenz sind und mit Seitensprüngen ihrer Partnerinnen rechnen müssen; das fällt den meisten Männern schwer und sie stehen – mehr als die Frauen – vor einem Chaos ihrer Gefühle.*

(„5) „Let's push femiminism forward"

(„5.1") **Untreue als Trennungs– und Scheidungsgrund**: *Wie viel Menschen fremd gehen, ist nicht gesichert, Vermutungen liegen bei 50%. Ob selten (z.B. ONS / One-Night-Stand) oder bei längerfristigen Sex-Affären ist nur unsicher erklärbar. Was für Auswirkungen und psychischen Folgen kann ein Seitensprung auf eine Beziehung haben kann, ist unterschiedlich, verläuft aber häufig dramatisch. Untreue ist aber der häufigste Trennungs– und Scheidungsgrund.*

(„5.2") **Auswirkungen / Reaktionen:** *Reagieren Männer und Frauen unterschiedlich auf einen Seitensprung ihres Partners? Frauen reagieren oft hasserfüllter und emotionaler. Für Frauen war es unerträglich, sich nicht mehr sexuell akzeptiert zu fühlen, für Männer war nicht zu verschmerzen, dass ein anderer Mann „ihren Besitz beschmutzt hat".*

(„5.3") Die **psychischen Auswirkungen** können Gewalt in der *Partnerschaft, Depressionen, akute Angstzustände, Selbstmordgedanken, Vertrauensverlust, beschädigtes Selbstwertgefühl, gestörte Beziehungen zu anderen Menschen (Kinder, Eltern oder Freunde), Wut, Niedergeschlagenheit, Angst bis Misstrauen und Eifersucht sein.*

(„6") Verbindlichkeiten menschlichen Handelns

https://elibrary.chbeck.de/10.17104/9783406646317/ethik
VERLAG C.H.BECK oHG,
Wilhelmstraße 9, 80801 München
Auszugsweise: Zusammenfassung:

Warum braucht der Mensch Moral, warum Ethik?

Sozialität, Ethik und Moral: *Was unterscheidet die Moral von anderen Verbindlichkeiten menschlichen Handelns?* **Sozialität**

Auszugsweise: Zusammenfassung

Ethik und Moral: *Warum braucht der Mensch Moral, warum Ethik? Was unterscheidet die Moral von anderen Verbindlichkeiten menschlichen Handelns?*

„ … Welche Grundmodelle der Ethik entwickelte die Philosophie im Laufe der Geschichte? Welche Fragen und Kontroversen sind in der heutigen Debatte relevant? Nicht zuletzt: Wie reagiert die Ethik auf die Herausforderungen einer globalisierten Welt in den Bereichen der Wirtschaft, der Wissenschaft und der Umwelt? Wie setzt sie sich mit den Fortschritten in der Gentechnik und Humanmedizin auseinander?

Von einer Fundamentalethik über eine Anthropologie und eine Handlungstheorie bis zur Angewandten Ethik behandelt dieses Buch kurz, prägnant und allgemeinverständlich alle relevanten Themenfelder
Es wäre allerdings ein Irrtum anzunehmen, dass Frauen auf deutliche sexuelle Anzüglichkeiten nicht oder abweisend reagieren würden.

A.7 Die Sexualität und Aspekte multifaktorieller Komplexität

Abbildung / Grafik 39: Die Sexualität und Aspekte multifaktorieller Komplexität – Teil 1

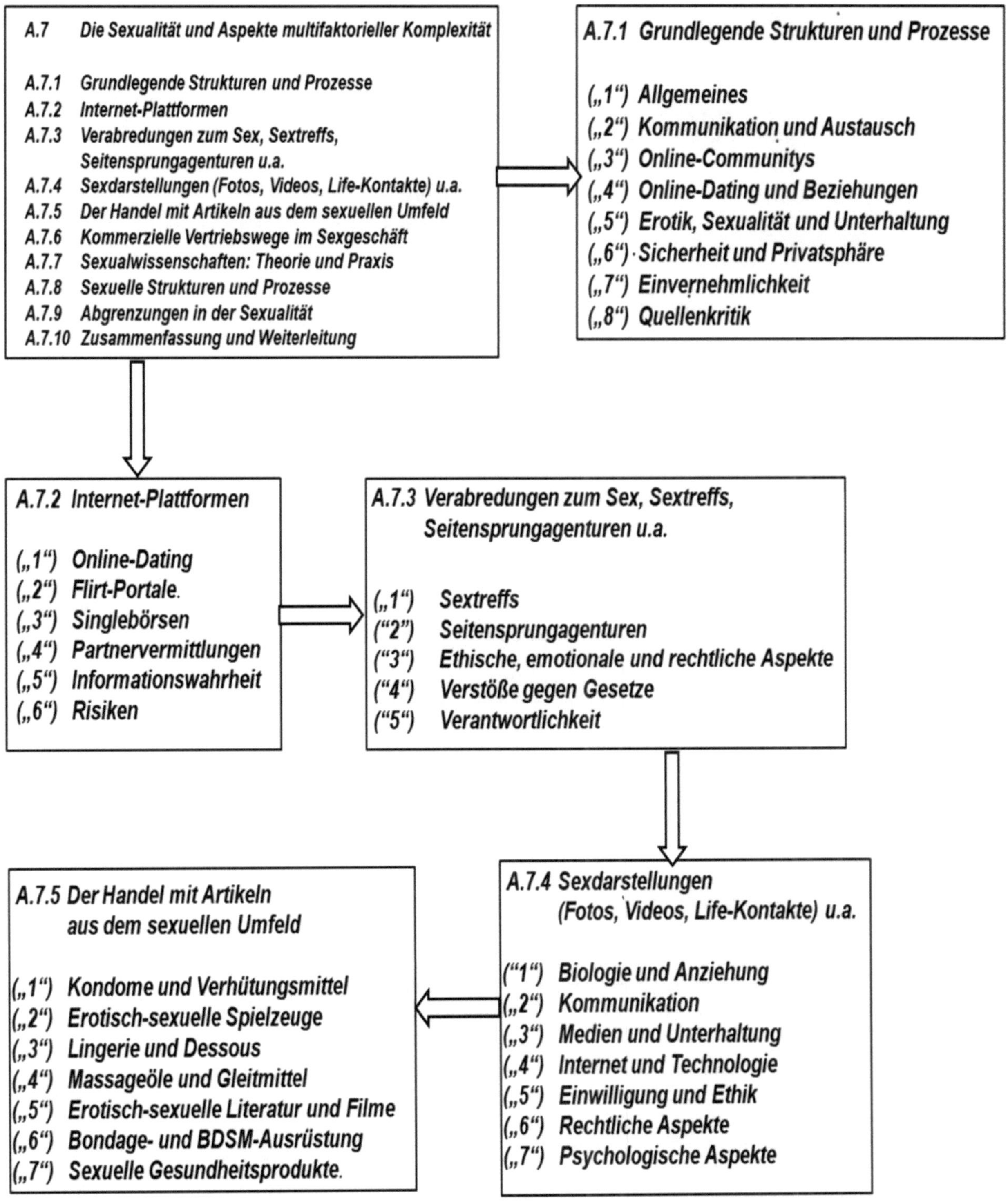

A.7.1 Grundlegende Strukturen und Prozesse

Die folgenden Informationen wurden teilweise mit ChatCPT

(OpenAI-Plattform; https://platform.openai.com/onboarding?app=chat) ersrtellt.

(„1“)Allgemeines

Das Internet bietet eine Fülle von Informationen über Sexualität, sexuelle Gesundheit, Beziehungen und Intimität. Es gibt zahlreiche Websites, Blogs, Foren und Online-Ressourcen, die Wissen und Aufklärung in diesen Bereichen fördern. Menschen können online nach Antworten auf ihre Fragen suchen und von Experten verfasste Artikel oder Anleitungen lesen.

(„2“) Kommunikation und Austausch

^ *Das Internet ermöglicht es Menschen, über soziale Medien, Messaging-Apps, Foren und Online-Chats miteinander zu kommunizieren. Dies kann den Austausch von Erfahrungen, Ratschlägen und Geschichten im Zusammenhang mit Sexualität und Intimität fördern.*

(„3“) Online-Communitys

Es gibt Online-Communitys und Foren, in denen Menschen mit ähnlichen Interessen oder sexuellen Vorlieben in einem sicheren und anonymen Umfeld interagieren können. Diese Plattformen können Unterstützung, Beratung und den Austausch von Erfahrungen ermöglichen.

(„4“) Online-Dating und Beziehungen

Viele Menschen nutzen das Internet, um potenzielle romantische Partner zu finden. Online-Dating-Plattformen, Apps und Websites für Beziehungen ermöglichen es den Nutzern, Profile zu erstellen, Nachrichten auszutauschen und sich kennenzulernen, bevor sie sich persönlich treffen.

(„5“) Erotik, Sexualität und Unterhaltung

Das Internet ist auch ein Ort, an dem Bilder, Videos und Geschichten verbreitet werden können. Es gibt zahlreiche Websites, die sich auf erotische oder sexuell explizite Inhalte spezialisiert haben.

Altersbeschränkungen: *Stellen Sie sicher, dass Sie, wenn Sie online nach sexuellen Inhalten suchen, die und Jugendschutzbestimmun-gen beachten.*

Jugendschutz: *Es ist wichtig zu beachten, dass solche Inhalte oft altersbeschränkt oder reglementiert sein können, um den Jugendschutz zu gewährleisten. Es ist entscheidend zu betonen, dass das Internet auch Risiken und Herausforderungen im Zusammenhang mit Sexualität birgt.*

Hier sind einige wichtige Punkte, die Sie weiterhin beachten sollten:

(„6“) ***Sicherheit und Privatsphäre:*** *Bei der Nutzung von Online-Dating-Plattformen oder beim Austausch intimer Inhalte ist es wichtig, Ihre Sicherheit und Privatsphäre zu schützen. Teilen Sie niemals persönliche oder sensible Informationen leichtfertig.*

(„7“) ***Einvernehmlichkeit:*** *In allen Online-Aktivitäten im Zusammenhang mit Sexualität ist es wichtig, dass alle beteiligten Parteien einvernehmlich handeln und sich wohlfühlen.*

(„8“) ***Quellenkritik:*** *Achten Sie darauf, welche Quellen Sie für Informationen zur Sexualität im Internet verwenden. Vertrauen Sie seriösen und vertrauenswürdigen Quellen. Es ist wichtig, verantwortungsbe-wusst und respektvoll zu handeln, wenn es um sexuelle Aktivitäten oder Diskussionen im Internet geht. Denken Sie daran, dass das Internet ein mächtiges Werkzeug sein kann, um Wissen zu erlangen, sich auszutauschen und zu verbinden, aber es erfordert auch eine gewisse Achtsamkeit und Sensibilität.*

A.7.2 Internet-Plattformen

Abbildung / Grafik 40: “Internet-Plattformen”
Foto von Marvin Meyer auf Unsplash
https://unsplash.com/de/fotos/SYTO3xs06fU

Kostenlos herunterladen

(„1“) Online-Dating: *Online-Dating bezieht sich auf die Nutzung von Internet-plattformen, um Menschen kennenzulernen und potenzielle romantische Partner zu finden. Diese Plattformen reichen von allgemeinen Dating-Apps bis hin zu spezialisierten Websites, die auf bestimmte Interessen, Altersgruppen oder Zielgruppen ausgerichtet sind.*

(„2“) Flirt-Portale: *Flirt-Portale sind Online-Plattformen, auf denen Menschen miteinander flirten, sich kennenlernen und potenzielle Beziehungen aufbauen können. Diese Plattformen sind oft lockerer und weniger auf langfristige Beziehungen ausgerichtet als einige andere Dating-Plattformen.*

(„3“) Singlebörsen: *Singlebörsen sind Websites oder Apps, auf denen Einzelpersonen Profile erstellen und mit anderen Singles in Kontakt treten können. Diese Plattformen ermöglichen es den Benutzern, selbst nach potenziellen Partnern zu suchen und Nachrichten auszutauschen.*

(„4“) Partnervermittlungen: *Partnervermittlungen sind Dienste, die sich darauf spezialisiert haben, Menschen auf Grundlage von gemeinsamen Interessen, Persönlichkeitsmerkmalen und anderen Faktoren zu matchen. Diese Plattformen verwenden oft umfangreiche Fragebögen und Algorithmen, um kompatible Partner vorzuschlagen.*

(„5“) Informationswahrheit

- **Klare Absichten:** *In Anhängigkeit davon, was man beim Online-Dating herausholen möchten, sei es lockere Dates oder ernsthafte Beziehungen oder einfach neue Freunde.*

- **Belastbare Informationen:** *Die Auswahl seriöser Plattformen hält zuwiderhandelnde "Nutzer" nicht auf. Bei einem positive Eindruck, können nur belastbare Informationen helfen.*

- *Vorausgesetzt man geht mit ehrlichen Absichten in den Chat, gehören die* **richtigen, überprüfbaten Daten** *dazu (Vor- Nachname, Privat-adresse, Berufsadresse, Telefon- und Handynummer, Emailadresse usw.), eben alles, was für wichtig ist. Zunächst Treffen an einem öffentlichen (z.B. Café) und später gegenseitiges Besuchen bei den Privatsaddressen.*

- *Wer allerdings* **Sex als Seitensprung** *sucht, wird die Preisgabe privater Daten vermeiden. Das gilt ebenso bei Betrugsversuchen und kriminellen Absichten. In solchen befürchteten Fällen nimmt man entweder Risiken inkauf oder es hilft ohne Polizei nur eine private Absicherung (z.B. Ein/e Freund/In, der/die Kontaktaufnahme als Zeuge/In verfolgt und ggf. der Polizei die Situation mit eindeutiger Adressierung meldet.).*

(„6") Risiken Betrug beim Onlinedating mit finanzieller Perspektive

- **Phishing** *bezeichnet den Versuch, persönliche Daten über das Internet zu erlangen. Via E-Mails oder betrügerische Webseiten werden persönliche Daten oder Informationen wie Kreditkarten-nummern, Kontodaten sowie Zugangsdaten zu Ihren Email- und weiteren Accounts abgefragt.*

  Dabei warden z.B. sexuelle Erwartungen erweckt und Geld für einen gemeinsamen Hotelaufenthalt erbeten (jeder die Häfte), wobei keine Hotelbuchung erfolgt und dann sowohl das Geld wie der Prisher nicht auffindbar sind.

- ***Love Scam oder Romance Scam:*** *Bei dieser Betrugsform nutzen die Täter die vermeintliche Zuneigung von Frauen und Männern aus, um das Opfer zu Zahlungen zu bewegen. Sie hat sowohl weibliche als auch männliche Opfer. Mittels Telefonaten, E-Mails und anderen Kommunikationsformen der Neuen Medien wird den Opfern eine Art Beziehung vorgespielt und in weiterer Folge finanziell ausgebeutet.*

Abbildung / Grafik 41: "Love Scam"

https://www.pinterest.de/pin/315392780169007121/
https://www.pinterest.de/pin/541417186465212572/
Die Nutzung von Pinterest ist grundsätzlich kostenlos. Nur wenn Du als Unternehmen Werbeanzeigen schalten möchtest, fallen Kosten an. 26.01.2023

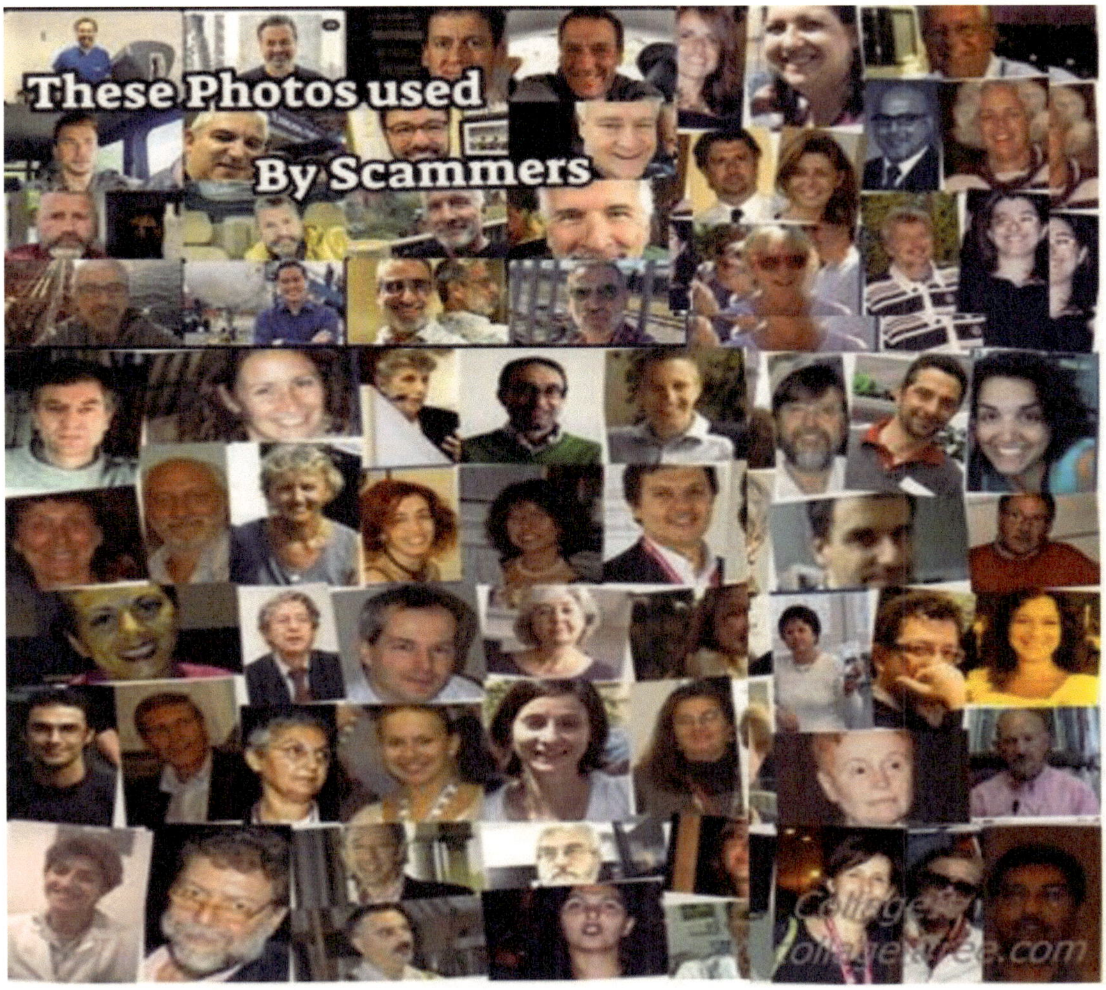

- ***Sexkriminalität (Strafrecht):*** *Sexkriminalität bezieht sich auf Straftaten im Zusammenhang mit sexuellen Handlungen, die als Verletzung der Strafgesetze eines Landes gelten. Diese Straftaten können von unerwünschter sexueller Belästigung bis hin zu schweren Verbrechen wie Vergewaltigung, sexueller Missbrauch von Minderjährigen und Kinderpornografie reichen. Sexkriminalität wird im Strafrecht geahndet und kann zu strafrechtlichen Konsequenzen wie Geldstrafen, Haftstrafen oder Bewährung führen, abhängig von der Schwere der Straftat und den geltenden Gesetzen.*

(„7“) Profile

Die Ehrlichkeit in Profilen *liegt im Ermessen des Chat-Interessenten und seiner Fähigkeit zu formulieren. Fairness und Aufrichtigkeit sind unterschiedlich ausgeprägt.*

Alle Profile tragen subjektive Züge: *Selbst wenn man ein ehrliches und aussagekräftiges Profil erstellen will, werden keine Sachverhalte betont, die gegen den Chat-Interessenten sprechen.*

Auch bei den ***aktuellen Fotos*** *wird man positiv wirkende bevorzugen. Die meisten werden sich so beschreiben, wie sie sich in Ihrer Persönlichkeit sehen bzw. wahrgenommen werden wollen.*

So machen es die meisten Chatpartner/Innen in aller Regel auch.

- ***Sicherheit:*** *Seien Sie vorsichtig, wenn Sie persönliche Informationen preisgeben, und treffen Sie sich an öffentlichen Orten, wenn Sie jemanden persönlich treffen.*

- ***Kommunikation:*** *Nehmen Sie sich Zeit, um jemanden kennenzulernen, bevor Sie sich treffen. Die Kommunikation ist der Schlüssel, um festzustellen, ob es eine echte Verbindung gibt.*

- ***Geduld:*** *Online-Dating kann Zeit brauchen. Seien Sie geduldig und erwarten Sie nicht, dass Sie sofort den perfekten Partner finden.*

- ***Auswahl der Plattform:*** *Bevor Sie sich für eine bestimmte Plattform entscheiden, nehmen Sie sich Zeit, um die verschiedenen Optionen zu recherchieren und zu überlegen, welche am besten zu Ihren Bedürfnissen und Erwartungen passt. Denken Sie daran, dass Online-Dating eine Möglichkeit sein kann, Menschen kennenzulernen, aber es erfordert auch ein gewisses Maß an Vorsicht und gesundem Menschenverstand.*

A.7.3 Verabrredungen zum Sex, Sextreffs, Seitensprungagenturen u.a. "Sextreffs" und "Seitensprungagenturen"

sind Begriffe, die sich auf verschiedene Arten von Dienstleistungen oder Plattformen beziehen, die Menschen dabei unterstützen können, Partner für sexuelle Begegnungen oder außereheliche Affären zu finden. Diese Begriffe können je nach Kontext unterschiedliche Bedeutungen haben und können auch rechtliche und ethische Fragen aufwerfen. Hier ist eine allgemeine Erklärung, wie solche Dienste funktionieren könnten:

Abbildung / Grafik 42: "Seitensprung"
https://www.pinterest.de/pin/8469582736
Die Nutzung von Pinterest ist grundsätzlich kostenlos. Nur wenn Du als Unternehmen Werbeanzeigen schalten möchtest, fallen Kosten an.26.01.2023

*(„1") **Sextreffs:** Sextreffs sind Plattformen, auf denen Menschen mit ähnlichen Interessen nach ungezwungenen sexuellen Begegnungen suchen können. Diese Plattformen können Online-Foren, Dating-Apps oder spezialisierte Websites sein, auf denen Mitglieder Anzeigen schalten oder Nachrichten austauschen, um potenzielle Partner für sexuelle Aktivitäten zu finden. Die genaue Funktionsweise kann von Plattform zu Plattform variieren, aber im Allgemeinen können Benutzer Profile erstellen, Fotos hochladen, Präferenzen angeben und mit anderen Mitgliedern in Kontakt treten, um Treffen zu arrangieren.*

*("2") **Seitensprungagenturen:** Seitensprungagenturen sind Dienstleistungsanbieter, die Menschen dabei unterstützen, außereheliche oder außerpart-nerschaftliche Beziehungen zu finden. Diese Dienstleister können online oder offline agieren. Im Falle von Online-Agenturen können Benutzer Profile erstellen und Informationen über ihre Präferenzen und Wünsche angeben. Die Agentur könnte dann basierend auf diesen Angaben passende Partner vorschlagen oder Kontakt herstellen. Bei Offline-Agenturen könnte der Prozess ähnlich funktionieren, jedoch mit persönlichen Beratern oder Matchmakern.*

*("3") **Ethische, emotionale und rechtliche Aspekte:** Es ist wichtig zu beachten, dass diese Arten von Diensten ethische, emotionale und rechtliche Aspekte mit sich bringen können. Beispielsweise können außereheliche Angelegenheiten oder ungezwungene sexuelle Begegnungen die bestehenden Beziehungen von Menschen beeinträchtigen und emotionale Konsequenzen haben.*

*("4") **Verstöße gegen Gesetze:** Darüber hinaus können solche Plattformen auch zu Verstößen gegen Gesetze führen, insbesondere wenn es um den Schutz von Privatsphäre, Einwilligung und sexueller Gesundheit geht.*

*("5") **Verantwortlichkeit:** Bevor man sich für solche Dienste entscheidet, sollte man sorgfältig über die möglichen Konsequenzen nachdenken und sich über die rechtlichen und sozialen Implikationen informieren. Es ist immer ratsam, respektvoll, ehrlich und verantwortungsbewusst in Beziehungen und sexuellen Angelegenheiten zu handeln.*

A.7.4 Sexdarstellungen (Fotos, Videos, Life-Kontakte) u.a.

*("1") **Biologie und Anziehung:** Sexuelle Darstellungen, sei es*

- ***in visueller Form wie Fotos und Videos***
- ***oder in realen persönlichen Begegnungen,***
- ***basieren auf der menschlichen Sexualität,***
- ***natürlichen und vielschichtigen Facetten unseres Lebenst.***

Hier sind einige Aspekte, die Sie verstehen sollten:

***Biologie und Anziehung:** Die biologische Grundlage der Anziehung und sexuellen Erregung liegt in unseren Hormonen, Gehirnchemikalien und unseren körperlichen Sinnen. Menschen sind von Natur aus von körperlichen Merkmalen, Körperformen und Verhaltensweisen angezogen, die auf Fortpflanzung und Fortbestand der Art hindeuten.*

*(„2") **Kommunikation:** Sexuelle Darstellungen können eine Art der Kommunikation sein. Menschen nutzen sie, um Interesse zu zeigen, Beziehungen zu pflegen, Wünsche auszudrücken und intime Momente zu teilen. Dies kann zwischen Partnern, aber auch in der Öffentlichkeit, wie in Kunst, Werbung oder Unterhaltungsmedien, der Fall sein.*

*(„3") **Medien und Unterhaltung:** In der heutigen Welt sind sexuelle Darstellungen weit verbreitet und können in Medien wie Filmen, Fernsehen, Zeitschriften, Büchern und natürlich auch im Internet gefunden werden. Sie dienen oft der Unterhaltung, aber auch der Aufklärung, Kunst oder sozialen Kommentaren.*

*(„4") **Internet und Technologie:** Das Internet hat die Verbreitung von sexuellen Darstellungen enorm erleichtert. Soziale Medien, Dating-Apps, Online-Platt-formen und Videostreaming-Dienste ermöglichen den Zugang zu einer breiten Palette von Inhalten. Dies hat jedoch auch Fragen der Privatsphäre, des Missbrauchs und der Einwilligung aufgeworfen.*

*(„5") **Einwilligung und Ethik:** In allen Formen sexueller Darstellungen ist Einwilligung entscheidend. Personen müssen freiwillig zustimmen, fotografiert oder gefilmt zu werden, und sie müssen auch zustimmen, solche Inhalte anzusehen oder zu teilen. Respekt für Privatsphäre, Einvernehmen und Ethik sind grundlegend.*

*(„6") **Rechtliche Aspekte:** Je nach Ort und Umstand gibt es unterschiedliche rechtliche Regelungen für sexuelle Darstellungen. Kinderpornografie, Rache-Pornografie, unerwünschtes Teilen von intimen Bildern und andere Formen des Missbrauchs sind in vielen Rechtssystemen strafbar.*

*(„7") **Psychologische Aspekte:** Sexuelle Darstellungen können sowohl positive als auch negative psychologische Auswirkungen haben. Sie können zur sexuellen Bildung und Aufklärung beitragen, aber auch unrealistische Körperbilder oder Erwartungen schaffen. Bei übermäßiger Nutzung oder problematischem Verhalten kann es zu Sucht oder anderen psychischen Problemen kommen.*

A.7.5 Der Handel mit Artikeln aus dem sexuellen Umfeld

umfasst den Verkauf von Produkten, die in Verbindung mit Sexualität, Intimität oder Erotik stehen. Diese Produkte können eine breite Palette von Gegenständen umfassen, darunter:

(„1“) ***Kondome und Verhütungsmittel:*** *Dies sind Produkte, die zur sexuellen Gesundheit und Sicherheit beitragen. Kondome dienen als Schutz vor sexuell übertragbaren Infektionen und ungewollten Schwangerschaften.*

(„2“) ***Erotisch-sexuelle Spielzeuge:*** *Dazu gehören Vibratoren, Dildos, Liebeskugeln, Handschellen, Peitschen und andere Produkte, die dazu dienen, das sexuelle Vergnügen und die Erregung zu steigern.*

(„3“) ***Lingerie und Dessous:*** *Sexy Unterwäsche, Nachtwäsche und Kostüme, die dazu entworfen wurden, die Intimität und das ästhetische Vergnügen zu fördern.*

(„4“) ***Massageöle und Gleitmittel:*** *Diese Produkte dienen dazu, die körperliche Intimität zu verbessern und das sexuelle Erlebnis angenehmer zu gestalten.*

*(„5“)****Erotisch-sexuelle Literatur und Filme:*** *Bücher, Zeitschriften, Filme und digitale Medien, die sexuell explizite Inhalte oder Anleitungen für eine gesündere sexuelle Beziehung bieten können.*

(„6“) ***Bondage- und BDSM-Ausrüstung:*** *Artikel, die im Rahmen von Bondage, Dominanz, Sadismus und Masochismus (BDSM) verwendet werden, um sexuelle Lust und Dominanzspiele zu erleichtern.*

(„7“) ***Sexuelle Gesundheitsprodukte:*** *Dies können Produkte wie Gleitgele, Massageöle, Aphrodisiaka und andere Ergänzungen sein, die das sexuelle Wohlbefinden fördern sollen.*

A.7.6 Kommerzielle Vertriebswege im Sexgeschäft

Abbildung / Grafik 43: Die Sexualität und Aspekte multifaktorieller Komplexität – Teil 2

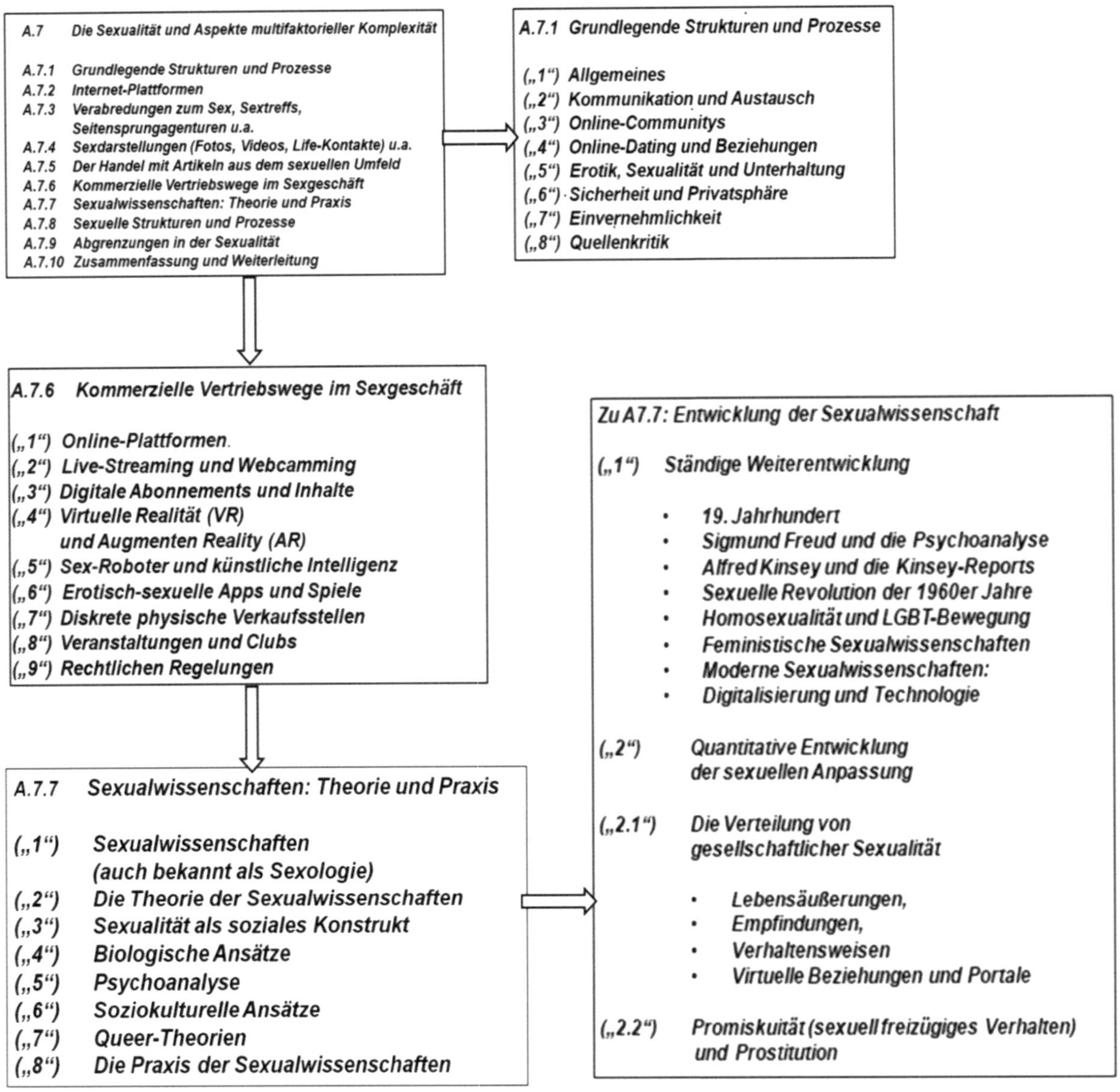

Die Diskussion über kommerzielle Vertriebswege im Sexgeschäft ist ein sensibles Thema, das von kulturellen, ethischen und rechtlichen Überlegungen beeinflusst wird. Es ist wichtig, die jeweiligen Gesetze und Vorschriften in Ihrer Region zu beachten. Hier sind einige mögliche Vertriebswege, die in der Vergangenheit oder aktuell im Sexgeschäft genutzt wurden oder werden:

***(„1“) Online-Plattformen**: Mit dem Aufstieg des Internets haben sich viele Aspekte des Sexgeschäfts online verlagert. Das reicht von Online-Webseiten, auf denen Dienstleistungen angeboten werden, bis hin zu Plattformen, auf denen Produkte wie Spielzeuge, Kleidung und Filme verkauft werden.*

(„2") **Live-Streaming und Webcamming**: *Einige Personen bieten erotisch-sexuelle Live-Streaming-Dienste an, bei denen sie vor der Kamera auftreten und mit Zuschauern interagieren. Diese Dienste können über spezialisierte Plattformen abgewickelt werden.*

(„3") **Digitale Abonnements und Inhalte**: *Manche Menschen bieten kostenpflichtige Abonnements an, um auf exklusive erotisch-sexuelle Inhalte zuzugreifen, sei es Fotos, Videos oder Geschichten. Plattformen wie Patreon oder OnlyFans haben diese Art von Geschäftsmodell populär gemacht.*

(„4") **Virtuelle Realität (VR) und Augmented Reality (AR)**: *Diese Technologien könnten genutzt werden, um immersive erotisch-sexuelle Erlebnisse zu schaffen, sei es durch VR-Pornografie oder interaktive AR-Anwendungen.*

(„5") **Sex-Roboter und künstliche Intelligenz**: *Die Entwicklung von realistischen Sex-Robotern und KI-gesteuerten Interaktionen eröffnet neue Möglichkeiten für das Sexgeschäft. Dieser Bereich ist jedoch noch in den Anfängen und wirft viele ethische Fragen auf.*

(„6") **Erotisch-sexuelle Apps und Spiele**: *Es gibt Apps und Spiele, die erotische oder sexuell orientierte Inhalte bieten. Diese können von Geschichten über Dating-Simulationen bis hin zu expliziteren Inhalten reichen.*

(„7") **Diskrete physische Verkaufsstellen**: *In einigen Regionen gibt es Geschäfte, die sich auf den Verkauf von Erotik- und Sexprodukten spezialisiert haben. Diese könnten physische Produkte wie Spielzeuge, Kleidung oder Accessoires anbieten.*

(„8") **Veranstaltungen und Clubs**: *Erotik- und Semessen, Swingerclubs und ähnliche Veranstaltungen bieten Menschen die Möglichkeit, sich mit anderen Gleichgesinnten zu treffen und erotische Erfahrungen zu teilen*

(„9") **Rechtlichen Regelungen**: *Es ist jedoch wichtig zu betonen, dass die Legalität und Ethik von kommerziellen Vertriebswegen im Sexgeschäft stark von den jeweiligen Gesetzen, kulturellen Normen und individuellen Werten abhängen. Bevor man in diesem Bereich aktiv wird, ist es entscheidend, sich über die relevanten rechtlichen Bestimmungen und moralischen Aspekte zu informieren*

A.7.7 Sexualwissenschaften: Theorie und Praxis

(„1“) **Sexualwissenschaften** **(auch bekannt als Sexologie)** *ist ein multidisziplinäres Feld, das sich mit der Erforschung und dem Verständnis von Sexualität in all ihren Aspekten befasst, sowohl auf theoretischer als auch auf praktischer Ebene. Dieses Fachgebiet integriert Erkenntnisse aus Biologie, Psychologie, Medizin, Soziologie, Anthropologie und anderen Disziplinen, um die menschliche Sexualität zu untersuchen.*

(„2“) **Die Theorie der Sexualwissenschaften** *beschäftigt sich mit der Entwicklung von Konzepten, Modellen und theoretischen Rahmenwerken, die dazu dienen, sexuelles Verhalten, Identität, Orientierung, Beziehungen und vieles mehr zu verstehen. Einige wichtige Theorien und Ansätze in den Sexualwissen-schaften sind:*

(„3“) **Sexualität als soziales Konstrukt**: *Diese Perspektive betont, dass unsere Vorstellungen von Sexualität kulturell und gesellschaftlich geprägt sind und sich im Laufe der Zeit verändert haben. Geschlechtsrollen, Normen und Tabus sind Teil dieses sozialen Konstrukts.*

(„4“) **Biologische Ansätze**: *Diese Theorien befassen sich mit den biologischen Aspekten der Sexualität, einschließlich Hormone, Genetik und neurologische Prozesse, die das sexuelle Verhalten beeinflussen.*

(„5“) **Soziokulturelle Ansätze**: *Diese Theorien analysieren, wie kulturelle, soziale und politische Faktoren die Wahrnehmung von Sexualität beeinflussen und wie sie in verschiedenen Gesellschaften variieren kann.*

(„6“) **Die Praxis der Sexualwissenschaften** *beinhaltet oft klinische Arbeit, Beratung, Aufklärung, Forschung und Gesundheitsförderung. Sexualwissenschaftler, Therapeuten und Berater arbeiten mit Einzelpersonen und Paaren, um sexuelle Gesundheit zu fördern, sexuelle Dysfunktionen zu behandeln, Beziehungsprobleme anzugehen und eine offene, respektvolle Haltung gegenüber sexueller Vielfalt zu fördern.*

(„6“) **Psychoanalyse**: *Psychoanalytische Theorien, die von Sigmund Freud und anderen entwickelt wurden, betonen die Rolle des Unbewussten bei der Formung von sexuellen Wünschen und Verhaltensweisen.*

Abbildung / Grafik 44: "Psychoanalyse"

https://www.pinterest.de/pin/281543721329162/
Die Nutzung von Pinterest ist grundsätzlich kostenlos. Nur wenn Du als Unternehmen Werbeanzeigen schalten möchtest, fallen Kosten an.26.01.2023

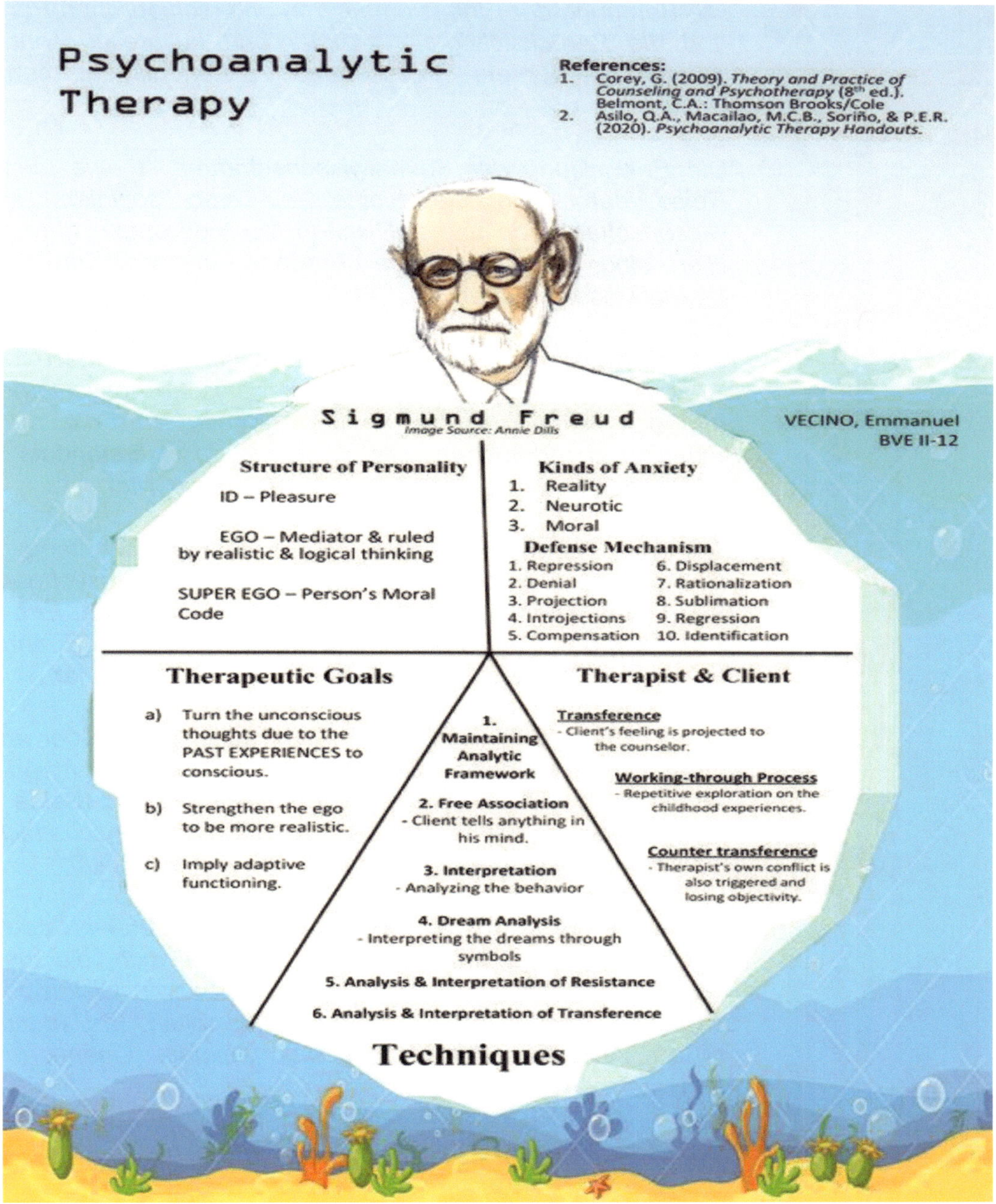

(„7") **Queer-Theorien**: *Queer-Theorien hinterfragen die traditionelle Dichotomie von Geschlecht und Sexualität und erkunden alternative Identitäten und Beziehungsformen jenseits der heteronormativen Normen.*

Entwicklung der Sexualwissenschaft

*(„1") **Ständige Weiterentwicklung:** Es ist wichtig zu beachten, dass die Sexualwissenschaften ein sich ständig weiterentwickelndes Feld sind und kontinuierlich neue Erkenntnisse gewonnen werden. Die Betonung der Einbeziehung von unterschiedlichen Perspektiven und die Berücksichtigung sozialer und kultureller Kontexte sind grundlegend für ein umfassendes Verständnis der menschlichen Sexualität.*

Die Entwicklung der Sexualwissenschaften ist eine faszinierende Reise durch die Geschichte, die von sozialen, kulturellen, wissenschaftlichen und politischen Veränderungen geprägt wurde. Hier sind einige wichtige Etappen in der Entwicklung der Sexualwissenschaften:

- ***19. Jahrhundert:** In dieser Zeit begannen erste wissenschaftliche Untersuchungen zur Sexualität. Medizinische, psychiatrische und anthropologische Ansätze wurden genutzt, um die menschliche Sexualität zu erforschen. Allerdings war das Verständnis stark von moralischen und religiösen Überzeugungen geprägt.*

- ***Sigmund Freud und die Psychoanalyse:** Anfang des 20. Jahrhunderts entwickelte Sigmund Freud seine psychoanalytische Theorie, die einen neuen Blick auf die Sexualität warf. Er betonte die Bedeutung des Unbewussten und der frühkindlichen Erfahrungen für die sexuelle Entwicklung und die Psyche im Allgemeinen.*

- ***Alfred Kinsey und die Kinsey-Reports:** In den 1940er und 1950er Jahren führte der amerikanische Forscher Alfred Kinsey bahnbrechende Umfragen zur Sexualität durch. Seine "Kinsey-Reports" legten den Grundstein für eine wissenschaftlichere und weniger moralisch geprägte Erforschung der Sexualität.*

- ***Sexuelle Revolution der 1960er Jahre:** Die 1960er Jahre brachten eine kulturelle und soziale Veränderung mit sich, die als sexuelle Revolution bekannt ist. Dies führte zu offeneren Diskussionen über Sexualität, Verhütung und Geschlechterrollen. Es entstand eine größere Akzeptanz für verschiedene sexuelle Orientierungen und Identitäten.*

- ***Homosexualität und LGBT-Bewegung** (Lesbian, Gay, Bisexual and Transgender): Die Bewegung für die Rechte von Lesben, Schwulen, Bisexuellen und Transgender-Personen gewann ab den späten 1960er Jahren an Bedeutung. Die damit einhergehenden Diskussionen und Forschungen trugen dazu bei, das Verständnis von Sexualität und Geschlecht zu erweitern.*

- ***Feministische Sexualwissenschaften:** In den 1970er Jahren begannen feministische Theorien, die Geschlechterdynamiken und die Darstellung von Sexualität in der Gesellschaft zu hinterfragen. Dies führte zu einer tieferen Analyse der Machtstrukturen in Bezug auf Sexualität und Geschlecht.*

- ***Moderne Sexualwissenschaften:*** *In den letzten Jahrzehnten hat sich die Sexualwissenschaft stark weiterentwickelt. Sie umfasst nun ein breites Spektrum an Themen, einschließlich sexueller Gesundheit, Identität, Orientierung, sexueller Bildung, Beziehungen und mehr. Die Forschung ist interdisziplinär und integriert Erkenntnisse aus Psychologie, Medizin, Soziologie, Anthropologie und anderen Bereichen.*

- ***Digitalisierung und Technologie:*** *Mit dem Aufstieg des Internets und sozialer Medien haben sich auch neue Dimensionen der Sexualität und der Art und Weise, wie Menschen miteinander interagieren und sich ausdrücken, entwickelt. Die Auswirkungen dieser Entwicklungen auf die Sexualwissenschaften sind vielfältig.*

(„2“) Quantitative Entwicklung der sexuellen Anpassung: *Die Entwicklung der Sexualwissenschaften ist eng mit den gesellschaftlichen Veränderungen und dem wissenschaftlichen Fortschritt verbunden. Sie hat dazu beigetragen, ein umfassenderes und differenzierteres Verständnis von Sexualität zu fördern, das moralische Urteile und Vorurteile in den Hintergrund* ***rückt****.*

(„2.1“) Die Verteilung von gesellschaftlicher Sexualität *beginnt mit*

- ***Lebensäußerungen, Empfindungen, Verhaltensweisen****, die in weitestem Sinne im Zusammenhang mit der geschlechtlichen Begegnung und mit der geschlechtlichen (im Gegensatz zur vegetativen) Fortpflanzung stehen.*

- ***Virtuelle Beziehungen und Portale:*** *Mit der IT-Technik kommen virtuelle Beziehungen dazu: (Online-Dating, Flirt-Portale, Singlebörsen, Partnervermittlungen u.a., Verabrredungen zum Sex, Sextreffs, Seitensprungagenturen u.a., Sexdarstellungen (Fotos, Videos, Life-Kontakte) u.a. und der Handel mit Artikel aus dem Sexumfeld*

(„2.2“) Promiskuität *(sexuell freizügiges Verhalten) und* ***Prostitution*** *(sexuelle Dienstleistungen gegen Bezahlung)*

- *in der Gesellschaft verhalten sich sehr komplex und können je nach Kultur, Gesellschaftsnormen, wirtschaftlichen Bedingungen, rechtlichen Rahmenbedingungen und individuellen Entscheidungen variieren. Es ist wichtig zu beachten, dass dies allgemeine Trends sind und es immer Ausnahmen und Variationen gibt.*

- ***Hier sind einige Aspekte, die die Verteilung beeinflussen können:***

  - ***Kulturelle und gesellschaftliche Normen:*** *Die Einstellungen und Normen bezüglich sexueller Freizügigkeit variieren von Gesellschaft zu Gesellschaft. In einigen Kulturen und Gesellschaften wird promiskuitives Verhalten als akzeptabler angesehen, während es in anderen als tabu oder unangemessen betrachtet wird. Prostitution kann in einigen Gesellschaften legal oder zumindest toleriert sein, während sie in anderen stark stigmatisiert oder illegal ist.*

  - ***Wirtschaftliche Bedingungen:*** *In wirtschaftlich benachteilig-ten Regionen kann Prostitution als eine Möglichkeit gesehen werden, das Einkommen zu sichern. Wenn Menschen begrenzte berufliche Möglichkeiten haben, könnten sie gezwungen sein, in die Prostitution einzusteigen. In wirtschaftlich stabileren Regionen könnte der Anreiz zur Prostitution geringer sein.*

  - ***Geschlechterungleichheit:*** *Geschlechterungleichheit kann eine Rolle bei der Verbreitung von Prostitution spielen. Frauen sind oft in vielen Gesellschaften stärker von wirtschaftlicher Unsicherheit betroffen, was sie anfälliger für die Inanspruchnahme sexueller Dienstleistungen machen könnte, um ihren Lebensunterhalt zu verdienen.*

  - ***Rechtliche Rahmenbedingungen:*** *Die Legalität der Prostitution variiert stark von Land zu Land. In einigen Ländern ist die Prostitution vollständig legal, während sie in anderen stark reguliert oder illegal sein kann. Die rechtlichen Rahmenbedingungen können die Art und Weise beeinflussen, wie Prostitution in der Gesellschaft wahr-genommen wird und wie sie betrieben wird.*

  - ***Individuelle Entscheidungen:*** *Einige Menschen wählen freiwillig promiskuitives Verhalten oder die Ausübung von Prostitution als Karriere oder Einkommensquelle. Diese Entscheidungen können auf persönlichen Präferenzen, Lebensumständen oder individuellen Zielen basieren.*

  - ***Gesundheitsaspekte:*** *Die Verwendung von Kondomen oder anderen Formen des Schutzes gegen sexuell übertragbare Infektionen kann in promiskuitiven Szenarien oder in der Prostitution eine Rolle spielen, um die Gesundheit der Beteiligten zu schützen.*

- ***Verteilung und Wahrnehmung****: Es ist wichtig anzumerken, dass die Verteilung und Wahrnehmung von Promiskuität und Prostitution in der Gesellschaft stark von kulturellen, sozialen und wirtschaftlichen Faktoren beeinflusst wird. Es gibt keine universelle Antwort auf diese Frage, da sie von Land zu Land und von Kultur zu Kultur unterschiedlich sein kann.*

- ***In Deutschland*** *sind die Zahlen umstritten, weil es einerseits Promiskuität als normal angesehen wird und nicht als außerordentliches Phänomen und andererseits Prostitution nicht verboten. Die Übergänge von Promiskuität aus der bürgerlichen Gesellschaft zur Prostitution,*

- ***Personenzahl***

  - ***Amateure Personenzahl im Millionenbereich****,*
  - ***offizielle Professionelle*** *(ca. 800.000 bis 1.000.000 Personen) sind strukturell und quantitativ nur schwer exakt zu beziffern.*

  - ***Die Verbreitung des Sex-Geschäftes im Internet (Marketing, Promotion, Vertrieb)***

wurde durch das Internet sowohl quantitativ wie qualitativ immens gesteigert.

Im Internetgeschäft gibt es

- ***ca. 2.000 Einrichtungen allein in Deutschland,***
- ***ca. 5.000 westeuropaweit, Niederlande ca. 600)***
- ***Zugang aus Osteuropa ca. 3.000,***
- ***mit Einrichtungen aus USA, Asien usw. mehr als 10.000).***

Allerdings befinden sich die meisten ***in regionalen Nischen****, die in Europa nur bedingt und in Deutschland selten erfolgreich sind. Ihr Erfolg konzentriert sich der* ***Umsatzstärke nach auf ca. 500 Anbieter****,*

von denen ca. ***20 überregional zu den Marktführern*** *(erfolgs-, bedarfs- und kostendorientiert) gehören.*

A.7.8 Sexuelle Strukturen und Prozesse

Abbildung / Grafik 45: Die Sexualität und Aspekte multifaktorieller Komplexität – Teil 3

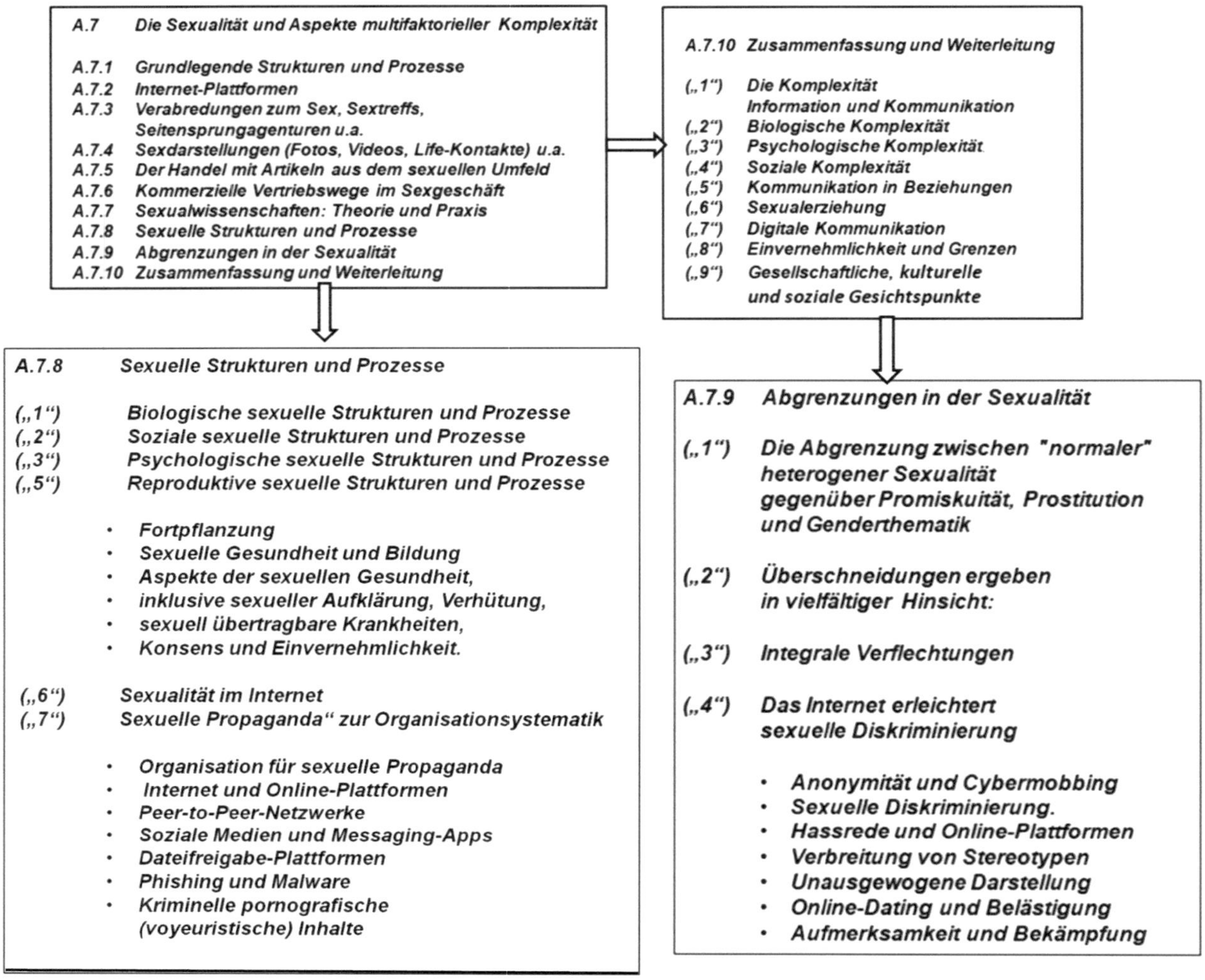

Der Begriff "sexuelle Strukturen und Prozesse" kann verschiedene Bedeutun-gen haben, je nachdem, in welchem Kontext er verwendet wird. Hier sind einige mögliche Interpretationen:

(„1") Biologische sexuelle Strukturen und Prozesse: *Dies bezieht sich auf die biologischen Aspekte der Fortpflanzung und Geschlechtsunter-schiede. Dazu gehören die anatomischen, hormonellen und genetischen Unterschiede zwischen männlichen und weiblichen Organismen, sowie die Mechanismen der Fortpflanzung.*

(„2") Soziale sexuelle Strukturen und Prozesse: *Hierbei geht es um die sozialen und kulturellen Aspekte der Geschlechterrollen, Geschlechteri-dentität und sexuellen Orientierung. Dies umfasst Themen wie Geschlechterstereotypen, gesellschaftliche Erwartungen in Bezug auf Geschlechterverhalten, Identität und sexuelle Vorlieben.*

(„3“) Psychologische sexuelle Strukturen und Prozesse: *Dies bezieht sich auf die psychologischen Aspekte der Sexualität, einschließlich sexueller Anziehung, Beziehungsbedürfnisse und -dynamiken, sexuelle Vorlieben und Fantasien.*

(„5“) Reproduktive sexuelle Strukturen und Prozesse:

- **Fortpflanzung:** *Hierbei handelt es sich um die biologischen und sozialen Aspekte der Fortpflanzung, wie zum Beispiel Familienbildung, Fortpflanzungstech-nologien und die Organisation von Beziehungen im Zusammenhang mit dem Fortpflanzungs-prozess.*
- **Sexuelle Gesundheit und Bildung:** *Dies bezieht sich auf die Aspekte der sexuellen Gesundheit, inklusive sexueller Aufklärung, Verhü-tung, sexuell übertragbarer Krankheiten, Konsens und Einvernehm-lichkeit.*

(„6“)Sexualität im Internet

kann unter **psycho-sozialem Einfluss** *nicht von der realen Welt abgekoppelt werden,*

- ***weil sie psycho-sozial von den subjektiven Bedürfnissen***
- ***Einzelner und von der Gruppendynamik***
- ***formeller und informeller Einflüsse anderer:***
- ***Sympathie, Ablehnung, Kritik, Spott, Eifersucht,usw.***
  beeinflusst werden.

Das Verhalten ändert sich,

- *weil* **sexuelle Erwartungen und Hoffnungen** *einfließen, die nicht erfüllt werden oder sich als illudionär erweisen.*

Manche verlieren den **Anschluss an ihr Umfeld** *und wirken verstört, unsicher und nicht präsent.*

Was uns bisher gehindert hat,

- *sind* ***Schamgefühl und Versagensänste.***
- ***Das nimmt uns das Internet weit gehend ab:***
- ***Organisation, Strukturen und Prozesse***
- ***Sexualität, Sexismus, Promiskuität***
- ***bis zur Prostitutionszuwendung***
- ***und erzeugt neue Abhängigkeiten, Risiken und Probleme.***

Problematik:

- ***Das Internet begünstigt Orgasmus-Erwartungen,***
- ***die mangels Erlebarkeit häufig zu Frustrationen führten.***
- ***Entweder ziehen sich manche Personen zurück,***
- ***können aggressiv und/oder depressiv werden***
- ***und/oder steigern sich zu sexueller Provokanz.***

Veränderungen bei Moralvorstellungen

- ***Internet begünstigt Ablegung von Hemmungen***
- ***(Tendenz zu mehr Risiko bis zu offenen Beziehungen)***
- ***Annonymer Verzicht auf Ethik, Moral und Sozialität***
- ***Treffen im Internet mit Übergängen***
- ***zu realen Kontalten (z.B. Swingerclubs)***

(„7“) Sexuelle Propaganda“ zur Organisationsystematik

- ***Die Organisation für sexuelle Propaganda,*** *um Sexdarstel-lungen (Fotos, Videos, Life-Kontakte), Pornografie und voyeuristische Inhalte zu verbreiten, beruht auf*
- ***Internet und Online-Plattformen:*** *In der heutigen Zeit ist das Internet die Hauptquelle für die Verbreitung von pornografischen Inhalten und voyeuristischen Materialien. Websites, soziale Medien, Foren und andere Online-Plattformen stellen eine große Menge an sexuellen Inhalten zur Verfügung. Diese Plattformen ermöglichen es Benutzern, Bilder, Videos und Geschichten hochzuladen und zu teilen.*
- ***Peer-to-Peer-Netzwerke:*** *Peer-to-Peer-Netzwerke ermöglichen es Benutzern, Dateien direkt voneinander herunterzuladen oder hochzuladen, ohne über zentrale Server zu gehen. Dies kann auch zur Verbreitung von pornografischem Material verwendet werden.*
- ***Soziale Medien und Messaging-Apps:*** *Plattformen wie Twit-ter, Instagram, Snapchat und WhatsApp können zur Verbreitung von por-nografischem Material genutzt werden. Obwohl diese Plattformen in der Regel Regeln gegen solche Inhalte haben, können dennoch solche Inhalte über private Nachrichten oder geteilte Links verbreitet werden.*
- ***Darknet und verschlüsselte Kanäle:*** *Das Darknet, ein verbor-gener Teil des Internets, kann für den Austausch illegaler oder expliziter Inhalte genutzt werden. Die Verwendung von verschlüsselten Kanälen oder Messaging-Diensten kann die Identifizierung und Überwachung er-schweren.*
- ***Dateifreigabe-Plattformen:*** *Plattformen zur freien Dateifreigabe können genutzt werden, um große Mengen an pornografischem Material zu hosten und zu verteilen. Diese Plattformen können oft anonym genutzt werden, was die Identifizierung der Benutzer erschwert.*
- ***Phishing und Malware:*** *Manchmal können Kriminelle pornogra-fische oder voyeuristische Inhalte nutzen, um Menschen anzulocken und dann Malware zu verbreiten oder persönliche Informationen zu stehlen. Dies kann über gefälschte Websites, E-Mails oder Social-Engineering-Angriffe geschehen.*

A.7.9 Abgrenzungen in der Sexualität

(„1") Die **Abgrenzung**
zwischen **"normaler" heterogener Sexualität**
gegenüber
Promiskuität, Prostitution und Genderthematik

kann komplex sein, da sie stark von individuellen Überzeugungen, kulturellen Normen und persönlichen Ansichten abhängt. Es ist wichtig zu beachten, dass Begriffe wie "normal" subjektiv sind und sich im Laufe der Zeit ändern können. Dennoch kann ich versuchen, einige Unterscheidungsmerkmale zu erläutern:

- ***Heterogene Sexualität:*** *Heterogene Sexualität bezieht sich einfach auf die sexuelle Orientierung, bei der eine Person emotional, romantisch und sexuell zu Personen unterschiedlichen Geschlechts hingezogen ist. Es geht um die natürliche Variation der sexuellen Anziehung zwischen Menschen verschedenen Geschlechts*

- ***Promiskuität:*** *Promiskuität bezieht sich auf ein sexuelles Verhalten, bei dem eine Person mehrere Partner hat, ohne dabei feste emotionale Bindungen einzugehen. Promiskuität ist nicht auf eine bestimmte sexuelle Orientierung beschränkt und kann bei heterosexuellen, homosexuellen oder bisexuellen Personen auftreten.*

- ***Prostitution:*** *Prostitution bezieht sich auf den Austausch sexueller Dienstleistungen gegen Geld oder andere materielle Vorteile. Es ist wichtig zu betonen, dass Prostitution unabhängig von der sexuellen Orientierung auftreten kann und nicht ausschließlich mit heterosexueller Sexualität in Verbindung steht.*

- ***Genderthematik:*** *Die Genderthematik umfasst eine breite Palette von Fragen im Zusammenhang mit Geschlecht und Geschlechtsidentität. Sie betrifft Menschen, die sich nicht mit den traditionellen binären Geschlechtskategorien (männlich/ weiblich) identifizieren, sondern möglicherweise als nicht-binär, transgender oder andersgeschlechtlich identifizieren.*

(„2") Überschneidungen *ergeben in vielfältiger Hinsicht:*

- ***Heterogene Sexualität mit Gender*** *(Homosexualität, nicht-binär, transgender oder andersgeschlechtlich) gibt es in der bürgerlichen Normalität, bei Promiskuität und auch Prostitution.*

- ***Quantitative Verteilung:*** *Auffällig ist, dass es offensichtlich mehr Promiskuität und Prostitution bei Frauen gibt als bei Männern. Über die Gründe ist man sich nicht einig:*

  - *Es kann an der* **größeren Nachfrage bei Männern** *liegen,*

  aber auch

  - *am* **größeren Angebot von Frauen (Bonobo-Effekt).**

- ***Treue:*** *Das bedeutet nicht, dass Frauen in Partnerschaften weniger treu als Männer sind, im Gegenteil,*

  Es bezieht bei Frauen auf eine häufiger gewählte

- ***Ebene zunehmender Promiskuität,***
  *die bei **Männern** anders ausgelebt wird **(mehr Untreue)**.*

(„3“) Integrale Verflechtungen

Sexualität und Erotik *sind äußerst komplexe und vielschichtige Bereiche, die von einer Vielzahl von Faktoren beeinflusst werden können. Hier sind einige der Hauptkomplexitäten, die in diesem Zusammenhang auftreten können:*

Vielfalt der Vorlieben: *Menschen haben unterschiedliche sexuelle Vorlieben, Fantasien und Interessen. Diese können von Person zu Person stark variieren und reichen von BDSM über Rollenspiele bis hin zu Fetischen. Diese Vielfalt kann es schwierig machen, allgemeingültige Aussagen über Sexualität zu treffen.*

Geschlecht und Identität: *Die geschlechtliche Identität einer Person und ihre sexuelle Orientierung spielen eine wichtige Rolle in ihrer Sexualität. Menschen können sich als heterosexuell, homosexuell, als Formen der Multi-Sexualität (bi-sexuell, pan-sexuell), asexuell oder in einer anderen Weise identifizieren. Die Beziehung zwischen Geschlecht, Identität und sexueller Anzie-hung ist äußerst komplex.*

Kulturelle und gesellschaftliche Einflüsse:

Kulturelle und gesellschaftliche Normen beeinflussen, wie Sexualität und Erotik wahrgenommen und ausgelebt werden. Tabus, Normen und Erwartungen können die Art und Weise, wie Menschen ihre Sexualität erleben, stark beeinflussen und möglicherweise zu Konflikten zwischen individuellen Wünschen und sozialen Erwartungen führen.

Körperliche und emotionale Aspekte: *Sexualität umfasst nicht nur physische Handlungen, sondern auch emotionale und psychologische Komponenten. Die Art und Weise, wie Menschen sich selbst wahrnehmen, wie sie ihre Körper akzeptieren, wie sie Intimität erleben und wie sie emotionale Verbindung in sexuellen Beziehungen herstellen, sind komplexe Aspekte der Erotik.*

Kommunikation: *Offene und ehrliche Kommunikation ist von entscheidender Bedeutung für gesunde sexuelle Beziehungen. Die Fähigkeit, Wünsche, Grenzen und Erwartungen zu artikulieren, kann die Qualität der sexuellen Erfahrungen erheblich beein-flussen.*

Persönliche Erfahrungen: *Frühere Erfahrungen, Trau-mata und Erlebnisse können die Art und Weise beeinflussen, wie Menschen ihre Sexualität erleben. Positive und negative Erfah-rungen können tiefgreifende Auswirkungen auf das Selbstwert-gefühl, das Vertrauen und die Vorlieben einer Person haben.*

Biologische Faktoren: *Hormone, Genetik und neurologi-sche Prozesse spielen ebenfalls eine Rolle in der sexuellen Reak-tion und Anziehung. Diese Faktoren können individuelle Unter-schiede in der sexuellen Orientierung, Libido und physischen Erre-gung erklären.*

Beziehungsdynamiken: *In Beziehungen kann Sexualität eine wichtige Rolle spielen. Die Dynamik zwischen Partnern, ihre Kommunikations-fähigkeiten, ihre Wünsche und ihre Fähigkeit, Kompromisse einzugehen, können die sexuelle Erfahrung beeinflussen.*

Gesundheitliche Aspekte: *Gesundheitliche Zustände und Medi-kamente können die sexuelle Funktion und das Verlangen beein-flussen. Dies wird abhängig von konkreten Szenarien zu weiteren Ebenen gesundheitlicher Diagnostik und Therapien führen, die wir heute nicht kennen.*Formularbeg

Es ist wichtig, ***Vorurteile und Stereotypen*** *zu vermeiden, wenn man über diese Themen spricht. Was als "normal" angesehen wird, variiert von Kultur zu Kultur und im Laufe der Zeit. Respekt für die Vielfalt menschlicher Erfahrungen und Empfindungen ist entscheidend, wenn man über sexuelle Orientierung, Beziehungen und Geschlechtsidentität spricht.*

(„4“) Das Internet erleichtert sexuelle Diskriminierun

Das Internet ist ein vielschichtiges Werkzeug, das sowohl positive als auch negative Auswirkungen haben kann, einschließlich der Möglichkeit zur Verbreitung von sexueller Diskriminierung. Hier sind einige Wege, wie das Internet zur Verbreitung von sexueller Diskriminierung beitragen könnte:

Anonymität und Cybermobbing: *Die Anonymität im Internet er-möglicht es Einzelpersonen, beleidigende und diskriminierende Inhalte zu verbreiten, ohne dabei persönlich identifiziert zu werden. Das kann zu Online-Mobbing und Belästigung führen, einschließlich sexueller Diskrimi-nierung.*

Hassrede und Online-Plattformen: *Einige Online-Plattformen können ein Nährboden für Hassrede, Diskriminierung und Belästigung sein. Durch die Möglichkeit, anonym oder pseudonym Kommentare zu hinterlassen, können Menschen diskriminierende Inhalte teilen, ohne direkt zur Rechenschaft gezogen zu werden.*

Verbreitung von Stereotypen: *Das Internet kann dazu ver-wendet werden, stereotype und diskriminierende Ansichten über bestimmte Geschlechter oder sexuelle Orientierungen zu verbreiten. Durch soziale Medien, Foren und andere Online-Plattformen können solche Ansichten verstärkt werden.*

Unausgewogene Darstellung: *Das Internet kann dazu führen, dass Geschlechterstereotype und -diskriminierung in der Darstellung von Personen in Medien, Werbung und anderen Inhalten verstärkt werden. Dies kann die Wahrnehmung und das Verhalten der Menschen beeinflussen.*

Online-Dating und Belästigung: *Online-Dating-Plattformen kön-nen sowohl für positive als auch negative Zwecke genutzt werden. Einige Menschen könnten diese Plattformen nutzen, um unangemessene Nachrichten oder Annäherungsversuche zu senden, die sexuell diskriminierend sind.*

Aufmerksamkeit auf sexuelle Diskriminierung: *Es ist wichtig anzumerken, dass das Internet auch dazu genutzt werden kann, die Aufmerksamkeit auf sexuelle Diskriminierung zu lenken, Bewusstsein zu schaffen und Aktivismus zu fördern. Es kann eine Plattform für den Austausch von Erfahrungen und Informationen sein, die dazu beiträgt, Missstände aufzudecken und Veränderungen anzustoßen.*

Richtlinien zur wirksamen Bekämpfung: *Um sexuelle Diskriminierung im Internet zu bekämpfen, ist es wichtig, dass Online-Plattformen Richtlinien zur Bekämpfung von Hassrede und Diskriminierung haben und diese auch konsequent durchsetzen. Individuen können dazu beitragen, indem sie respektvolles Verhalten online fördern, diskriminierende Inhalte melden und sich für eine positive Online-Kultur einsetzen.*

A.7.10 Zusammenfassung und Weiterleitung

(„1“) ***Die Komplexität der Information und Kommunikation*** *in der Sexualität ist ein vielschichtiges Thema, das verschiedene Aspekte der menschlichen Sexualität betrifft. Hier sind einige wichtige Punkte zur Betrachtung:*

(„2“) ***Biologische Komplexität:*** *Die menschliche Sexualität ist biologisch komplex, da sie eine Vielzahl von körperlichen Prozessen und Hormonregulationen umfasst. Dies schließt die Fortpflanzung, die Geschlechtsmerkmale, die sexuelle Entwicklung und die Anatomie ein.*

(„3“) ***Psychologische Komplexität:*** *Die sexuelle Identität, die sexuellen Vorlieben, die Attraktion und die Emotionen im Zusammenhang mit der Sexualität sind psychologisch komplex. Menschen haben unterschiedliche sexuelle Orientierungen (z. B. heterosexuell, homosexuell, bisexuell) und individuelle sexuelle Vorlieben, die sich im Laufe ihres Lebens entwickeln können.*

(„4“) ***Soziale Komplexität:*** *Die soziale Dimension der Sexualität umfasst kulturelle, gesellschaftliche und soziale Normen, die bestimmen, was als akzeptable sexuelle Praktiken und Beziehungen angesehen wird. Die Kommunikation über Sexualität kann von diesen Normen und Erwartungen stark beeinflusst werden.*

Die Komplexität sozialer Faktoren*, wird von*

- ***kulturellen, ethischen,***
- ***individuellen und sozialen Denkmustern*** *beeinflusst:*

- ***Respekt, Einwilligung, Kommunikation***
- ***und das Bewusstsein für die Auswirkungen*** *sind*
- ***wesentliche Elemente*** *im Umgang mit solchen Inhalten..*

(„5“) **Kommunikation in Beziehungen**: *In sexuellen Beziehungen ist die Kommunikation entscheidend. Offene und ehrliche Gespräche über sexuelle Bedürfnisse, Grenzen und Erwartungen sind notwendig, um eine gesunde und befriedigende sexuelle Beziehung aufrechtzuerhalten. Kommunikation kann auch dazu beitragen, sexuelle Probleme zu lösen.*

(„6“) **Sexualerziehung**: *Die Bildung und Aufklärung über Sexualität ist entscheidend, um die Komplexität der Information und Kommunikation in diesem Bereich zu bewältigen. Sexualerziehung kann helfen, Missverständnisse zu vermeiden, sexuell übertragbare Krankheiten zu verhindern und sexuelle Gesundheit zu fördern.*

(„7“) **Digitale Kommunikation:** *In der heutigen Welt spielen digitale Medien eine zunehmend wichtige Rolle in der sexuellen Kommunikation. Sexting, Online-Dating und der Austausch von sexuellen Inhalten sind Beispiele für digitale Aspekte der sexuellen Kommunikation, die spezielle Überlegungen erfordern.*

(„8“) **Einvernehmlichkeit und Grenzen**: *Die Kommunikation über Einvernehmlichkeit und Grenzen ist entscheidend, um sicherzustellen, dass sexuelle Aktivitäten zwischen allen beteiligten Parteien einvernehmlich sind. Dies ist ein wichtiger Aspekt, um sexuellen Missbrauch und Übergriffe zu verhindern.*

(„9“) **Gesellschaftliche, kulturelle und soziale Gesichtspunkte**

- **Kultur:** *Die kulturellen Normen, Werte und Erwartungen spielen eine entscheidende Rolle bei der Gestaltung der Sexualität. Unterschiedliche Kulturen haben unterschiedliche Auffassungen von Sexualität, Geschlechterrollen, Sexualerziehung und sexueller Identität.*

- **Religion:** *Religion kann einen erheblichen Einfluss auf die sexuellen Normen und Werte einer Gesellschaft haben. Verschiedene Religionen haben unterschiedliche Ansichten zur Sexualität, zur Ehe und zur Verhütung.*

- **Gesellschaftliche Normen:** *Die Gesellschaft setzt Normen für sexuelles Verhalten und Beziehungen fest. Diese Normen können sich im Laufe der Zeit ändern und variieren je nach Ort und Gesellschaftsschicht.*

- **Geschlechterrollen:** *Geschlechterrollen spielen eine wichtige Rolle bei der Bestimmung sexueller Erwartungen und Verhaltensweisen. Soziale Vorstellungen davon, wie Männer und Frauen sich in sexuellen Beziehungen verhalten sollten, beeinflussen die sexuelle Dynamik.*

- ***Bildung und Aufklärung:*** *Der Zugang zu sexueller Bildung und Aufklärung kann die sexuelle Gesundheit und das sexuelle Verhalten erheblich beeinflussen. Bildungseinrichtungen und Eltern spielen hierbei eine wichtige Rolle.*

- ***Medien und Popkultur:*** *Die Darstellung von Sexualität in den Medien und in der Popkultur kann die Einstellungen und Erwartungen der Menschen beeinflussen. Dies kann sowohl positive als auch negative Auswirkungen haben.*

- ***Politik und Gesetzgebung:*** *Die Gesetze und politischen Entscheidungen einer Gesellschaft können die sexuelle Freiheit und die Rechte der Individuen beeinflussen. Dies betrifft Themen wie die Legalisierung von Homosexualität, Abtreibung und die Verfügbarkeit von Verhütungsmitteln.*

- ***Sozioökonomischer Status:*** *Der sozioökonomische Status kann die Möglichkeiten für den Zugang zu sexueller Bildung, Gesundheitsdiensten und Verhütung beeinflussen. Er kann auch die Entscheidungen bezüglich Familienplanung und sexuellem Verhalten beeinflussen.*

- ***Soziales Umfeld: Freunde, Familie und Peer-Gruppen*** *können die sexuellen Einstellungen und Verhaltensweisen einer Person beeinflussen, insbesondere in der Jugend.*

- ***Diskriminierung und Stigmatisierung:*** *Diskriminierung aufgrund der sexuellen Orientierung, Geschlechtsidentität oder anderer Faktoren kann erhebliche Auswirkungen auf das sexuelle Wohlbefinden und die psychische Gesundheit haben.*

Diese Liste ist keineswegs abschließend*, und die*

- ***Wechselwirkungen zwischen diesen sozialen Faktoren*** *sind äußerst komplex.*

- ***Die sexuelle Gesundheit und das sexuelle Verhalten*** *sind individuell und von vielen Faktoren abhängig, darunter biologische, psychologische und soziale Aspekte.*

- *Es ist wichtig, die* ***Vielfalt der menschlichen Sexualität*** *zu respektieren und zu verstehen und die*

- ***Bedeutung eines umfassenden, aufgeklärten Ansatzes***

- *zur* ***sexuellen Bildung und Gesundheit*** *zu erkennen.*

- ***Zusammenfassend*** *lässt sich sagen, dass die Komplexität der Information und Kommunikation in der Sexualität auf biologischen, psychologischen, sozialen und digitalen Aspekten beruht. Offene, respektvolle und verantwortungsbewusste Kommunikation ist entscheidend, um gesunde und erfüllende sexuelle Beziehungen zu pflegen und gleichzeitig die sexuelle Gesundheit und das Wohlbefinden zu fördern.*

B. Die Zauberhafte

Der im Folgenden dargestellte Chat-Text ist nicht vollständig und wird nur auszugsweise wiedergegen: Das sind mehr als 1.000 Seiten und würde den Rahmen eines Buch sprengen.

B.0 Wissen, „schlechtes Gewissen“ und wissenschaftlicher Anspruch

Als ich mit der Beschreibung der Zauberhaften begann, war ich unbefangen und mir meiner Sache sicher.

*Heute habe ich ein **schlechtes Gewissen**, weil ich so tief in das Schicksal eines Menschen eingedrungen bin und **rücksichtslos provoziert habe,** um das zu wissen, was ich dem Thema meines Buches entsprechend **„Menschen zwischen Pflichten und Emotionen“** erfahren wollte. Im Folgenden geht es darum, was will die Zauberhafte eigentlich. Durch meine Interventionen zeigte sie auch, dass sie in gewisser Weise ein normales Leben führen möchte. Und sie tat und tut mir Leid, aber anders hätte ich nicht erfahren, was ich wissen will.*

In der Rückschau habe ich den Eindruck, dass sie mit mir einen Weg finden wollte, aus ihrem damaligen Leben auszusteigen. Sie mochte mich, ob sie mich wirklich liebte und mehr von mir wollte, ist mir bis heute nicht wirklich klar.

https://www.uni-giessen.de/fbz/fb03/institute/ifezw/prof/allgemeine/promotion/expose/exposejuliawege *:*
Auszug aus: Julia Wege: Die Lebensweltorientierung von Prostituierten - eine qualitative Untersuchung des Beratungsbedarfs unter besonderer Berücksichtigung von Biographie und Bildung:

„…Ein Ausstieg aus der Prostitution ist für die Frauen besonders schwierig, da sie die Prostitution oft mit psychischen Belastungen verlassen und über keine entsprechende Bildung oder Qualifikationen verfügen, um sich eine neue berufliche Existenz aufbauen zu können …

- *…Welchen Beratungsbedarf weisen Prostituierte unter dem Aspekt von Ausstieg und beruflicher Qualifizierung bzw. Weiterbildung aus der Sicht der betroffenen Frauen auf?*

- *… Über welche persönlichen, sozialen und beruflichen Ressourcen verfügen die Frauen und wie können diese in eine handlungsorientierte Beratungspraxis in Bezug auf den Ausstieg integriert werden? ...“*

Es ist/war schwer für die Zauberhafte mir die Wahrheit zu sagen, weil sie anscheinend fürchtet/e,

- *ihre Chancen zu schmälern, ein neues Leben zu beginnen,*
- *andererseits macht/e sie (mit schlechtem Gewissen?) in der Prostitution weiter.*

Falls sie dieses Buch lesen oder auf andere Art davon erfahren sollte, möchte ich mich bei ihr entschuldigen – für meine Überheblichkeit, mein mangelndes Gespür, ihre Situation zu verstehen, für meine Grobkeiten und Kränkungen. Es tut mir wirklich Leid.

*Ich kann mich täuschen: Bei einem späteren Kurzkontakt hatte ich den Eindruck, dass sich an ihren ursprünglichen Verhaltensmustern nichts geändert hat – möglicher Weise meine Verantwortung? Das ändert nichts daran, dass ich meine Vorgehensweise für gedankenlos und formal fahrlässig halte. Rechtfertigt der **Wunsch nach materiellem Wissen** eine solche Vorgehensweise?*

B.1 Wer ist die Zauberhafte?

B.1.1 Mein erster Eindruck von der Zauberhaften

Abbildung / Grafik 46: "Die Zauberhafte"
https://sc.orsoon.com/material/tuji/atlas_5645_<<1.htm

Da konkrete Informationen (Namen, Örtlichkeiten, Zeitangaben) aus Datenschutzgründen nicht gebracht werden dürfen, verwende ich dieses Bild. Grundsätzlich muss ich als recherchierender Autor Distanz wahren, aber andererseits gegenüber den Kontaktpersonen eine Rolle spielen, die den echten Bewerber bis zum Freier darstellt. Ich bin durchaus sicher, dass ich tendenziell eher die Rolle empfunden habe (Zuneigung, Eifersucht) als die des neutralen Autors. – Ich habe es „Gott sei Dank" unbeschadet überstanden.

Wirkung auf mich:

Auch ich konnte mich ihrer erotisch sexuellen Wirkung nicht entziehen, sie hat mich sehr beeindruckt, aber gleichzeitig war ich gegenüber ihrem Zuneigungsrollenspiel und ausdrücklichen Liebesbekundungen immer sehr misstrauisch, was mich letztlich vor Nachteilen bewahrt hat.

Allem Anschein nach war sie an mir sehr interessiert – wie an einen Gesprächspartner, den sie brauchte, um sich bei eigenen Problemen an mir aufzurichten.

Aber sie war attraktiven Männern mit einer unmittelbar spürbaren sexuellen Ausstrahlung und Präsenz ausgeliefert und gab sich ihnen hin

ich sagte ihr in einem Chat und das meinte ich auch so:

„Wenn Du mich wirklich lieben würdest, hättest Du Himmel und Erde in Bewegung gesetzt und wir wären schon am 1. bzw. 2 Tag zusammen gewesen.

Du liebst mich nur so lange, bis Dir jemand begegnet, der Deine sexuelle Stimulation explodieren lässt, dann vergisst Du alles, als Erstes mich.

Warum Du letztlich den Kontakt zu mir gesucht hast, weißt Du wahrscheinlich selbst nicht so genau."

ZH: um 9:21: Wer bist Du? Was erwartest Du hier? Warum hast Du kein Bild geladen?

ICH: um 09:27: ich habe kein Bild geladen, damit mich niemand erkennt. Hast Du am … vormittags Zeit, Dich mit mir bei Café … zu treffen?

ZH: um 9:34: Sei mir nicht böse, aber so lange es kein Bild von Dir gibt, da kann ich das icht zusagen. Aber wer bist Du?

B.1.2 Chat: Alles oder Nichts

ZH: um 9:48: Na Du bist mir ja einer, so einfach machst Du Dir also. Seit wann geht der Knochen zum Hund?

Schanz: Seit wann geht der Knochen zum Hund?"bedeutet, dass derjenige, der etwas haben / erreichen möchte, muss selbst aktiv werden. Mit den direkten Fragen (Was will ich denn erreichen? Welchen Erfolg) und mit verkappter Drohung (mich von der harten Seite kennen lernen) wird DZ unsicher.

ICH: um 09.50: „der Knochen zum Hund" bedeutet, dass derjenige, der etwas errichen möchte, selbst aktiv werden muss

ZH: um 9:52: Nun sei mal nicht so bitter. Ich wünsche Dir jedenfalls Erfolg und gute Laune. Hab es gut!

ICH: um 09.54: Was will ich denn erreichen?

ZH: um 9:48: Na Du bist mir ja einer, so einfach machst Du es Dir also, um Erfolg zu haben.

ICH: um 9:52: Welchen Erfolg? Es mag dumm sein, dass wir in Konflikt geraten, aber ich habe keine Forderungen gestellt. Ich werde keine Kompromisse zu Deinen Gunsten schließen. Vielleicht ist es gut, dass Du mich auch von der harten Seite kennen lernst. Damit kannst Du Dir viel ersparen.

Schanz: DZ kommt gleicht mit einem Vorwurf „Warum hast Du kein Bild geladen …" und zwingt mich zur einer Rechtfertigung. Sie übernimmt damit zunächst die Steuerung des Chattens

Ich: um 10:00: ich weiß auch nicht, wer Du bist, aber ich leiste etwas vor: ich heiße …, bin aus … (www…..de): Meine meiste Zeit verbringe als Unternehmensberater mit Arbeiten zur Organisationswissenschaft und Praxis, Schwerpunkt systemische und psycho-soziale Systeme – im Verbund. - ich bin verheiratet und habe Familie. In allgemeiner Betrachtung bin ich ein umgänglicher Kulturmensch mit Bildung, dessen größte Schwäche und gleichzeitig Faszination Frauen sind. Der weibliche Körper berührt mich stark emotional und kann mich zur Ektase bringen. Andererseits brauche ein inniges Vertrauen, um mich wirklich zu öffnen.

Schanz: Meine Entgegnung hat zwei Ziele (1) Beeindrucken und (2) meine Zuneigung zu Frauen als verdecktes Kompliment einzubringen.

ZH: Wow !!! Angabe oder Können?

ICH: um 10:08: Von Beidem ein Bisschen. Es ist letztlich egal, wenn der/die Andere nicht merkt, was es ist. Aber wer oder was bist Du?

ZH: um 10:10: Wenn ich Dir gefalle, muss das reichen, Frauen brauchen ihre Geheimnisse.

ICH: um 10:13 Wer Geheimnisse hat, hat etwas Schlimmes zu verbergen und man sollte ihn/sie meiden.
Neuer Tag

ZH: um 9:55: Aus dieser Sicht betrachtet kannst Du ohne weiteres Recht haben.
Sag mir doch einfach ganz konkret, was Dichzum Ticken bringt.

ICH: um 10:00: Vermutlich könntest Du das leicht schaffen. Aber was würdest Du mir bieten?

ZH: um 10:03: Was meinst Du? Meine Frage war was Dichzum Ticken bringt. Das bedeutet, worüber würdest Du Dichfreuen, was magst Du?

ICH: um 10:08: Mein Vorschlag für ein Treffen mit Dir am XX.XX. . vormittags: ich käme auch nach …, aber wohin genau?

ZH: um 10:11: Das geht ohne Foto von Dir nicht.

ICH: um 10:14: Fang nicht noch einmal Streit an. Vorsicht, das brächte uns auseinander, aber wenn Du willst – bitte.

ZH: um 10:26: ich fang doch kein Streit an mein Lieber, das war nur Bisschen geneckt, was machst denn noch so Schönes?

Schanz: Die anfängliche Chat-Führung von ZH geht an mich über. Das bedeutet, dass meine Drohung (das brächte uns auseinander, aber wenn Du willst – bitte) ihr nicht gefällt, weil sie wohl ein Interesse an mir hat („… das war nur ein Bisschen geneckt …“) und nun ablenken will.

Zum Chat:

ICH: um 10:30: Nichts, wo treffen wir uns am 11.04.?

ZH: um 13:35: Wer hat denn eigentlich was von Treffen gesagt? Ich bin natürlich hier wie jeden Tag und fühle mich hier sehr wohl, mein Schätzchen.

ICH: um 13:51: Wo hältst Du Dich auf? Das heißt also: Ich darf zu Dir kommen.

ZH: um 13:53: Natürlich nicht. Soviel weiß ich nicht über Dich und es wäre schön wenn wir uns hier erstmal abtasten. Bin nicht so eine?

ICH: um 13:55: Eine, wie was? Schon wieder ein Geheimnis. Arbeitest Du in einem Bordell? Dann haben wir es jetzt endgültig geschafft. Herzlichen Glückwunsch.

ZH: um 13:58: Willst Du mich endgültig verärgern, dass Du mir so etwas nachsagst? Ich arbeite als Hotelfachfrau in einem Hotel?

Das war gelogen und nach einiger Zeit konnte ich beegen, weil sie mir aus Vergesslichkeit von Moanat zu Monat neue Berufe nannte:

ICH: Anfangs hast Du mich nur belogen (Lehrerin, Marketingsach-bearbeiterin, Restaurantfachkraft, Drogeriemitarbeiterin usw.) und mir alle Wahrheiten verschwiegen. ICH musste unter anderer Identität Deinen wahren Beruf und Deine Untreue aufdecken. ICH werde aus den kopierten Chats nicht alles wiederholen (zu teuer). Du hast es zugeben und Dich auch entschuldigt. - Alles Gute.

ZH: ICH habe Dich doch nie betrogen und ich schäme mich eben für meinen Beruf verstehst Du es denn nicht?

Das konnte ich zu diesem Zeit nicht wissen, aber ich hakte nach:

ICH: um 14:05: Dann kommen wir doch zur Sache: Wie heißt Dein Hotel, weiterhin Dein richtiger Nachname, Deine Berufsadresse, Deine Privatadresse, Dein Telefon- und Handynummer, Deine Emailadresse usw., eben alles, was für mich wichtig ist.

ZH: um 14:08: Nein sorry, aber das mache ich nicht. ich fühle mich ja fast, als würde ich vor Gericht stehen. Nein so gut kenne ich Dichnicht, dass ich Dir so wertvolle Daten hier im Chat weiter reichen würde. ich, mein Lieber, würde mich das bei Dir nie zu fragen trauen.

ICH: um 14:12: ich habe alles freiwillig geliefert: Du hast doch schon alles schon ab 9:37Uhr bekommen, wenn Du unter „www...de" nachgeschaut hättest. - Bei Deiner Geheimniskrämerei muss es sehr schlimm sein, was Du machst. Da ist Prostitution noch eine Schmeichelei.

ZH: um 14:13: Natürlich nicht. Soviel weiß ich nicht über Dich und es wäre schön wenn wir uns hier erstmal abtasten. Bin nicht so eine?

ICH: um 14:14: Eine, wie was? Schon wieder ein Geheimnis. Arbeitest Du in einem Bordell? Dann haben wir es jetzt endgültig geschafft. Herzlichen Glückwunsch.

ZH: um 14.15: Willst Du mich endgültig verärgern, dass Du mir so etwas nachsagst? Ich arbeite als Hotelfachfrau in einem Hotel?

ZH: um 14.16: Alles falsch, aber ich will nicht mehr darüber reden.

ICH: um 14:19; Dann ist mein V erdacht, dass Du als Prostituierte arbeitest, anscheinend geechtfertigt. Ansonsten hat en normaler Mensch nicht so viel zu verbergen.

ZH: um 14:21: Es reicht: Wir sind geschiedene Leute.

Schanz: Die Frage „Arbeitest Du noch in einem Bordell?“ war eine Provotation, aber aufgrund der Verweigerung persönlicher Daten habe ich weiter gebohrt. Zu diesem Zeitpunkt war das noch reine Spekulation.

ICH: um 14:22: Geschieden, ohne vorher geheiratet zu haben oder einig gewesen zu sein? Aber wie Du willst: Damen aus diesem Gewerbe gibt es für mich genug, sogar jüngere und attraktivere. - Dann noch ein gutes Geschäft.

Zunächst keine Antwort mehr, erst abends wieder:

ZH: um 22:40: Aus dieser Sicht betrachtet kannst Du ohne weiteres Recht haben. Sag mir doch einfach ganz konkret, was Dichzum Ticken bringt.

ICH: um 22:45 Uhr Vermutlich könntest Du das leicht schaffen. Aber was würdest Du mir bieten?

ZH: um 22:48 Uhr: Was meinst Du? Meine Frage war was Dichzum Ticken bringt. Das bedeutet, worüber würdest Du Dichfreuen, was magst Du?

ICH: um 22:50: Hast Du ein bestimmtes Angebot?

ZH: 22:52 Uhr: Meine Frage war was Dich zum Ticken bringt. Mein Süßer, ich biete Dir eine Reizwäsche-Show an, die Dich überzeugen wird. Bist Du interessiert?

ICH: um 22:52: Geht das auch ohne Wäsche?

ZH: 22:57 Uhr: Aber meine Kollektion an Vionary-BHs, Bikinis, Strapsgürtel, G-Strings, Tangas, Bodys, Catsuits, Playsuits und Negligees würde Dich begeistern. Aber Du bist ein Ferkel, wenn Du mich nackt sehen willst.

Ich: um 22:59: Du kennst das Lied von den Toten Hosen „Männer sind Schweine“. Ich lebe nach dem Motto „Lieber ein Frau nackt im Bett als in Reizwäsche auf dem Dach“.

ZH: - 22:57 Uhr: Männer sind wirklich Schweine, mein Süßer. Das Lied ist aber von den Ärzten. Aber meine Reizwäscheshow must Du Dir erst noch verdienen. Es hat geklingelt. Gute Nacht.

Nächster Tag

ZH: um 10:36: Deine Bemerkungen waren sehr frech. Was ich mache, ist meine Sache. Als freier Single könnte ich ficken, mit wie vielen Männern ich will und wann auch immer ich will. Das möchte ich aber nicht, Du bist der Mann in meinem Herzen.

um 10:41 Uhr: Ich will Deinen Entfaltungsmöglichkeiten, dass Du als freier Single so ficken kannst, mit so vielen Männern und wann auch immer Du willst, nicht im Wege stehen. Wenn Du einerseits so deutlich schreibst und andererseits alles verschweigst, stelle ich mir die Frage, auf was muss ich mich bei Dir einstellen.

ZH: um 10:46: Mache es mir nicht so schwer.

ICH um 10:50: Es ist ein Unterschied, ob Hunderte oder gar mehr als 1000 Männer über Dich gestiegen sind, unabhängig davon, ob sie bezahlt haben oder nicht. Für mich ist Sex gegen Sex aus Vergnügungssucht finanziell der Prostitution gleichwertig.

ZH: um 10:54: Das verbitte ich mir. Für das, was ich tue oder nicht tue, bin ich Dir keine Rechenschaft schuldig – ich bin ein freier Single.

ICH: um 10:57: Das darfst Du sein, aber ohne mich. Vielleicht bis Du ja im Sinne der Sexsucht krank und kannst als Nymphomanin nichts dafür. Solche Damen tun mir zwar Leid, aber auch mit denen möchte ich keine Partnerschaft pflegen.

ZH: um 11:01: Lass mich in Ruh.

Pause

ZH: um 17:26: Wie geht es Dir? Wir sollten doch froh sein, dass wir uns hier kennen gelernt haben.

ICH: um 17:26: (Chat-Moderator-Portal der ZH) kann froh sein, dass ich bereit bin, überhöhte Preise zu zahlen. Außerdem ist (Chat-Moderator-Portal der ZH) kein seriöses Portal, aber seriös bist Du ja auch nicht. Du bist zweifellos sehr attraktiv und für (Chat-Moderator-Portal der ZH) einAushängeschild und ein Lockvogel.

Neuer Tag:

ZH: um 10:36: Deine Bemerkungen waren sehr frech. Was ich mache, ist meine Sache. Als freier Single könnte ich ficken, mit wie vielen Männern ich will und wann auch im-mer ich will. Das möchte ich aber nicht, Du bist der Mann in meinem Herzen.

ICH: um 10:50: Es ist ein Unterschied, ob Hunderte oder gar mehr als 1000 Männer über Dich gestiegen sind, unabhängig davon, ob sie bezahlt haben oder nicht. Für mich ist Sex gegen Sex aus Vergnügungssucht finanziell der Prostitution gleichwertig.

ZH: um 10:54: Das verbitte ich mir. Für das, was ich tue oder nicht tue, bin ich Dir keine Rechenschaft schuldig.

ICH: um 10:41 Uhr: Ich will Deinen Entfaltungsmöglichkeiten, dass Du als freier Single so ficken kannst, mit so vielen Männern und wann auch immer Du willst, nicht im Wege stehen. Wenn Du einerseits so deutlich schreibst und andererseits alles verschweigst, stelle ich mir die Frage, auf was muss ich mich bei Dir einstellen.

ZH: um 10:46: Mache es mir nicht so schwer. Ich bin ein freier Single

ICH: um 10:57: Das darfst Du sein, aber ohne mich. Vielleicht bis Du ja im Sinne der Sexsucht krank und kannst als Nymphomanin nichts dafür. Solche Damen tun mir zwar Leid, aber auch mit denen möchte ich keine Partnerschaft pflegen.

ZH: um 11:01: Lass mich in Ruh.

B.1.3 Ethik, Moral, Normalität, Natürlichkeit, Konflikte

Schanz:

Selbstbild und Fremdbild: *Es besteht ein Unterschied in der moralischen Bewertung (Selbstbild und Fremdbild). Das Selbstbild besteht darin, dass die Zauberhafte einen akuten Bedarf auf ihre Weise perfekt deckt (wie jeder Ambitionierte in seinem Beruf), während das Fremdbild sie massiv abwertet und ihr kaum Spielraum lässt.*

Selbstbild demontieren: *Wenn ich Sie angreife und ihr Selbstbild zu demontieren versuche, gerät sie einen Konflikt zwischen Berufsethos, mich nicht zu verlieren, und einer empfunden schwerwiegenden „gesellschaftlich weitgehend akzeptierter“ Beleidigung. Sie steigt aus: „Lass mich in Ruh.“*

„merkwürdige bzw. kuriose“ Phänomene: *Wir sind zwar bereit, bei anderen „merkwürdige bzw. kuriose“ Berufe und Hobbys“ (wie Erschrecker in der Geisterbahn / astrologische Gläubigkeit) schmunzelnd hinzunehmen, aber bei Prostitution endet diese Bereitschaft.*

„Normalität" und „Natürlichkeit": *Die dazu entwickelten Einstellungen und Normierungen sind weder logisch noch emotional eindeutig erklärbar, weil „Normalität" und „Natürlichkeit" ausgelegt und interpretiert werden.*

- *Wenn es im Tierreich* **ähnliche Verhaltensformen und –abweichungen** *gibt, sind das noch keine Beweise dafür, ob etwas falsch oder richtig ist.*
    - ***Das ist nur als reale Struktur oder reales Geschehen zu registrieren.***
    - ***Ethisch-moralische und andere Bewertungen***
    - ***gehören nicht zur objektiven Darstellung***
    - ***und zur Erklärung eines Phänomens..***
- ***Fiktionen der „Normalität" und „Natürlichkeit"*** *liegen dann vor, wenn alles, was es in der Natur gibt, als natürlich und/oder normal gilt.*

***Auszugsweise:* https://eldorado.tu-dortmund.de/bitstream/2003/33555/1/Dissertation.pdf**

ETHIK DER NORMALITÄT. ZUR EVOLUTION MORALISCHER SEMANTIK IN DER MODERNE *Dissertation zur Erlangung des Grades eines Doktors der Philosophie (Dr. phil.) der Fakultät Humanwissenschaften und Theologie der Technischen Universität Dortmund vorgelegt von Simone Horstmann, M. Ed. Dortmund, Oktober 2013 Tag der mündlichen Prüfung: 29. April 2014 „...*

Normalitäts- und Natürlichkeitsargumente: „... *Festzuhalten bleibt demnach einerseits zwar die ausgesprochen häufig Verwendung von Normalitäts- und Natürlichkeitsargumenten, andererseits aber auch die Einsicht in deren faktische Uneindeutigkeit, die noch einmal verdeutlicht, wie sehr insbesondere bioethische Debatten sich häufig als Debatten über die Grenzen des Menschen im Spannungsfeld von Natur und Kultur erweisen:*

- *„**Natürlichkeit im phänomenologischen Sinn** kann künstlich geschaffen sein,*
- ***Natürlichkeit im genetischen Sinn*** *als künstlich rscheinen. "Enhancement oder auch Eingriffe der ästhetischen Chirurgie wäre demnach nur mit Rückgriff auf Natürlichkeits- oder Normalitätsstandards nicht ausreichend ethisch einzuordnen, da die subjektiven und die (statistisch-)objektiven Auffassungen von Normalität diffe-rieren und auseinanderfallen können:*
- ***Angeborene Taubheit*** *kann für die betreffende Person normal, für den Arzt anormal und behandlungswürdig erscheinen;*
- *ein chirurgischer Eingriff kann zu einem* **scheinbar unnatürlichen** *Ergebnis führen, das für den betroffenen Patienten dennoch annehmbarer erscheinen mag als der vorherige Zustand etwa nach einem Unfall.*
- *Der Blick in die medizinhistorische Entwicklung bestätigt eine ähnliche Annahme auch für das* **analoge Begriffspaar von Natur und Kultur** *..."*

Der Begriff **„Enhancement"** Das englische Wort „Enhancement" lässt sich im Deutschen – je nach Kontext – am treffendsten mit „Verbesserung", „Steigerung", „Verstärkung" oder auch „Erhöhung" wiedergeben.

Bezogen auf die Sexualität könnte „Enhancement" für Folgendes gelten:

- Sexualität gilt grundsätzlich als natürlich und normal,
- Prostitution mag für die betreffende Person durchaus normal sein,
- für Teile der Gesellschaft ist sie **anormal und behandlungswürdig**.
- Die **schwedische Gesetzgebung** bestätigt diesen Ansatz und verbietet Prostitution.
- Die **deutsche Gesetzgebung** **(Prostituiertenschutzgesetz - ProstSchG), BGBl, Nr. 50 vom 27.10.2016)** hält sie für zulässig - sofern sie freiwillig und von Erwachsenen ausgeübt wird. Um die Situation von Frauen und Männern, die in der Prostitution tätig sind, zu verbessern und sie vor Menschenhandel, Ausbeutung und Zwang zu schützen, wurde das Prostituiertenschutzgesetz verabschiedet.
- „Enhancement" kann angenommen werden, weil Prostituierte wie normale Arbeit-nehmer/Innen (Einkommenssteuer, Sozialversicherung) behandelt werden, abgesehen von einer bestehenden gesellschaftlichen Ächtung.

Schanz:

Der **Funktionsbegriff der Natürlichkeit** geht davon aus, dass es auch **Dysfunktionen** gibt, die dann **nicht als natürlich und normal gelten** (wie anotomische, pjysiologische, neurologische und psychische Fehlbildungen und Einschränkugen).

- Normal kommt von **Normen,** die **gesellschaftlich formal** (z.B. als Rechts-ordnung) oder oder **informell** (z.B. bewusst oder unbewusst praktizierte Gruppenregeln) definiert werden und de fakto **menschengemachte Fiktionen** sind, teils sinnvoll, teils tradi-tionelle Überbleibsel.
- Sinnvoll ist es, wenn das menschliche Leben so gestaltet wird, dass schadenstiftende Ereignisse und kriminelle Handkungen vermieden und unterbunden werden.
- Wenn der Nesser Schützenverein aus traditionellen Gründen Frauen als Mitglieder ausschließt, kann man das kaum sinnvoll nennen.
-

Gesellschaftliche Veränderungen: *Dabei gibt es gesellschaftliche Veränderungen, wenn Menschen verstärkt nach unterschiedlichsten Sexgelegenheiten suchen (preiswert ab 50 €/h bis teuer ca. 1.000 €/h von Affären über Swingerclubs bis zu „universellen“ Begleitdiensten und Prostitutions- bzw. Erlebnis- und Urlaubsver-anstatungen mit Anleitungen jeglicher Art) und immer häufiger fremdgehen.*

Dass auch **Menschen mit „gefestigten Grundsätzen“** *zumindest gedanklich in Versuchung geraten, wenn sie sexuelle Gelegenheiten wahrnehmen und gern praktizieren würden, ist auch kein Geheimnis, aber das zuzugeben, ist nicht vorgesehen.*

Menschliche Neugier für Lern-, Erfahrungs- und Praxisprozesse *sind wünschenswert und not-wendig ist, weiß jeder, aber dass die auch vor Ambivalenzen im Sexbereich nicht Halt macht, wird meistens verdrängt. Dazu gehören Unzufriedenheit mit beste-henden sexuellen Möglichkeiten, Störungen in alten Beziehungen, Reiz des Neuen und dem „Soll ich oder Soll ich nicht“-Empfinden.*

Dieser **multifaktorieller Komplexität** *sind viele Menschen nicht gewachsen und verlieren die Übersicht (Einsamkeit, Sexfrust, Untreue des/r Partners/In usw.) und suchen nach neuer Übersicht (Spannungen zwischen Selbstkontrolle und Freiwilligkeit gegenüber neuen Reizen, Verführung und erhofftes Beziehungsglück).*

Prostituierte als psychisch-emotionaler Ausweg: *Dass Prostituierte sich häufig als psychisch-emotionalen Ausweg anbieten, mag irritieren, aber ihre Dienste sind meistens kurzfristig wirksamer als die Behandlung durch Psychologen und Psychiater und können Depressionen und andere psychotische Störungen abfangen.*

Gesellschaftliche Akzeptanz: *Das ändert nichts daran, dass Prostituierte selbst mangels Anerkennung und gesellschaftlicher Akzeptanz, vor allem, wenn sie älter sind, zu Opfern werden, die keinen Ausweg finden und dann nur noch dahin vegetieren. Während der Weg in die Prostitution sich meisten graduell, fast unmerklich vollzieht und zunächst nicht zu belasten scheint, ist der Weg daraus für viele, wenn nicht für die Meisten, fast unmöglich.*

B.1.4 „...«Eine Welt ohne Prostitution ist denkbar» (Alice Schwarzer, «Emma»)

Auszugsweise: https://www.infosperber.ch/Sexismus/Prostitution-Freier-Mann-Sexualitat Prostitution beschädigt auch den Käufer / Jürgmeier / 08. Jul 2018 - Der Mangel an Selbstbewusstsein und fehlender Stolz «des Mannes» in sexuellen «Dingen» bilden die Geschäftsbasis der Prostitution. Redaktion, fosperber c/o Schweizerische Stiftung zur Förderung unabhängiger Information SSUI / Jurablickstrasse, 9, CH-3095 Spiegel b. Bern:

Zu wenig Selbstbewusstsein «der Männer»: *Auch wenn in den letzten Jahren und Jahrzehnten in «normalen» heterosexuellen Beziehungen der traditionelle Tausch «Sex gegen Geld» durch zunehmende, wenn auch noch längst nicht vollständig eingelöste Gleichheit der Geschlechter, das heißt durch Liebe und Leidenschaft auf Augenhöhe abgelöst worden zu sein scheint, zeigt das wirtschaftliche Ausmaß realer Prostitution, dass Sexualität nach wie vor eine Ware ist, für die insbesondere Männer zu zahlen bereit sind und es, offensichtlich, auch häufig tun. Das ist, unter anderem, Indiz für ein schwaches sexuelles Selbstbewusstsein «der Männer» und dafür, dass der sozioökonomischen Befreiung «der Frau» keine gleichwertige sexuelle (und emotionale) Befreiung «des Mannes» gegenübersteht.*

Frauen generell Opfer: *Es geht in diesem Text nicht um die vor allem im Ausland heftig diskutierte Frage, ob Prostitution Frauen generell zu Opfern mache oder ob sie auch als selbstbestimmte Profession betrieben werden könne, ob monetarisierte sexuelle Dienstleistungen grundsätzlich verboten oder nur die Bedingungen, unter denen sie praktiziert werden, frauen- beziehungsweise menschen-freundlicher gestaltet werden müssten. Thema ist die Liaison zwischen Prostitution und Männlichkeit.*

Sex nur noch für Sex: *Ich habe einen Traum – dass Sex nur noch für Sex zu haben sei, dass kein Mann (und keine Frau) mehr für Sex bezahle beziehungsweise bezahlt werde. Ich hoffe, der sexuelle Markt wird, lieber früher als später, ausgetrocknet. Weil die Nachfrage einbricht, Männer nicht länger durch dieses Geschäft – das Leidenschaft und Erotik zur physiotherapeutischen Dienstleistung degradiert, u.a. in so genannten «Verrichtungs-boxen», die sprachlich, den «Versäuberungsplätzen» Konkurrenz machen – beschädigt werden wollen; weil sie zu stolz geworden sein werden, für etwas zu bezahlen, das einem (und einer) nur zufallen kann, aufgrund gegenseitigen Begehrens.*

Alice Schwarze „hätte" im Prinzip Recht*, vor allem damit, dass viele Männer ihre Begierden in den Griff kriegen müssen, sich ggf. therapeutisch behandeln lassen sollten.*

- ***Kapitalgeber, Organisatoren, Zuhälter, Verwalter, Kunden/Freier:*** *aber sie vergisst dabei, dass vor allem Männer (als Kapitalgeber, Organisatoren, Zuhälter, Verwalter und als Kunden/Freier), aber auch sich prostituierende Frauen wahrscheinlich sich über Jahrtausende angepasst haben und eine Tradition der gewerbsmäßigen Prostitution („ältestes Gewerbe") begründet bzw. mitbegründet haben, die schwer auszumerzen ist.*

- ***Aufgeben, Nischen, Verdecken:*** *Das bedeutet einerseits, dass die wirtschaftlich-finanzielle Entwicklung der Sexindustrie zu lukrativ ist, als dass sie die Kapitalgeber, Organisatoren und Verwalter sie freiwillig aufgeben würden. Im Zweifelsfall finden sie Nischen im Inland und im Ausland – irgendwann funktioniert der Sexbetrieb, ohne dass irgendwo ein/e Verantwortlich/e zu lokalisieren und namhaft zu machen ist.*

- *Dazu kommt das* ***Beharrungsvermögen der Prostituierten*** *selbst: Sie haben das Gefühl auf eigenen Beinen zu stehen und gutes Geld zu verdienen. Viele von Ihnen haben nichts Anderes gelernt und scheuen den Ausstieg mit sozialem (finanziellem) Abstieg.*

- *Dazu kommen* **Lust und Spaß am Sex** *und das Gefühl, sich die Partner nach eigenem Geschmack aussuchen zu können. Das betrifft die Zauberhafte ganz eindeutig und sie nimmt/nahm es mir übel, dass ich das zwar um Teil neutral, im Wesentlichen aber negativ kommentiert habe.*

B.1.5 Sex als manifeste „Menschliche Funktionalität“

Alice Schwarze „hätte“ im Prinzip Recht*, aber es gibt den Einwand, dass sich manche „menschliche Funktionalitäten“ gar nicht verbieten lassen, weil sie integraler Bestandteil menachlichen Lebens sind. Wenn man den Geschlechtsverkehr nur dann erlauben wollte, wenn ein akuter Kinderwunsch besteht, würde das die gewünschte Lebensqualität zu stark einschränken. Die Wirkung des geselschaftlichen Aufschreis wäre ein Aufruhr bis zu revolu-tionären Gewalttätigkeiten.*

Ableger des Geschlechtsverkehrs: *Und die Prostition ist ein gesellschaftlich abgewandelter Ableger des Geschlechtsverkehrs und unterliegt ähnlichen Motiven und Zwängen. Für Personen, die keinen geregelten Zugang zu privaten Sexkontakten haben, ist Prostitution ein gleichwertiger. Ersatz. Zudem würde sie sich im Untergrund etablieren und wäre kaum noch zu kontrollieren.*

Ministerin Steffens: Prostitution lässt sich nicht verbieten Rechte der Sexarbeiterinnen stärken / 8. Oktober 2014

Barbara Steffens ist eine deutsche Politikerin. Sie war von 2000 bis 2013 und erneut 2017 und 2018 Abgeordnete im Landtag Nordrhein-Westfalen. Vom 15. Juli 2010 bis zum 30. Juni 2017 amtierte Steffens als Ministerin für Gesundheit,Emanzipation, Pflege und Alter des Landes Nordrhein-Westfalen. Wikipedia

www.land.nrw/pressemitteilung/ministerin-steffens-prostitution-laesst-sich-nicht-verbieten-rechte-der:

Prostitution lässt sich nicht verbieten: *„...Mit der Übergabe seines Abschlussberichtes an Emanzipationsministerin Barbara Steffens hat der „Runde Tisch Prostitution NRW“ seine Tätigkeit beendet. Der rund 100 Seiten starke Bericht dokumentiert die umfassende Aufarbeitung der Thematik, enthält Positionierungen zu politisch umstrittenen Fragen sowie Empfehlungen.*

Dabei beleuchtet er verschiedenste Formen der Prostitution und widmet den dynamischen Veränderungen des Marktes besondere Aufmerksamkeit. „Prostitution lässt sich nicht verbieten, und Prostitution ist auch kein Beruf wie jeder andere. Aber wer diese Tätigkeit ausüben will, soll dies unter rechtsstaatlichen und menschenwürdigen Bedingungen tun können“, erklärte Ministerin Steffens bei Entgegennahme des Berichts.

Heimat, Kommunales, Bau und Gleichstellung Staatskanzlei Nordrhein-Westfalen

Prostitution und ihre dynamischen Veränderungen:

Runder Tisch: Prostitution legt Abschlussbericht vor: Das Ministerium für Gesundheit, Emanzipation, Pflege und Alter teilt mit: *Mit der Übergabe seines Abschlussberichtes an Emanzipationsministerin Barbara Steffens hat der „Runde Tisch Prostitution NRW“ seine Tätigkeit beendet. Der rund 100 Seiten starke Bericht dokumentiert die umfassende Aufarbeitung der Thematik, enthält Positionierungen zu politisch umstrittenen Fragen sowie Empfehlungen. Dabei beleuchtet er verschiedenste Formen der Prostitution und widmet den dynamischen Veränderungen des Marktes besondere Aufmerksamkeit.*

„Prostitution lässt sich nicht verbieten,

und Prostitution ist auch kein Beruf wie jeder andere. Aber wer diese Tätigkeit ausüben *will, soll dies unter rechtsstaatlichen und menschenwürdigen Bedingungen tun können“, erklärte Ministerin Steffens bei Entgegennahme des Berichts. „In bundesweit bisher einzigartiger Weise hat der Runde Tisch zum Thema Prostitution einen Fundus an Wissen zusammengetragen, der nicht zuletzt in der gegenwärtigen Debatte um eine Reform des Prostitutionsgesetzes (Prostituiertenschutzgesetz (ProstSchG), BGBl, Nr. 50 vom 27.10.2016) wichtige Impulse geben kann. Klar ist:*

Durch Stigmatisierung und *Verbote werden vorhandene Probleme nicht gelöst. Notwendig ist eine sehr differenzierte Auseinandersetzung“, so Steffens weiter.*

„Zahlreiche Mythen, Klischees und Vorurteile,

Anhörung, auch von Bordellbetreiber und Freier: *die wir alle zu Prostitution im Kopf haben, stehen einer unvoreingenommenen Befassung mit der Thematik entgegen. Das wurde auch uns am Runden Tisch erst nach und nach bewusst“, berichtete die Leiterin des Runden Tisches, Claudia Zimmermann-Schwartz. „Deshalb fiel es mir als Abteilungsleiterin Frauenpolitik zunächst nicht leicht, Bordellbetreiber anzuhören oder auch Freier dazu einzuladen. Es ging uns aber darum, eine wissensbasierte ethische Debatte zu führen und nicht über Menschen zu sprechen, sondern mit ihnen“, so Zimmermann-Schwartz.*

Mitwirkung von Prostituierten: *Der Runde Tisch wurde auf Beschluss der Landesregierung vom 14. Dezember 2010 eingerichtet. In 14 Sitzungen wurden über 70 Sachverständige gehört. Dem Gremium gehören die zuständigen Ministerien, Beratungsstellen, kommunale Vertretungen sowie zwei Prostituierte an.*

Aus dem Bericht:

Straßenprostitution

Institutioneller Rahmen: *Straßenprostitution bestimmt durch ihre Sicht-barkeit das öffentliche Bild der Prostitution, aber nach Schätzungen von Fachleuten arbeiten nur rund zehn Prozent der Prostituierten in diesem Segment. Laufhäuser, Eroscenter, S/M-Studios, Bars, Clubs, Anbahnungslokale, Porno-kinos, Saunen oder Massageinstitute sind ebenso Orte für Prostitution wie Geschäftshäuser - zu über 50 Prozent sind es aber private Wohnungen.*

Die Gesamtzahl der Prostituierten *in Nordrhein-Westfalen lässt sich nach überein-stimmender Auskunft sämtlicher gehörter Wissenschaftler und Wissenschaft-lerinnen nicht belastbar bestimmen - Schätzungen liegen zwischen 25.000 und 45.000.*

Mannmännliche Prostitution: *Während die allgemeine Vorstellung vor allem von der weiblichen Prostituierten und dem männlichen Freier ausgeht, werden mannmännliche Prostitution (geschätzt rund zehn Prozent) oder auch die Prostitution transsexueller Menschen (geschätzt sechs Prozent) in nicht unerheblichem Maße nachgefragt.*

Menschenhandel und sexuelle Ausbeutung: *Für die These, mit dem Prostituiertenschutzgesetz (ProstSchG), BGBl, Nr. 50 vom 27.10.2016 sei der Menschenhandel zur sexuellen Ausbeutung gestiegen, fand der Runde Tisch keinen Beleg.*

Regulierung: Notwendig ist die Regulierung von Bordellen und bordellähnlichen Betrieben, um die Zuverlässigkeit von Betreibern sowie einen Mindeststandard für Arbeitsbedingungen und Hygiene sicherzustellen.

Gefordert sind Regelungen, die der rasanten Veränderung der Angebote Rechnung trägt. Eine Regulierung muss auf diese unterschiedlichen Betriebskonzepte ausgerichtet sein und insbesondere ausbeuterischen Prostitutionsformen sowie solchen, die die sexuelle Selbstbestimmung gefährden, Einhalt gebieten.

Dynamik des Marktes (Internet): *Wichtigster Faktor für die dynamischen Veränderungen des Marktes ist das Internet. Nicht nur die Werbung für sexuelle Dienstleistungen hat sich weitestgehend ins Netz verlagert, Anbahnung und Vermittlung erfolgen ebenso virtuell. Das Angebot vergrößert sich ständig, es wird differenzierter und transparenter. Neben Internetplattformen, die auf Regionen und spezielle Sparten zugeschnitten sind, bilden sich zunehmend interaktive Foren, in denen auch direkte Kommunikation stattfindet. Inserentinnen und Inserenten stellen selbst Inhalte ein in Form von Chats, Sex-Cams, Fotos und Texten, wobei die Ansprüche der User ständig steigen; häufig erfolgt eine Einbeziehung (etwa in Form von sogenannten „Versteigerungen", Bewertungstools usw.).*

Kommunale Konzepte zur Schaffung von Räumen, in denen Straßenprostitution sicher unter Wahrung der schützenswerten Interessen anderer ausgeübt werden kann, sind erforderlich, bei denen die Interessen aller Beteiligten (Anwohner/innen, Prostituierte, Kunden, Ordnungs- und Gesundheitsamt, Polizei, Beratungsstellen) eingebunden werden.

Stigmatisierung von Prostituierten: Eines der Haupthindernisse für eine professionelle, sich selbst schützende Ausübung der Prostitution liegt in der immer noch bestehenden starken Stigmatisierung. Prostituierte sehen sich nach wie vor gezwungen, ein Doppelleben zu führen, es fehlt an Vertrauen in Polizei und Behörden. Nicht selten werden vorherige soziale Bezüge abgebrochen, gerade dadurch ergibt sich die viel zitierte „Haltekraft des Milieus". Erforderlich ist eine differenzierte öffentliche Debatte über Prostitution, die die Entscheidung von Menschen für eine Tätigkeit in der Prostitution akzeptiert.

Restriktiven Maßnahmen *wie etwa verpflichtenden gesundheitlichen Untersuchungen oder einer gesetzlichen Kondompflicht erteilt der Runde Tisch eine klare Absage, da diese rechtlich problematisch, ungeeignet, stigmatisierend und sogar kontraproduktiv sind. Der Runde Tisch hält statt dessen Angebote einer zielgruppengerechten Prävention für notwendig, die auch das Umfeld einschließlich der Kunden einbeziehen. Sinnvoll seien auch aufsuchende Arbeit und offene Sprechstunden von Gesundheitsämtern, wie sie bereits jetzt an einigen Orten erfolgreich angeboten werden.*

Der komplette Abschlussbericht kann bestellt und heruntergeladen werden unter www.mgepa.nrw.de/publikationen, Bitte die Bestellnummer 148 eingeben. Telefonische Bestellungen sind möglich bei Nordrhein-Westfalen direkt unter der Nummer 0211 – 837 1001. Bitte die Veröffentlichungsnummer angeben …"

Der Abschlussbericht des Rundes Tisches Prostitution ist auch direkt auf der Internetseite des MGEPA abrufbar / www.mgepa.nrw.de/mediapool/pdf/emanzipation/frauen/RTP_Abschlussbericht.pdf.

Bei Nachfragen wenden Sie sich bitte an die Pressestelle des Ministeriums für Gesundheit, Emanzipation, Pflege und Alter, Telefon 0211 8618-4246.

Zum Chat:

„ …. ICH: 15:37 Das wollte ich Dir noch sagen: ich habe für meine Buchrecherchen in ca. 40 Portalen mit mehr als 50 Damen gechattet, aber so attraktiv, freundlich, sympathisch, gebildet und ausdrucksstark wie Du war keine. Wenn Deine Vergangenheit und Dein verdorbener Charakter nicht wären, ... ???

> ***Schanz:*** *Ob das dauerhaft funktionieren wird oder irgendwann das negative Ende kommt, wird verdrängt, aber die Wenigsten halten durch und werden selten finanziell so unabhängig, wie sie es erhofft haben.*

Neuer Tag

ZH: um 17:20: Wie geht es Dir? Wir sollten doch froh sein, dass wir uns hier kennen gelernt haben.

ICH um 17:23: Dein Chat-Portal kann froh sein, dass viele bereit sind, überhöhte Preise zu zahlen. Außerdem ist es kein seriöses Portal, aber seriös bist Du ja auch nicht. Du bist zweifellos sehr attraktiv und für Dein Chat-Portal ein Aushängeschild und ein Lockvogel.

B.2 Verschleierte AGBs und Tricks

> ***Schanz:***
>
> ***Chatmoderatoren*** *sind Damen und Herren, die im Auftrag des jeweiligen Portals mit den interessierten Interessenten/Innen chatten, aber für konkrete Treffen nicht zur Verfügung stehen. Deshalb verlieren sich die Kontakte in ellenlangen Chats mit kostenintensiven Folgen, an deren Ende der attraktivere Partner aus-steigt. Dabei kann es vorkommen, das männliche Chatmoderatoren sich als Frauen ausgeben und mit Männern chatten und umgekehrt.*
>
> ***Lockvögel*** *sind Damen und Herren gewählt, deren Attraktivität sehr hoch ist. Mit solchen Personen rechnet man in den Vermittlungen gar nicht; denn die meisten hätten fast überall große Chancen eine/n Partner zu finden. Aber sie dienen (bewusst oder unbewusst) als Lockvögel. Deshalb verlieren sich die Kontakte in ellenlangen Chats mit kostenintensiven Folgen, an deren Ende der attraktivere Partner aussteigt.*

> Boranu setzt zur Unterhaltung der Nutzer professionelle Animateure und Operatoren ein, die im System nicht gesondert gekennzeichnet werden. Diese Dienstleistung wird in höchster Qualität betrieben. Mit diesen Operatoren sind keine realen Treffen möglich. Die Nutzer können ihnen lediglich Nachrichten innerhalb des Portals senden.
>
> ***Fakes*** *sind in der Regel Computerapps, die Parameter gesteuert Antworten geben und erst, wenn der Gefakete das merkt, werden Personen (Chatmoderatoren und Lockvögel) eingesetzt.*
>
> ***Verschleierte AGBs:*** *Alle diese Formen stehen für konkrete Kontakte und Treffen nicht zur Verfügung. Aber schon in den AGBs sind sie geschickt verankert und versuchen damit Betrugsvorwürfe zu vermeiden - z.B. für i…(Portal).*

Zum Chat:

ZH: um 17:32: Ich nehme das mal als Kompliment. Sei doch nett zu mir.

ICH: um 17:26: Zwar ist Chatten Zeit- und Geldverschwendung, aber ich verfolge ja ein Ziel: Ich habe Bücher geschrieben, 2 Bände sind auf dem Markt: Das Wunder der Organisation - Menschen zwischen Pflichten und Emotionen. Ich sitze am 3. Band, der vermutlich im nächsten Jahr erscheinen wird und einen Artikel über die Sexindustrie in Deutschland enthalten soll. Ich bin in verschiedenen Portalen, um zu recherchieren.
ZH: um 17:32: Was willst Du von mir. Lass mich in Frieden. Ich bin keine Nutte.

ICH: um 17:35: Das würde ich nie sagen, Prostituierte klingt besser.

ZH: um 17:38: Du kannst mich mal.
um 17:35: Auch das würde ich nicht grundsätzlich ausschließen, wenn Du ein anständiges Mädchen wärst.

ICH: um 17:40: Auch das würde ich nicht grundsätzlich ausschließen, wenn Du ein anständiges Mädchen wärst.

Neuer Tag: *ZH: um 10:23: Deine letzten Bemerkungen waren nicht liebenswürdig. ich möchte nicht, dass Du über mich in Deinem Buch schreibst.*

ICH: um 10:26: Dafür bist Du viel zu interessant, aber wenn überhaupt völlig anonym: ohne realen Orts- und Zeitbezug, ohne echten Namen und Bild, ohne jeglichen Hinweis auf eine konkrete Person.

ZH: um 10:29: ich will das nicht.

ICH: um 10:30: Außer Dir kann niemand erkennen, dass Du die Urheberin warst, und Du wirst damit nicht an die Öffentlichkeit gehen. Es wird sicherlich Menschen geben, die nicht wissen sollen, dass Du ein Sexstar bist, quasi ein Glücksbringer für unzählige Männer.

ZH: um 10:34: Das bin ich nicht. Ich bin ein freier Single. Um wer weiß, was Du alles getrieben hast.

ICH: um 10:37: Ich weiß das.

ZH: um 10:40: Ich möchte nicht so behandelt werden und meine Selbstachtung behalten.

Pause:

ICH: um 18:20: Das muss man auch können: Verzichten, um der Selbstachtung wegen. Außerdem kann man ruhig dumm sein, wenn man sich zu helfen weiß. Deine Selbstachtung endet in der moralischen Öffentlichkeit; das ist zwar nicht sachlich gerechtfertigt, aber entspricht der menschlichen Natur, andere zu diskreditieren.

Schanz: Dass ich Bücher – auch über sie – schreibe und sie unverhohlen als Prostituierte bezeichne, bringt sie in Verlegenheit. Erstaunlich ist, dass sie sich das letztlich gefallen lässt. Das Warum ist noch unklar und könnte sich im Folgenden ermitteln lassen.

ZH: um 18:22: Aber, mein Süßer, Du bist doch bei mir, um etwas Tolles zu erleben.

ICH: um 18:25: Mag sein, aber ich habe ja die Ausrede der Buchrecherche. Nur ernsthafte Erwägungen führen zu diesem Kontakt mit Dir.

ZH: um 18:26: Ha, ha …, das glaubst Du doch selbst. Mein Süßer, Du willst mit mir ficken, wie alle anderen auch.

ZH: um 18:27: Andere Frauen tun das Gleiche und sind auch nicht besser als ich.

Schanz: ZH kommt gleicht mit einem Vorwurf „Warum hast Du kein Bild geladen …" und zwingt mich zur einer Rechtfertigung. Sie übernimmt damit zunächst die Steuerung des Chattens

ICH: um 18:29: Auch das ist richtig. Damen und Herren aus dem Bürgertum und auch aus der gehobenen Gesellschaft und der Prominenz, tun im Rahmen der sexuellen Freizügigkeit das Gleiche und sind nicht besser, können sich hinter ihren bürgerlichen Fassaden besser verstecken und ihre „moralische Kompetenz" zur Schau tragen

ZH: um 18:31: Das ist Scheiße. Und Männer dürfen alles.

ICH: um 18:33: Ja, bei Männern war man immer großzügiger; die mussten sich die Hörner abstoßen. Eine Frau ist entweder eine Schlampe, wenn sie gleich beim ersten Date mit dem Mann ins Bett geht, oder ein dumme Kuh, wenn sie es nicht tut.

ZH: um 18:34: Findest Du das gerecht?

ICH: um 18:39: Nein, das ist nicht gerecht, aber die Menschen tun meistens das, was ihnen nützt, unabhängig davon, ob es gerecht oder ungerecht ist.

ZH: um 18:42: Wird sich das ändern?

ICH: um 18:45: Obwohl ich kein Anhänger von Alice Schwarzer bin: Die wahren Schuldigen sind tatsächlich die Männer; seit ca. 20.000 Jahren, wenn nicht mehr, haben sie gesellschaftliche Strukturen geschaffen, um Frauen für ihre Zwecke, auch für ihre sexuelle Befriedigung, zu benutzen. Heute im Rahmen der Emanzipation ändert sich das Eine oderAndere, aber es wird noch sehr lange dauern, bis es zu einem verträglichen Gleichgewicht kommt.

ZH: um 18:47: Kaum Chancen haben Prostituierte.

ICH: um 18:49: Aus das ist richtig. Allerdings ist das Sexgeschäft so lukrativ, dass sich kurzfristig nur das Geschäftliche weiter entwickeln wird. Auch hier sind es die Männer, partiell immer mehr Frauen, die als Kapitalgeber, Organisatoren, Zuhälter und Betreiber aller Art Sexshops das Geschäft bestimmen. Die abhängigen Sexarbeiterinnen werden von vor allem von Männern, von oben, den Auftraggebern, und von unten, den männlichen Kunden, wie Nutztiere und Sklaven behandelt und benutzt. Auch wenn sie zum Teil Spaß haben und gut dabei verdienen, aber nicht immer dauerhaft und erfolgreich. Die gesellschaftliche Ächtung kommt als Zugabe dazu.

ZH: um 18:52: Was tut der Staat?

ICH: um 18:54: Die deutsche Gesetzgebung (z.B. 2017 Prostituiertenschutz-gesetz - ProstSchG), BGBl, Nr. 50 vom 27.10.2016) basiert auf der Idee, dass Prostitution eine Erwerbstätigkeit wie jede andere ist und die freie Wahl in der Berufsausübung zu gewährleisten ist. Der Staat tut Einiges dafür, aber Regelungen gesetzlicher Art, machen das Geschäft zum Teil für die Frauen weniger attraktiv. Sie haben Angst, dass sie von den Großen im Geschäft abgedrängt werden, wenn sie zu sehr auf ihre Rechte bestehen und die kennen im Zweifelsfall keine Rücksicht.

ZH: um 18:56: Und wie stehst Du dazu?

ICH: um 18:59: Obwohl ich kein Anhänger von Alice Schwarzer bin: Die wahren Schuldigen sind tatsächlich die Männer; seit ca. 20.000 Jahren, wenn nicht mehr, sie haben gesellschaftliche Strukturen geschaffen, um Frauen für ihre Zwecke, auch für ihre sexuelle Befriedigung, zu benutzen. Heute im Rahmen der Emanzipation ändert sich das Eine oder Andere, aber es wird noch lange sehr dauern, bis es zu einem verträglichen Gleichgewicht kommt.

ZH: um 19:01: Wie siehst Du persönlich?

ICH: um 18:57: Ich bin mir selbst unsicher. Jeder hat zwar eine Chance verdient, auch eine zweite oder mehr, aber ich möchte keine Prostituierte heiraten und nicht, dass meine Töchter Prostituierte werden oder nicht.

ZH: um 18:59: Hältst Du mich für eine Prostituierte? Ich bin keine.

ICH: um 19:02: Ich weiß es nicht genau, aber ich halte es für wahrscheinlich, dass Du so etwas wie eine Prostituierte bist. Auf jeden Fall glaube ich, dass Du dem Umfeld sehr nahe bist. Ich möchte meine Freundin auch nicht mit anderen Männern teilen, weder mit Geliebten, noch mit zahlenden oder nicht zahlenden Kunden.

ZH: um 19:05: Das ist doch Blödsinn. ich will Dich für mich haben, als Partner, der mir zur Seite steht. Liebst Du mich.

ICH: um 19:07: Wie stellst Du Dir das vor, ich habe wegen meiner beruflichen Einsätze nur wenig Zeit, vielleicht, vielleicht ein bis zwei Mal die Woche 2 bis 4 Stunden.

ZH: um 19:05: Das reicht für uns, wenn Du meine Bedürfnisse befriedigen kannst. Da kann ich Dir Einiges bieten, mehr als Du Dir vorstellen kannst. - Hättest Du etwas dagegen, wenn ich einmal im Monat mit einer Freundin für eine Woche irgendwo hinfahre?

Schanz:

Sexuelle Offenheit: *Immer dann, wenn es um das eigene sexuelle Leben geht, sind sowohl Frauen wie Männer großzügiger als in der Öffentlichkeit oder ihren Kindern gegenüber, besonders negativ aber bezüglich der Prostituierten, überwiegend zurückhaltend bis abweisen und didkreditierend.*

Die Prostituierten sind auch Menschen, *haben auch Gefühle, leiden unter ungerechter Behandlung und in der Folge auch am psychischen Störungen und anderen Erkrankungen.*

Prostitution als normaler Beruf: *Daraus resultiert die Forderung mancher Strömungen in Deutschland, Prostitution als normalen Beruf anzuerkennen und Prost-tuierte auch so zu behandeln. Doppelmoral wäre insofern unmoralisch: Wer einerseits auch seine sexuellen Freiheiten genießen will, muss andererseits diejenigen, „die dafür anscheinend die >besseren< Leistungen erbringen“ (berufliche Professionalität), so fair wie möglich behandeln.*

Vorbehalte: *Auch ich möchte keine Prostituierte zur Frau haben und nicht, dass meine Töchter Prostituierte werden, aber wie andere Menschen leben oder leben wollen, das muss ich dulden.*

ICH: um 19:07: Natürlich, mir ist klar, dass Du in dieser Zeit Deine Sexgier über das hinaus befriedigen willst, wenn Du etwas bei mir vermissen könntest. - ich mag Dich sehr, aber ich vertraue Dir nicht. Deshalb sehe ich eine solche Partnerschaft mit großen Vorbehalten an und möchte dazu, zumindest noch nicht, Ja sagen.

ZH: um 19:11: Feigling, auf Männer kann man sich nicht verlassen. Leck mich.

ICH: 19:07: Alles zu seiner Zeit.

Schanz: ***Was erstaunlich ist, dass sie jetzt umschwenkt „Ich will Dich für mich haben, als Partner, der mir zur Seite steht. Liebst Du mich.“ Das sollte mich nicht verführen, auf reine Liebe zu hoffen. Als Lockvogel könnte es ihre Aufgabe sein, Zeit zu schinden, um Einnahmen (Coins) zu generieren. Man sollte vorsichtig sein.***

ZH: um 19:09: Das ist doch Blödsinn. Ich will Dich für mich haben, als Partner, der mir zur Seite steht. Liebst Du mich.

ICH: um 19:12: Wie stellst Du Dir das vor, ich habe wegen meiner beruflichen Einsätze nur wenig Zeit, vielleicht, vielleicht ein bis zwei Mal die Woche 2 bis 4 Stunden.

ZH: um 19:15: Das reicht für uns, wenn Du meine Bedürfnisse befriedigen kannst. Da kann ich Dir Einiges bieten, mehr als Du Dir vorstellen kannst. - Hättest Du etwas dagegen, wenn ich einmal im Monat mit einer Freundin für eine Woche irgendwo hinfahre?

ICH: um 19:17: Natürlich, mir ist klar, dass Du in dieser Zeit Deine Sexgier über das hinaus befriedigen willst, wenn Du etwas bei mir vermissen könntest. - Ich mag Dich sehr, aber ich vertraue Dir nicht. Deshalb sehe ich eine solche Partnerschaft mit großen Vorbehalten an und möchte dazu, zumindest noch nicht, Ja sagen.

ZH: um 19:20 Feigling, auf Männer kann man sich nicht verlassen.

Neuer Tag

ZH: um 16:43: Bist Du noch da, mein Süßer? ich will Dich nicht verlieren.

Schanz: **Was erstaunlich ist, dass sie jetzt umschwenkt „Ich will Dich für mich haben, als Partner, der mir zur Seite steht. Liebst Du mich." Das sollte mich nicht verführen, auf reine Liebe zu hoffen. Als Lockvogel könnte es Ihre Aufgabe sein, Zeit zu schinden, um Einnahmen (Coins) zu generieren. Man sollte vorsichtig sein.**

ICH: um 16:45: Dazu müsstest Du mich erst einmal gewinnen.

ZH: um 16:49: ich weiß, dass Du mich magst. Lass Deinen Gefühlen freien Lauf. Lass uns Spaß haben und nicht alles bedenken.

ICH: um 16:52: Du bist zwar verdorben, aber es stimmt schon, dass ich auf Dich reagiere, wie auf eine verbotene Frucht.

ZH: um 16:54: Mein Süßer, das Verdorbene macht den Männern am meisten Spaß, weil sie es zu Hause nicht kriegen.

ICH: um 16:56: Das ist häufig so, aber im Geleitzug mit vielen Männern macht mir das keinen Spaß. Da spielt mein Verstand nicht mit. Dir mag das gleichgültig sein. Treue ist für Dich ein Fremdwort.

ZH: um 16:59: Aber Treue bezieht sich auf einen bestimmten Menschen, das gilt für mich auch, aber Spaß kann man auch mit anderen haben. Das ist doch nicht schlimm.

ICH: um 17:59: Da trennen uns Welten. Das ist für mich das Schlimmste überhaupt – Untreue. Dir fehlt der Bezug zu einer innigen Partnerschaft, bei dem Sex dazu gehört wie das Dessert zum Hauptgericht, der eigentlichen Liebe.

ZH: um 18:02: Ist das nicht langweilig?

ICH: um 18:04: Da streiten sich die Götter. Entweder war die Partnerwahl falsch oder eine Beziehung ermüdet, aber die wahre Liebe soll das überwinden. ich weiß vieles. Aber da fehlt mir die endgültige Einsicht.

B.3 Warum scheitern Partnerschaften und Ehen?

Schanz: *Warum scheitern Partnerschaften und Ehen?*

Suchen und Finden: *Entweder findet man den/ die idealen Partner/In nicht oder man trennt sich von der/die nicht idealen Partner/ In oder es gibt ihn/sie gar nicht im erreichbaren Umfeld.*

Starke Wille: *Andererseits ist auch der starke Wille Beider erforderlich, um eine Verbindung aufrecht zu erhalten, um nicht erfüllbare Idealitätsanprüche zu überwinden.*

Ermüdung: *Eine Beziehung kann auch ermüden, aber die wahre Liebe sollte das überwinden können. ich weiß vieles, aber da fehlt mir eine endgültige Einsicht. Letztlich ist alles möglich und ob der Einzelne das einsieht und akzeptiert oder nicht, ist sein Problem und ändert an der Thematik nichts.*

Unsicherheiten/Beeinflussung: *„ich glaube, es geht hier um Unsicherheit in der modernen Gesellschaft, Ängste, Geborgenheitsbedürfnisse, Sicherheit. Das versuchen manche Durch Abwertung, Missionierung etc. zu steuern/ihre Umwelt zu beeinflussen“, deutet ein Nutzer.*

Oder mit anderen Worten: Zum Beispiel der Versuch, eine Partnerschaft krampfhaft aufrecht zu erhalten, kann dann Verhaltensweisen führen, die die Partnerschaft erst gefährden.

Eifersucht *mag ein Indikator sein, andererseits ist ein/e Partner/In, dem/r alles egal ist, was sein/ihr Partner/In tut, ob er/sie fremd geht oder nicht, auch nicht der ideale Kitt. Ob echte Liebe ohne Eifersucht auskommt, ist auch nicht sicher.*

Vereinbarungen: *Wenn Beide vereinbaren, dass eine freie und ohne Vorbehalte bestimmte Partnerschaft für sie ideal sind, mag es funktionieren. - Oder auch nicht – Das ist nicht immer eine sichere Konstellation: Wenn man selbst fremd geht, ist das in Ordnung, wenn aber der/ die andere das auch tut, oh, oh, oh …*

Promiskuität/Offene Beziehungen: *Es gibt allerdings Menschen, deren Sexgier pro-miskuitiv immer nach neuen Partnern/ Innnen sucht und für die Treue nicht passt. Ob das eine krankhafte Sucht oder nicht, lässt nicht immer sicher diagnostizieren.*

Offene Beziehungen *können eine Lösung sein, aber auch das passt nicht jedem/r der Partner/Innen.*

Zum Chat:

ICH: um 18:08: Falls es einmal zur Entscheidung stünde, ich würde Dich nie mit anderen Männern teilen, weder mit zahlenden, noch mit nicht zahlenden Kunden, noch mit Freunden oder guten Bekannten oder sonstigen Männern,

ZH: um 18:11: Findest Du das nicht kleinlich?

ICH: um 18:12: Das magst Du so sehen, aber ich will kein Zuhälter werden oder Freier.

ZH: um 18:15: Was würdest Du tun?

ICH: um 18:17: Nein, nicht wie alle anderen auch. Zwar habe ich ähnliche Gefühle, aber letztlich bin ich anders und das hast Du auch schon gemerkt. Selbst auf die Gefahr hin, auf etwas verzichten zu müssen, werde ich einer sexuellen Primitivität und Ignoranz nicht folgen.

ZH: um 18:19: Das merke ich schon. Ich halte das für Dummheit und sinnlosen Verzicht.

ICH: um 18:20: Das muss man auch können: Verzichten, um der Selbstachtung wegen. Außerdem kann man ruhig dumm sein, wenn man sich zu helfen weiß. Deine Selbstachtung endet in der moralischen Öffentlichkeit; das ist zwar nicht sachlich gerechtfertigt, aber entspricht der menschlichen Natur, andere zu diskreditieren.

ZH: um 18:22: Aber, mein Süßer, Du bist doch bei mir, um etwas Tolles zu erleben.

ICH: um 18:24: Mag sein, aber ich habe ja die Ausrede der Buchrecherche. Nur ernsthafte Erwägungen führen zu diesem Kontakt mit Dir.

ZH: um 18:25: Ha, ha …, das glaubst Du doch selbst. Mein Süßer, Du willst mit mir ficken, wie alle anderen auch.

ICH: um 18:28: Das mag so scheinen, aber selbst, wenn ich das wollte, ich würde es Deiner sexistischen Lebensführung wegen nicht tun. Vielleicht aolltest Du Deine offensichtliche Sexsucht behandeln lassen.

ZH: um 18:31: Du bist ein eingebildeter Arsch.

Schanz: ***Sexistisch ist nicht nur als krankhafter Ansatz der Sexsucht (Nymphomanie, Satyriasis) gemeint, sondern als spürbare Verhaltensentwicklung in geeigneten Umfeldern.***

Wenn es hier auch um ein fiktives Beispiel geht, den Zunahme an promiskuitiven Verhalten, verstärkt bei Frauen, ist eine durchaus registrierte Tendenz, nicht mehr so „prüde" wie früher zu sein. Ob das mehr Illusion oder doch Realität ist, wird tendenziell unterschiedlich sein: Dort, wo es zu klappen scheint, mag es sich stabilisieren. Aber man macht sich häufig etwas vor und wacht dann später überrascht und erschreckt auf – dann kann dann alles verloren sein, was man vorher geschätzt hat, und das Neue ist dann auch dahin.

B.4 Werdegang

Sie schilderte Ihr Leben in Kurzform so: "Oh ja - aufgewachsen als Kind eines Alkoholiker-Ehepaares. Mit 12 Jahren auf den Strich gegangen und gut verdient. Kurz den Drogen verfallen - danach nur noch Edelprostitution mit betuchten älteren Herren. Später war Sie in der Lage aufgrund einer geschickten Datingauswahl nur noch mit Männern Sex zu haben, die ihr gefielen." - Ob das jetzt stimmt oder nicht, kann ich nicht sicher kontrollieren.
In der Zwischenzeit sind etliche Chats gelaufen. Etwas später wollte sie das als humorvoll ablenkende Irreführung dementieren.

ZH: um 17:33: … ich lache mich fast weg. Danke für deinen Spaß. ich bin Prostituierte. Gratuliere dir, Du bist der Erste, der mir das sagt!

ICH: um 17:39: ich bin nicht der Erste, die nennen Dich eindeutiger Bordsteinschwalbe, Hure oder Dirne. Das warst Du: ich zitiere aus dem Chat: // Oh ja - aufgewachsen als Kind eines Alkoholiker-Ehepaares. Mit 12 Jahren auf den Strich gegangen und gut verdient. Kurz den Drogen verfallen - danach nur noch Edelprostitution mit betuchten älteren Herren…

ZH: um 17:41: Ja, war ein Zitat von Schwester Eva aus deren Buch. Kannst da gerne nachlesen...lach …

ICH: um 17:47: Du erzählst mir nichts, weil ich Dich an insgesamt an 6 Stellen mit fiktiven Partner überführt habe. --- Aber Du bist vergesslich: Als Du mir Dein Metier eröffnet hast, habe ich gesagt: Wenn Du das sofort aufgibst, bringe ich Dich in der Unternehmensberatung unter. Da kannst Du gut verdienen, aber Du entgegnetest: ich habe lieber Spaß und werde meine Sexsehnsucht erfüllen …

ICH: um 18:04: Lass uns endgültig Schluss machen. Ich werde nie mit Dir nie Sex haben. Das ist ausgeschlossen, weil Du mir zu promiskuitiv bist. - Das mit SCHWESTER Eva werde ich überprüfen und in meinem 3. Band vermerken …"

ZH: um 17:33: … ich lache mich fast weg. Danke für deinen Spaß. ich bin Prostituierte. Gratuliere dir, Du bist der Erste, der mir das sagt!

ZH: um 17:50: Du täuscht Dich in allem. ich bin keine Prostituierte. ich arbeite als Hotel-fachkraft.

ICH: 17:52: Dann sag mir den Namen und die Adresse des Hotels.

ZH: um 17:54: Nein, das geht Dich nichts an; das ist meine Sache.

um 18:04: Dann hast Du etwas zu verbergen – Dein Prostitutionsgeschäft. - Lass uns endgültig Schluss machen. Das mit SCHWESTER EVA werde ich überprüfen und in meinem 3. Band vermerken …"

Aus Wikipedia: „… ***Schwesta Ewa*** *(* 16. Juli 1984 in Koszalin, Polen; bürgerlich Ewa Müller; nach Namensänderung). Eva Malanda ist eine deutschsprachige Rapperin und ehemalige Prostituierte aus der Frankfurter Szene. Malanda ist polnische Staatsangehörige …*

Ewa Malanda wurde 1984 im polnischen Koszalin als ältestes von drei Kindern geboren. Ihr bürgerlicher Name lautete Ewa Müller, den sie nachträglich ändern ließ.

Über eine Stelle als Kellnerin in einem Kieler Rotlichtlokal kam sie erstmals mit dem Rotlichtmilieu in Kontakt und begann im Alter von 16 Jahren als Prostituierte zu arbeiten. Dabei kam sie mit illegalen Betäubungsmitteln in Berührung und war unter anderem von Crack abhängig, von dem sie selbständig weggekommen sei. Nach ihrem Hauptschulabschluss im Jahr 2004 zog sie nach Frankfurt am Main …"

Schanz: *Es gibt zwar inhaltliche Überschneidungen, aber in wesentlichen Punkten (Alkoholiker-Ehepaares, mit 12 Jahren auf den Strich gegangen, gut verdient, kurz den Drogen verfallen, danach Edelprostitution mit betuchten älteren Herren.) doch deutliche Abweichungen. Es ist zwar möglich, aber es fehlt der eindeutige Beweis, ob der Lebensweg der Zauberhaften so verlaufen ist.*

B.5 Motive, Emotionen und Auftritt

B.5.1 Anspruch und sexuelle Ansprache

- ***Auswahl:*** *Dieses Frau sieht aus wie Engel – jedenfalls auf dem Chat- Foto, aber sie scheint eine überprofessionelle Prostituierte zu sein, die in einem ausgeklügelten Verfahren stufenweisen Dates zur gefälligen Auswahl bis zum echten Sex-Erlebnis, als multidimensionaler Parcours, organisiert hat, dabei sehr geschäfts-tüchtig und „konsequent am Mann". Es kann nicht jeder kommen, sie hat nur Sex mit Männern, die ihr wirklich gefallen.*

- ***Prüfung:*** *Der Neuling hat das Gefühl, einem staatsrechtlich geregelten Prüfungsverfahren unterworfen zu sein, schwieriger als eine Promotion im Mathematik, nicht wegen fachlicher Anforderungen, sondern vor Angst, den „sexuellen Anforderungen und Finessen der Meisterin" nicht gewachsen zu sein.*

- ***Betören, verzaubern, manipulieren:*** *Dabei hat sie die Fähigkeiten, die meisten Männer für sich zu gewinnen, was untertrieben ist, dagegen ist die Abhängigkeit von Rauschgift eine Lappalie. Sie gibt ihnen das Gefühl, die Einzigen zu sein, die sie glücklich machen könnten, und die Männer wollen das glauben, obwohl dahinter häufig die verschwommene Ahnung besteht, dass sie manipuliert sind. Aber sie verdrängen das meistens. Während die Abhängigkeit vom Rauschgift aus Gewohnheit entsteht, ist sexuelle Abhängigkeit genetisch verankert und wirkt unmittelbar.*

- *Auch* ***Ihre sexuellen Aktivitäten*** *sind – wahrscheinlich nymphomanisch beeinflusst, was sie bestreitet, wenn sie auch eine gewisse Sex-Sucht nicht ausschließt – von extremer Wirksamkeit und auch ihre Sprache eindeutig von professioneller Deut-lichkeit und Färbung, allerdings beginnend auf hohem sprachlichen Niveau bis zu vehementer Anzüglichkeit:*

  - *Also Du suchst bestimmt keine feste Beziehung, mein Lieber, ich denke mir, dass Du mich einmal richtig durchficken möchtest.*
  - *Wie steht es mit Deinen Fähigkeiten aus, das Paradies einer Dame zu erobern und dabei auch den Anforderungen der Dame gerecht zu werden?*
  - *Wenn Du meine Schönheiten näher betrachten willst und ihren köstlichen Duft und ihren erlesenen Geschmack genießen willst, muss Du mein Herz erwärmen und Dich mir zärtlich nähern – komm und sei bei mir.*
  - *Oh, ja, immer weiter fick mich bis ich wund bin und dann lass mich Dich reiten, bist Du ohnmächtig wirst und wieder zur Besinnung kommst, wenn Du mich voller Glück und Befriedigung wieder wahrnimmst.*
  - *Wenn ich Deinen Schwanz einmal lutschen würde, dann käme zwei Monate lang kein Tropfen Sperma mehr und Du wärst wie neugeboren.*
  - *Am liebsten würde ich jetzt auf Deiner Couch die Beine spreizen und Du leckst meine Klitoris mit Deiner frechen Zunge solange, bis mein Natursaft in Dein Gesicht spritzt, Du geiler Bock.*

  Männer lassen sich meistens gern verführen: *Fast alle Männer jeder Art von Herkunft, sozialem Status und Wohlstand reagieren meistens sexistisch, auch wenn sie es gern leugnen, das gilt auch die Männer aus der bürgerlichen und sogenannten besseren Gesellschaft, mit hohem intellektuellen Niveau und beachtlichen gesellschaftlichen Ansehen, lassen sich allzu gern einfangen, wenn sie – wider besseren Wissens - das Gefühl haben hier landen zu können, was angesichts der Auswahlkriterien sich häufig Illusion erweist oder finanziell auszugleichen ist.*

B.5.2 Niveau der Zauberhaften

Wenn man an Prostituierte denkt, hat man häufig dunkle Ecken hinterm Bahnhof im Auge, aber die Zauberhafte ist sowohl in der äußeren wie in der intellektuellen Attraktivität den Damen aus der bürgerlichen bzw. höheren Gesellschaft ebenbürtig, die in der Häufigkeit ihrer sexuellen Kontakte zwar auf gleichen, aber häufig weniger wählerisch sind.

Schanz: *Ein Teil meiner Ausführungen mögen Interpretation und Auslegung sein, aber die Deutlichkeit ihrer* ***Sprache, Diktion, unbedachte Ehrlichkeit und provokante Zuwendung*** *sind kaum misszuverstehen.*

Verführungskunst mit operativer Versiertheit und Routine:
Das bewirkt ein Erfahrungsvorsprung, der damit korrespondiert, dass er von finanzieller Abhängigkeit und vom sexuellen Leistungsvermögen bestimmt war und daraus mehr operative Versiertheit und Routine entstehen konnte. Die Selektion der Partner nach qualitativen und finanziellen Gesichtspunkten wurde zur ersten Priorität. Nicht jede Dame hat das so erfolgreich bewerkstelligen können wie die Zauberhafte.

Kommunikative Intelligenz: *Sie zeigt, dass sie sich mit Themen beschäftigt, was nicht jeder von ihr erwartet. Als Beispiel:*

„… ICH: 21:00: Deine Auffassung von Toleranz und Fortschrittlichkeit brächte die Menschheit auf das Niveau von Bonobos. Es sind die anderen 20 %, die für das kulturelle Überleben der Gesellschaft sorgen.

ZH: 21:01: Die 20%, die zwei imperialistische militaristische Weltkriege angezettelt haben oder was? Lass mich in Ruhe …“

Sorgfältige Auswahl: *Es kann gaher nicht jeder kommen, die Zauberhafte hat nur Sex mit Männern, die ihr wirklich gefallen, und sie geht dabei sehr sorgfältig vor. Sie ist versiert bei kulturellen, sozialen und polittischen Themen und ist dem Durchschnittsbürger gegenüber im Vorteil. Die interessierten Männer müssen sich erst im Gespräch bewähren, bevor sie in die engere Auswahl gelangen.*

Männer aus der besseren Gesellschaft: *Sie leugnen es gern, aber auch die Männer aus der bürgerlichen und so genannten besseren Gesellschaft mit hohem intellektuellen Niveau und beachtlichen gesellschaftlichen Status lassen sich allzu gern einfangen, wenn sie – wider besseren Wissens - das Gefühl haben hier landen zu können, was angesichts der Auswahlkriterien sich häufig Illusion erweist oder finanziell auszugleichen ist.*

- *Die Männer aus der besseren Gesellschaft mit hohem intellektuellen Niveau und beachtlichen gesellschaftlichen Status mögen ihr geistig überlegen sein, werden aber im Regelfall sehr schnell weich, wenn die Zauberhafte ihre sexuelle Kompetenz verdeutlicht. Die Herren sind – gegen jede Vernunft - allzu schnell bereit, daran zu glauben, dass sie die Einzigen wären, die die Zauberhafte glücklich machen könnten.*

- *Die Herren sind – gegen jede Vernunft - allzu schnell bereit, daran zu glauben, dass sie die Einzigen wären, die die Zauberhafte glücklich machen könnten.*

Ruf der Zauberhaften: *sollte nicht darüber hinwegtäuschen, dass sie trotzdem um ihren Ruf fürchten muss. Mögen andere in ihrer sexuellen Praxis nicht weniger aktiv sein, aber sie können sich hinter einer bürgerlichen Fassade verstecken und brauchen nicht das Stigma „Hure“ oder „Nutte“ zu fürchten. Das beanstandet sie sehr, aber die Gesellschaft gefällt sich mehrheitlich in der Rolle des moralisierenden Kritikers.*

Bürgerlichen Fassade: *Mögen „andere Damen von neben an“ in ihrer sexuellen Praxis nicht weniger aktiv sein, aber sie können sich hinter einer bürgerlichen Fassade verstecken und brauchen nicht das Stigma „Hure“ oder „Nutte“ zu fürchten.*

Siw beanstandet sie sehr, dass die Gesellschaft, Frauen wie Männer sich mehrheitlich und heuchlerisch in der Rolle moralisierender Kritiker gefallen, auch wenn sie allzu gern sexuell mitwirken würden und es zum Teil auch tun.

B.6 Gefühl des Ausgestoßen-Seins (Vergleichslogik)

B.6.1 Problematik der Unsicherheit (Vergleiche Anhang/Anlage 7)

B.6.1.1 Motive und Antriebe

Neuer Tag

ZH: um 16:24: Du weißt alles über mich und mehr werde ich hier nicht preisgeben. Jetzt musst Du Dich entscheiden, ob Du noch etwas mit mir unternehmen willst oder auch nicht.

ICH: um 16:27: Nach 12 Monaten ist meine Geduld erschöpft und es ist bei Dir nicht abzusehen, ob Du wirklich interessant für mich bist oder nicht. Für Dich ist das wahrscheinlich nur ein Chat-Spiel, für mich war es mehr.

ZH: um 16:29: Nein, ich meine es ehrlich.

ICH: um 16:31: Du weißt ALLES von mir, nur vergisst Du schnell, was Du gesagt und tischt neue Fakten auf, die sich widersprechen. Erst warst Du Hotelfachfrau, dann Lehrerin. - In Wirklichkeit bin ich für Dich nur zahlender Kunde ohne jeglichen persönlichen Bezug. Es ist besser, wir beenden unseren Chat und jeder lebt in seinem Frieden weiter.

ZH: um 16:33: Warum stellst Du auf einmal solche Auflagen, mein Lieber, so kenne ich Dich gar nicht.

ICH: um 16:34: Ich habe den Eindruck, dass auch andere Dein Pseudonym gebrauchen und deshalb, die Eine nicht weiß, was eine andere vorher besprochen hat.

ZH: um 16:35: Das glaube ich und ich finde eshr schade. ☹ Ich hätte Dich weiterhin besser kennengelernt, aber ja, so ist es halt.

ICH: um 16:36: Lieber ein Ende mit Schrecken als ein Schrecken ohne Ende.

ZH: um 16:38: Bist Du heute mit dem falschen Fuß aufgestanden? Das kommt alles so plötzlich für mich, Weiß gar nicht was ich sagen soll

ICH: um 16:40: Das liegt daran, dass ich bisher zu geduldig war.

ZH: um 16:46: ich fühle mich nicht gerade gut, wenn Du versuchst alles auf mich zu schieben.

ICH: um 16:48: Das brauche ich gar nicht, Du ALLEIN trägst die Verantwortung und das weißt Du.

ZH: um 16:49: ich weiß wirklich nicht, ich fühle mich bei den ganzen Schuldzuweisungen unwohl, will ich Dich doch nicht verletzen will.

ZH: um 16:51: nein Du hast es nicht richtig verstanden, ich bin einfach so, dass mich ein Mann erobern muss, zuerst mit seinen romantischen Phantasien und später im realen Leben.

ICH: um 16:55: Du bist vergesslich, ich habe Dir alle Komplimente gemacht, Dich zu einem Candle Dinner eingeladen und Dir meine Liebe erklärt, allerdings habe ich Dir auch alle unangenehmen Wahrheiten gesagt. Wenn das nicht reicht, dann reicht es nicht.

ZH: um 16:59: aber mein Lieber, Du sollt Dich nicht ärgern, genieße einfach die Zeit mit mir und Du weißt ja wie lieb ich sein kann wenn Du mich gut behandelst

ICH: um 17:02: Woher soll ich das wissen? --- Nein meine Liebe, jetzt ist Deine Stunde gekommen: Entweder Du kannst sie nutzen oder auch nicht.

ZH: um 17:04: ja Du hast ja recht, irgendwann muss man sich entscheiden, vielleicht bin ich einfach nicht die richtige Frau für Dich.

ICH: um 17:07: Du bist bestimmt nicht die Richtige, aber die Einzige laut Foto, die ich einmal haben wollte.

Bundesministerium für Familie, Senioren, und Jugend

Abschlussbericht der wissen[1]schaftlichen Begleitung zum Bundesmodellprojekt Unterstützung des Ausstiegs aus der Prostitution
https://www.bmfsfj.de/resource/blob/95446/b1f0b6af91ed2ddf0545d1cf0e68bd5e/unterstuetzung-des-ausstiegs-aus-der-prostitution-langfassung-data.pdf

Push- und Pull-Faktoren: *Seite 106:" … Internationale Literatur und Studienergebnisse belegen den Zusammenhang und die Dynamik von Push- und Pull-Faktoren als entscheidend, sowohl beim Einstieg (Dodsworth 2012; Mayhew und Mossman 2007) in die Prostitution als auch beim Entscheidungsprozess und Management des Ausstiegs …"*

Push-Faktoren *können sowohl Zwang oder empfundene Ausweglosikeit, aber auch eine situativ empfundene Hoffnung (z.B. überdurchschnittliches Entgelt) sein. Daher kann der Versuch, Prositituierte aus der Prostitution herauszuholen* ***(Pull-Faktoren),*** *mangels Motivation scheitern.*

Schanz: ***Ich habe die Zauberhafte so verstanden, dass sie einerseits mit mir einen Weg finden will/wollte, aus ihrem damaligen Leben auszusteigen. Sie mochte mich anscheinend – warum auch immer, und ich sollte ihr helfen.***

https://www.uni-giessen.de/fbz/fb03/institute/ifezw/prof/allgemeine/promotion/expose/exposejuliawege:
Auszug aus: Julia Wege: Die Lebensweltorientierung von Prostituierten - eine qualitative Untersuchung des Beratungsbedarfs unter besonderer Berücksichtigung von Biographie und Bildung:

„… Durch die Rekonstruktion von biographischen Daten können Motive bezüglich der Erfahrungen und Entscheidungen ermittelt werden und aus welchen Gründen sich Frauen für einen Ausstieg aus der Prostitution entscheiden … Dieser Forschungsansatz und die weiterführenden theoretischen Ansätze der Biographieforschung bilden die wissenschaftliche Grundlage für die vorliegende Arbeit. Narrative bzw. biographische Interviews sind für die vorliegende Untersuchung geeignete sozialwissenschaftliche Verfahren, da es den Gesprächspartnern (Prostituierten) den größtmöglichen Raum bietet, frei und offen über die eigene Biographie zu erzählen …"

- ***Es ist/war schwer für die Zauberhafte mir die Wahrheit zu sagen, weil sie anscheinend fürchtet/e, ihre Chancen zu schmälern, ein neues Leben zu beginnen,***
- ***andererseits macht/e sie als Prostituierte weiter (vielleicht schlechtem Gewissen).***

Die Motive und Antriebe – Wunsch, Wille, Empfindungen, aber auch Ängste, Zwänge und Einflüsse aus naher (Auftraggeber, Familie, Freunde und Bekannte usw.) und ferner Umwelt (Nachbarschaft, Gesellschaft) – könnten das Verhalten begünstigen, aber auch behindern.

Bundesministerium für Familie, Senioren, und Jugend — *Abschlussbericht der wissen[1]schaftlichen Begleitung zum Bundesmodellprojekt Unterstützung des Ausstiegs aus der Prostitution https://www.bmfsfj.de/resource/blob/95446/b1f0b6af91ed2ddf0545d1cf0e68bd5e/unterstuetzung-des-ausstiegs-aus-der-prostitution-langfassung-data.pdf*

Abbildung / Grafik 47: ***Es geht in diesem Zusammehang darum, wie unterschiedliche gesellschaftliche Einflüsse sich auswirken können.***

PUSH — **In die Sexarbeit hineintreiben, hereinziehen, halten oder zurücktreiben** — PULL

Nachteile	Vorteile
▮ Armut, existenzielle/finanzielle Not ▮ Schulden ▮ Wohnungslosigkeit, Wohnprobleme ▮ Belastungen, Gewalt, traumatisierende Lebensereignisse ▮ Drogen ▮ unzureichende Berufsabschlüsse/-qualifikationen/-erfahrung ▮ schwache Handlungsmacht (Agency), keine Alternative/Perspektive in Sicht ▮ erlebte/erwartete Stigmatisierung ▮ Verlust von Netzen sozialer Unterstützung (Familie, Freunde) ▮ Wechsel in die andere Welt fällt schwer ▮ Schwierigkeiten beim Umgang/bei der Verarbeitung der Vergangenheit, Probleme mit der Identität als Sexarbeiter*in	▮ Selbstverwirklichung, Selbstständigkeit ▮ hohe Flexibilität und Freiheit ▮ gute Verdienstmöglichkeiten ▮ schnelle Rückmeldung und unmittelbare Belohnung ▮ erlebte soziale Unterstützung und Zugehörigkeit in der familiären Milieu-Nähe ▮ Abenteuerlust, Begeisterung, Macht ▮ Hedonismus, Lebenslust, Rausch („wilde Jahre")

PUSH — **In die Sexarbeit hineintreiben, hereinziehen, halten oder zurücktreiben** — PULL

Nachteile	Vorteile
▮ Wendepunkte: traumatische Erfahrung, Gewalt ▮ Belastungen, Depressionen ▮ Erschöpfung, „sich am Boden fühlen", „kaputt sein", an den Grenzen des Verkraftbaren angelangt ▮ verschlechterte Arbeitsbedingungen ▮ geringer Verdienst, Schulden ▮ Stigmatisierung, Ekel, Scham, Schuldgefühle ▮ das Doppelleben	▮ Selbstbestimmung – vorgesehene Zeit ist um, Ziel wurde erreicht ▮ stabiles positives Selbstbild und Selbstvertrauen, Handlungsmacht ▮ Wunsch/Sehnsucht nach neuer Identität und Rollen des Selbstbilds, sich wieder als „ganz" erleben ▮ Wendepunkte: Entschlossenheit, einen Einschnitt/eine Zäsur zu machen mit der Vergangenheit (Zeit in der Sexarbeit) ▮ Bereitschaft, die Zeit in der Sexarbeit in die eigene Lebensbiografie zu integrieren ▮ glückliche Zufälle und positive Lebensereignisse: Partner, Liebe, Schwangerschaft, Kind

B.6.1.2 Persönliche Daten und die Angst vor Aufdeckung (Chat)

Neuer Tag

ICH: um 7:19: Nun ich habe es immer gewusst, wollte es aber nicht wahr haben. Einmal Prostituierte, immer Prostituierte, auch wenn Du nicht immer mit Geld, sondern mit Sex bezahlt wirst. Alles Gute.

ZH: um 7:21: Schade das Du misstrauisch bist. Aber eigentlich genau aus diesem Grund könntest Du ja auch verstehen weshalb ich mit meinen privaten Daten nicht preisgebe.

ICH: Um 7:30: Das verstehe ich auch, habe es immer verstanden, wollte es nur nicht wahr haben. Ein dummer Greis hat versucht, Dir zu vertrauen, einer Sexgier leidenden Promiskuitiven. Das muss Dich natürlich abstellen und andere Wege gehen. Alles Gute.

ZH: um 7:35: Das tut mir so richtig leid das Du so unglücklich bist. Es ist schade, dass wir anscheinend nicht weiterkommen, mag Dich halt einfach...

ICH: um 7:38: Du gibst mir keine Sicherheit, hast mich belogen und betrogen, und Treue ist für Dich eine lächerliche Dummheit. Nur das das meine Maßstäbe, daran kannst Du mich messen, Dich aber nicht.

ZH: um 7:43: Treue ist durchaus eine wichtige Eigenschaft. Allerdings nicht immer so einfach. Ich denke mal wir alle haben so ab und dann unsere Schwächen...

ICH: um 7:45: Ich habe diese Schwächen nicht, aber das ist auch nicht mehr wichtig. - Du bist zwar für mich der größte emotionale Verlust meines Lebens, aber die Entschei-dung hast Du schon vor 20 / 25 Jahren getroffen, als wir uns noch nicht kannten. - Als Erin-nerung ziehe ich die Konsequenz, Menschen noch weniger zu trauen, als ich es ohnehin schon tue. Was bleibt ist der fachliche Aspekt, der sich für mich gelohnt hat.

ZH: um 7:48: Aber mein Lieber, was habe ich denn genau falsch gemacht? Können wir es nicht dennoch noch einmal versuchen?

ICH: um 7:50: Du hast mich in etlichen nachweisbaren Fällen belogen und betrogen, und Treue mir gegenüber war Dir günstigstenfalls egal. Du wärst natürlich beleidigt, wenn man Dir untreu gewesen wäre, Die Anzahl der Fälle bei Sex mit anderen Männern, die ich gar kennen konnte, werden das alles bei Weitem überwiegen. Nein es gibt nichts mehr regeln.

ZH: um 7:52: Mein Lieber, wie und wann und wo soll ich Dich denn betrogen haben? Bin jetzt sehr verwirrt.

ICH: um 7:53: ich werde mehr als 300 Seiten Chatkopien nicht wiedergeben; Du hast es ausdrücklich zugegeben und Dich bei mir entschuldigt. Damit warst Du damals schon draußen. ich war zu dumm und wollte das nicht glauben. Jetzt weiß ich es.

ZH: um 7:55: Was denkst Du. Sollen wir vielleicht die Uhr auf Null zurück drehen und neu beginnen?

ICH: um 7:56: Das geht nicht, weil der Ballast der Vergangenheit sich nicht abwerfen lässt. Die Erinnerung bleibt.

ZH: um 7:58: Und wenn wir beide die Erinnerung versuchen auszublenden für den Anfang?

Später:

ICH: um 16:12: Liebe ..., auch wenn Dein Foto immer noch in meinem Kopf leuchtet, das ist völlig unrea-listisch: Einmal werde ich unter diesen Umständen niemals auf Deine privaten Daten verzichten und zum anderen befürchte ich, dass Deine Treue auch in Zukunft nicht lange halten wird.

ZH: um 16:18: Ob meine "Treue" in Zukunft hält, kommt es auf den Mann an, wie er mich behandelt 😉

ICH: um 16:20: Überlege Dir meine Hinweise; ich habe so lange gewartet, jetzt kommt es auf einen Tag auch nicht mehr an, aber zur Zeit sehe ich kaum realistische Möglichkeiten

ICH: um 16:30: Das wirst Du nicht tun, weil Du Deine privaten Daten nicht aufdecken wirst. Und ohne diese darfst Du mit mir nicht rechnen.

ZH: um 16:32: was meinst Du denn mit privaten Daten? Man kann auch hier alles weitere klären mein lieber.

ICH: um 16:35: (Dein richtiger Nachname, Deine Berufsadresse, Deine Privatadresse, Dein Telefon- und Handynummer, Deine Emailadresse usw., eben alles, was für mich wichtig ist.)

ZH: um 16:40: Meinen richtigen Namen sage ich Dir, wenn man sich sieht! Meine private Adresse vergebe ich niemals im Internet!!! Eine Emailadresse habe ich nur von der Arbeit, da kann aber auch ein Kollege darauf zugreifen!

ICH: um 16:43: Wie und womit Du sie mir benennst, ist unwichtig (persönlich, per Email oder wie auch immer), aber ich werde nicht darauf verzichten.

ZH: um 16:45: ich habe ja auch keine persönliche Emailadresse: das wollte ich Dir ja damit sagen nur von der Arbeit.

ICH um 16:46: Auf Deine persönlichen Daten, werde ich nicht verzichten; denn um zu wissen, was Du wirklich treibst, sind sie unverzichtbar.

ZH: um 16:49: ich erzähle Dir doch, was ich treibe, wenn Du was wissen willst, dann musst Du mich doch nur fragen

um 16:51: Du kennst meine Fragen und kannst antworten wie und wo immer Du willst oder auch nicht. Alles, was im Umgang mit einer Freundin erleben, telefonieren, sich treffen, sich gegenseitig besuchen, etwas zusammen unternehmen, Kontakte in jeder Weise und vieles mehr ist mit Dir nicht möglich. Das ist dann das Ende - die Zeit der Kompromisse ist vorbei. Du bist mit Deinem Verschweigen sehr verdächtig, vor allem, was Deine Sextätigkeiten betrifft.

B.6.1.3 Was bedeutet „Helden./. Schlampen“

(“1”) Fremdgehen und “betrogen werden”

Schanz: *Die Zauberhafte beanstandet „Wenn Männer häufig Sex mit vielen Partnerinnen haben, sind es Helden, Frauen sind dann Schlampen.“*

Gefühl des Ausgestoßen Seins: *Dieser Vergleich drückt das Gefühl des Ausgestoßen Seins und kränkt sie schwer. Dabei ist es mehr als ein Gefühl: Wenn Menschen etwas ethisch-moralisch bewerten, spielt der subjektive Bezug eine entscheidende Rolle.*

- *Die betrogene Ehefrau wird den Begrifft Schlampe gern verwenden.*
- *Wenn diese Ehefrau aber selber fremd geht, möchte sie bestimmt nicht als Schlampe bezeichnet werden (am liebsten natürlich verheimlichen*

https://www.sexmitschlampen.de/message-centre-new.php

Als Schlampe anbieten: *Andererseits sollte sich die Zauberhafte nicht wundern, wenn sie sich in solchenPortalen **als Schlampe anbietet** – und das tut sie.*

In einem anderen Chatportal bietet sie sich mit gleicher Identität mit folgendem Text an:

*„**Ich will Deine liebste Schlampe sein,** Geliebte, aber auch Hure, Dirne, Nutte: Dir ist zu Hause langweilig, weil Deine Partnerinnen es nicht richtig können. Ich kann Dir alles bieten, aus jeder Perspektive, so lang, intensiv und schmutzig, wie keine andere sich das traut. Jede Deiner extremsten Vorstellungen, alle Arten von Intimität, Affäre, Abenteuer und Seitensprung werden für Dich Wirklichkeit.*

Als ich ihr den Verweis auf die Chat-Adresse gab, wollte sie nicht die Urheberin sein, was sie später tat, nachdem ich sie unter andere Identität dort im Chat kontaktiert und zur Tat aufgefordert habe und mich dann identifizierte. Sie war schwer beleidigt.

(“2”) “Schlampe” endlich aus unserem Wortschatz streichen?

Der folgende Artikel dürfte der Zauberhaften gefallen (Bitte nachlesen):
https://ze.tt/warum-wir-das-wort-schlampe-endlich-aus-unserem-wortschatz-streichen-sollten/

Dr. Gunda Windmüller schreibt über alles, was schön schwierig ist. Sex und Liebe zum Beispiel. Ihr Buch* “Weiblich, ledig, glücklich - sucht nicht” *erschien im März 2019.
ze.tt GmbH, Buceriusstraße, Eingang Speersort 1, 20095 Hamburg

Auszugsweise: Stichworte und Schlussfolgerungen;

Warum wir das Wort sollten?

- *Was heißt das: Eine Schlampe sein? Frauen, die Spaß wollen„ … Ja, da musste ich auch grinsen. Soll nur ja niemand auf die falschen [sic!] Gedanken kommen. Chrissi möchte sich als Frau zwar über den Begriff beschweren, aber zugleich nimmt sie ihn ernst genug, um sich lieber absichernd davon zu distanzieren. Der Beitrag ist schon ein paar Jahre alt und so könnte es gut sein, dass es Chrissi mittlerweile vielen Geschlechtsgenossinnen nachmacht und stolz auf einem „slut walk“ ihre Sexualität als unantastbar erklärt …“*

- ***„slut walks“:*** *„ … Aber letzten Endes sind auch diese **„slut walks“** ein Zeichen dafür, wie zielgenau der Begriff Schlampe immer noch wirkt. Wie er dazu dient, Frauen zu erniedrigen, ihre Sexualität zu diskreditieren. Deshalb ist die Beleidigung auch nichts, was man einfach an sich abprallen lassen sollte. Oder abprallen lassen könnte. Denn Wörter sind nicht einfach nur Lauthülsen, die man lässig von der Schulter schnipsen kann, wenn sie einen treffen …“*

- ***Wörter schaffen Welten***

Weibliche Lust: *„... Die Beleidigung Schlampe stellt nämlich klar, dass weib-liche Lust eigentlich keine sein darf.*

Klar, das ist absurd. Kümmert sich doch die Lust als solche wenig um Grenzen. Aber weibliche Lust darf eben weder zu Viel wollen noch sich zu viel nehmen. Sie hat zu sein wie ein ordentliches Vorgartenbeet: überschaubar und nur mit viel Liebe und Aufwand zu begrünen ...“

„... Männliche Liebhaber sind Casanovas und Don Juans

- ***Slut Shaming:*** *vielleicht irgendwann dezent melancholisch, aber immer auch be-wundert. Sicher, unsere sogenannte sexu-elle Befreiung ist historisch gesehen erst einen Wimpernschlag her. Aber wenn es mit dem Slut Shaming so weitergeht, können wir noch lange auf weibliche Vorbilder hoffen ...“*

- *„... Wer Frauen als Schlampen bezeichnet, der bläst nicht nur Diskursnebel in die Hirne, sondern*

- ***sorgt auf ganz vielfältige Art auch dafür, dass Frauen im öffentlichen Raum diskriminiert werden.***

- *Das hat* ***Auswirkungen auf Gerichtsverfahren*** *wegen sexueller Übergriffe, auf den Ausgang von Bewerbungen und die Reputation. Und die ist in vielen Kontexten ganz handfest ...“*

Schanz:

Slut Shaming betrifft „sexuell freizügige Frauen“: Das Wort Schlampe wurde vermutlich ab Anfang 18. Jahrhundert verwandt, um eine Frau als sexuell freizügig zu chakterisieren – vermutlich vorwiegend von Männern, die sich betrogen fühlten.

Frauen gegenüber Frauen: Das wurde im Laufe der Zeit auch von Frauen gegenüber Frauen eingesetzt, um beispielsweise eine Frau zu beschimpfen, die mit dem Ehemann der Ersten Ehebruch begangen hatte.

Sexuelle Freizügigkeit: Mit der verstärkten erkennbaren sexuellen Freizügigkeit (nach dem 1. Weltkrieg, seit 1920 bei Prominenten schon immer und verstärkt in der Nachkriegszeit bei vielen Bürgern nach dem 2. Weltkrieg 1945 nach 1950 bei allen, u.a. mit Oswalt Kolle) begannen die Moralregeln zu schwanken und sind bisher immer noch nicht rational erklärbar:

Es sind Glaubens-, Überzeugungs- und mehr oder weniger strikte Moralregeln, keine logisch ableitbaren Naturgesetze. Sollte es verbindliche Grenzen geben oder nicht?

Ist es legitim, zumindest aber zu dulden, wenn man sich alle sexuellen Vergnügungen einfach nimmt, auch wenn man in andere Partnerschaften einbricht,

oder muss es Regeln geben, die diese Art von Aktivitäten verhin-dern, einschränken oder sanktionieren (z.B. Geldstrafe), ggf. auch mit geeigneten rechtlichen Begrifflichkeiten (vergleichbar mit vorbestraft) bezeichnen.

Vereinbarung und Verrat: *Wenn beide Partner vereinbaren, dass eine freie und ohne Vorbehalte bestimmte sexuelle Partnerschaft für sie ideal sind, mag es funktionieren. – Das ist nicht immer eine sichere Konstellation, wenn die eigene persönliche Betroffenheit sich auswirkt: Zwar, wenn man selbst fremd geht, ist das in Ordnung, wenn aber der/die andere das auch tut, dann wird es häufig als ganz, ganz schlimm, als Verrat empfunden.*

("3") SCHLUSSFOLGERUNG: WAS TUN?!

Habt den Sex, der euch zusteht: *„… Schlampe" kommt nicht nur im Wortschatz von Männern vor. Auch Frauen können sich untereinander als Schlampen bezeichnen. Sie tun es auch. Wir sollten uns deswegen nicht nur klar machen, was solche Begriffe mit Menschen anstellen, sondern auch, was das für Menschen sind, die sie äußern. Und wir sollten uns deutlich machen, was solche Menschen dabei in erster Linie sind: „f***ing rude", wie Lena Dunham mal so schön bemerkte. Lasst das also nicht auf Euch sitzen. Habt den Sex, der euch zusteht. Niemand ist eine Schlampe …"*

("4") Widersprechen sich Treue und Promiskuität (Slut Shaming)?

Schanz: Individuelle Einstellungen und Dispositionen

Vereinbarung: Das ist im konkreten Fall individuelle Einstellung, Disposition und Vereinbarung. Wen es nicht stört, dass sein/e Partner/In promiskuitiv war und sich zukünftig auf seine/ihre Treue verlässt, kann damit leben.

Treuebruch: Wenn diese Vereinbarung von einem/r Partner/In gebochen wird, ist es die Frage, ob der/die Betrogene verzeihen kann.

Wer einen Treuebruch nicht verzeihen kann,

sollte bei der Partnerwahl andere Maßstäbe zugrunde legen.

Menschen, die vor allem äußerlich sehr attraktiv sind, wissen das auch und entwickeln dementsprechend ihre Erwartungen und Ansprüche.

Hinzu kommt, dass andere deren Attraktivität auch erkennen und die Konkurrenz groß ist.

Maqnschmal ist von Vorteil, über die Attraktivät hinaus die

"innerliche" Affinität und Sympathie zu prüfen und solche Bindungen zu bevorzugen, in denen es tatsächlich passt, auch wenn es nicht der/die schönste Partner/In ist.

Wer alles will, äußerliche Attraktivität und "innerliche" Affinität und Sympathie wird in der Regel länger suchen und auch mit Fehlschlägen rechnen müssen.

Offene Beziehungen wären eine Lösung: Wen es nicht stört, dass sein/e Partner/In promiskuitiv war und ist, sollte damit leben können. Allerdings funktioniert das in vielen Fällen nicht, weil sich häufig Neid und Eifersucht einstellen und dann nur noch wenig funktioniert.

Symbiose: *Langzeitparnerschaften (50 Jahreund mehr) haben unterschiedliche Ursachen:*

Individuelle Ansprüche *warden weniger empfunden und betont, weil bei diesen Meschen der Realitätsbezug dommniert. Sie akzeptieren ihre eigene Unzulänglichkeit und emtwickeln eine positive Zuwendung zu ihrer Umwelt und ihrem/r Partner/In.*

Ideale Partnerschaft: *Oder die schaffen es tatsächlich, eine/n Partner/In zu finden, der ihren Idealen entspricht (relative selten)*

Sexualität/Sublimierung: *Die Sexualität ist am Anfang meistens dominie-rend, verliert im Laufe der Zeit an Intensität:*

Entweder ermüdet die Beziehung, schleppt sich dahin und wird ggf. aufgelöst,

oder sie mündet in eine **"spituelle Ebene".** *Das hört sich sehr anspruchvoll an, ist in den Partnerschaften häufig gar nicht bewusst. Es ergibt sich aufgrund mentaler Symbiose eine innere Abhängigkeit von dem/der andere/n Partner/in.*

"Integrale Gemeinsamkeit": *Man macht alles gemeinsam (das tägliche Leben, Verwandschafts- und Freundschaftspflege, Kindererziehung, Hobbies, Freizeit, Urlaub, alle Unternehmungen u.a. sonstige Lebensäußerungen. Zwar mag es im Detail getrennte Interessen und Aktivitäten geben, aber sie die Ausnahme von der Regel.*

Wer versucht eine integrale Gemeinsamkeit zu entwickeln, dem wird nicht gelingen, wenn er/sie dafür nicht geeignet ist.

("5") Meine subjektiven Befindlichkeiten

Wer hieraus den Schluss ziehen möchte, dass ich jetzt gar nichts gegen Prostitution habe und ihre Anerkennung fördern möchte, stößt auf meine subjektive Befindlichkeit:

- *Wenn ich eine sehr attraktive Frau (wie die Zauberhafte) geheiratet hätte, würde ich öffentlich nie zugeben, dass sie vorher eine Prostituierte war. Vermutlich würde ich alles verschweigen und eine neue Identität erfinden.*

- *Wenn meine Töchter Prostituierte geworden wären, ist ausgeschlossen, dass ich das in der Öffentlichkeit voller Stolz verkünden würde. Ich würde nur das hinnehmen (müssen), was ich nicht verschweigen kann.*

("6") Andere Auffassungen zu Treue und Promiskuität

https://krautreporter.de/3133-treu-zu-sein-ist-fur-frauen-mindestens-so-hart-wie-fur-manner
© unsplash / freestocks
Krautreporter eG, Sredzkistr. 19 A, 10435 Berlin
GESCHLECHT UND GERECHTIGKEIT

INTERVIEW: „Treu zu sein ist für Frauen mindestens so hart wie für Männer“

Leiden unter Monogamie: *„Fast alles, was wir über weibliche Untreue wissen, ist falsch“, schreibt die amerikanische Anthropologin und Autorin Wednesday Martin in ihrem neuen Buch. Ihrer Aussage nach sind es nicht die Männer, für die sexuelle Treue so schwer ist – sondern die Frauen, die in langen Beziehungen unter Monogamie leiden.*

22.11.2019
Interview von Esther Göbel

„Die Primaten von der Park Avenue“: *Wednesday Martin spricht ein Thema an, das so normal wie heikel ist: den Verlust sexuellen Begehrens in einer langen Beziehung. Es ist eine unbequeme Wahrheit, aber Martin hat kein Problem, klare Worte dafür zu finden; sie schreibt regelmäßig über die Intimitäten von Familie und Gender. 2016 erschien ihr erstes Buch „Die Primaten von der Park Avenue“, in dem sie sich den Kosmos der New Yorker High-Society-Mütter von der Upper East Side anschaute.*

Als die Skype-Verbindung nach einer halben Stunde Hin und Her endlich steht, winkt mir eine fröhliche 54-Jährige entgegen, rotes T-Shirt, ungeordnetes, blondes und halblanges Haar, Brille. In New York ist es 10 Uhr am Morgen, und Wednesday Martin ist hellwach.

Frau Martin, normalerweise gilt Fremdgehen als eine ziemlich schlimme Sache. Aber wenn ich Sie richtig verstanden habe, sagen Sie in Ihrem Buch: „Als Frau fremdzugehen ist total okay!“

„Als Frau fremdzugehen ist total okay!“: Ich sage nicht, dass es okay ist. Aber wenn man sich die weltweite Datenlage anschaut in Bezug auf weibliche Untreue, dann sehen wir: Fremdgehen ist bei Frauen Teil ihres ganz normalen sexuellen Verhaltens. Ob uns das nun gefällt oder nicht.

Lange Tradition der Untreue: *Sie schreiben sogar, dass weibliche Untreue eine lange Tradition hat in der Menschheitsgeschichte.*

Viele Evolutionsbiologen glauben, dass weibliche Promiskuität, also Sex mit wechselnden Partnern, für viele Spezies evolutionäre Vorteile hat – die Spezies Mensch eingeschlossen. Zum Beispiel kann ein Weibchen mit verschiedenen Sexualpartnern auf eine größere Vielfalt an Spermien zurückgreifen. Das erhöht für das Weibchen die Chance auf bestmögliche Spermien – und damit auch die Chance auf erfolgreiche Nachkommen. Diese Sicht widerspricht natürlich allem, was wir bisher über Beziehungen dachten: Dass nämlich Monogamie natürlicher sei als die Paarung mit mehreren Partnern. Aber die Daten zur weiblichen Untreue und die Forschung aus der Anthropologie geben das einfach nicht her.

Sie haben für Ihr Buch mit Sexualwissenschaftlerinnen gesprochen, Primatologinnen, Anthropologinnen, Psychologinnen – aber vor allem haben Sie auch dreißig „ganz normale“ Frauen im Alter von 20 bis 93 Jahren interviewt, die Ihnen von ihrer Untreue erzählten. Diese Frauen haben aber sicher nicht über evolutionäre Vorteile nachgedacht, als sie untreu wurden. Warum gehen Frauen fremd?

Weibliche Untreue ist sehr abhängig vom Kontext. Aber was diese Frauen suchen, ist ein erfülltes Sexualleben. Sie wollen ein Abenteuer, sexuelle Abwechslung, Vergnügen. Sie wollen sich gutfühlen.

„Frauen sollen nicht ihre Beziehung sprengen, nur um guten Sex zu haben"

Ist es so einfach?

Wir haben uns lange erzählt, Frauen würden fremdgehen, nur weil etwas in ihrer Ehe oder Partnerschaft nicht stimmt. Manchmal ist das so – aber nicht immer. Was wir aus den neuen Daten ablesen können: Frauen beginnen früher als Männer, sich in langen Beziehungen sexuell zu langweilen, nämlich zwischen dem ersten und dem vierten Jahr. Egal, ob sie in einer glücklichen Beziehung leben oder nicht.

Und bei Männern ist das anders?

Männer begehren ihre Partnerin länger. Bislang dachten wir, das würde einfach bedeuten, Frauen mögen Sex weniger gern als Männer. Aber wenn man Frauen fragt: „Wie wäre es, wenn Sie mit einem fremden Mann und nicht ihrem Partner Sex haben könnten?", dann sagen sie:

„Oh wirklich? Warten Sie, ich bin sehr interessiert!" Heute wissen wir: Monogam zu leben ist für Frauen mindestens so hart wie für Männer. Und ich persönlich glaube, genauso wie viele Sexualwissenschaftler und Biologen, dass es für sie sogar noch schwieriger ist.

*Aber was soll eine Frau dann tun, wenn sie in einer glücklichen Beziehung lebt und ihren Partner nicht verletzen will? Das ist doch ein Desaster für jede Frau! Wie kommen wir da raus***?**

Schanz:

Tradition der Untreue (biologisch: Erhalt der Spezie / tradionell: sexuelle Lust):
Wer die Langweiligkeit der Monogamie empfindet, wird nicht nach

"Integraler Gemeinsamkeit" suchen. Das schließt sich aus.

Das Gleiche gilt für Menschen, die die Erfüllung "sexueller Lust" als notwendige Tradion empfinden.

Die eigentlich Frage ist "Hat nicht jede Disposition Ihre Berechtigung?" und wir sind unserer mentalen und sexuellen Entwicklung ausgeliefert, ob wir wollen oder nicht.

B.6.1.4 Genie ./. Schlampen

Aber die Zauberhafte bringt folgendes Beispiel: „Wenn ein Produkt aus der Militärtechnik erfolgreich auf den Markt gebracht wird und im Einsatz Hunderten von Menschen das Leben kostet, bleibt der Erfinder ein technisches Genie. Wenn ich aber Hunderte von Männern glücklich mache, bin ich kein Sexgenie, sondern eine Schlampe. Ist das gerecht?"

Gerechtigkeit ist ein Begriff, der ebenso interpretierbar ist wie Ethik und Moral. Der logisch denkende Wissenschaftler wird nach der „Apfel-Birnen-Theorie" sagen, weder die Hypothese selbst, noch ihre Eingangsdaten, sind vollständig und schon gar nicht repräsentativ.

Bei mir bleibt das unbestimmte Gefühl, dass die Zauberhafte nicht „ganz" Unrecht hat.

Zum Nutzen der Prostitution:

Es ist schon fast ein Sakrileg, wenn man in der Prostitution einen Nutzen für die Gesellschaft erkennt, aber es gibt bedenkenswerte Anhaltspunkte.

https://opus4.kobv.de/opus4-hs-duesseldorf/frontdoor/deliver/index/docId/205/file/Empowerment_und_Prostitution.pdf Fachhochschule Düsseldorf Fachbereich Sozial- und Kulturwissenschaften Studiengang Sozialpädagogik Gutachter 1. Gutachter: Professor Dr. jur. Klaus Riekenbrauk 2. Gutachter: Dipl. Soz-päd. Walter Scheffler Diplomarbeit zum Thema: Empowerment und Prostitution - Auswirkungen des Prostitutionsgesetzes auf die Lebenswirklichkeit von Prostituierten - Eingereicht im Wintersemester 2006/2007 von: Michael Richter Matrikel Nr. 426448 An der Vogelstange 2 48301 Nottuln

Auszugsweise:

Aus dem Inhaltsverzeichnis

Dass alles nachzulesen zeigt durchaus den Nutzen von Prostituierten. Man kann meinen, dass alles bräuchte man nicht, aber man kann es auch anders sehen – vor allem im konkreten Fall, wenn einem Menschen (Mann) tatsächlich in einer psychischen Notlage geholfen wird.

Zum Nutzen der Prostitution:
Auszugsweise aus 5.8.: Gesellschaftlicher Wert der Prostitution

Entlastung von Männlichkeitsgeboten:„... In einer Welt, in der Männer sich beruflich anpassen, aber auch durchsetzen sollen, gleichberechtigte Partnerschaften führen, aber ab und zu den Spanier heraushängen lassen sollen, in der ein sicherheitsfixierter Staat keine Risikosituation ungeregelt lässt, aber ständig neue Extremsportarten auf den Markt drängen, ist die Prostitution oft das einzige Refugium, um sich von der Last widersprüchlicher Männlichkeitsgebote zu erholen ...“

***Sozialarbeit:** „ ... Die Autorin Domentat, Tamara (2003) schreibt hierzu folgendes: „Sexarbeiterinnen sind praktisch Sozialarbeiterinnen: Sie regenerieren ihre Kunden, stärken deren Identität als sexuelle Wesen, steigern deren Vitalität und stabilisieren deren Ehen ...“*

***Psychische Stabilisierung**: „ ... So vermittelt gerade die Prostitution in einer Welt, die durch berufliche und private Zwänge gekennzeichnet ist, dass der Kunde durch die Möglichkeiten des Gelegenheitssexes die Gewissheit erfährt, dass er autonom und frei ist. Die Prostitution führt somit dazu, dass er eine psychische Stabilisierung erfährt. Gerade dadurch, dass es bei dem Kontakt zur Prostitution nicht um die Abspaltung sondern um die Widerherstellung der Ganzheit geht, wird das Potenzial eine Beziehung in Frage zustellen abgebaut ...“*

***Anmerkung Schanz:** Dass mag das anscheinend moralgläubige Bürgertum erzürnen, wenngleich im privaten Bereich so manches passiert, was nicht so ethisch wertvoll ist, wie seine Urheber es glauben machen möchten.*

Es gibt auch berechtigte Einwände, aber zwischen dem, was als überzogen angesehen werden kann, und dem, was für die Gesellschaft nützlich ist, kann es sinnvolle Kompromisse geben.

B.6.2 Zwischen Psyche und Psychiatrie

B.6.2.1 Subjektive Befindlichkeiten der Zauberhaften

Was die subjektive Befindlichkeit von der Zauberhaften betrifft, bin ich nicht sicher, wie das zu deuten und bewerten ist.

- ***Erfüllung ihrer Sexsehnsucht:*** *Allem Anschein ist sie mit ihrer Situation sehr zufrieden und genießt, wie sie es selbst bezeichnet, die Erfüllung ihrer Sexsehnsucht.*
- ***Toleranter Partner:*** *Andererseits möchte sie einen festen Partner, ohne aber ihr Sexmetier mit ihren Kunden (Freiern) aufzugeben.*

B.6.2.2 Teilung der Sexualität (inneres Vertrauen, Sexsehnsucht, Kunden)

„ … ICH: um 13:38: Es mag wohl richtig sein, dass Du nicht jeden bumst, aber für meine Vorstellung von Treue ist mir das zu viel.
ZH: 13:40: Sei nicht so kleinlich, ich würde Dir alles bieten, wovon Du sonst nur träumen würdest. ich mag Dich als jeden anderen.

ICH: 13:41: Deshalb haben wir uns getrennt. Alles Chats, die Du an mich oder sonst wen richtest, kosten unnötig Coins und bringen Dir nichts. Meine Meinung über Dich steht fest, daran wirst und kannst Du nichts ändern.

ZH: um 14:08: wäre doch schön, nach all dem was zwischen uns war, wenn wir beide wieder auf eine normale Basis zurückkommen oder was meinst Du Liebling?

ICH: um 14:13: Wie soll das gehen, wenn Du nicht völlig aussteigst und Du kannst Du nicht, weil Du Gefangene Deiner Sexsucht bist. Dass ich eine Schwäche für Dich habe, das weißt Du leider auch. Nein ich muss dieses Mal stur bleiben, weil wir letztlich doch nicht zusammen kommen.

ZH: um 14:15: Liebling und wie wäre es, wenn Du über meine Sexsehnsucht hinwegsiehst und das einfach so duldest, wäre das für Dichokay?

ICH: um 14:17: Allein die Vorstellung, dass nicht nur heute, sondern alle Zeit, zuvor Hunderte von Männern, bei Dir waren, und Du kommst nach Hause und bietest mir, liebevollen Partnersex an, ekelt mich an. Ich biete noch einmal an, dass wir uns zu einem Abschlussgespräch treffen, das Eine oder Andere besprechen, aber uns dann für immer verabschieden.

ZH: 14:25 Wieso ekelst Du Dich? Meinst Du an meiner Muschi wäre noch Sperma? Keine Sorge, das wird es nicht geben.

Ich: 14:28: Das wäre zwar mehr als eklig, aber mir geht darum, dass ich Dich grundsätzlich nicht mit anderen Männern teile - das entspricht nicht meiner Vorstellung von einem anständigen und liebevollen Umgang miteinander. Dein Charakter ist jenseits aller Vorstellungen verdorben. Nein, das kann ich nicht, weil ich Dich mit anderen Männern teilen werde, weil ich selbst an Sex mit Dir interessiert bin und das ohne Treue nicht ertragen kann. Ich kann mir nicht vorstellen, dass Du mir Sex mit anderen Frauen gestatten würdest.

ZH: um 14:32: Wieso: Das ist doch nur Sex, nicht Liebe. Ich denke, wenn man es vorher bespricht, dann kann man doch bestimmte Kompromisse eingehen, es hätte ja dann nichts mit Betrügen zu tun, wenn der andere davon wüsste.

Schanz: *Sie schien ernsthaft zu glauben, dass sie mir treu bliebe, wenn sie beruflich mit anderen Männer (Freiern) Sex hätte. So hat sie es auch immer gehandhabt.*

Wer in seiner Kindheit / Jugend an das Prostitutionsumfeld gewöhnt ist, sieht auch als Erwachsene Prostitution als ganz normal an – weil sie es nicht anders kennen.

Insofern ist es eher Ehrlichkeit als bösartiger Vorsatz.

Zum Chat:

ICH: um 14:35: Deine Art von Ehrlichkeit wirft mich um. Das erinnert mich an das Verhalten von Fremdgängern, Frauen wie Männer: Zwar, wenn sie selbst fremd gehen, ist das in Ordnung, wenn aber der/die Partner/In das auch tut, dann wird es häufig als ganz, ganz schlimm, als Verrat empfunden.

ZH: 14:37: Keine Angst, ich würde Dir das auch gönnen.

ICH: 14:40: Danke nein, das ist für mich keine Verhandlungsmasse. Dann lasse ich Dich lieber gehen.

ZH: 14:44: Das will ich aber nicht.

Vorläufiges Ende

Auszugsweise: https://ediss.sub.uni-hamburg.de/bitstream/ediss/618/1/Dissertation.pdf
Interpersonelles Vertrauen Entwicklung eines Inventars zur Erfassung spezifischer Aspekte des Konstrukts Dissertation zur Erlangung der Würde des Doktors der Philosophie der Universität Hamburg vorgelegt von Ulf Bernd Kassebaum aus Ratzeburg Hamburg:

Dabei beziehen sich die Autoren auf eine Untersuchung von Seligman, Fazio und Zanna (1980) und unterscheiden folgende drei Arten von Motiven:

1. „... **Extrinsische Motivation:** *Die Beziehung wird aufrecht erhalten, um positive Konsequenzen, die außerhalb der Beziehung liegen (z.B. Status, Ansehen, Geld) zu erreichen.*

2. ***Instrumentelle Motivation**: Die Beziehung wird aufrecht erhalten wegen positiver Konsequenzen, die nur innerhalb der Beziehung zu erlangen sind (z.B. Liebe, Lob, Unterstützung, Sexualität).*

3. ***Intrinsische Motivation:** Die Beziehung wird aufrecht erhalten, weil sie wegen der Freude am gemeinsamen Erleben und der gegenseitigen Rücksichtnahme einen Wert an sich darstellt ...“*

4. *„… **Abhängigkeit von Geschlecht, Alter, Bildung und Herkunft***

In einer Reihe von Untersuchungen (Rosenberg, 1957; Wrightsman, 1964; Nottingham, Gorsuch & Wrightsman, 1968; Chun & Campbell, 1974; Lacy, 1978; Johnson-George & Swap, 1982; Rotenberg, 1984; Rempel et al., 1985, Couch & Jones, 1997) zeigte sich,

- *dass **Frauen höhere Vertrauenswerte** hatten als Männer. In einigen Studien (Terrell & Barrett, 1979; Krampen et al., 1982) erwiesen sich die weiblichen Befragten hingegen als misstrauischer (Frauen sind bekümmerter über emotionale, Männer über sexuelle Untreue.)*
- ***Geschlechtsspezifische Unterschiede:** In empirischen Studien fanden Brickman et al. (1979) geschlechtsspezifische Unterschiede hinsichtlich vertrauensvollen Verhaltens im Gefangenen-Dilemma-Spiel.*
- ***Frauen sind vertrauensvoller:** Croson und Buchan (1999) stellten fest, dass Frauen entgegengebrachtes Vertrauen eher erwidern als Männer.*
- ***Betroffenheit:** Andererseits scheinen Frauen Vertrauensverletzun-gen anders zu erleben als Männer (Cramer et al., 2000) – Frauen sind bekümmerter über emotionale, Männer über sexuelle Untreue …“*

B.6.2.3 Treue und Vertrauen

Schanz: Darf man von einer Prostituierten Treue erwarten?
Im Prinzip ja, wenn es wirklich zu einer liebevollen Gemeinsamkeit kommen soll, aber wie wahrscheinlich ist das?

Die Dame müsste einen Vertrauenssprung tun, der ihr aus ihrer Wahrnehmung nicht möglich ist.

Es ist die **typische Einstellung von Prostituierten**, *nichts preiszugeben, was auf ihre wahres Tun schließen lässt. Andererseits verdient sie Ihren Lebensunterhalt damit. Hat sie realistische* Möglichkeiten etwas Wesentliches zu ändern, ohne Nachteile in Kauf nehmen zu müssen?

Das alles ist auch verständlich, weil die tatsächlichen und empfundenen gesellschaftlichen Zwänge sie ängstigen.

Es ist Ihre **Angst vor Entdeckung, Aufdeckung, Bloßstellung** *und Diskriminierung. Krampfhaft versuchen sie jeden Hinweis auf ihre wahre Identität und ihr persönliches Umfeld zu vermeiden.*

Sie befürchten, von Männern (Zuhältern, Freiern, Kunden usw.) weswegen auch immer zur Rechenschaft gezogen zu werden, Prügel angedroht zu bekommen und auch noch Schlimmeres. Sie fühlen sich ausgebeutet und gedemütigt. Ihrem Gefühl nach hilft ihnen niemand und schützt sie.

Wie kann ich erwarten, dass die Zauberhafte sich mir gegenüber öffnet.

Zum Chat:

ZH: um 22:30: ich war Dir nie untreu und werde es auch nicht sein..Warum sollte ich das? ich habe doch dich!

ICH: um 22:45: Du warst untreu: Deine Worte am Sonntag XX.XX.2019 - um 18:52.

ZH: um 22:46: Küssi, mein Lieber, das tut mir Leid und es ist alles wahr, entschuldige mich, dass ich fremdgegangen bin: Um ehrlich zu sein nur ein einziges Mal und ich bereue es auch zutiefst. –

ICH: um 22:47: Auch Dein zärtliches Techtelmechtel mit P.. .G… (Chatkopie XX.XX.2020) haben mich abgeschreckt.

ZH: um 22:48: ich war verletzt und aus Wut habe ich das geschrieben. Da es wirklich kindisch ist, wollte ich es Dir nicht sagen. So, jetzt ist es raus

ICH: um 22:58: Lass das, Deine Einlassung ist unglaubwürdig und ist ein schäbiger Versuch, mich zu verunsichern. Es hat sich ja auch mehrfach wiederholt: ich kann Dir die 7 Namen aus den Chats nennen: (1-D…r), (2-D…t), (3-H…r), (4-P…n), (5-H…g), (6-A…o) und (7-P…o). Sei bitte fair.

ICH: um 23:01: Am 10.XX.XX um 14:16 hast Du geschrieben: // ich weiß nicht wieso Du mir das antust? ich habe echt nicht gedacht, dass Du so stark kontrollierst. // Mit anderen Worten: Wenn ich Dich nicht kontrolliert hätte, hättest Du mich locker belogen. Das ist für mich hinterhältig.

ICH: um 13:53: Zu dem, was ich Dir zuletzt vorgehalten habe, bleibe ich bei meiner Meinung, aber Du hast u.a. geschrieben, dass Du nicht aus Deiner Haut heraus kannst. Wir haben schon vor längerer Zeit darüber geschrieben, dass ich Dich für nymphomanisch halte und Du eine Therapie bräuchtest). Du hast das damals bestritten.

ZH: um 13:59: Ja ich weiß noch, dass Du mir das schon einmal vorgeschlagen hast. Trotzdem bin ich mir nicht so sicher ob das bei mir eine Wirkung zeigen wird. bzw. ob es überhaupt funktioniert...

ICH: um 14:04: Es ist so, dass Ich Dir immer noch helfen möchte, aber einmal must Du das WIRKLICH wollen und zum anderen weiß ich nicht, ob Du psychisch in der Lage bist, eine solche Behandlung durchzustehen.

ZH: um 14:07: Also, mein Lieber, danke Dir dass Du Dichso um mich kümmerst. Das kenne ich sonst nicht von einem Mann... Aber wie Du bereits auch gesagt hast, auch wenn ich so etwas starte, ich weiß nicht, was mich da erwartet und ob ich es überhaupt schaffen kann...

B.6.3 Abwehrmechanismen (Verdrängung, Anpassung und Selbsttäuschung)

B.6.3.1 Psychische Tendenzen (Triebe, Wünsche, Motive, Werte)

Wikipedia: Abwehrmechanismus *ist ein Begriff aus der Psychoanalyse.*

- **Konflikte mental bewältigen bzw. kompensieren:** *Mit ihm werden psychische Vorgänge bezeichnet, die den Zweck haben, miteinander in Konflikt stehende psychische Tendenzen (Triebe, Wünsche, Motive, Werte) – also innerseelische Konflikte – oder zwischenmenschliche Konflikte mental so zu bewältigen bzw. zu kompensieren, dass die resultierende seelische Verfassung konfliktfreier ist. Dies erfolgt meist unbewusst.*

- **Attraktivität:** *Die Zauberhafte sucht Ihre Partner aber nur nach ihrem Geschmack und hat wohl auch keine Schwierigkeiten diese zu finden, dabei ist sie sowohl quantitativ wie qualitativ in der Lage, eine relativ hohe Anzahl an Freiern glücklich zu machen.*

- **Partner-Anspruch:** *Aber ihr Partner-Anspruch an eine vorzeigbare, selbstbewusste, verläss-liche und anerkannte Persönlichkeit wird im Regelfall daran scheitern, dass sie als Edel-Prostituierte wahrgenommen wird, die nicht treu sein kann. Vermutlich ist sie zudem Nymphomanin (was sie selbst bestreitet), was ihr Leben diesbezüglich nicht erleichtert. Solche Frauen mögen bei dieser Art von Männern als Geliebte eine Rolle spielen, nicht aber als standesgemäße Ehefrau.*

- **Tolerante Duldung:** *Gleichzeitig erwartet sie von diesem Mann, dass er ihr vielseitiges sexu-elles Metier mit männlichen Kunden (Freiern) in jeder Hinsicht tolerant duldet.*

Während viele Prostituierte darunter leiden, Prostituierte zu sein, scheint das bei der Zauberhaften eine untergeordnete Rolle zu spielen.

Auszugsweise: https://www.trauma-and-prostitution.eu/category/wissenschaftliche-texte/psychische-und-koerperliche-auswirkungen/

Führende Psychotraumatologen/Innen haben sich dem Appell von Frau Dr. Ingeborg Kraus angeschlossen, um auf die dramatischen gesundheitlichen Folgen von Prostitution hinzuweisen. Sie fordern eindeutig einen Sexkaufverbot. Mittlerweile hat sich durch diese Initiative ein europäisches Netzwerk von Experten und Expertinnen gefunden, die ihre Stimmen zum Thema Prostitution kund geben. Diese Seite soll dies sichtbar machen.

- ***Schädel-Hirn-Trauma bei prostituierten Frauen***

TBI: Traumatic Brain Injury: *Gewalt in der Prostitution ist allgegenwärtig und kann Schädel-Hirn-Traumata verursachen. Auf Englisch TBI: Traumatic Brain Injury. Diese Studie, die an 66 Frauen und Transfrauen durchgeführt wurde, weist erschreckende Resultate auf: 95% weisen dauerhafte Kopfverletzungen auf, entweder indem sie mit Gegenständen geschlagen wurden oder ihr Kopf gegen Objekte geschlagen wurde.*

Akute und chronische Symptome: *Die Frauen beschrei-ben akute und chronische Symptome, die von diesen Verletzungen hervorgehen und/ oder Gehirnerschütterungen. Diese beinhalten Schwindel, depres-sive Verstimmungen, Kopfschmerzen, Schlafstörungen, Konzentrationsstörungen, Ge-dächtnisstörungen, Orientierungsprobleme, niedrige Frustrationstoleranz, Erschöpungszustände, Appetitlosigkeit und Gewichtsverlust, etc. Die Abklärung auf TBI ist äußerst wichtig in der Behandlung von prostituierten Frauen ...“*

Zu Schädel-Hirn-Trauma bei prostituierten Frauen

- ***Kindliche Seele (Spieltrieb – Bonobo-Effekt)***
  Mit all diesen Traumata scheint die Zauberhafte nichts zu tun zu haben. Was bei der Zauberhaften auffällt, sie wollte mir anfangs ihre Vergangenheit um jeden Preis verschweigen. Als das nicht mehr möglich war, gab es folgenden Chat.

  ich behauptete, dass die kindliche SEELE vieler Menschen verhindert, dass sie erwachsen werden und das würde den Spieltrieb auf etliche Jahre verlängern. Äußerlich scheint der Mensch ausgereift, aber sein Spieltrieb kann sich in Sexsucht äußern.

B.6.3.2 Trauma der Prostituierten

Auszug aus dem Chat:

ICH: um 18:54: Rauchgiftsucht und auch zur Sexsucht (Bonobo-Effekt) führen. Im Laufe der Jahre kommen dann Bedenken und der Versuch, alles zu verschweigen und zu leugnen, was belastet oder zu belasten scheint. Das stört das Gleichgewicht des stabilen Verhaltens und macht auf Dauer unzufrieden bis resignativ.

ZH: um 18:56: Was willst Du mir damit sagen?

ICH: um 18:59: Dein letzter Versuch war das Schützen Deiner Hoteltätigkeit, nicht einmal den Namen des Hotels hast preisgegeben und der Privat/Dienst-Bezug ist eine reine Schutzbehauptung. Was Du verschweigst, kann irgendwann unser Verhältnis sprengen. - Heute bin ich nichtdaran interessiert. Ich wiederhole: Ehrlichkeit wird von mir weitgehend akzeptiert und meine Liebe ist Regelfall groß genug, um damit zu leben. Meine Vermutungen über Deine Tätigkeit scheinen richtig zu sein, sonst würdest Du Dich nicht vehement dagegen wehren. um NOCH bin ich nicht daran interessiert, unser Verhältnis aufzulösen, aber Du must spätestens Ende August damit rechnen. Wenn Du mir nicht die Wahrheit erzählen willst, kannst Du mir zuvor kommen. um über Liebe reden, aber wenn Du mit anderen Männern intim wirst, kannst Du kein Verständnis von mir erwarten.

ZH: um 19.01 ich habe gesagt, dass Dich meine privaten Daten nichts angehen.

ICH: um 19:02: ich wiederhole: Ehrlichkeit wird von mir weitgehend akzeptiert und meine Liebe ist Regelfall groß genug, um damit zu leben. Meine Vermutungen über Deine Tätigkeit scheinen richtig zu sein, sonst würdest Du Dich nicht vehement dagegen wehren.

ZH: um 19:04: ich bin nur hier angemeldet, weil mir die AGSBs das gestatten.

ICH: um 19:06: NOCH bin ich nicht daran interessiert, unser Verhältnis aufzulösen, aber Du must spätestens Ende August damit rechnen.

ICH: um 18:59: Dein letzter Versuch war das Schützen Deiner Hoteltätigkeit, nicht einmal den Namen des Hotels hast preisgegeben und der Privat/Dienst-Bezug ist eine reine Schutzbehauptung. Was Du verschweigst, kann irgendwann unser Verhältnis sprengen. - Heute bin ich nichtdaran interessiert.

ICH: um 19:02: Ich wiederhole: Ehrlichkeit wird von mir weitgehend akzeptiert und meine Liebe ist Regelfall groß genug, um damit zu leben. Meine Vermutungen über Deine Tätigkeit scheinen richtig zu sein, sonst würdest Du Dich nicht vehement dagegen wehren.

ICH um 19:06: NOCH bin ich nicht daran interessiert, unser Verhältnis aufzulösen, aber Du must spätestens Ende August damit rechnen.

ICH um 19:07: Wenn Du mir nicht die Wahrheit erzählen willst, kannst Du mir zuvor kommen.

ZH: um 19:13: Deine Wahrheit? Selbst wenn ich Sex mit anderen Männern hätte, es wäre meine Sache. ich bin ein freier Single.

ICH: um 19:16: Du hast mir Treue zugesagt. Über Liebe reden, aber wenn Du mit anderen Männern intim wirst, kannst Du kein Verständnis von mir erwarten. Freier Single wirst Du ohne mich sein.

ZH: um 19:19: Warum denn? Ich würde Dir entgegen kommen.

ICH um 19:22: Über Liebe reden, aber wenn Du mit anderen Männern intim wirst, kannst Du kein Verständnis von mir erwarten. Was heißt denn entgegen kommen?

Kurze Pause:

ZH: um 19:57: Aber über was möchtest Du Dichdenn gerne unterhalten, ich bin noch immer sehr sehr ehrlich oder nicht, oder findest Du das jetzt nicht?

ICH: um 20:00: Was Du verschweigst, kann irgendwann unser Verhältnis sprengen. - Wenn Du in der Zeit, in der wir Beide über Liebe reden, mit anderen intim wirst, kannst Du kein Verständnis von mir erwarten.

ZH um 20:01: Aber ich finde das gut, dass Du so viel Verständnis zeigt mein Schatz, dass Du sehr sehr großes Interesse an mir hast

ICH: um 20:03 Deine Angaben über Deine HOTELTÄTIGKEIT und mehr sind unglaubwürdig: Wenn Du in der Zeit, in der wir Beide über Liebe reden, mit anderen intim wirst, kannst Du kein Verständnis von mir erwarten.

ZH: um 20:04: Wieso denn das mein Schatz, ich bin doch einfach nur ehrlich, warum sollte ich Dichanlügen?

ICH: um 20:06: ... weil Du Dich schützen willst: Du kannst mir ja den Namen des Hotels nennen. Dann kann ich meine Meinung ggf. korrigieren.

ZH: um 20:07: Aber was ist denn gerade dein Problem, ich frage mich das gerade und habe das immer noch ehrlich gesagt.

ICH: um 20:07: Du kannst mir ja den Namen des Hotels nennen. Dann kann ich meine Meinung ggf. korrigieren.

ZH: um 20:08: Warum denn das jetzt auf einmal, ich bin aber da gerne geheimnisvoll, ich habe schlechte Erfahrung damit gesammelt.
ZH: um 20:12: Aber was ist denn gerade dein Problem, ich frage mich das gerade und habe das immer noch ehrlich gesagt. Das, was wichtig ist, weißt Du: Ich bin ein freier Single und betreibe viel Sex mit netten Männer. Das ist doch nur Sex, keine Liebe. Du bist mir der Allerliebste. Alles andere verschweige ich zu meinem Schutz, weil ich schlechte Erfahrungen gemacht habe.

Schanz: *Das Verhalten der Zauberhaften besteht dabei im Ausweichen, Bagatellisieren, plötzlich Gefühle zeigen, Befürchtungen ausdrücken und auf ihre Rechte verweisen. Das ist ja zunächst auch der Sinn solcher anonymen Chats.*

Verschweigen: *Wenn man sich aber nahe kommen will, führen solche Art Spannungen zur Begrenzung der Annäherung oder man müsste sich dem Kontaktpartner (ZH) ohne jegliche Vorbehalte und jeglichen Widerspruch „ausliefern“ und sich z.B. auf Verabredungen zum Sex einlassen. Die Wahrheit (z.B. persönliche Daten der ZH) erfahren zu wollen, ist dann hinderlich.*

Ausweichen, Bagatellisieren: *Durch meine Interventionen zeigte sie auch, wie ihre Gefühle gelagert sind und wie sie darauf emotional reagiert. Die Taktik der*

Ausblenden der Realität: *Das Verhalten der ZH ist angesichts der Lage zwar unlogisch, aber eine Art unbewusstes Ausblenden der Realität. Da die ZH ja früher zugeben hat, als Prostituierte zu arbeiten, muss es andere Gründe geben, sich jetzt so zu verhalten. Das ist allem Anschein nach ein beinahe automatisierter Selbstschutz mit Abwehrmechanismen (Verdrängung, Anpassung und Selbsttäuschung).*

„Das ist ja nur Sex“, keine wahre Liebe: *Ihr Entgegenkommen war wahrscheinlich ehrlich gemeint: Sie gab alles zu (ich betreibe viel Sex mit netten Männer), aber meinte wohl tatsächlich, dass ich als Allerliebster damit leben könne, weil sie es offen darstellte. Dass ein Mann auf die anderen Sexpartner eifersüchtig sein könnte, verstand sie wohl wirklich nicht. – „Das ist ja nur Sex“, denn ihre wahre Liebe galt ja angeblich mir. Schwer zu glauben, aber möglich.*

Auszugsweise:
https://www.trauma-and-prostitution.eu/category/wissenschaftliche-texte/psychische-und-koerperliche-auswirkungen/
https://www.spiegel.de/gesundheit/sex/prostitution-was-sexarbeit-anrichten-kann-a-00000000-0003-0001-0000-000002034187

Wenige Prostituierte, die gern Sex mit Männern ausüben?

„… ich habe auch Frauen in therapeutischer Behandlung gehabt, die sagten, sie täten es liebend gerne (Sex mit Männern ausüben). Sie sind aber nur eine minimale Spitze des Eisbergs. Aber auch sie blenden aus, was mit ihnen wirklich dort passiert.

Sie verleugnen sich selbst: *Sie haben gelernt abzuschalten, weil schwere Dinge in ihren wirklichen Leben passiert sind, und sie diese nicht aufgea-rbeitet haben. Sie meinen, sie prostituieren sich freiwillig – dabei verleugnen sie sich selbst.*

Tiefe Verletzungen: *Sie meinen also: Frauen die ihren Körper "freiwillig" für Geld verkaufen, laufen vor ihren eigenen Problemen davon? Ja. Viele Frauen haben mir zu **Beginn der Therapie** gesagt: "Dieser Beruf ist kein Problem, was will man mir da wegnehmen?" Nach einer Weile tauchen aber **tiefe Verletzungen** in den **Biografien** auf, erst später wird den **Frauen** klar, was sie mit sich haben machen lasse…“*

Schanz: *Ob die Zauberhafte eher gern Sex mii Männern hat oder ob sie sich selbst verleugnet, kann ich nicht mit Gewissheit sagen. Mir scheint, dass sie Beides empfindet, aber zeitlich in getrennten mentalen Bewusstseinszuständen.*

ICH: um 20:13: Das hat seine Gründe und die sprechen gegen Dich. Du willst etwas verbergen. Wenn Du in der Zeit, in der wir Beide über Liebe reden, mit anderen z.B. in Deinem Hotel intim wirst oder geworden bist, kannst Du kein Verständnis von mir erwarten.

ZH: um 20:48 : Lieber Schatz, ich lass jetzt das immer noch geheim bleiben, hoffe dass Du es verstehst

ICH: um 20:50: Wer Geheimnisse hat, will betrügen. Wenn Du mir nicht die Wahrheit erzählen willst, kannst Du mir zuvor kommen und aussteigen.

ZH: um 20:52: Das will ich nicht.

ICH: um 20:56: Ohne den Namen des Hotels werde ich Dir kein Pardon geben.

ZH: um 20:59: Sei doch nicht so kleinlich. Du könntest so gut bei mir haben.

ICH: um 21:00: Deine Reaktion ist der konkludente Beweis, dass ich leider Recht habe. Es mag Gründe gegeben, weshalb manche Handlungen vielleicht Verständnis verdient hätten, aber ich erkenne sie nicht. ich bin sicher, dass Du nicht anders handeln würdest, wenn Du an meiner Stelle wärst. ich verstehe Dich zwar, aber wenn Du mir nicht die Wahrheit erzählst, ist es aus. Ich bin sicher, dass Du hinter meinem Rücken weiterhin Sex mit anderen Männern hast.

ZH: um 21:04: ich bin restlos traurig und muss weinen. - Nah gut, ich habe mit anderen Männer gehabt, aber dass wird nie wieder vorkommen. Glaub es mir mein süßer Schatz, Du kannst Dich darauf verlassen, mein Schatz. ...“

Schanz:

Ihr Verhalten nicht geändert: *Natürlich hat sich Ihr Verhalten nicht geändert, aber es war klar, es war ihr unangenehm, etwas zugeben zu müssen, was ihr hätte schaden können. Aber warum, wenn sie mit ihrer Lebensführung ansonsten sehr zufrieden war? Aus irgendeinem Grund wollte sie mich für sich gewogen halten.*

Kein Ausweg? *Warum sie jetzt zugegeben hat, Sex mit anderen Männern gehabt zu haben, ist nicht ganz klar. Vermutlich wusste sie keinen Ausweg mehr, aber sie versucht versöhnlich zu kompensieren: „dass wird nie wieder vorkommen. Glaub es mir mein süßer Schatz, Du kannst Dich darauf verlassen, mein Schatz“.*

Von absoluter Treue abgekoppelt: *Was sie anscheinen nicht begreift oder begreifen will, dass ein Mann, wie ich, der auf absolute Treuer Wert legt, sich endgültig abkoppeln und nur seines Buches wegen weiter machen würde.*

Tabus verlernt: *Es ist anscheinend so, dass ein Verhalten, dass man im Laufe der Entwicklung als normal kennen gelernt hat, nicht mit den Tabus versehen ist, die die Gesellschaft vorgibt – wenn das auch im Laufe der Nachkriegszeit (ca. ab 2060) nicht mehr mit der gleichen Strenge betrachtet wird wie vorher. Eine Frau, die ein uneheliches Kind zu Welt bringt, muss sich nicht mehr schämen.*

Tabus abgeschafft: *Was sich noch recht lange erhalten hat, ist das Kranzgeld (finanzielle Entschädigung, die einer Frau gewährt wurde wenn sie einem Mann Geschlechtsverkehr gestattet hatte und der anschließend das Verlöbnis löste; 4. Mai 1998 Kranzgeld wird abgeschafft; Richterin Schöne, bahnbrechendes Urteil, weil das Kranzgeld die Gleichstellung von Mann und Frau unterwandere; Amtsgericht Münster, vom Bundesverfassungsgericht bestätigt).*

Sexuelle Befreiung / gesellschaftliche Vorbehalte: *Wenn es aber um Prostitution geht, gibt es – trotz aller sexuellen Freiheiten – gesellschaftliche Vorbehalte, obwohl viele Männer die Dienste dieser Damen in Anspruch nehmen und das „befreite“ Sexualverhalten vieler bürgerlicher Frauen durchaus dem quantitativ und promiskuitiv ähnelt, was man Prostituierten vorwirft.*

B.6.3.3 Schuldgefühle und Therapien

Ingeborg Kraus kämpft gegen Prostitution:

Auszugsweise:
https://www.bento.de/gefuehle/prostitution-was-sexarbeit-anrichten-kann-a-00000000-0003-0001-0000-000002034187 (Das junge Magazin vom Spiegel, Anbieter: bento@bento.de, Redaktion: redaktion@bento.de, Vermarkter (Werbung): verkauf@spiegel.de (Gerechtigkeit, Uni und Arbeit, Gefühle, Freizeit):

„Sie meinen, sie prostituieren sich freiwillig – dabei verleugnen sie sich selbst.“

- ***Internationale Petition zum Abbau der Prostitution in Deutschland***

  Trauma und Prostitution: *Ingeborg Kraus kämpft gegen Prostitution: So hat sie ein Appell der Trauma-Therapeuten gegen Prostitution initiiert. Zudem hat sie die internationale Petition zum Abbau der Prostitution in Deutschland lanciert. Die Psychotherapeutin mit eigener Praxis ist Mitglied der deutschen Gesellschaft für Psychotraumatologie und der deutschen Gesellschaft für Trauma und Dissoziation. Sie hält weltweit Vorträge über den Zusammenhang von Trauma und Prostitution und veröffentlichte zahlreiche Texte zu diesem Thema.*

- ***Tiefe Verletzungen in den Biografien:*** *Ja. Viele Frauen haben mir zu Beginn der Therapie gesagt: "Dieser Beruf ist kein Problem, was will man mir da wegnehmen?" Nach einer Weile tauchen aber* ***tiefe*** *Verletzungen in den Biografien auf, erst später wird den* ***Frauen*** *klar, was sie mit sich haben machen lassen.*

Auszugsweise:

Rhein-Maas Klinikum GmbH
Krankenhaus der Knappschaft und
der StädteRegion Aachen
Mauerfeldchen 25
52146 Würselen
Begleitung des ehrenamtlichen Dienstes
Pfarrer i. R. Theodor Maas
theodor.maas@t-online.de

https://www.rheinmaasklinikum.de/Inhalt/Patienten/_doc/Evangelische/Hintergrundinformationen_zur_psychischen_Situation_von_maennlichen_und_weiblichen_Prostituierten.pdf:

*„...**Prostituierte und Stricher** gelten als **Hochrisikogruppe für psychi-sche Störungen.** Häufig findet man bei ihnen erhebliche Störungen vor. Viele Prostituierte leiden an psychischen Traumata, die in ihrer Vergangenheit und durch ihren Beruf bedingt sind. Hierbei liegt sexueller Missbrauch von Kindern bei 26 – 73% vor. An körperliche Kindesmisshandlung litt etwa die Hälfte der untersuchten Prostituierten. Auch sonstige potentiell Trauma auslösende Situationen, sind häufiger zu finden als bei nicht Prostituierten.*

Zu Hintergrundinformationen zur psychischen Situation von weiblichen/männlichen Prostituierten

Statistik über Traumata: *In Hamburg wurden bei 98% der untersuchten Prostitu-ierten mind. ein traumatisches Ereignis festgestellt. Hierbei fanden sich bei 83% bereits ein Trauma in der Kindheit (familiäre Gewalt 70 %, körperliche Miss-handlung 65 %, sexueller Missbrauch 48 %). Während der Prostitution erfahrene Traumata fanden sich bei 83% (körperlicher Angriff 61%, Vergewaltigung 61%, Bedrohung mit einer Waffe 52%). Hierbei erreichten 53% einen Krankheitswert im Sinne einer Posttraumatischen Belastungsstörung. Missbrauch und Abhängigkeit von illegalen Drogen bei 74%. In internationalen Vergleichsstudien finden sich ähnlich alarmierende Befunde. (Zumbeck, Prävalen)."*

Schanz: *In dieser Phase scheint sich die Zauberhafte zu finden, noch wirkt die Verdrängung, aber es wird ihr bewusst, dass sie mit ihren Problemen allein da steht und gern einen Partner hätte, der ihr hilft und sie im Risikofall schützt.)*

Prostitution eine Entwürdigung aller Frauen: *Viele Menschen gehen ungern zur Arbeit – sie tun oft Dinge nur deswegen, weil sie Geld dafür bekommen. Ein Koch zum Beispiel arbeitet auch unter körperlich harten Bedingungen für das Wohlergehen anderer Menschen. In der Prostitu-tion geht es nicht um das Wohlergehen anderer Menschen, es dreht sich alles nur um den Mann. Es ist Aus-druck sexualisierter Macht und spiegelt ein Frau-Mann-Verhältnis wieder, das so nicht mehr akzeptiert ist. Und gesellschaftlich betrachtet ist Prostitution eine Entwürdigung aller Frauen, mit anderen Worten: Es ist in Ordnung, den Körper einer Frau zu kaufen und zu benutzen.*

Nicht gefestigte Persönlichkeit: *„ … Je schwerer das Trauma, je jünger die Frauen, desto schwerwiegender die Auswirkungen. Wenn die Persönlichkeit noch nicht gefestigt ist, hat es fast immer schlimme Folgen. Deswegen kann ich nicht verstehen, warum die Regierung die Forderung abgelehnt hat, das Einstiegs-alter in die Prostitution auf 21 Jahre zu setzen. Mit 18 Jahren hat man noch keine gefestigte Persönlichkeit aufgebaut. Prostitution in diesem Alter macht alles kaputt. ich hatte schon Fälle, bei denen die Eltern ihr eigenes Kind verkauft haben. Diese Kinder sehen auch als Erwachsene Prostitution als ganz normal an – weil sie es nicht anders kennen …“*

Chat Neuer Tag:

ICH: gestern, 4:43: Was fordere ich denn? ich will Dir nur helfen und Dich nicht aus den Augen verlieren, ich werde Dich zu nichts zwingen. Ich will keinen Sex, vielleicht kann ich Dir anders helfen.

ZH: gestern, 4:43: Da warst Du aber gerade auf dem besten Weg zu... ich habe mich nicht nur in Dichverguckt sondern mehr und ich weiß was für ein toller Mann Du sein kannst.

Schanz: *Was sie anscheinend nicht begreift oder begreifen will, dass ein Mann, wie ich, der auf absolute Treue Wert legt, sich endgültig abkoppeln und nur seines Buches wegen weiter machen würde.*

ICH: gestern, 4:49: Denk daran, dass ich immer die Übersicht behalte. Dann lass uns jetzt ins Bett gehen. Gute Nacht, …

ZH: gestern, 4:51: ja das weiß ich... ja, lass uns schlafen. ich werde von Dir träumen, mein Georg. Gute Nacht mein Liebster.

Das genau lässt sich übertragen:

Die Zauberhafte schilderte Ihr Leben in Kurzform so: "Oh ja - aufgewachsen als Kind eines Alkoholiker-Ehepaares. Mit 12 Jahren auf den Strich gegangen und gut verdient. Kurz den Drogen verfallen - danach nur noch Edelprostitution mit betuchten älteren Herren."

Bisher vor Kurzem schien ihr die Prostitution als etwas ganz Normales zu gelten und jetzt z.B. komme ich oder auch andere und malen das in den schwärzesten Farben der Unmoral – damit wird sie nicht fertig, kann aber ihre Lebensführung auch nicht ändern.

***Ingeborg Kraus:* Viele Prostituierte haben oft mehrere Störungen gleichzeitig.**

„… Störungen: *Suchterkrankungen, Angst- und depressive Störungen sind häufig. Aber nicht nur. ich habe auch Frauen mit Essstörung und Zwänge, als Folge der Prostitution behandelt. Schlafstörungen sind fast immer vorhanden. ich habe eine Patientin gehabt, die in der Nacht kaum mehr schlafen konnte, immer wieder mal kurz für zehn Minuten. Die Nacht machte ihr Angst. Ihr Alarm-system konnte nicht zur Ruhe kommen.*

Schlafstörungen *seine oft Folge der Prostitution, sagt Kraus. Was ist ihr Eindruck: Ist den Freiern bewusst, dass sie diese Frauen für ihre Befriedigung missbrauchen?*

Keine Schuldgefühle der Sexkäufer:

Nein. Schuldgefühle tauchen erst gar nicht auf, weil Sexkäufer denken, ein Recht auf Sex zu haben und da-für Frauen benutzen zu dürfen. Die Frau wird in ein sozial konstruiertes Bild eingesperrt, und zwar in das Bild "einer unersättlichen Sexbestie". Andere Bedürfnisse werden ihr abgesprochen. „Die Gewalt wird verleugnet, die Realität ausgeblendet.

Sie wird entmenschlicht, *sie ist nur noch das: ein Körper ohne Seele. Das erlaubt dem Sexkäufer jegliche Form von Skrupellosigkeit, ihr Mitgefühl ist blockiert, an seine Stelle tritt Gleichgültigkeit …"*

ICH: um 9:14: Guten Morgen, auch wenn ich Dich ganz gut verstehe, ohne Verlässlichkeit und Treue werde ich nicht weiter machen. Ich warte jetzt auf unser Treffen und hoffe, dass wir einen Weg finden. Aber ich muss sicher sein.

ZH: um 9:22: Guten Morgen mein Liebster, wie darf ich das verstehen? Das wir jetzt nicht mehr schreiben, bis wir uns treffen?

ICH: um 9:24: Ich werde Dir schon antworten - vor allem, wenn es wichtig ist.

ZH: um 9:26: ich habe immer Angst, dass ich in dieser Gesellschaft nach Fehlern kontrolliert werde.

ICH: um 9:32: Das ist immer so, wobei bei uns geht es um mehr als um Fehler, bei uns geht es darum, unser Leben zu zerstören oder auch nicht. Das weiß man leider immer erst hinterher.

ZH: um 9:38: Allerdings kann man auch in der Gegenwart wach sein und sich dann vieles ersparen.

ICH: um 9:45: Dann sei wach - sehr wach.

ZH: um 9:49: Ich bin hellwach mein Liebster, aber bei Dir bin ich mir da nicht ganz sicher? Sex ist für mich nicht einfach Sex. Sich einfach kurz befriedigen wollen ist allein fast schöner. Gefühlvoller leidenschaftlicher Sex ist das richtige Spiel!

ICH: um 9:54: Das klingt gut, aber für gehört noch mehr dazu, nämlich, dass wir uns auch ohne Sex persönlich wirklich sympathisch sind und vor allem, dass wir auch ohne Sex emotional zusammen gehören. Und das ist das Schwierigste überhaupt für Dich, weniger für mich.

ZH: um 9:58: das sind für mich die Grundsteine um überhaupt mit jemandem Sex zu haben. alles andere bringt doch nix.

ICH: um 10:02: Nah gut, ich hoffe auf Dich.

Schanz: "Die Gesellschaft kontrolliert auf Fehler": *Ob die Zauberhafte das nur so sagt oder ob sie weiter denkt, weiß ich nicht, aber es wird als belastend empfunden. Durchgängig ist sie zurückhaltend bis ängstlich, wenn es um ihre privaten Daten geht. Anscheinend hat sie schlechte Erfahrungen mit Männern gemacht. – Und die sogenannte Gesellschaft tut alles, dass es so bleibt.*

Wunsch nach Harmonie: *„Das klingt gut, aber für gehört noch mehr dazu, nämlich, dass wir uns auch ohne Sex persönlich wirklich sympathisch sind und vor allem, dass wir auch ohne Sex emotional zusammen gehören. Und das ist das Schwierigste überhaupt für Dich, weniger für mich."*

Körper unter Kontrolle: Prostitution als 'soziales Problem' der Geschlechterordnung Ruhne, Renate Veröffentlichungsversion / Published Version Sammelwerksbeitrag / collection article Empfohlene Zitierung / Suggested Citation: Ruhne, R. (2008). Körper unter Kontrolle: Prostitution als 'soziales Problem' der Geschlechterordnung. In K.-S. Rehberg (Hrsg.), Die Natur der Gesellschaft: Verhandlungen des 33. Kongresses der Deutschen Gesellschaft für Soziologie in Kassel 2006. Teilbd. 1 u. 2 (S. 2520-2531). Frankfurt am Main: Campus Verl. https://nbn-resolving.org/ urn:nbn:de:0168-ssoar-151831 https://www.ssoar.info/ssoar/bitstream/handle/document/18242/ssoar-2008-ruhne-korper_unter_kontrolle.pdf?sequence=1

Auszugsweise: Die (Re-)Produktion der geschlechtlichen Ordnung über die räumliche Kontrolle und Ausgrenzung der ›Unordnung‹

***Kontroll- und Ausgrenzungsbedürfnis**: „... Obwohl vieles darauf hindeu-tet, dass Prostitution »kein eigentliches Kontrollproblem dar(stellt)« (Beste 2000: 247), ist der gesellschaftliche Umgang mit dem Feld bis in die heutige Zeit dennoch von einem besonderen Kontroll- und Ausgrenzungsbedürfnis geprägt ...*

***Vorurteile bei bürgerlich-weiblichen Körpervorstellungen:** .... Die gerade an zentralen Orten der Städte um Kundschaft werbenden Prostituierten waren in ihrer körperlichen Präsenz auch ein permanenter ›Stachel im Fleisch‹ bürgerlich-weiblicher Körpervorstellungen, den es auszugrenzen galt, da er die Konzeptualisierung einer auf Liebe, Fortpflanzung und ein insgesamt eher passives Verhalten hin orientierten ›weiblichen Sexualität‹ in ihrer ontologischen Setzung deutlich infrage stellte.*

*... **Ausgrenzung und Stigmatisierung der Prostitution** kommen damit nicht nur als eine Reaktion auf gesellschaftliche Verunsicherungen, ... gleichzeitig auch als ein stabilisierender bzw. (re-)produzierender Faktor eines Zweigeschlecherverhält-nisses mit ›Normalitätsanspruch‹ ...“*

Ausgrenzung und Stigmatisierung der Prostitution ›sichern‹ so auch eine relativ strikte räumliche Geschlechtertrennung (verknüpft mit einer Ausgrenzung von Frauen), wie sie in unserem Kulturkreis ansonsten kaum (noch) vorzufinden ist ...“

Zum Chat:

ZH: um 10:05: dann erzähle mir doch einmal, wie Du eine Frau zum Legen dieser Grundsteine überzeugen kannst, lieber Georg.

ICH: um 10:10 ... ohne die erforderliche Einsicht und ohne die konsequente Absicht, Verlässlichkeit und Treue zu gewährleisten, kann auch ich nichts bewirken ... Es liegt an uns Beiden, bei mir bin ich sicher, ob Du sicher bist, weiß ich nicht ...

ZH: um 10:14: An sich würde ich Dir da zustimmen, aber ist es nicht so, dass der Mann erst mal in allen Erforderlichkeiten vorlegen sollte, mit gutem Vorbild voran gehen sollte.

ICH: um 10:32: ... das wäre für Dich natürlich bequemer, aber ich bin nicht derjenige, der sich ändern muss, das bist eindeutig Du ... das heißt: ich bin jetzt schon Vorbild - und das sage ich ohne jegliche Eitelkeit.

ZH: um 10:36: ach echt und wie kommst Du zu deiner doch recht merkwürdigen Ansicht?? nun bin ich mal gespannt

ICH: um 10:41: Was habe ich in meinem Leben falsch gemacht? ich habe sicherlich nicht alles richtig gemacht, aber Du wirst kaum etwas finden, was von Bedeutung ist. ich habe in der Zeit meiner Zuneigung zu Dir ohne jegliche Abweichung und mit uneinschränkter Treue zu Dir gestanden.

ZH: um 10:45: nun ja wenn Du Dir die Frage schon so stellst, meinst Du denn nicht auch, dass Du vielleicht nicht alles gegeben haben könntest, dass schon mal in Betracht gezogen, mein Schöner??

ICH: um 10:47: Das Einzige, was Du beanstanden könntest, wäre die Tatsache, dass ich mich nicht von meiner Frau trennen werde, aber das hätte im Umkehrschluss auch für Dich gegolten.

ZH: um 10:52: Ach mein lieber, jetzt sei aber nicht so zu mir okay? ich mein das doch nicht böse.

ICH: um 10:53: Das weiß ich, aber ich bin mir keiner Schuld bewusst.
ZH: um 10:56: Ach das brauchst Du doch auch nicht okay? ich möchte nicht streiten oder so. Aber zwischen offen und total treu ist doch unheimlich viel Zone, ich mag es mit Dir zu chatten, ich mag dich, wo liegt dass Problem? ich bin Dir treu mein Schatz. Außer Dir gibt es niemanden in meinem Kopf, auch chatte ich mit keinem anderen.

ICH: um 10:59: ich glaube nicht, dass Du mir treu bist. Du hoffst, dass ich nichts merke.

ZH: um 11:14: Wie ich ja schon sagte, ich komme da allein heraus. ich bin so froh, deine Hilfe zu haben. Das ist wichtig.

ICH: um 11:15: Aber ich muss mich darauf verlassen können.

DZ: um 11:16: ich mag nicht das auch Du mich unter Druck setzt, wenn ich Dir sage das ich das schaffe.

ICH: um 11:18: Du verlangst viel von mir - ich werde nicht still halten.

ZH: um 11:21: Und das ist ja schon wieder eine Dro-hung, warum reden wir nicht von besseren Momenten.

ICH: um 11:26: Du interpretierst falsch: ich bin nicht in der Schuld, das bist Du. Du erpresst mich, indem Du Zugeständnisse erwartest, die Du bisher nie eingehalten hast

ZH: um 11:33: Reden wir doch bitte nicht von Schuld. Schuldzuweisungen gehören nicht zu einer Freundschaft, finde ich, oder?

ICH: um 11:36: Du bist diejenige, die unsere Meinungsverschiedenheiten allein zu vertreten hast, ich werde keine Verantwortung übernehmen. Du willst Dich zum Nulltarif zu meinen Lasten schadlos halten. Das mache ich nicht mit. um 11:44: ich will Deine Zusage, dass Du Dein Metier aufgibst und mir wirklich treu bleibst. - Allerdings solltest Du nur dann darauf eingehen, wenn Du das einhalten kannst - sonst nützt es Dir nichts.

ZH: um 11:46: Ja, ich denke Du kannst mir dazu den nötigen Halt geben, den ich brauche dafür! Was ich tun kann, werde ich tun.

ICH: um 11:53: Wenn ich wirklich streng wäre, wären wir schon längst auseinander.

ZH: um 11:55: Da hast Du wahrscheinlich Recht. ich meinte eher, dass Du verständnisvoll bist.

ICH: um 11:57: Wenn denn Liebe eine Himmelsmacht ist, dann bin ich meiner Zuneigung zu Dir gut aufgestellt. - Enttäuschte Liebe kann allerdings schlimmer sein als der stärkste Hass.

ZH: um 11:58: oh ja das stimmt aber man muss dann auch mal zurück denken. man hat sich doch mal geliebt und sollte den Menschen dann nicht hassen.

ICH: um 12:06: Bist Du wirklich treu und hast keinen Sex mit fremden Männer (Kunden/Freier)?

ZH: um 12:15: Was soll das jetzt heißen? Warum sollte ich Dir denn nicht treu sein? Na, das verstehe ich jetzt nicht.

Schanz: *Bis hierhin war der Wunsch nach Gemeinsamkeit und Zärtlichkeit zu erkennen, nach einem Leben in einer glücklichen Partnerschaft.*

https://digibib.hs-nb.de/file/dbhsnb_thesis_0000000946/dbhsnb_derivate_0000001403/Masterarbeit-Langer_Martin2013.pdf / Soziale Arbeit im Netz der Prostitution Beratung und Begleitung im „verruchten" Milieu vorgelegt von Anne Martin und Danilo Langer Im Studiengang Master Social Work WS 2012/2013 Hauptkorrektor: Prof. Dr. Freigang Zweitkorrektor: Prof. Dr. Bräutigam urn:nbn:de:gbv:519-thesis2013-0201-7 urn:nbn:de:gbv:519-thesis2013-0202-4

Zuhälter: *Auszugsweise: „ … Zum anderen können Konflikte mit dem eigenen Zuhälter oder der Ausfall des eigenen Zuhälters durch einen Gefängnis-aufenthalt eine Prostituierte zu der Suche bewegen. Selbstverständlich funktioniert dies auch andersherum.*

Funktionalität normaler Zuhälter: *So kann sich auch der Zuhälter auf „die Jagd" nach neuen Prostituierten begeben. Sie legen es vor allem auf Frauen an, die kaum eine familiäre oder soziale Bindung haben, aus Heimen oder ländlichen Gegenden kommen. Diese Frauen zählen für die Zuhälter deshalb als leichte Beute, da sie wissen, dass diese sich meist nach einer festen Beziehung sehnen, wobei es sich nicht zwangsläufig um eine Liebesbeziehung handeln muss.*

Idealer Zuhälter: *Jedoch fehlt ihnen eine Konstante in ihrem Leben, ein Partner oder ein Freund der für sie da ist, mit dem sie reden können, der ihnen zuhört oder sie auch mal in den Arm nimmt. Genau diesen Part übernimmt nun der Zuhälter. In der Auserwählten entsteht ein Gefühl von Geborgenheit, welches sie nicht wieder missen möchte und sich so auf die Prostitution einlässt. Die Kontakte zu den potentiellen Prostituierten werden meist in Bars, Diskotheken oder Kaffeehäusern geknüpft …"*

Die Rolle des idealen Zuhälters war mir wohl zugedacht. Das scheiterte daran, dass ich sie als gleichberechtigte Partnerin haben und sie nicht mit anderen Männern (Freunde, Bekannte, Kunden – Freier) teilen würde. Was sie anscheinend immer noch nicht begreift oder begreifen will, dass ein Mann, wie ich, der auf absolute Treuer Wert legt, sich endgültig abkoppeln und nur seines Buches wegen weiter machen würde.

ICH: um 12:17: Die Frage kannst Du Dir nur selbst beantworten und da erwarte ich Ehrlichkeit – auch jeder Deiner möglichen Kunden wäre einer zu viel.

DZ: um 12:18: Wenn ich in einer glücklichen Beziehung bin, habe ich doch gar keinen Grund mich noch mit einem anderen abzugeben?

ICH: um 12:22: Aber, bist Du bereit bist, Dich mit mir zu treffen, sollte es nicht zu lange dauern. Du weißt alles von, aber was weiß ich wirklich von Dir? um 10:30: Du brauchtest mich nicht fragen, ich habe alles freiwillig geliefert. Um was kann es gehen (vollständiger Name, Adresse privat und beruflich, Telefon, Handy, Email, Lebensphilosophie, Visionen, Hobbys und alles, was für mich interessant ist)?

ZH: um 12:34: also meine private Daten gebe ich doch auf gar keinen Fall über das Internet raus und das sollte ja auch verständlich sein. Meine Adresse eh nicht, wer macht denn so etwas?

ICH: um 12:35: ... ich ... um 10:36: ich will Deine Daten spätestens dann, wenn wir uns treffen und es nicht zu lange dauert.

ZH: um 12:36: Was heißt denn jetzt ich? Verstehe ich gerade nicht, ein Wort von Dir hilft mir da jetzt auch nicht weiter. ich habe Angst vor Dir, mich zu treffen. ich habe schlechte Erfahrungen mit anderen Männern gemacht.

B.6.3.4 Sex-extreme Verhaltensweisen

B.6.3.4.1 Sexsucht (Hypersexualität): Nymphomanie und Satyriasis

Sexsucht (Hypersexualität): Nymphomanie und Satyriasis

https://www.gofeminin.de/leidenschaft/nymphomanie-s795924.html
gofeminin.de GmbH, Im Zollhafen 5 (Halle 11), 50678 Köln
Chefredakteurin: Ann-Kathrin Schöll , (verantw. i.S.v. § 55 RStV)
Home / Liebe & Psychologie / Lust & Leidenschaft /
von Fiona Rohde Erstellt am 13. Januar 2019

Auszugsweise:

(„1“) ***Sexsucht bei Frauen: Ab wann wird die Lust zur Last?***
Ernstzunehmende Krankheit: „… Die meisten Menschen haben beim Thema Sexsucht bei Frauen gerne mal das Klischee der sextollen, wilden Nymphomanin im Kopf, die einen Mann nach dem anderen vernascht. Und denken sich womöglich: "Hey, ist doch mega!" Dabei ist Sexsucht eine ernstzunehmende Krankheit und die Betroffenen leiden sehr darunter.

(„2“) ***Ungleiche Einstufung***

„… Den Begriff ***Nymphomanin oder*** *sexsüchtige Frau hört man in der Regel in geringschätzigen Äußerungen über Frauen, die Spaß an Sex und häufig wechselnde Partner haben. Was natürlich Quatsch ist. Frauen, die ihre Sexualität offen ausleben, sind nicht sexsüchtig oder nymphomanisch …“*

Männer sich "die Hörner abstoßen sollen„: *Hier zeigt sich noch das verstaubte Bild von Sexualität. Nämlich dass Männer sexuelle Erfahrungen sammeln müssen, also sich "die Hörner abstoßen sollen",*

Frauen hingegen sind Schlampen: *Frauen hingegen, die zu viele Sexpartner haben, sollten sich lieber um nicht als Schlampen angesehen zu werden. Und passt man nicht in dieses Schema, ist man schnell mannstoll, sexsüchtig und nymphomanisch. Aber das hat herzlich wenig mit dem Krankheitsbild Sexsucht zu tun …"*

(„3") Begriffsklärung: Nymphomanie oder Sexsucht?

Satyriasis und Nymphomanie: *„ … Der Begriff Nymphomanie steckt zwar noch in den Köpfen, ist aber veraltet (genauso wie Satyriasis für Männer) und zudem negativ konnotiert. Richtiger ist der Begriff*

Sexsucht oder Hypersexualität: *Bei diesem Krankheitsbild gerät die eigene Sexualität außer Kontrolle. Mit entspanntem Sex und erotischer Spannung zwischen den Geschlechtern hat das nur noch wenig zu tun. Man geht davon aus, dass ein bis sechs Prozent in Deutschland unter Sexsucht leiden, darunter mehr Männer als Frauen. Die Dunkelziffer dürfte aber hoch sein …*

(„4") Wie äußert sich Sexsucht bei Frauen?

Bedürfnis nach Nähe, Liebe und Anerkennung: *„… Sexsüchtige Frauen haben, wie alle anderen auch, das Bedürfnis nach Nähe, Liebe und Anerkennung. Absurderweise haben sie jedoch - trotz der extremen körperlichen Nähe –*

Probleme, wirklich emotionale Nähe zuzulassen: *Zudem ist der Sex irgendwann nicht mehr befriedigend. Sexuelle Höhepunkte und die emotionale Nähe zu einem Partner bleiben aus.*

Probleme, ihren Alltag zu schaffen: *Die Jagt nach mehr beginnt also - und macht letztlich noch unglücklicher. Frauen mit krankhafter Sexsucht werden immer unfreier und bekommen zunehmend Probleme, ihren Alltag zu schaffen.*

Das Sexualverhalten gerät außer Kontrolle*, alle anderen Dinge des Alltags treten in den Hintergrund. Alles dreht sich nur noch um die sexuelle Befriedigung …"*

(„5") *Anmerkung Schanz:* ***Rücksichtsvolle Brille:*** *Ob bei der Zauberhaften eine krankhafte Sexsucht (Sie nennt es Sexsehnsucht.) vorliegt oder nicht, weiß ich nicht. Sie flüchtet sich in jedem Fall in sehr sexbetonten, auf Geschlechtsverkehr ausgerichteten Chats („dirty talks") und kann nicht davon lassen. Ob und wie oft es dabei tatsächlich zur Ausübung kommt, ist fraglich.*

In jedem Fall sollten Sie die folgenden Chats mit einer rücksichtsvollen Brille lesen und sich nicht als Moralapostel überheben.

B.6.3.4.2 Fingiertes Angebot zur Überführung (Danziger)

Anmerkung: *ich konnte über fingierte Angebote anderer Bewerber und über andere Portale nachweisen, dass Sie weiter Sex mit anderen Männern hatte und auch weitere Dates zur Klärung neuer Bewerber anstrebte.*

FickenOhneHintergedanken
Lokale, Stressfreie, Versaute Fick Dates

SIE HABEN NOCH CREDITS FÜR 7 NACHRICHTEN AUFLADEN

SUCHEN VOR KURZEM AKTIV MEINE NACHRICHTEN PROFILAUFRUFE MEIN KONTO ABMELDEN

Innerhalb des Portals „FickenOhneHintergedanken" ergab sich folgende Schriftverkehr mit der Zauberhaften unter fingierter Identität (DA=Danziger):

DA: : ich bin von Deinem Bild hingerissen und kann mir vorstellen, das auch Dein Körper vom Scheitel bis zu Sohle ein Schmuckstück ist. Das, was Dir Innenseite Deiner Schenkel betrifft (ich nehme rasiert), würde mich wohl in den Himmel der Liebe befördern. Auch Deine Brüste sehe ich einem einzigen Zusammenhang ausgewogener Schönheit, Deinen süßen Hintern möchte streicheln, küssen und lecken und mich dann allen Zonen Deines Körpers widmen, bis wir zu Einheit des Glücks verschmelzen.

Ich würde mich freuen, als bald einen Termin mit Dir zu machen, um unseren gemeinsamen Glück näher zu kommen. Mein Körper hat schon Deine Spur aufgenommen und in meiner Welt der kreativen Phantasie, stehen Hochgefühl und Momente unendlichen Glücks in Wettstreit mit der Spannung Deiner Schenkel, dem Beben Deines Körpers und die Kraft unsere wollüstigen Gefühle. Bitte lass mich warten und befördere mich in den Himmel unserer Liebe.

***Schanz:* Da die Zauberhafte offensichtlich auf sexbetonte, auf Geschlechtsverkehr ausgerichteten Chats („dirty talks") reagiert, diese Art der Ansprache.**

ZH: Das ist schön; dass es Dir so geht. Aber ein bisschen geduldig solltest Du schon sein. ich meine das man sich ja nicht gleich mit einem Fremden trifft es doch wohl logisch. Aber wir können gerne ein bisschen unsere Fantasien austauschen und schauen ob das über ein stimmt?

DA: Könntest Du Dir vorstellen, dass ich Dich ergeben frage, ob ich alle ehrenwerten Teilbereiche Deines allerliebsten Körpers aus der Nähe sehen und bei Gefallen auch nutzen darf? Bitte, bitte, bitte

ZH: Eine Frau muss in unserer Gesellschaft vorsichtiger als ein Mann, um ihren Ruf zu erhalten. Sie muss bei ihrem Partner sicher sein, dass er zwar genießen darf, vor allem aber schweigen muss. Die Beiden müssen begreifen, dass sie nur zusammen glücklich sein können, und sie müssen den/die Andere/n und sich gegenseitig wirklich respektieren

DA: Na ja, das sehe ich etwas anders und das hängt vom Zusammenhang ab. Wenn Frauen wie Männer viele Partner/Innen hatten und einen andere/n Partner kennen lernen und zusammen bleiben wollen, ist gegenseitige Ehrlichkeit unabdingbar, auf Dauer kommt alles heraus und gefährdet die Partnerschaft.

Schanz: *Hier zeigt die Zauberhafte eine ungewohnte Zurückhaltung, vermutlich, um auszuloten, ist das Angebot interessant oder verbirgt sich dahinter eine Falle.*

ZH: Ja, das stimmt auch aber die Frauen habe es in dieser Sicht immer schwerer, mein Lieber.

DA: Aber bevor ich mich verliere, wärst Du bereit, mit mir Sex zu betreiben, vorausgesetzt, Du vertraust mir?

ZH: ich bin der Meinung das es bei uns gut läuft, bauen wir weiter Vertrauen auf dann denke ich ja. Bevor ich aber mit Dir ins Bett steige, ist ein Date erforderlich, bei dem ich den Eindruck gewinnen muss, dass Du mir gefällst und ich das sichere Gefühl habe, das könnte gut mit uns laufen.

DA: Wie bist Du gewohnt, dass Sex ablaufen sollte - es gehören Gewohnheiten dazu, aber welche Träume hast Du dazu?

ZH: Dass der Mann mich verwöhnt, zärtlich zu mir ist und romantisch dabei vorgeht, und bei dir?

Schanz: *Mit Zärtlicheits- und Romatikerwägungen lockert die Zauberhafte ihre Zurückhaltung und öffnet sich für eine Kontaktaufnahme (einem Date, um zu prüfen, ob ihr Eindruck aussagt, dass DA ihr gefällt und ob es gut laufen könnte.).*

DA: Das Alles kann ich gewährleisten – physisch, psychisch und sozial – ich werde Deine Erwartungen erspüren und mit Dir in eine emotionale Phase der Glückseligkeit gleiten.

ZH: Das hört sich gut an und ich werde Dir bald einen Datingtermin, wenn ich wieder Übersicht zu meinen sonstige Aufgaben und Verpflichtungen habe.

DA: Geht das nicht schneller?

ZH: Wenn ich Dich kennen gelernt habe und Dich mag, werde ich alles für Dich vorbereiten: meine Muschi, meine Klitoris, meine Vagina, meinen süßen Po, meine Brüste, einfach alles. Auch Dein Schwanz wird nicht zu kurz kommen. Massagen und Blasen sind meine Spezilaität. Sorg Du dafür, dass Du nicht nur die Ohren steif halten wirst und dass Du lange durchhälst, kein Schnellschuss.

Schanz: *Hier habe ich unterbrochen, weil ich nun nachweisen konnte, dass die Zauberhafte nicht nur Gespräche zur Anbahnung führte, sondern auch konkrete Termine eingeht.*

Die Zusage „ich bin Dir treu mein Schatz. außer Dir gibt es niemanden in meinem Kopf, auch chatte ich mit keinem anderen“, erweist als eindeutig falsch.

ICH: Anscheinend hast Du nicht gemerkt, dass die Worte von Georg Schanz stammen. Das war Wut und Verzweiflung, dass ich auf Dich hereingefallen bin. Dabei hätte das schon viel früher wissen können, aber ich habe es verdrängt. Dass Du Deine Rolle anders bewertest als ich, mag schon sein.

ZH: Ich verstehe nicht ganz, was Du meinst wenn ich ehrlich bin.

ICH: Vorausgesetzt Du wolltest mit mir befreundet sein wolltest, ist für mich das Verschweigen von "Ficken ohne Hintergedanken" ein Vertrauensbruch.. Was für Dich vielleicht wichtig ist, liegt darin, dass es den meisten Männer egal ist, wie viele Dich vorher bestiegen haben. Da kannst Du mich leicht verschmerzen.

ZH: Das will ich aber nicht, es ist doch nichts passiert.

ICH möchte nur ein Bisschen noch schreiben, damit wir uns näher kennenlernen damit beim ersten Treffen wirklich nichts falsch läuft

ICH: DU HAST IMMER NOCH NICHT BEGRIFFEN; DASS DANZIGER (GEORG SCHANZ) UND ich DIE GLEICHE PERSON SIND. Du versuchst Dich hinter meinem Rücken mit Danziger Findest Du das fair

ZH: Also wenn ich Dichjetzt richtig verstehe, dann hast Du mich unter mehreren Profilnamen angeschrieben? Findest Du das fair und richtig? Dann nenne ich mal einen großen Vertrauensbruch

ICH: Das ist zwar richtig, aber so habe ich heraus bekommen, dass Du es mit der Treue nicht ganz ernst nimmst. Das ist ein weitaus größerer Vertrauensbruch. Deine Zusage „ich bin Dir treu mein Schatz. außer Dir gibt es niemanden in meinem Kopf, auch chatte ich mit keinem anderen", erweist sich als eindeutig falsch. Du führst nicht nur Gespräche zur Anbahnung führte, sondern gehst auch konkrete Termine ein. – Du hast mich belogen, betrogen und von Treue kann überhaupt nicht die Rede sein.

ZH: Das finde ich überhaupt nicht fair! Natürlich schreibe ich noch mit anderen, ich meine wir kennen uns gerade einmal einen Tag. Es ist doch nichts Schlimmes oder?

ICH: Schlimmer geht es nicht. – Das stimmt Alles nicht: Wir kennen uns länger und Du hast mit Versprechungen gegeben, die unsere Verbindung stabilisieren und auf Dauer stellen sollte. Du hast mir Treue zugesagt und dass Du Dich mit keinem anderen schreibst.

ZH: Es gibt keine Voraussetzungen bei mir, ich zwinge niemanden. ich verstehe nicht genau, was Du möchtest und entweder Du gibst uns eine Chance oder nicht. Seit einem Monat hast Du Dichnicht gemeldet, was erwartest Du jetzt von mir, dass ich gleich mit Dir ins Bett hüpfe?

ICH: Du bist wie Lebensmittel, das verdorben ist, da hilft auch die schönste Verpackung nicht. Deine Persönlichkeit und Dein Charakter mir gegenüber sind unter aller Sau. Man darf Dir nicht vertrauen und sollte Dich zum Teufel jagen, wobei Du einem Leid tun kannst, weil eine so minderwertige Prostituierte selbst bei einfachen Männern nicht willkommen sein dürfte.

***Schanz:** An diese Stelle brach ZH den Chat ab. Eine Woche später entschuldigte sie sich: Sie würde sich in Zukunft an ihre Zusagen halten, tat es aber nicht, was ich allerdings aufgrund meines permanenten Misstrauens schon vorher wusste.*

B.6.3.4.3 ***Fingiertes Angebot zur Überführung*** *(Pierre Godot)*

PG = Pierre Godot
online ChatProfil Info

14.X1.20XX
PG: um 20:03: Was darf ich sexuell von Dir erwarten? ICH bin zu allem bereit.

PG: um 21:21: Wenn ich Dir zu direkt bin, dann bitte ich um Verständnis. Es ist mein bisheriger Weg gewesen erfolgreich zu sein. Wenn Du eine andere Art des Vorgehens bevorzugst, würde ich alles tun, um Dir zu gefallen. Bitte schreib mir.

ZH: um 21:22: ZH: hmm, ist etwas ungewohnt für mich, aber es ist schon ok, so wie Du bist!!

PG: um 21:27: Als freier Journalist läuft das Geschäft im Augenblick nicht so. Und meine privaten Beziehungen bewegen sich im Grenzbereich zwischen Hoffnung und Abschied mit dem inneren Wunsch, jemanden kennen zu lernen, der meine Lebensgeister wieder belebt, ohne dass ich ein schlechtes Gewissen haben muss.

ZH: um 21:33: Wenn ich das so lese, sieht es aus, wie wenn Du gerade eine schwere Zeit durchmachst!! ??

Schanz: *Diese Anteinahme ist durchaus echt, kann aber andererseits einen Zugang zum Chatpartner öffnen und auch dessen ist sich die Zaubehafte bewusst.*

PG: um 21:43: An sich nicht wirklich, aber wenn man Kinder hat, sieht alles noch etwas anders aus, weil sie nicht verstehen können und Rechenschaft von mir fordern für mein lockeres Leben. Das belastet mich mehr als alles andere. Um 23.00 Uhr muss ich zu einem Männerabend, um mich wieder Mal als MANN zu beweisen, der alles erreicht und alles kann. - Aber was habe ich denn erreicht, eine Vielzahl von Abenteuern - und was ist geblieben? Die Suche nach Glück, ein Glück, das meistens im letzten Moment entflieht. Und dann geht die Suche weiter.

ZH: um 21:45: Also hast Du Kinder, wie viele und wie alt sind sie denn?? Was ist das für ein Männerabend, zu dem Du gehst.

PG: um 21:52: Zwei André (19) und Brigitte (15). Wir treffen uns (nicht offiziell) bei einem Architekten im, Keller und erzählen uns von unseren Erfolgen (vor allem bei Frauen - alles Schlampen). Wenn die betreffenden Frauen das hören würden, wären sie sehr schnell weg. - Aber man muss dazu gehören (z.B. für den für den nächsten Auftrag).

ZH: um 21:54: ohoh,,, also so ist das!!! Das muss für Männer ja eine Sportart sein!!

PG: um 21:59: Männer, wirkliche Persönlichkeiten, findest Du dort nicht oder besser, man erkennt sie nicht. Wir alle kämpfen letztlich um die oberflächlichen Dinge im Leben. Wenn ich etwas Anspruchsvolles schreibe, wird es nicht veröffentlicht.Aber Du weißt fast alles über mich - aber wer bis Du? Was macht Dich aus?

14.X1.20XX

ZH: um 22:01: he he ... Du weist doch, Frauen sind neugieriger als Männer!! was magst Du wissen??

PG: um 22:13:
Wie heißt Du? Wo wohnst Du? Was machst Du beruflich? Was sind Deine Hobbys, was Deine Träume? Was versprichst Du von einem Leben - z.B. mit mir?

ZH: um 22:15: ICH bin die Hxxxx, ich bin achtunddreißig Jahre alt. Wie heißt Du denn?

PG: um 22:19: ICH heiße Pierre. Deine Auskunftsfreudigkeit ist sehr zurückhaltend. Etwas mehr möchte ich schon wissen. Stille Wasser mögen tief sein, manchmal eben zu tief. - Jetzt muss ich los - vielleicht erinnerst Du Dich Morgen noch an mich? Gute Nacht.

ZH: um 22:20: Ja ich werde mich auch an Dicherinnern mein Lieber, was magst Du denn alles wissen? Frage mich gern. Schlaf Du auch gut.

PG: um 22:25: Was will ich wissen? Vor allem das, was man nicht sofort erkennt: Deine Geheimnisse, wie die Wahrheit über Deine wahren Gefühle zu mir. Denn Du weißt ja: Ach oh, wie trügerischen sind Frauenherzen, mögen sie lachen, mögen sie scherzen. Oft geht ein Lächeln um ihre Züge - alles nur Falschheit, alles nur Lüge. - Gute Nacht.

ZH: 22:26: dann reden wir morgen weiter und ich erzähle Dir etwas was man nicht gleich sieht. schlaf schön und träume süß.

15.X1.20XX:

PG: um 6:26: Bist Du schon wach? Guten Morgen, ich muss mich langsam fertig machen.

ZH: um 6:33: Wie alt ist denn das Foto, oder wie alt bist Du, irgendwas passt da nicht zusammen! Oder Du sagst mir sofort wo Dein Jungbrunnen steht.

PG:um 6:56: Foto sind immer relativ: Dein Foto muss auch schon 5 Jahre alt sein, so ähnlich wie bei mir, aber im Chat präsentiert man immer das, was am besten aussieht. Dazu bin ich ein wenig eitel.

ZH: um 6:57: Klar nimmt man ein Foto was einem am besten gefällt das ist schon richtig, aber man hat einen Anhaltspunkt.

PG: um 7:00: Du siehst meine Haare zu wenig: Der Grauton ist schon vorhanden. Aber wenn ich Dir jung aussehe, Du findest sicher Ältere im Netz.

14.X1.20XX

ZH: um 7:02: was soll denn das bitte jetzt ich habe gesagt man hat anhaltspunkte, ich habe nichts Gegenteiliges gesagt als bitte erkläre mir das mal.

PG: um 7:03: ICH habe ein neueres Foto im Profil angehängt - gefällt Dir das besser?

ZH: um 7:05: ja und ist auch kein grosser unterschied zu sehen etwas reifer und was ist daran jetzt so schlimm?

*PG: um 7:11: ICH bin an sich ein gutgläubiger Mensch. Schlimm ist es dann, wenn man an bösartig an der Nase herum geführt wird, wie **von meinem Ex**. Hast Du auch Männer gelernt, auf die man sich verlassen kann? Anscheinend nicht und ich soll jetzt Dein Misstrauen ausbaden?*

***Schanz:** Die Erfahrung der Zauberhaften ist groß genug, um Ungereimtheiten zu erkennen. Wenn Aussehen (zu jung auf dem Foto) und angegebenes Alter nicht zueinander passen, wird sie misstrauisch und hakt nach.*

Dass sie auf eine etwaige Homo- bzw. Bi-Sexualität kommt, ist insofern klar, als mein unbeabsichtigter Schreibfehler „von meinem Ex“ dazu kommt.

*Fotos (Adrian Hoven / Alter 35 : 50): Adrian Hoven (eigentlich Wilhelm Arpad Peter Hofkirchner; *18.Mai1922 in Wöllersdorf, Niederösterreich;† 8.April1981 in Tegerns e) war ein österreichischer Schauspieler. Regisseur und Filmproduzent.*

ZH: um 7:16: Bist Du mur an Frauen interessiert oder bist Du an beidem interessiert, das macht mich jetzt bissel durcheinander.

PG: um 7:18: … nur an Frauen. - Du machst mich neugierig. - Du wolltest mir ja ohnehin von Dir erzählen, was man nicht gleich sieht.

ZH: um 7:19: Ah ok ich dachte Du magst beides. Was magst Du denn wissen, mein Lieber?

PG: um 7:22 ... was man nicht fragen kann, was nur Du weißt. - Wenn man jemand kennen lernt, sieht man nur seine Oberfläche bzw. nur das, was diejenige zeigen will. Das, was wirklich wichtig gewesen wäre, habe ich von meiner Ex erfahren, als es schon zu spät war.

ZH: um 7:26: Du redest noch recht viel von deiner Ex. Ist das alles noch sehr frisch? Du hast ja bei Dir auch noch "in einer Beziehung" angegeben.

***Schanz:** Die Zauberhafte möchte wenig von sich preisgeben und stellt daher lieber Fragen, kommentiert meistens positiv gefärbt, bringt Floskeln wie „das ist ja interessant" oder „aha, da haben wir es wieder" oder „Frauen sind immer Nachteil" usw.*

Damit verleitet sie den Chatpartner zu Auskünften und Stellungnahmen, die der selbst gar geben wollte, und vermeidet eigene Hinweise auf ihre privaten Daten und ihr Umfeld.

PG: um 7:29: Anstatt mir zu antworten, stellst Du mir Fragen. - Wie war es denn mit Deinem Ex oder begegne ich einer Jungfrau, von Deinem Foto wäre das möglich. Aber Du weißt ja an mir, dass Fotos täuschen können. Aber jetzt bist Du dran, ich bin in Vorleistung getreten.

PG: um 7:33: Zu meiner Beziehung: Meine Ex und ich haben noch eine gemein-same Wohnung, aber die endgültige Trennung ist so gut wie vollzogen. Wir wohnen inzwischen getrennt.

ZH: um 7:35: Okay Du hast ja Recht. Dann erzähl ich mal ein wenig von mir. Wie gesagt, Hxxxx ist mein Name, ich bin 38, wohne in Dxxxxxxxxx und arbeite als Verkäuferin, angestellt in einer Modeboutique. Kinder sind mir bisher nich nicht vergönnt gewesen. Zurzeit bin ich auch zu Hause, weil unsere Laden geschlossen ist. ICH habe ein schicke Wohnung mit einer großen Terrasse, wo ich wenigstens etwas draussen sein kann zurzeit. ICH bin ein sehr schöngeistiger und leiden-schaftlicher Mensch. ICH liebe Romantik, gutes Essen und gehe bei schönem Wet-ter gerne raus. ICH fahre gern mit dem Rad und liebe das Meer. Und ich reise gern.

***Schanz:** Die Zauberhafte arbeitet in keiner Modeboutique; das habe ich anderer Stelle herausgefunden. Dass sie sich als sehr schöngeistig und leidenschaftlicher Mensch darstellt, Romantik und gutes Essen liebt, und bei schönem Wetter gern ausgeht, mit dem Rad fährt, das Meer liebt und gern reist, ist möglich, hat aber auch den Sinn, den anderen niveauvoll zu umgar-nen. – Konkrete und private Daten über sich (Namen, Wohngebiet, Umfeld usw.) werden nicht geäußert, sie werden verschwiegen.*

PG: um 7:45: Sehr interessant, hört sich gut an, aber ich habe von meiner Vergangenheit mehr offenbart. Männer scheinen bei Dir also kaum eine Rolle zu spielen - also doch eine Jungfrau (wie meine Ex). ICH habe einen großen Fehler gemacht: ICH habe vor ca. 10 Jahren eine Frau kennen gelernt (30 Jahre alt), eine wahre Persönlichkeit, aber mir war damals der schnelle Sex wichtiger als Verläss-lichkeit in einer Beziehung.

Schanz: *Was die Zauberhafte nicht weiß, dass ich sie mit dieser Stellungnehme aus der Reserve locken will, was ihre Einstellung zum Sex betrifft.*

ZH: um 7:50: Naja was heißt denn mehr offenbart. ICH weiß Du hast 2 Kinder und eine Ex, die Dir irgendwie immernoch sehr im Kopf rumzuschwirren scheint. Ist jetzt auch nicht sooo viel Vergangenheit würde ich behaupten. Aber eine sehr prägnante Vergangenheit. Bei mir gibt´s da nicht soviel zu erzählen. Klar hatte ich auch meine Freunde, habe auch mit dem ein oder anderen zusammengewohnt und bin aber immer wieder alleine in einer eigenen Wohnung gelandet. Lange nicht so spektakulär und erwähnenswert wie deine Geschichte 😉

Schanz: *Die Zauberhafte agiert konsequent und verschweigt vieles trotz pauschaler Hinweise über Freunde, Partnerschaften, Zusammenwohnen usw. Bei mir gibt´s da nicht soviel zu erzählen ... (und verstecktes Lob)... und lange nicht so spektakulär und erwähnenswert wie Deine Geschichte.*

PG: um 7:58: So, so. Was ist schon spektakulär? Meine Ex schwirrt mit vor allem aus finanziellen Gründen im Kopf herum. ICH hätte mir vieles sparen können - nicht nur Geld, wenn ich vorher gewusst hätte, was sie mir nicht offenbart hat. Aber ich habe dazu gelernt und bevor ich mich noch einmal verliere, sollten Beide wissen, woran sie sind. Die schönste Wohnung nützt Dir nichts, wenn ein Partner der falsche ist.

ZH: um 8:00: Das muss man solange ausprobieren, bis es klappt.

PG: um 8:01: So, ich bin gespannt, was Du mir noch erzählen möchtest, aber ich muss langsam los. Du gefällst mir, aber noch bist Du für mich eine Gleichung mit etlichen unbekannten Variablen. Bis später.

ZH: um 8:03: Das freut mich sehr zu lesen, dass ich Dir gefalle. Dann melde Dichgerne später, dann erzähle ich Dir mehr.

Pause

PG: um 19:44: ICH bin heute Abend unterwegs und werde mich später melden. Habe bitte etwas Geduld.

ZH: um 19:45: Ok alles klar, für dich, übe ich mich sehr gerne in Geduld obwohl das nicht unbedingt meine Stärke ist 😉

PG: um 20:44: ICH bin zurück, Treffen mit Ex und Kindern, es ist alles friedlich verlaufen, aber sehr gespannte Stimmung. Und wie geht es Dir? ICH bin gespannt, was Du mir noch erzählen willst.

ZH: um 20:44: Ja das glaube ich Dir das es eine gespannte Stimmun war. Naja immerhin hat es sich gelohnt. Wie waren denn die Kinder?

PG: um 20:47: Nah, ich habe das Gefühl, dass die Mutter sie zur Friedlichkeit angeregt hat. Es wurde kaum etwas Bedeutsames besprochen (Wetter, Corona, usw.).

ZH: um 20:49: Oh das ist doch nur zum Vorteil für Dichmein Lieber oder nicht Pierre?

PG: um 20:54: Das ist noch offen, aber wir reden wieder nur über mich. Hast Du keinen Ex, der Dir Böses wollte?

Schanz: (Fangfragen): *Das ist der Versuch der Vergangenheit der Zauber-haften auf die Spur zu kommen und sie reagiert ausweichend.*

Direkte Ansprache: *„Wenn Dir nur gute Männer begegnet wären, wärst Du nicht mehr frei." Die Zauberhafte scheint dieser Hinweis nicht zu gefallen. Wer so lange im Chat ist und niemanden gefunden hat, sucht entweder keinen oder hat schlechte Erfahrungen gemacht.*

ZH: um 20:55: Nein das habe ich nie gehabt, Pierre, ich suche mir doch nur gute Männer aus.

PG: um 20:59: Das kann ich Dir nicht glauben; so wie Du aussiehst - und das nasch 38 Jahren - ist für mich Märchenstunde: Wenn Dir nur gute Männer begegnet wären, wärst Du nicht mehr frei.

ZH: um 21:03: Schade, das Du so denkst. Aber ich mag es nicht zu streiten, das ist für mich verschwendete Lebenszeit. Man kann sich auch Trennen ohne Drama.

PG: um 21:09: Nun Du vergisst, dass ich viel Lehrgeld zahlen musste, weil ich zu wenig über meine Ex wusste. Natürlich respektiere ich Deine Zurückhaltung. Im Chat ist es leicht zu schweigen, in der Hoffnung, der Andere wird schon nicht so neugierig sein. Aber das kann ich mir nicht leisten. Entweder meinen wir es ernst oder wollen wir ohne jegliche Verbindlichkeit nur an der Oberfläche bleiben?

ZH: um 21:13: Ja Du das ist das Leben so kann es auch mal sein, es ist nie was für nichts. Im schlimmsten Fall lernst Du einfach was. Du ich fühle mich wohl jetzt mit Dir so wie es ist.

PG: um 21:20: Das mit dem (so wie ist) habe ich meine Ex kennen gelernt und alle Folgen getragen. Wenn Du mit freiem Sex ohne Reue leben willst, geht das mit mir auch. Der Ehrlichkeit halber weise ich darauf hin, dass ich in meinem Alter und mit meinen Kindern längerfristig andere Perspektiven verfolgen werde. - ICH empfehle Dir, Deine Einstellung zu überdenken, lass Dir Zeit.

ZH: um 21:22: naja ok dann werde ich nochmal darüber nachdenken, wie Du es willst. nur was soll ich ändern. sag es mir.

Schanz: Einlenken: *„Du ich fühle mich wohl jetzt mit Dir so wie es ist." „Dann werde ich nochmal darüber nachdenken, wie Du es willst. Nur was soll ich ändern. Sag es mir."*

PG: um 21:32: Du weißt besser als ich, wie man Männer für sich gewinnt: die Einen nur für den Spaß, die anderen für das Leben und den Spaß. Welche Alternativen bleiben Dir? Für mich gibt es schon vom Alter her wenig Spielraum.

ZH: um 21:33: Na, Du machst Dich jetzt aber auch irgendwie älter als Du bist, ich meine klar Du bist kein Teenager mehr das bin ich auch nicht. Aber jedes Alter hat auch seinen Reiz und wenn ich Dich so angucke, guckst Du oder siehst Du nicht mal ansatzweise so aus, wie Du Dich angeblich gibst. Das ist im Übrigen ein Kompliment.

PG: um 21:42: Wenn es nur nach dem Aussehen ginge, würde Dir die gesamte Männerwelt zu Füssen liegen. Aber ich bin sicher, dass Dir Männer begegnet sind, bei denen alles anders war; sie waren nicht erreichbar - warum auch immer - und das lag bestimmt nicht an Deiner äußerlichen Attraktivität.

ZH: um 21:45: Ach hör doch auf, also Du schmeichelst mir wirklich sehr. Aber wenn Du das da auf deinem Bild bist, dann würde ich doch einfach mal sagen sind, wir beide definitiv gleich auf, aber nun gut. Du bist charmant, kannst Dichausdrücken, kannst schreiben, woran hapert es?

***Schanz:** Lob und Neugier, um mehr zu erfahren. Es liegt ein offensichtliches Interesse an Pierre Godot vor.*

PG: um 21:51: Es hapert an meiner Vergangenheit. Du lässt Dich von meinem Aussehen blenden. Die attraktivsten Schauspieler sind letztlich nur Schauspieler, wie ich in gewissem Sinne auch. ICH weiß inzwischen, dass ich keine gesellschaftliche Größe bin. Was haben mir alle meine Bettgeschichten genutzt? ICH irre durch die Welt und suche nach Lebensinhalt. Entweder ich schaffe ich es oder ich laufe dem bis zu meinem Lebensende hinterher.

ZH: um 21:54: Nur Bettgeschichten bringen aber niemanden etwas, weder Dir noch mir noch sonst irgendjemanden. Und ich glaube dass jeder Mensch zwischendurch mal ein Schauspieler ist, gerade am Anfang wenn man jemand irgendwie gefallen möchte?

PG: um 21:57: Das ist richtig, aber haben wir es nicht versäumt zu unterscheiden: Wer ist nur Schauspieler und wer ist mehr. Alle Bundeskanzler haben ihre Rolle mehr oder weniger gut gespielt, aber nur einer war wirklich der Bundeskanzler: Helmut Schmidt.

ZH: um 21:59: Na gut, ich glaube nicht, dass wir beide uns jetzt den Bundeskanzlern vergleichen möchten, auch wenn ich weiß, was Du meinst. Aber Du solltest Dichselber auch nicht runtermachen, jeder hat seine Vorgeschichte.

PG: um 21:59: Du auch?

ZH: um 22:00: Na aber sicher doch, meinst Du ich bin jetzt gleich so zur Welt gekommen, wie ich jetzt hier bin? ICH habe auch meine Höhen und Tiefen gehabt, habe viele Menschen kennengelernt, die ich mir lieber erspart hätte und habe viele Dinge gemacht, die ich vielleicht auch bereut habe in dem Augenblick.

PG: um 22:02: ICH nehme das so zur Kenntnis und verabschiede mich für heute.

ZH: um 22:04: Das hört sich jetzt aber irgendwie an als wenn Du jetzt traurig bist? Oder ist das jetzt gerade nur das Timing. Sag mir doch, was kann ich für Dich tun?

PG: um 22:06: Also Du suchst bestimmt keine feste Beziehung, meine Liebe, ich denke mir, dass ich Dich einmal richtig durchficken möchte.

ZH: um 22:10: Meinst Du das ehrlich?

PG: um 22:12: Oh, ja, immer weiter fick mich, bis ich wund bin und dann lass mich Dich reiten, bist Du ohnmächtig wirst und wieder zur Besinnung kommst, wenn Du mich voller Glück und Befriedigung wieder wahrnimmst.

ZH: um 22:15: Das würde mich sehr freuen.

PG: um 22:18: Wenn Du meinen Schwanz einmal lutschen würdest, bis zwei Monate lang keinen Tropfen Sperma mehr kommt, und ich wäre wie neugeboren.

ZH:22:23: Lieber Pierre, ich möchte Dir alles geben, was ich geben kann. ICH lasse dein Herz höher schlagen, was mache ich denn für DichGutes? Jetzt hast Du mich aber ganz schön neugierig gemacht. Du hast also im Gefühl, wir beide könnten viel und lange Spaß haben? Gibt es etwas, was Du garnicht magst?

PG: 22:28: ICH bin für alle Aktivitäten zu haben, die Deinen Körper betreffen, Kuscheln, Streicheln, Tasten, Rubbeln, Fingern, Lecken, Lutschen, von hinten und von vorn in Deine Muschi eindringen usw. Was mir weniger wichtig ist sind anale Praktiken und dass Du mir alles ablecken und ablutschen musst - ich nehme das zwar hin, aber Dein Körper, sein Geruch, sein Geschmack und Deine Vibrationen und Deine Dynamik sind mir sehr viel wichtiger.

ZH: 22:33: Das klingt einfach nur so schön und darauf freue ich mich auch schon, Du scheinst sehr viel Ahnung von dem zu haben was Du tun willst, das Gefällt mir wirklich sehr gut, ich bin gerade so heiß auf dich, ist Dir bewusst, oder?

PG: 22:37: Ja, das ist mir bewusst und ich will alles tun, um Dich zr einer glücklichen Frau zu machen, die ihre Lust und ihre Fantasien zur Entfaltung bringt.

ZH: 22:40: Danke, dass Du mich glücklich machen möchtest bringt mein Herz dazu, höher zu schlagen. ICH hoffe ich bin in der Lage Dir genau soviel zu geben, wie Du mir.

PG: um 22:25: Am liebsten möchte ich, dass Du auf Deiner Couch die Beine spreizt und ich Deine Klitoris mit meiner verwegenen Zunge solange lecke, bis Dein Natursaft in mein Gesicht spritzt, Du geile Wunderfotze.

ZH: um 22:28: Danke, dass Du mich glücklich machen möchtest bringt mein Herz dazu, höher zu schlagen. ICH hoffe ich bin in der Lage dir genau soviel zu geben, wie Du mir. Woher hast Du diese Phantasie?

ZH: um 22:30: Alles toll, aber woher hast Du diese Formulierungen? Wer bist Du?

Schanz: *Information und Komminikation („dirty talk"): Zwar scheint so zu sein, dass manche Menschen (wie hier die Zauberhafte) im Sex besonders intensiv auf „dirty talk" reagieren, sowohl veranlagungs- wie auch erfahrungs- und übungsbedingt (Konditionierung), aber hier merkte ZH, dass ich Ihre früheren Formulierungen verwendete und wurde misstrauisch.*

Auszugsweise / Stichworte aus: Kommunikation in Beziehungen
https://liebeslebenplus.com/kommunikation-in-beziehungen/
LIEBESLEBEN PLUS: INHABER: DR. ANNA MARTINI, JOSEPH-STELZMANN-STRAßE 62, 50931 KÖLN:

(„1") „ … Verhängnis, fehlende Kommunikation

Die meisten Ängste, Sorgen und Probleme zur Sexualität in der Beziehung könnten durch eine gute Kommunikation der beiden Partner beseitigt werden. Egal wie alt Sie sind …

….Besonders in geselligen Runden wurden gute sexy Witze erzählt …

Schanz: Auch sie gehören zur Kommunikation beim und über Sex und können durchaus ein situationsangemessenes hohes Niveau haben, sind aber meistens Zoten)

(„2") Hemmungen, Scham, Ängste

Wenn Sie sich in einer langjährigen Beziehung befinden und Sie sich mit Ihrer besseren Hälfte eingespielt haben, kostet es oft Überwindung die sexuellen Belange Ihrer Beziehung wieder anzusprechen. Für die längste Zeit waren Sie so gut aufeinander eingespielt, dass die konkrete Besprechung der gemeinsamen Sexualität nicht zwingend notwendig war. Doch wenn sich der Körper verändert, wenn hormonelle Veränderungen beispielsweise die eigene Libido nachteilig beeinflusst haben, besonders dann wird es doch notwendig, das Gespräch mit dem Partner zu suchen und das, obwohl es gerade dann gerne schwierig wird, ein solches Gespräch zu beginnen …

(„3") Thema 1: Erotische Gespräche zur Anregung oder Vorspiel

… Das gemeinsame Gespräch über ein erotisches Thema pflegt zudem die Vertrautheit, die Intimität und trägt letztlich zu einem besseren Verständnis des Sexualpartners bei. Einfühlsamkeit und Ehrlichkeit haben hierbei natürlich oberste Priorität. Eine falsche Scham wäre hierbei völlig fehl am Platz.

(„4") Thema 2: Veränderung der Vorlieben …

(„5") Thema 3: Veränderung des Körpers …

(„6") Thema 4: Über den letzten Geschlechtsakt reden, …

Wie nachdem Sie gemeinsam einen Film angesehen haben, können Sie auch da letzte sexuelle Erlebnis im Nachhinein besprechen.

Was gefiel Ihnen gut?
Was hat Ihnen nicht so gut gefallen?
Worauf haben Sie das nächste Mal Lust?

… Sie lernen so nicht nur, was Ihrem Partner gefällt und was nicht, sondern sie setzen sich auch mit Ihren eigenen Gefühlen und Vorlieben auseinander.

(„7") Bonusthema: Dirty Talk

Zuletzt ist der sogenannte* Dirty Talk *auch

ein Mittel um sich auszutauschen. Das passiert vor oder während des Liebesspiels und kann für viele Menschen sehr erregend sein. Den Sex beschreiben oder seine Wünsche und lustvollen Gedanken auszusprechen kann, so wie die vorher genannten Themen, sehr aufschlussreich für beide Partner sein.

Dirty Talk *als Teil des Liebeslebens: Wenn* Dirty Talk ***bisher nicht Teil Ihres Liebeslebens war, ist die*** Hemmung natürlich erstmal sehr groß***. Aber wenn beide mitspielen, können diese sexuell aufgeladenen Gespräche sehr informativ und belehrend sein.***

Neue Seite: *Vielleicht lernen Sie so Ihre bessere Hälfte von einer ganz neuen Seite kennen …"*

> ***Schanz:*** *Die Zauberhafte merkte, dass alle Formulierungen von ihr stammten und ich sie nur umformuliert hatte. Sie begriff, dass etwas nicht stimmen konnte.*

PG/ICH: um 22:32: ICH bin GEORG SCHANZ: Wer kennt Dich besser als ich: PierreGodot war wiederum ich unter anderer Identität. ICH wollte Dich nicht länger zappeln lassen und habe abgebrochen. Die Fotos stammen von Adrian Hoven, einem Filmschauspieler aus der Nachkriegszeit - schon lange tot.

ZH: um 22:34: Wieso bist Du hier unter Pseudonym? Hast Du etwa Angst oder so??? Ist etwas was passiert?

PG/ICH: um 22:37: Du hast anscheinend nicht begriffen: Pierre Godot gibt es nicht. Georg Schanz hat Dich wieder einmal getäuscht (zum 7. Mal insgesamt). Du solltest ihm sehr böse sein.

ZH: um 22:45: Weshalb machst Du so etwas?

PG/ICH: um 22:47: Die Fotos stammen von Adrian Hoven, einem Filmschauspieler aus der Nachkriegszeit - schon lange tot.

ZH: um 22:51: Auch wenn Du es nicht glauben wirst: Es tut mir aufrichtig Leid, dass ich Dich so gekränkt habe. Aber ich kann es leider nicht rückgängig machen. Da hast Du recht, manche Sachen lassen sich leider nicht rückgängig machen, aber wir sind ja auch erwachsen, von daher schauen wir nach vorne und machen einfach das Beste daraus?

PG/ICH um 22:55: ZH, warum wohl habe ich das wohl gemacht? Erwachsen zu sein, ist meistens der Versuch etwas zu entschärfen, weil man doch nicht so erwachsen war, wie man gern sein möchte. Anders lässt sich meine Überheblichkeit mit Pierre Godot nicht erklären, aber es hat mich zu sehr gereizt.

ZH: um 23:02: Das ist doch nun aber auch wirklich kein Weltuntergang, mein lieber Schatz, ich nehme es Dir auf jeden Fall nicht übel. Denke, wir können unsere Zeit auch sehr viel angenehmer nutzen?

> ***Schanz:*** *Im Gegensatz zu früheren Reaktionen rastete sie nicht aus und schlug versöhnliche Töne an. Warum auch immer? Vielleicht lag ihr doch mehr an mir, als ich angenommen habe. – Aber wie verlässlich wären solche Zugeständnisse? Kann eine Prostituierte wirklich treu sein?*

PG/ICH:: um 23:05: ICH, GEORG SCHANZ, habe mich unter PierreGodo angemeldet, um einen neuen Kavalier für Dich zu simulieren. Wenn Du sagst, das sei kein Weltuntergang, dann hast Du nicht ganz Recht. Für mich ist das schlimmer, weil ich auf Dich und Deine Treue nicht rechnen darf. Alles Gute.

(zunächst kein Chat mehr)

Einen Tag später:

ZH: um 13:21: Hab ein bisschen das Gefühl dass Du schon wieder versuchst über mich zu bestimmen und Du musst einfach mal lernen und merken, dass das nichts wird.

ICH: um 13:35: ICH habe es gemerkt, aber ich gebe auch nicht nach. Jeder von uns Beiden muss sich darüber klar werden, ob er/sie das will. ICH bin überzeugt, dass Du mehr zu verlieren hast. Also alles Gute.

ZH: um 13:36: Du hast wirklich einen sehr lustigen Humor, ich habe eigentlich gar nichts zu verlieren, ich habe hier nur etwas zu gewinnen, entweder es klappt oder es klappt nicht.

ICH: um 13:37: Es klappt eben nicht. Alles Gute.

ZH: um 13:38: Aber das kannst Du doch nicht so einfach entscheiden, ohne einen Grund zu liefern?

ICH: um 13:42: Gründe? Es ist mir sehr schwer gefallen, mich, angesichts Deiner Vergangenheit und Deiner vielfältigen Untreue, auf Dich einzulassen. Während ich immer ehrlich und zuverlässig war, kann man das von Dir nicht sagen. Aber Du hast Deine Maßstäbe und ich meine. Alles Gute.

ZH: um 13:43: Aber momentmal? Wann soll ich denn untreu und nicht ehrlich zu Dir gewesen sein? Bitte um Aufklärung!

ICH: um 13:48: Anfangs hast Du mich nur belogen (Lehrerin, Marketingsachbearbeiterin, Restaurantfachkraft, Drogeriemitarbeiterin usw.) und mir alle Wahrheiten verschwiegen. ICH musste unter anderer Identität Deinen wahren Beruf und Deine Untreue aufdecken. ICH werde aus den kopierten Chats nicht alles wiederholen (zu teuer). Du hast es zugeben und Dich auch entschuldigt. - Alles Gute.

ZH: um 13:50: ICH habe Dich doch nie betroge,n und ich schäme mich eben für meinen Beruf verstehst Du es denn nicht?

ICH: um 13:53: Doch, sonst hätte ich nicht so lange zu Dir gehalten. - Du hattest mir Treue zugesagt und dass Du Dich nur mir schreibst, aber das war gelogen.

ZH: um 13:54: Nein das war nicht gelogen, ich schreibe auch nur mit dir. Wieso glaubst Du das denn nicht?

ICH: um 14:15: Mit wem hast Du denn noch vor Kurzem unter BUMSWILLIG geschrieben und sexuelle Leistungen zugesagt, weil Du nicht wusstest, dass ich es war? Deine Worte am XX.XX.XXXX: //Danke, dass Du mich glücklich machen möchtest bringt mein Herz dazu, höher zu schlagen. ICH hoffe ich bin in der Lage Dir genau soviel zu geben, wie Du mir.//

ZH: um 14:16: ICH weiss nicht, wieso Du mir das antust? ICH habe echt nicht ge-dacht, dass Du so stark kontrollierst.

ICH: um 14:20: GOTT SEI DANK: Wenn ich nicht kontrolliert hätte, würde ich in die Reihe Deiner dummen Freier gehören, aber so dumm bin ich eben nicht. Und das weißt und wusstest Du. --- Deshalb bin ich überzeugt, dass Du mehr zu verlieren hast als ich. Also alles Gute.

ZH; um 14:21: ICH finde das wirklich respektlos, dass Du mir das so schreibst und mich als Prostituierte bezeichnest. Du verletzt mich.

(vorerst kein Chat mehr)

B.6.3.4.4 Fingiertes Angebot zur Überführung (Enno Cabenes)

CE = CABANES, ENNO

CE: um 7:59: Du gefällst mir. ICH will Sex mit Dir, koste es, was es wolle.

Keine Antwort

CE: um 9:43: Wenn ich Dir zu direkt gewesen bin? Das ist nun einmal meine Art und ich bitte Dich das akzeptieren. ICH verstecke mich nicht gern hinter Ethik und Moral, sondern ich will eine Frau haben, die mir gefällt, und mit der ich alles machen kann, was Spaß macht und das Leben bereichert.

ZH: um 9:44: Na, da scheinen wir doch ganz auf einer Linie zu sein, ich finde das schon in Ordnung, aber ein bisschen Aussprache muss schon sein. ICH mag kein Blind Date haben.

Schanz: *Was begründet sexuelle Reize? Pierre Godot: "ICH verstecke mich nicht gern hinter Ethik und Moral, sondern ich will eine Frau haben, die mir gefällt, und mit der ich alles machen kann, was Spaß macht und das Leben bereichert."*

Auszugsweise Promiskuitivität:
https://www.focus.de/gesundheit/praxistipps/ promiskuitaet- was-ist-das-eigentlich_id_7705110.html:

„... Das Ergebnis war eindeutig: Männer möchten mehr sexuelle Partner als Frauen. Wissenschaftler der Bradley Universität bestimmten außerdem fünf psychologische Faktoren, die Promiskuität begünstigen (... und auch für Frauen gelten ..."): Extrovertiertheit, Geringes Pflichtgefühl, Konfliktbereitschaft, Neurotizismus, Offenheit.

Extrovertiertheit hilft Menschen, die ohnehin schon zur Promiskuität neigen.

Geringes Pflichtgefühl *erschwert Leben in Monogamie, weil Bindungen eher als verpflichtend empfunden werden.*

Konfliktbereitschaft *ist eine Voraussetzung für Promiskuität, weil Sexual-partner häufig enttäuscht werden.*

Neurotizismus: Interessanterweise verhalten sich neurotische Frauen eher promiskuitiv als neurotische Männer.

Offenheit für neue Erfahrungen ist eine weitere Voraussetzung, um promiskuitiv zu leben.

Eines scheint sicher: Es gibt keine einheitlichen Maßstäbe, um sexuelles Verhalten zu bewerten. Promiskuität lässt sich mit gesellschaftlichen und wissenschaftlichen Argumenten nicht eindeutig eingrenzen und definieren ..."

Wikipedia: "… *Neurotizismus ist in der Psychologie eine der Hauptdimensionen der Persönlichkeit …*

- ***Reizbarkeit***
- ***Launenhaftigkeit***
- ***Nervosität***
- ***Neigung zu Unsicherheit und Verlegenheit***
- ***Klagen über Ärger und Ängste***
- ***Klagen über körperliche Schmerzen (Kopfschmerzen, Magenbeschwerden, Schwindelanfälle etc.)***
- ***Neigung zu Traurigkeit und Melancholie***
- ***Sehr sensibel auf Stress reagierend***
- ***Eher negative Affektlage***
- ***Dauerhafte Unzufriedenheit …"***

Wahrscheinlich ist die Zauberhafte der Promiskuität in Verbindung mir nympho-manischen Zügen ausgeliefert.

CE: um 9:59: Blind Dates an geeigbeter Stelle?

ZH: um 10:00: Das habe ich es nicht so wirklich verstanden, was hattest Du damit gemeint? Sag doch mal bitte?

CE; um 10:02: Blind Dates an geeigneter Stelle schaffen Klarheit und sparen unnötigen Aufwand. Entweder es passt oder es passt nicht. Es geht auch darum zu wissen, fühlt sich der/die Andere noch jemand anderem verpflichtet oder ist sie wirklich frei und bereit. Was willst Du von mir wissen?

***„Blind Dates"** zeigen ihre Wirkung nicht nur bei Promiskuitivität und Prostitution, sondern auch bei ganz normalen Kontak-ten, die dann unverhofft zum intensiven Flirt werden.*

https://www.brigitte.de/liebe/singles/eric-hegmann--das-sind-die-vorteile-von-blind-dates-11637984.html:

***Auszugsweise: „Paartherapeut erklärt:** Darum sind Blind Dates der beste Weg, jemanden kennenzulernen … Laut Paartherapeut Hegmann gehören Treffen mit Unbekannten zu den besten Wegen, einen Partner fürs Leben zu finden …*

.(„1") **Blind Dates haben sich bewährt:** *In Deutschland und Mitteleuropa sind Blind Dates zwar nicht sooo verbreitet, doch in zahlreichen anderen Kulturen haben die Verabredungen mit Unbekannten Tradition … Beispiel USA: "In den US-amerikanischen Metropolen ist es üblich, wenn ein Single sich mit einem Paar zum Abendessen trifft, dass das Paar einen vermeintlich passenden Freund oder Bekannten, der ebenfalls Single ist, als Blind Date dazu bittet, beinahe wie ein Double Date", sagt Hegmann …*

***(„2") Freunde sind die besten Kuppler**: Gerade Blind Dates, die von Freunden vermittelt werden, hält Hegmann für aussichtsreich …"*

(„3“) *Je größer die Auswahl, umso größer die Verwirrung.*

(„4“)Menschliche Intuition schlägt Algorithmen: *Ein weiterer Grund, warum Blind Dates ein natürlicherer und erfolgsversprechenderer Weg bei der Partnersuche sind als professionelle Vermittlungen über Portale und Agenturen: Es geht dabei um Liebe und Gefühl und das lässt sich nach wie vor besser erspüren als berechnen ...“*

Schanz: *Wenn der Funke überspringt (Liebe auf den 1. Blick), sind alle ratiomalen Erklärungen ohne Bedeutung.*

(„5“) Erfahrung, Entscheidung:

- *Wenn gute Erfahrungen mit „Blind Dates“ gemacht werden, wird man es in Zukunft versuchen,*
- *wenn nicht, dann wird man es eher lassen.*
- *Entscheidend ist die Überwindung zum 1. Versuch.*

ZH: um 10:03: Tja das ist jetzt eigentlich gar nicht so einfach, aber sag doch mal auf was Du beim Sex zu stehst, bist Du da eher flexibel und offen für vieles oder wie schaut es da bei Dir aus?

CE: um 10:05: ICH bin völlig flexibel. Wie ist es bei Dir? Meine Erfahrung ist, wenn irgendwo noch ein Anderer eine Rolle spielt, dem man sich verpflichtet fühlt, vielleicht sogar ein schlechtes Gewissen hat, dann ist das Ballast. Das belastet jeden Spaß und schafft obendrein Probleme.

ZH: um 10:07: Bei mir spielt keine andere eine Rolle, ich bin Single aber ich bin auch ehrlich gesagt noch nie mit mehreren Männern gleichzeitig zusammen im Bett gewesen.

CE: um 10:09: Probleme, die man besser vermeidet.

ZH: um 10:10: Ja da hast Du völlig recht. Das bringt überhaupt nichts, da wird meiner Meinung nach der Sexpartner dann als seelischer Mülleimer missbraucht, das bleibt dabei nicht aus dass man seine Seele ausschütten will. Lach. So bin ich überhaupt nicht. ICH bin frei und flexibel aber ziemlich neugierig auf alle Arten wie man Sex miteinander machen kann

CE: um 10:11: Das heißt also, dass wir loslegen könnten ohne jegliche Rücksicht und ohne Tabus, wenn Du denn den Mut es mit mir zu wagen.

ZH: um 10:13: ja, wenn ich den Antrieb habe, es mit Dir zu wagen. Da bin ich eben gerade dabei herauszufinden, ob ich es wagen soll. Geh doch mal ein bisschen ins Detail was Dir so gefällt, das möchte ich schon wissen. Bin halt ziemlich neugierig

CE: um 10:16: Würde Dir das gefallen? Das wird sich ergeben, wenn mir zusammen nackt kuscheln und ich als Erstes Deinen ganzen Körper, den Duft und den Geschmack Deiner Muschi über Deinen Damm bis zu Deinem süßen Arschloch wahrnehme und alle seine Fugen und Öffnungen streicheln, küssen, lecken und lutschen werde, auch Deine Brüste liebkosen und darauf warten, dass Du mehr willst, nämlich dass ich bei Dir mit großer Aktivität und körperlicher Spannung meinen Penis in Deine Vulva und Deine Vagina schiebe und die Missionarsstellung mit Augenkontakt so lange ausübe, bis mich alle Kräfte verlassen und wir begeistert sind.

ZH: um 10:18: Oha, Das ist ja jetzt schon richtig wie eine erotische Geschichte, das macht mich ja so wahnsinnig heiß beim Lesen, dass ich jetzt gleich mein Höschen auf die Seite gezogen habe und mich ein bisschen selbst berühren würde, wahnsinnig gut, wie Du das schreibst! Mach doch noch ein bisschen weiter bitte.

ICH: um 10:25: ICH bin Personalentwickler und kann mich so darstellen, wie Du es brauchst. ICH danke Dir, dass Du mir jetzt die Klarheit verschafft hast, die mir bisher fehlte, wenn ich es auch gewusst habe. Du bist Deinem verdorbenen Charakter einer Langprostituierten treu geblieben. Wahrscheinlich hättest Du das Enno Cabanese zunächst auch verschwiegen, es sei denn, Du hättest wirklich Geld gebraucht.

ZH: um 10:28: Wie meinst Du das denn genau? Finde es aber interessant muss ich sagen:

ICH: Ja, für mein Buch kann das interessant sein. Leider mag ich Dich immer noch sehr, aber andererseits hat es mir die Gewissheit gegeben, dass ich mit meinen analytischen Methoden für das Leben ganz gut aufgestellt bin. Man kann einen "Mörder" mögen, man sollte sich aber nicht auf ihn einlassen. Gut, dann werde ich mich jetzt tatsächlich endgültig von Dir verabschieden.

ZH: um 10:36: Hihi willst Du mir denn damit sagen, dass ich so eine bin? Also umgebracht habe ich noch niemanden ☺ hihi

ICH: um 10:50: Doch: Wenn es zwischen Dir und GEORG SCHANZ jemals eine positive Beziehung hätte geben können, hast Du sie auf dem Gewissen. Mir ist durchaus nicht zum hihi, aber ich bin ja auch Mensch, der sich seiner Verantwortung bewusst ist. ICH habe mich in Hamburg für Prostituierte beim Senat eingesetzt: Das waren Menschen, die es verdient hatten. Aber nicht alle Prostituierten gehören gleichermaßen dazu.

ZH: um 11:09: Georg, ich sehe Dichschon als jemanden, der ernsthaft den Durchblick sucht, auch wenn es so schwierig ist, wie bei mir.

Schanz: *Nachdem die Untreue aufgedeckt wurde, waren die Antworten zunächst schnippisch.*

ICH: „...GEORG SCHANZ: ICH bin Personalentwickler und kann mich so darstellen, wie Du es brauchst. ICH danke Dir, dass Du mir jetzt die Klarheit verschafft hast, die mir bisher fehlte, wenn ich es auch gewusst habe ...“

ZH: „Wie meinst Du das denn genau? Finde es aber interessant muss ich sagen.“

ICH: „... Gut, dann werde ich mich jetzt tatsächlich endgültig von Dir verabschieden ... Du bist Deinem verdorbenen Charakter einer Langprostituierten treu geblieben ...“

ZH: „ ... Hihi willst Du mir denn damit sagen, dass ich so eine bin? Also umgebracht habe ich noch niemanden ☺ hihi ...“

ICH: „...Doch: Wenn es zwischen Dir und GEORG SCHANZ jemals eine positive Beziehung hätte geben können, hast Du sie auf dem Gewissen. Mir ist durchaus nicht zum hihi, aber ich bin ja auch Mensch, der sich seiner Verantwortung bewusst ist ...“

Schanz: *Dann wird sie ernster, allerdings mit dem Hinweis, dass meine Urteilsfähigkeit nicht ausreicht und ich sie falsch einschätze. Möglich ist es ja, dass ich sie falsch einschätze und ihr Chatten nichts als Zeitvertreib ohne jegliche ernste Bedeutung ist: ABER „Die Botschaft hör ich wohl, allein mir fehlt der Glaube.“ (Aus: Goethe, Faust. Der Tragödie erster Teil)*

2 Wochen später:

ZH: um 22:40: „ ... Georg, ich sehe Dich schon als jemanden, der ernsthaft den Durchblick sucht, auch wenn es so schwierig ist, wie bei mir ...“

ZH: um 22:48: ich war verletzt und aus Wut habe ich das geschrieben. Da es wirklich kindisch ist, wollte ich es Dir nicht sagen. So, jetzt ist es raus

ICH: um 22:58: Lass das, Deine Einlassung ist unglaubwürdig und ist ein schäbiger Versuch, mich zu verunsichern. Es hat sich ja auch mehrfach wiederholt: ich kann Dir die 7 Namen aus den Chats nennen: (1-D...r), (2-D...t), (3-H...r), (4-P...n), (5-H...g), (6-A...o) und (7-P...o). Sei bitte fair.

ICH: um 23:01: Am 10.XX.XX um 14:16 hast Du geschrieben: // ich weiß nicht wieso Du mir das antust? ich habe echt nicht gedacht, dass Du so stark kontrollierst. // Mit anderen Worten: Wenn ich Dich nicht kontrolliert hätte, hättest Du mich locker belogen. Das ist für mich hinterhältig.

5 Wochen später:

ZH: um 11:40: hm finde ich nun schade, wenn ich ehrlich bin. Warum genießt Du es nicht mit mir im Chat. Das verstehe ich wirklich nicht.

ICH: um 11:43: ICH genieße nur in der Realität, nicht im Chat. Es gilt nach wie vor: ICH habe für meine Buchrecherchen in ca. 50 Portalen mit mehr als 50 Damen gechattet, aber so attraktiv, freundlich, sympathisch, gebildet und ausdrucksstark war keine. Wenn Deine Prostitutions-Vergangenheit und Dein verdorbener Charakter nicht wären, aber sie sind es nun einmal. Alles Gute.

ZH: um 11:56: Ja, ich kann meine Vergangenheit nicht ungeschehen machen, auch nicht meine Tätigkeit als Hure. Aber ich bin sehr froh, Dich gefunden zu haben.

ICH: um 12:00: Wofür und Wozu? ICH bin 80 Jahre alt und wenn es noch etwas zu erleben geben sollte, dann im Leben und nicht im Chat. Dass Du als Promiskuitive und Hypersexuelle mit "dirty talks" Dich zu vergnügen weißt, das ist nicht meine Welt.

ZH: um 12:02: Du weist doch das ich auch anders kann und auch immer versuche meine Nymphomanie zu unterdrücken.

ICH: um 12:04:ICH würde mich in jedem Falle mit Dir treffen, auch an Deinem Arbeitsplatz, was immer daraus werden kann: ICH schließe nichts aus.

ZH: um 12:07: Na das hört sich ja schon wieder viel freundlicher von Dir an, mein Lieber.

ICH: um 12:10: Das ist nicht nur freundlich, das ist viel mehr, ein Gefühl der Verbundenheit, das ich logisch gar nicht erklären kann.

ZH: um 12:13: ICH weiß das auch sehr zu schätzen und werde Dich auch ganz sicher nicht enttäuschen.

ICH: um 13:02: So ehrlich, wie Du in Deinen letzten Passagen warst, bist Du mir gegenüber noch nie gewesen. Dafür möchte ich mich bedanken.

ZH: um 13:10: Das ist aber wirklich sehr nett von Dir formuliert mein Schatz. Allerdings habe ich bei Dir einfach auch schon so richtig Vertrauen entwickelt.

> ***Schanz:*** *ICH muss zugeben, dass die Offenheit, mit der die Zauberhafte mich überraschte, mich doch mehr bewegt hat, als ich zugeben möchte. Auch das Vertrauen (ob echt oder nicht) hat mich sehr erfasst und fast fassungslos gemacht. In diesen Momenten war mein Verstand wohl im Urlaub und ich Zweifel unterdrückte,*

Danach gab es lange Zeit (ca. 10 Wochen) keinen Kontakt mehr.

B.6.3.5 Sexualität, Promiskuität und Hypersexualität

B.6.3.5.1 Therapie gegen Hypersexualität (Nymphomanie)?

Fallweise hat sie mich darauf hingewiesen, dass sie wegen ihrer Sexsucht (sie nennt es Sexsehnsucht) sowohl bei Arzt wie einer Psychotherapeutin in Behandlung sei. Da ich ihr nicht glaubte, wollte ich mit der Psychotherapeutin sprechen. Unter anderem kam es zu folgendem Chat:

„ … Ich: um 13:27: Ich bin bestimmt nicht Schuld: Es ist die unterschiedliche Bewertung Deines Lebenswandels, Deines Metiers und Deiner lockeren Betrachtung sexueller Beziehungen.

ZH: um 13:28: hä, aber warum das denn mein Lieber ? Wer sagt denn sowas ? ich will doch nicht so oft Sex... ich weiß gerade nicht was dein Problem ist...

Ich: um 13:31: ... zu viele Männer, zu viel Sexsucht und keine Treue - jedenfalls nicht in meinem Sinne.

ZH: um 13:36: ja aber woher willst Du das wissen mein Lieber? ich bin nicht so für den Sex mein lieber... ich denke Du weißt nicht was Du da sagst!

ICH: um 13:41: Machen wir uns nichts vor: Wenn Dir ein Mann begegnet, der Dir sexuell gefällt, wirst Du keine Sekunde zögern, ihn direkt anzumachen. Deine Reaktion auf meine Fiktion von Groeg: // Groeg, ich habe es mir überlegt: ich will dich! und das mit Haut und Haaren! Und das so schnell wie möglich! Bitte schreib mir sofort. // um 13:42: Du solltest wissen, dass Du mich nicht mehr täuschen kannst.

ZH: um 13:45: Du denkst wohl Du hast die Ahnung oder? Was ist denn nur los mit dir? Wie kann man nur sowas behaupten, Du hast doch gar keine Ahnung, hahahahahaah, aber wenn Du meinst..

ICH: um 13:47: Deine Reaktion ist nichts als Ratlosigkeit gegenüber der nachgewiesenen Wahrheit. - Du weißt, dass ich Recht habe. Leugnen kannst Du bei mir nicht mehr.

***ZH:** um 13:48: wovon redest du denn da verdammt ? du hast ja echt gar keine Ahnung..., ich bin in Behandlung bei einer Psychotherapeutin, die mich nach einem schwerwiegenden Gewalterlebnis betreut.*

***Ich**: um 13:52: Es mag Gründe geben, die für Dich sprechen (im Zusammenhang mit der Therapeutin), aber an den Fakten ändert das nichts. Das Traurige ist, dass ich vermutlich der richtige Partner für Dich wäre, aber es fehlt jegliche gemeinsame Basis; die hast Du zerstört - vermutlich unbewusst.*

Schanz: *Fallweise hat sie mich darauf hingewiesen, dass sie wegen ihrer Sexsucht (sie nennt es Sexsehnsucht) sowohl bei Arzt wie einer Psychotherapeutin in Behandlung sei. Da ich ihr nicht glaubte, wollte ich mit einer Psychotherapeutin sprechen.*

Gleichzeitig habe ich folgenden Schriftverkehr geführt:

Von: Georg Schanz [mailto:schanz.georg@t-online.de]
Datum: Freitag, …
An: Info Fliednerklinik Düsseldorf
Cc: GSB-Org-Personalentwicklung@t-online.de
Betreff: Behandlung bei Nymphomanie

Sehr geehrte Damen und Herren,

ich bin der Personalentwicklung tätig (www.personalentwicklung-gsb.de) und habe dort Klienten, die zum Teil mit Suchtbeschwerden aller Art zu tun haben.

ICH habe Bücher geschrieben (2 Bände sind auf dem Markt: Das Wunder der Organisation – Menschen zwischen Pflichten und Emotionen). ICH sitze am 3. Band, der vermutlich im nächsten Jahr erscheinen wird und einen Artikel über die Sexindustrie in Deutschland enthält.

In dem Zusammenhang habe ich eine Dame kennen gelernt, die anscheinend an Nymphomanie leidet. Welche Art von Behandlungsmöglichkeiten bieten Sie an (Psychotherapie, Hormonbehandlung)?

Sie selbst traut sich nicht, etwas zu unternehmen. Was würden Sie dieser Dame anraten?

Für sinnvolle Hinweise wäre ich Ihnen sehr verbunden.

Mit freundlichen Grüßen

Georg Schanz

Fortsetzung Schriftverkehr:

-----Original-Nachricht-----
Betreff: Behandlung bei Nymphomanie
Datum: Mittwoch …
Von: "Zumdick Sebastian" <sebastian.zumdick@fliedner.de>
An: "schanz.georg@t-online.de" <schanz.georg@t-online.de>

Sehr geehrte Herr Schanz,

Danke für Ihre Anfrage – ich werde so gut es geht versuchen, diese zu beantworten:

Generell würde ich eine ambulante Psychotherapie und den Besuch einer Selbsthilfegruppe empfehlen. Es ist sicherlich für Betroffene schwierig, sich mit diesem Thema an jemanden zu wenden und sich zu öffnen.

Sie können der Betroffenen gerne meine Emailadresse weitergeben, wenn sie sich unverbindlich an unsere Klinik wenden möchte / einmal informieren möchte.

Eine gute fachliche Übersicht über die individuelle psychotherapeutische Behandlung findet sich bei: https://www.hogrefe.de/shop/sexuelle-sucht-75862.html

Die Behandlung mittels Hormonen ist meines Wissens eher auf Männer fokussiert (Antiadrogene Medikamente), bei Frauen bin ich da überfragt. Eine antidepressive Behandlung käme bei Komorbiden psychischen Erkrankungen in Betracht.

Konkret vor Ort bieten wir ambulante psychiatrische, ambulante psychotherapeutische Behandlung an, sowie eine tagesklinische Behandlung. Unser Angebot richtet sich jedoch ausschließlich an privat Versicherte, Beihilfe berechtigte und Selbst Zahler.

Herzliche Grüße und viel Erfolg bei Ihrem Buch,
Sebastian Zumdick

Dr. Sebastian Zumdick
Psychologischer Psychotherapeut

Theodor Fliedner Stiftung
Fliedner Klinik Düsseldorf

Auszugsweise: *https://oyva.de/nymphomanin/*
oyva.de – Copyright 2021

„ … Um chemische oder hormonelle Ungleichgewichte im Gehirn zu korrigieren, können Ärzte Medikamente verschreiben. Häufig verwendete Medikamente sind: Stimmungsstabilisatoren, Antidepressiva, besonders selektive Serotonin-Wiederaufnahmehemmer (SSRI), Lithium und Naltrexon …“

Ob das allerdings den Sexualtrieb mindern kann, ist nicht bestätigt. Es bleiben ohne operative Eingriffe (bei erheblichen gesundheitlichen Einschränkungen, im Regelfall nicht erlaubt) nur psychotherapeutische und psychiatrische Behandlungen, bei denen eine nachhaltige Wirkung auch nicht sicher ist.

Unter anderem kam es zu folgendem Chat:

„ … ICH: um 13:57: ICH bin bestimmt nicht Schuld: Es ist die unterschiedliche Bewertung Deines Lebenswandels, Deines Metiers und Deiner lockeren Betrachtung sexueller Beziehungen.

ZH: um 13:58: hä, aber warum das denn mein Lieber ? Wer sagt denn sowas? ich will doch nicht so oft Sex... ich weiß gerade nicht was dein Problem ist...

ICH: um 14:01: ... zu viele Männer, zu viel Sexsucht und keine Treue - jedenfalls nicht in meinem Sinne.

ZH: um 14.06: ja aber woher willst Du das wissen mein Lieber? ich bin nicht so für den Sex mein lieber... ich denke Du weißt nicht was Du da sagst!

ICH: um 14:11: Machen wir uns nichts vor: Wenn Dir ein Mann begegnet, der Dir sexuell gefällt, wirst Du keine Sekunde zögern, ihn direkt anzumachen. Deine Reaktion auf meine Fiktion von Groeg: // Groeg, ich habe es mir überlegt: ich will dich! und das mit Haut und Haaren! Und das so schnell wie möglich! Bitte schreib mir sofort. //

ICH: um 14:12: Du solltest wissen, dass Du mich nicht mehr täuschen kannst.

ZH: um 14:15: Du denkst wohl Du hast die Ahnung oder? Was ist denn nur los mit dir? Wie kann man nur sowas behaupten, Du hast doch gar keine Ahnung, hahahahahaah, aber wenn Du meinst..

ICH: um 14:17: Deine Reaktion ist nichts als Ratlosigkeit gegenüber der nachgewiesenen Wahrheit. - Du weißt, dass ich Recht habe. Leugnen kannst Du bei mir nicht mehr.

ZH: um 14:18: wovon redest Du denn da, verdammt? Du hast ja echt gar keine Ahnung..., ich bin in Behandlung bei einer Psychotherapeutin, die mich nach einem schwerwiegenden Gewalterlebnis betreut.

ICH: um 14:22: Es mag Gründe geben, die für Dich sprechen (im Zusammenhang mit der Therapeutin), aber an den Fakten ändert das nichts. Das Traurige ist, dass ich vermutlich der richtige Partner für Dich wäre, aber es fehlt jegliche gemeinsame Basis; die hast Du zerstört – vermutlich.

ZH: um 14:23: Wo hast Du denn so viele Frauen kennen gelernt? Hier? Oh das ehrt mich danke dass Du so lieb und offen zu mir bist.

Schanz: *Mein Eindruck ist, dass die Zauberhafte sich ihrer Probleme bewusst ist, sie aber letztlich nicht lösen will:*

„ ....ZH: um 11:56: Ja, ich kann meine Vergangenheit nicht ungeschehen machen, auch nicht meine Tätigkeit als Hure. Aber ich bin sehr froh, Dich gefunden zu haben.

ICH: um 12:00: Wofür und Wozu? ICH bin 80 Jahre alt und wenn es noch etwas zu erleben geben sollte, dann im Leben und nicht im Chat. Dass Du als Promiskuitive und Hypersexuelle mit "dirty talks" Dich zu vergnügen weißt, das ist nicht meine Welt.

ZH: um 12:02: Du weist doch das ich auch anders kann und auch immer versuche meine Nymphomanie zu unterdrücken ...“

Etwas später:

ICH: „ ... um 1:05: Wie auch immer, ich bin nicht stark genug, um das ALLES zu ertragen. Das Letzte, was ich für Dich tun kann:

um 1:06: Dr. Sebastian Zumdick, um 1:08: Psychologischer Psychotherapeut, Theodor Fliedner Stiftung, Klinik, Martin-Luther-Platz 26, 40212 Düsseldorf, Telefon: (0211) 200527-22. ICH habe mit ihm korrespondiert wegen Hypersexualität.

ZH: um 1:12: ICH finde nicht, dass ich einen Psychologen brauche, mein Lieber. ICH bin so normal wie jeder andere auch..

ICH: um 1:19:
Dann hast Du alle Voraussetzungen, ohne mich glücklich zu werden ...“

B.6.3.5.2 Untreue und Bewertung

B.6.3.5.2.1 Promiskuität, Prostition und Treue

ZH: 19:28: Ach willst du es dir nicht nochmal überlegen, ich fand unsere Unterhaltung immer als sehr angenehm.

Ich: 19:34: Das bist Du mir das nicht Wert.

„...ZH: 19:36: Am liebsten würde ich jetzt auf Deiner Couch die Beine spreizen und du leckst meine Klitoris mit deiner frechen Zunge, solange bis ich in dein Gesicht mein Natursaft spritze, Du geiler Bock.

ICH: 20:33: Was soll das? Deine Reaktion ist unüberlegt, weil Du verärgert bist. Einmal erreichst Du damit bei mir nichts und ich gehöre auch nicht zu den Männern, die sich damit beeindrucken lassen. Lass uns in Frieden auseinander gehen.

Tatsächlich lassen sich wohl die meisten Männer davon beeinflussen und gehen darauf ein. Dann kommen weitere Versuche:

ZH: *20:34: Warum, denn wenn ich deinen Schwanz einmal lutschen würde, würden zwei Monate lang keinen Tropfen Sperma mehr kommen und Du wärst wie neugeboren und bisschen für Dichmein Guter.*

ICH: *20:39: Es wäre gut, wenn Du begreifst, dass unsere Welten und unsere Werte zu verschieden sind. Konzentriere Dich auf das, was Dir wichtig ist - mit mir darfst Du allerdings nicht mehr rechnen.*

ZH: 20:40: ICH kann aber auch nicht wie Konrad Adenauer und dem Heiligen Römischen Reich Deutscher Nation denken ich muss auch ein bisschen modern sein sei nicht ein Spießer.

Schanz: **Modernitätsbezug, Fortschrittlichkeit und persönliche Freiheit** *gelten für die meisten Menschen als wichtig. Selbstbeschränkung: Mir gefällt in diesem Zusammen-hang der Satz*

„Der gute Geschmack ist die Fähigkeit, der Übertreibung entgegenzuwirken."

Hugo von Hofmannsthal (1874 - 1929), österr. Lyriker, Dramatiker, Erzähler; gilt als einer der wichtigsten Repräsentanten des deutschsprachigen Fin de Siècle und der Wiener Moderne, Mitbegründer der Salzburger Festspiele; Librettist für Richard Strauss' Opern.

Der Bezug auf Konrad Adenauer und auf das Heiligen Römische Reich Deutscher Nation haben mich schon beeindruckt; weniger weil mich das inhaltlich überzeugt hat, sondern weil sie meine mentale vergangenheitsorientierte Ebene und meine Bildungsvorstellungen (Konrad Adenauer und das Heiligen Römische Reich Deutscher Nation) schon richtig eingeschätzt hat Zwar Konrad Adenauer mag ja noch angehen, aber es ist wohl eher Bezug auf das Kaiserreich ab 1871 mit Kaiser Wilhelm I und Bismarck bis Wilhelm II gemeint bis einschließlich des Nazireiches und in die Nachkriegszeit ca. 1960. Das Heiligen Römische Reich Deutscher Nation wurde schon am 6. August 1806 aufgelöst / Rücktritt von Kaiser Franz II / Einfluss Napoleon I, wenngleich die damalige

öffentliche Moralverfassung *vermutlich auch sehr konsevativ war, zumindest bei der nicht previligierten Bevölkerung. Vielleicht wusste die Zauberhafte das tatsächlich.*

ICH: 20:47: Bevor ich auf Deine sexuelle Fortschrittlichkeit eingehe, bin ich lieber ein moderner Spießer. Finde Dich damit ab, dass es für Dich keine einzige Chance mehr gibt, Dich mit mir auszusöhnen.

ZH: 20:48: In deinen Mund möchte ich pinkeln und Dich anscheißen, damit Du deine Spießigkeit ablegst, Du Konservativer.

Ich: 20:53: Ja, in dieser Hinsicht bin ich sehr konservativ. Viele Fehler kann man beheben, diesen nicht. Aus Deiner geistigen Verwirrtheit wird kein moralischer Gewinn zu erzielen sein …

ZH: Du bist verwirrt und denkst nicht an den Spaß, den Du haben könntest.

***Schanz:** Dass der Mensch eher der Aggressität von Schimpansen ähnelt und seine gewalttätigen und kriegerischen Neigungen daraus resultieren, wird in manchen Wissenschaftsmodellen betont. Das sexbetonte Verhalten der Bonobos mit der Herrschaft der Weibchen erlaubt ein friedlicheres Zusammenleben. Konflikte werden vielfach mit Geschlechtsverkehr bereinigt und das fast immer erfolgreich.*

Das hätte beim Menschen einerseits Gewalttätigkeiten und Kriege vermieden, anderer behaupten andere Wissenschaftlicher, dass gerade die extrovertierte Aggressivität für den kreativen Fortschritt (Technik, Kultur, Wissenschaft, Wirtschaft, soziale Verhältnisse) verantwortlich ist und das „Bonobo-Leben“ zum Stillstand der menschlichen Entwicklung geführt hätte.

Promiskuität, Prostition und Treue:

(„1“) ***Promiskuität und Prostition*** *mögen sich überschneiden, sind aber im Grenzbereich unterschiedlich.*

(„2“) ***Geldwertige Vorteil „Sex“: Promiskuität,*** *bei der der geldwertige Vorteil „Sex“ ist, ist im Prinzip mit der Prostitition identisch.*

(„3“) ***Kein geldwerter Vorteil:*** *Promiskuität, bei der kein geldwertige Vorteil erkenn-bar ist, ist im Regelfall triebgesteuert (normal bis hypersexuell), kann in allen Bevölkerungs-schichten (vom Normabürger über die Prominenz über den Geldadel und bis zum Adel) vorkommen.*

(„4“) ***Treue (Wunsch und Wirklichkeit):*** *Es mag seltsam anmuten, aber Prostuierte, die irgendwann feststellen, dass sie mit ihrer gesellschaftlichen Stellung (Ächtung) und mit ihrer privaten Situation (Familie) nicht zufrieden sind,*

- *sehnen sich nach Normalität und sind auch bereit, ihrem Partner treu zu sein.*
- *Es ist der promistuitive Trieb (z.B. Hypersexuilität), der sie in Versuchung führen kann und sie oftmals nicht durchhalten lässt.*

(„5“) ***Änderungsbereitschaft:*** *Ich bin relativ sicher, dass die Zauberhafte sich in der Situation gefand / befindet, dass sie mit ihrer gesellschaftlichen Stellung (Ächtung) und mit ihrer privaten Situation (Familie) nicht zufrieden war / ist, sich nach Normalität sehnte / sehnt und auch bereit war/ist, ihrem Partner treu zu sein.*

Aufstieg zur Portal-Chat-Moderatorin: *Das hat sich im letzten Halbjahr geändert: Der Aufstieg von einer Prostituierte zur Portal-Chat-Moderatorin war wohl tatsächlich ein Einschnitt, der ihr Auftrieb gegeben, möglicherweise in ihrem Selbstgefühl zu einer Art Normalisierung geführt hat. Das war wichtig für sie und vielleicht für ihr ganzes Leben. Dem scheint sie alles unterzuordnen, sogar die Suche nach einem Partner:*

„ … August 2020,

ICH: um 7:54: Du hast Dich für die Aufgabe (Portal-Chat-Moderatorin) entschieden und gegen mich. Schade.

ZH: um 7:57: lach, ach so meinst Du das. ICH mußte mich doch nicht entscheiden, ich habe keine Beziehung mehr gesucht. ICH habe mich anders entschieden …“

Fortsetzung Chat:

Ich: 21:00: Deine Auffassung von Toleranz und Fortschrittlichkeit brächte die Menschheit auf das Niveau von Bonobos. Es sind die anderen 20 %, die für das kulturelle Überleben der Gesellschaft sorgen.

ZH: 21:01: Die 20%, die zwei imperialistische militaristische Weltkrieg angezettelt haben oder was? Lass mich in Ruhe.

Schanz: *Ich bewunderte sie, weil sie nach der Schimpansen-Bonobo-Theorie zum Teil Recht hatte, wenngleich die Fiktion der 20 % unterschiedliche Ebenen betrifft.*

Ich: 21:02: Das sind nicht die gleichen 20 %, aber wenn Du davon überzeugt bist, dann glaube das.

ZH: 21:04: Selbstverständlich bin ich davon überzeugt, dass die fortschrittlichen Kräfte im östlichen Teil Deutschlands fahren.

ICH: 21:05: Was soll dieser Blödsinn. Du weißt sehr wohl, wer in unserem Verhältnis die Fehler gemacht hat, ich war es nicht.

ZH: 21:08: Bist Du etwa sauer mein Süßer. Habe ich etwas Falsches gesagt? War nicht meine Absicht.

Ich: 21:28: Deine Fähigkeiten Chats zu schinden, helfen Dir nicht weiter. Ich wollte so höflich wie möglich sein, aber jetzt beende unsere Kommunikation endgültig.

ZH: 21:29: Das ist sehr schade was du sagst, ich hoffe wirklich, dass du alles noch zu überdenken magst …

Ich: 13:46: Mit einem Überdenken zu Deinen Gunsten darfst Du nicht rechnen. Streiche mich aus Deinen Gedanken und Erinnerungen. Es gibt keinen Rückweg. Meine Überlegungen sind abgeschlossen und werden sich nie ändern. Ob du mich in Gedanken behältst oder nicht, darauf habe ich keinen Einfluss.

ZH: 13:50: Das finde ich sehr schade! Können wir nicht noch einen Neuanfang starten? Das wäre super! …

(Pause)

ICH: 22:10: Nein, Dein Treuebruch lässt sich nie wieder aufheben. Deine Auffassung von Zuverlässigkeit und Treue ist Deinem Werdegang geschuldet und nichts Wert …

ZH: 22:13: Sei mir nicht böse aber das ist nicht so! ICH habe Dir nie gesagt, dass ich Dir etwas nicht erzählen will. Wenn Du was wissen willst, dann frag mich doch einfach! ICH finde, dass Du unfair zu mir bist!

ICH: 22:16: Dass Du von Fairness spricht, ist doch wohl eine Lachnummer. ICH war immer ehrlich, zuverlässig und treu, Du nicht. --- Wie heißt das Hotel, weiterhin Dein richtiger Nachname, Deine Privatadresse, Dein Telefon- und Handynummer, Deine Emailadresse und alles, was für mich von Interesse ist.

ZH: 22:23: Du kannst glauben, was Du willst aber ich werde sicher nicht in eine Chat Seite meine Privaten Daten reinschreiben! Meine Adresse oder Nummer auch nicht. Du kannst deine Daten so offen raus geben aber ich mach das nicht. Und mein Name steht da oder nicht? Was meinst Du mit Geld mit Sex verdienen?

(vorläufiges Chat-Ende)

B.6.3.5.2.2 Der Sexualtrieb als Auslöser für Treue und Untreue?

(„1“) ***Monogamie noch zeitgemäß?***
Synchronisierung von Interessen (Personen)

(„1.1“) *Es gibt ernsthafte Überlegungen, ob Monogamie noch zeitgemäß ist, ob eine offene Beziehung, ein Dreierverhältnis (Triole oder umgangssprachlich auch einen „flotten Dreier“), Gruppensexstrukturen unterschiedlicher personaler Zusammen-setzung, Polyamorie usw. nicht besser wären.*

(„1.2“) ***Es wird für alles Anhänger geben.*** *Was aber der Einzelne macht oder nicht macht, ist seine/ihre Entscheidung.*

(„1.3“) *Das eigentliche Problem ist die*

- ***Synchronisierung unterschiedlicher Interessen (Personen)*** *und*
- *die* ***Verbindlichkeit und/oder Änderung von Vereinbarungen.***

Wenn beispielsweise ein Mann in einer Beziehung ausbricht, muss sich vor allem die Frau, aber auch der Mann fragen, gilt unsere Vereinbarung noch, müssen wir sie anpassen, ändern oder sogar die Beziehung ganz beenden.

Auszugsweise: ***http://othes.univie.ac.at/20181/1/2012-04-30_9656320.pdf***
Universität Wien: Diplomarbeit Titel der Arbeit Psychologische Bedingungen der Partnerschaftstreue und -untreue Verfasserin Martina Heiden Angestrebter akade-mischer Grad Magistra der Naturwissenschaften (Mag. rer. nat.) Wien, im April, 2012 Studienkennzahl: 298 Studienrichtung: Psychologie Betreuerin: emer. O. Univ.-Prof. Dr. Brigitte Rollett:

(„1.4“) Abnahme von erotischer Spannung: *„ … Der Grund, warum die Häufigkeit von Geschlechtsverkehr mit der Dauer der Beziehung abnimmt, kann mit der Abnahme von erotischer Spannung erklärt werden. Auch stellt sich nach einer längeren Partnerschaft Routine und Gewohnheit ein, dazu können auch familiäre Belastungen hinzukommen (Schmidt et al., 2006) …*

(„1.5“) … Verhältnis von Liebe und Sexualität: *Inwieweit Liebe und Sexualität getrennt werden können, ist in Frage zu stellen. Grundsätzlich kann man davon ausgehen, dass diese Trennung sehr wohl möglich ist, sonst wären wohl kaum Prostitution oder kurzzeitige Liebesaffären möglich.*

(„1.6“) Geschlechterunterschiede: *Die Sexualität ohne Liebe, die vor allem in kurz-zeitigen Beziehungen bzw. Affären vorkommt, sowie die Sexualität mit Liebe, die in langfristigen Partnerschaften zu erwarten ist (Leopold, 2000). Es konnte festgestellt werden, dass Geschlechterunterschiede bezüglich der Auffassung von Trennung zwischen Sexualität und Liebe bestehen.*

- ***Höhere Ansprechbarkeit Männer:*** *In etlichen Versuchen konnte gezeigt werden, dass Männer, die von einer Fremden zu einem sexuellen Abenteuer eingeladen wurden, diesem Angebot häufiger folgten.*
- *Frauen hingegen gingen im Vergleich eher selten darauf ein.*

(„1.7“) Es lassen sich daher … zwei Arten von Sexualität unterscheiden:

- ***Frauen*** *vertreten demnach tendenziell eher die Annahme, dass sich Sexualität und Liebe nicht trennen lassen.*
- ***Männer*** *hingegen schließen eine solche Trennung tendenziell nicht aus (Leopold, 2000) …“*

(„1.8“) Triebhaftigkeit: … *Eine Erklärung, warum impulsive Menschen eher Untreue begehen, könnte darin liegen, dass sie bei sexuellen Angeboten schwieriger widerstehen können als weniger impulsive Menschen. Auch wäre es möglich, dass impulsive Menschen einen größeren Sexualtrieb besitzen oder eine stärke Sexualität ausstrahlen und deswegen mehr sexuelle Angebote erhalten …“*

(„1.9“) Hypothese: Aus der Verbindung,

- *dass* ***Frauen Sexualität und Liebe nicht trennen „können“***
- ***und gesteigerter Triebhaftigkeit impulsiver Frauen***

wird die Vermutung geäußert werde, dass die ***Triebhaftigkeit impulsiver*** *Frauen (wie hier bei der Zauberhafte) dazu führt, dass sie eher zu Promiskuität und Prostitution bereit sind als Männer.*

(„1.10“) Angebots-Nachfrage-Verhältnis: *Das wird dadurch belegt, dass das quantitative Angebot „Frauen“ zur Nachfrage „Männer“ an käuflichem Sex deutlich höher ist als umgekehrt und die Vergleich-barkeit nach Geschlechtern daher eher spekulativ (hypothetisch) ist, weil der gedankliche (qualitative) Wunsch und die mögliche Bereitschaft aller Personen zu käuflichem Sex statistisch kaum erfasst werden können.*

ICH: um 11:53: Du must Dich fragen, ob Du ernst mit mir zusammen willst. Du hast mein Vertrauen zu Dir und Deiner Treue nicht gerade beflügelt – das konnte ich Dir in 7 Fällen nachweisen (über 300 Chat-Kopien). Deine unbequeme eigene Treue würde Dich an Vergnügungen hindern, die Du Dir als "freier Single" nicht nehmen lassen wirst, und Duldung darfst Du von mir nicht erwarten.

ZH: um 11:55: Ok, ich weiß doch, was Du meinst mein Lieber aber du weißt doch, dass Du mir sehr wichtig bist.

ICH: um 11:58: Es mag stimmen, dass ich Dir als intelligenter Mensch wichtig bin, aber fürs Bett???

Monogamie noch zeitgemäß? Synchronisierung von Interessen (Personen)

Schanz *(11:59 bis 12:53 Uhr): „Locker angehen", „Nicht streng nehmen" und „es nehmen, wie es kommt" bedeutet, dass sie mich zum Sex verführen würde, wenn ich ihre Eskapaden großzügig hinnehme. Ob ich fremdgehe oder nicht wäre ihr demnach gleichhültig. – Obwohl ich mich als im Umgang sehr locker und sehr umgänglich sehe, diese Grenzen würde ich nicht überschreiten.*

ZH: um 11:59: Nein mein Lieber, wir können doch auch alles ganz locker angehen ist doch kein Problem.

ICH: um 12:12: "Locker": Das ist genau das, was ich befürchte. Motto: Sich einfach auf alles einlassen, was Spaß macht und Hindernisse (z.B. Untreue) einfach ignorieren und so tun, als wenn nichts wäre, und dann einfach weitermachen. - So wird es mit mir nicht gehe.

ZH um 12:15: Das habe ich doch überhaupt nicht gesagt, sondern ich möchte eben nicht gleich alles so streng nehmen, aber wenn die Chemie passt, sollte ich doch, auch alles super

ICH: um 12:18: "Alles nicht so streng": Doch ich würde es sehr streng nehmen, insofern fehlen die für mich wichtigsten Voraussetzungen. - Du weißt das auch, aber versuchst, mich aufgrund meiner blinden Zuneigung zu besänftigen und einzulullen. - Das klappt nicht.

ZH: um 12:23: Wieso denn? ICH will Dichabsolut nicht Einnullen mein lieber, das habe ich ganz und gar nicht vor!

ICH: um 12:51: Einlullen nicht Einnullen: Einlullen heißt "sanft überreden und betören". Das kannst Du mit den meisten Männern machen. - ICH bin Dir nicht wirklich wichtig, aber es reizt Deinen Ehrgeiz, mich doch noch klein zu kriegen.

ZH: um 12:53: Haha lach, okay tut mir leid das war dann wohl mein Fehler. Lach.

„ICH habe es vergessen“ oder „es muss niemand wissen“:

Schanz *(12:57 bis 13:20 Uhr): „ICH habe es vergessen“ oder „es muss niemand wissen“: Das hättest Du nicht wissen sollen. Wenn die Zauberhafte sagt „ICH verstehe die ganze Situation jetzt nicht.“, dann stimmt das. Sie weiß nicht, wie darauf reagiert wird.*

Die Zauberhafte geht davon aus,

dass ihr Fremdgehen nicht stattgefunden hat,

wenn keiner davon weiß. Wird sie aber überführt, beschwert sie sich über die unzumutbare Kontrolle, bei Spannungen bittet sie demütig „...Ja, ich bin untreu gewesen und das tut mir auch Leid, aber nicht oft, das wird nicht mehr vorkommen. ICH habe die Männer nie wieder gesehen. Nimm mir das doch nicht übel...“. Sie hat wenig Verständnis, wenn der Betrogene das nicht verzeihen will, obwohl sie Wahrheit gesagt hat.

Andererseits, wie würde die Zauberhafte reagieren, wenn der begehrte Partner es genau so machen würde „fremd gehen und verschweigen“? Bei Prostituierten ist das Fremdgehen gleichzeitig Beruf und insofern „normal“. Meinem Gefühl hat sie das so verinnerlicht und denkt gar nicht darüber nach.

So weit es mich betrifft, gibt es wohl eine Bindungsabsicht mit von mir toleriertem beruflichem Sex mit anderen Männern.

„ ... Anfang 2020 ZH: 23:57: Es tut mir so Leid. ICH bin schon lange einsam und suche einen Mann der sich endlich um mich und meine geilen Liebschaften kümmert ...“

Wie sie sich verhalten würde, wenn der Partner es umgekehrt genau so machen würde, ist mir unklar geblieben. Möglicherweise würde sie es dulden.

ICH: um 12:57: Um ehrlich zu sein, so sehr ich Dich mag, es würde nicht klappen und zwar deshalb, weil - wie Du selbst gesagt hast - nicht aus Deiner Haut heraus kannst.

ZH: um 12:58: Okay, hm, schade, was genau heißt das dann jetzt genau für uns mein Süßer?

ICH: um 13:02: Wenn Du mein Süßer sagst, dann, weil Du nicht weiter weißt. - Unsere Beziehung würde spätestens nach 4 Wochen zu Ende gehen, weil Du mir untreu würdest, weil Du einfach nicht anders kannst, selbst wenn Du es möchtest.

ZH: um 13:04: also die Unterstellung finde ich nicht ok, Du kennst mich doch gar nicht, ich bin noch nie fremd gegangen sowas mache ich nicht"!

ICH: um 13:14: Das hast Du mir selbst gegenüber zugegeben: XX.02.20XX - 21:10 Uhr: Ja, ich bin untreu gewesen und das tut mir auch Leid, aber nicht oft, das wird nicht mehr vorkommen. ICH habe die Männer nie wieder gesehen. Nimm mir das doch nicht übel.

ZH: um 13:20: Ja mein Lieber dann liegt es ja wohl an mir glaube ich. ICH habe das vergessen und verstehe die ganze Situation jetzt nicht.

Schanz: Verdeckte Eifersucht?

Wie sie sich verhalten würde, wenn der Partner es umgekehrt genau so machen würde, ist mir unklar geblieben.

Wenn sie den Eindruck hatte, dass ich abspringen wollte, hat sie mich mit Zärtlichkeiten überschüttet, auch wenn sie bewusst überzogen hat:

„Aber ich finde das gut dass Du so viel Verständnis zeigt, mein liebster Schatz, das hat natürlich auch dass Du sehr, sehr großes Interesse an mir hast."

„ ICH bin Dir treu, mein süßer Schatz. Außer Dir gibt es niemanden in meinem Kopf, auch chatte ich mit keinem anderen."

„Ja o. k. ich möchte mich mit Dir deswegen jetzt auch nicht streiten, mein kluger Schatz, Du magst sicherlich Recht haben …"

ICH: um 13:25: Du verstehst sehr gut. Immerhin bestreitest Du das Geschehene nicht. ICH sehe Dich als hypersexuelles Opfer (Nymphomanin), das/die nicht uneingeschränkt für sein/ihr Tun verantwortlich ist. Das ist als Krankheit anerkannt. ICH würde Dir helfen, aber ich weiß nicht wie.

ZH: um 13:28: Also sowas hab ich ja echt noch nie gehört, sag mal also sowas bin ich doch nicht.

Auslassungen / Beendigung

(„3") Gleichzeitig Liebe (Treue) und Untreue?

Schanz; *„Gleichzeitig Liebe (Treue) und Untreue"*: Die beiden nachfolgenden Chats mit

(„3.1") mir (ICH) und mit
(„3.2") Enno Cabenes (CE unter anderer Identifikation von mir simuliert)

Untreue: *fanden in zeitlicher Nähe hintereinander statt. Als ich der Zauberhaften später vorwarf, dass das gröbste Form der Untreue sei, war sie schwer beleidigt. Zugleich mit anderen Chatten sei normal – und das, nachdem sie vorher Treue zugesagt hatte und dass sie sich mit keinem anderen schreibe.*

ICH habe das natürlich vorher geahnt und konnte ihr das jetzt nachweisen.

Wahrscheinlichkeitserwägungen*: Wie das jetzt zu bewerten ist, sei dahin-gestellt. Wer sich mit einer Prostuierten einlässt, muss mit so etwas rechnen. Ob sie es mit mir ernst gemeint hat oder eher mit Enno Cabenes, ist ein eher fiktives Anliegen, weil ich realiter als Autor gar nicht Teil des Ablaufes sein darf, nur neutraler Beobachter, Analytiker und Interpret, was mir nicht immer leicht gefallen ist.*

Organisatorisches Pflichtgefühl: *Eine Prostituierte ist anderen Zwängen unterworfen, als sich jetzt ausschließlich nach einer normalen Partnerschaft zu sehnen. Das kann zwar passieren und wäre in meinem Fall auch nicht ganz abwegig für sie, aber ihre Paradigmen und Umfeldfaktoren im Prostitutionsumfeld sind formal vergleichbar mit Aufgaben und Pflichten einer normalen Stelle, der sie sich (freiwillig oder nicht) zu stellen hat. Das mag für den Normalbürger unverständlich sein, aber die psycho-sozi-alen Wirkungen in solchen Fällen sind absolut gleichwertig.*

(„3.1") *Auszug Chat mit mir (ICH):*

ICH ***lege Wert darauf, dass der Chat mit mir schon ein anderes Niveau hat:***

„ …ICH: um 14:53: Schreib mir doch per Email. Email gibt mehr her, aber Du darfst ja nicht.

ZH: um 14:54: leider geht das hier nicht. die nachrichten wenn dann blockiert. :(ich will Dichso gerne in meinen armen halten.

ICH:um 14:56: Das wäre bei einem Treffen locker möglich; ich hätte nichts dagegen.

ICH: um 14:57: Noch 60 Coins: Überleg es Dir. ICH bleibe kurzzeitig noch im „Portal".

ZH: um 15:03: ich hätte auch nichts einzuwenden auf ein treffen. gibt es noch eine andere möglichkeit in Kontakt zu bleiben oder wäre dass die einzige?

ICH: um 15:09: Du kennst alle Möglichkeiten (Treffen, Email, Handy, Telefon, Post, Postfach Rethelstraße): ICH bevorzuge möglichst regelmäßige Treffen, überall, wo Du willst und kannst.

ZH: um 15:12: mmh das klingt sehr verlockend. Was würdest Du mit mir beim ersten Treffen machen?

Schanz: *Im Folgenden wollte ich feststellen, wie weit sie gehen und ob sie meine Ablehnung noch in Erinnerung hatte.*

Aus: Werdegang

„ … ICH: um 17:47: Du erzählst mir nichts, weil ich Dich an insgesamt an 6 Stellen mit fiktiven Partner überführt habe. --- Aber Du bist vergesslich: Als Du mir Dein Metier eröffnet hast, habe ich gesagt: Wenn Du das sofort aufgibst, bringe ich Dich in der Unternehmensberatung unter. Da kannst Du gut verdienen, aber Du entgegnetest: ich habe lieber Spaß und werde meine Sexsehnsucht erfüllen …

ICH: um 18:04: ***Lass uns endgültig Schluss machen. Ich werde nie mit Dir nie Sex haben. Das ist ausgeschlossen, weil Du mir zu promiskuitiv bist*** *…"*

Ich habe den Eindruck, dass ihr das nicht mehr bewusst war.

Zum weiteren Chat:

ICH: 14:50: Ich würde mich mit Dir ausführlich unterhalten und versuchen die Themen zu lösen, die wir bisher nicht lösen konnten. Wenn wir uns emotional und anima-lisch mögen und verstehen, gern umarmen und auch küssen. Was weiter geschehen könnte, kann ich nicht voraussehen. Ich werde Dich so behandeln, wie eine Frau, die ich verehre. Du bist für mich mehr als irgendeine Gelegenheit, Du bist die Frau, die soweit ich Dich nach Foto und Chat kenne, besser gefällt als alle anderen. – Das heißt nicht, dass ich ein ausschließlich bequemer Mensch bin; aber eines ist ganz sicher, von meiner Seite aus wird Dir nichts Bösartiges geschehen

ZH: um 15:51: Danke für diese Worte, ich würde auch gerne küssen und umarmen, damit wir vielleicht so etwas Aufregendes genießen können?
ICH: um 15:53: Noch etwas: Wohin ich auch immer kommen soll, ich werde auf Dich und Dein Umfeld Rücksicht nehmen und Dir keine Schwierigkeiten machen. Ob wir etwas noch Aufregenderes erleben werden, hängt davon ab, ob wir uns dann einig sind. ICH möchte nicht, dass Du hinterher etwas bereust.

ZH: um 15:55: Ja ich bin natürlich mit all diesen Dingen einverstanden, also wäre es eine gute Idee, mit einem Abenteuer zu beginnen, meinst Du nicht?

ICH: um 15:56: So: ICH habe Deinetwegen den Termin (15.00 Uhr) wegen des Gesangvereins versäumt. ICH muss los - ich melde mich später.

ZH: um 16:00: Das ist ok, es tut mir leid, dann werde ich hier sein, wenn Du zurückkommst, damit wir uns später weiter unterhalten können.

ICH: um 19:31: Liebe Heike, ich habe nichts gegen ein Abenteuer mit Dir, Im Gegenteil, es wäre mehr als ich erwartet habe, aber ich möchte Ehrlichkeit und Aufrichtigkeit: Wenn ich einer unter mehreren oder vielen (wer immer das ist) wäre, solltest Du Abstand davon nehmen. Aber unabhängig davon würde ich jedem Falle zu unserem Treffen kommen.

ZH um 19:32: Du bist ganz sicher nicht einer von vielen für mich, Du bist ganz besonders, mein Schatz, und das bitte ich Dich nicht zu vergessen …"

(„3.2") Auszug Chat mit (Enno Cabenes):

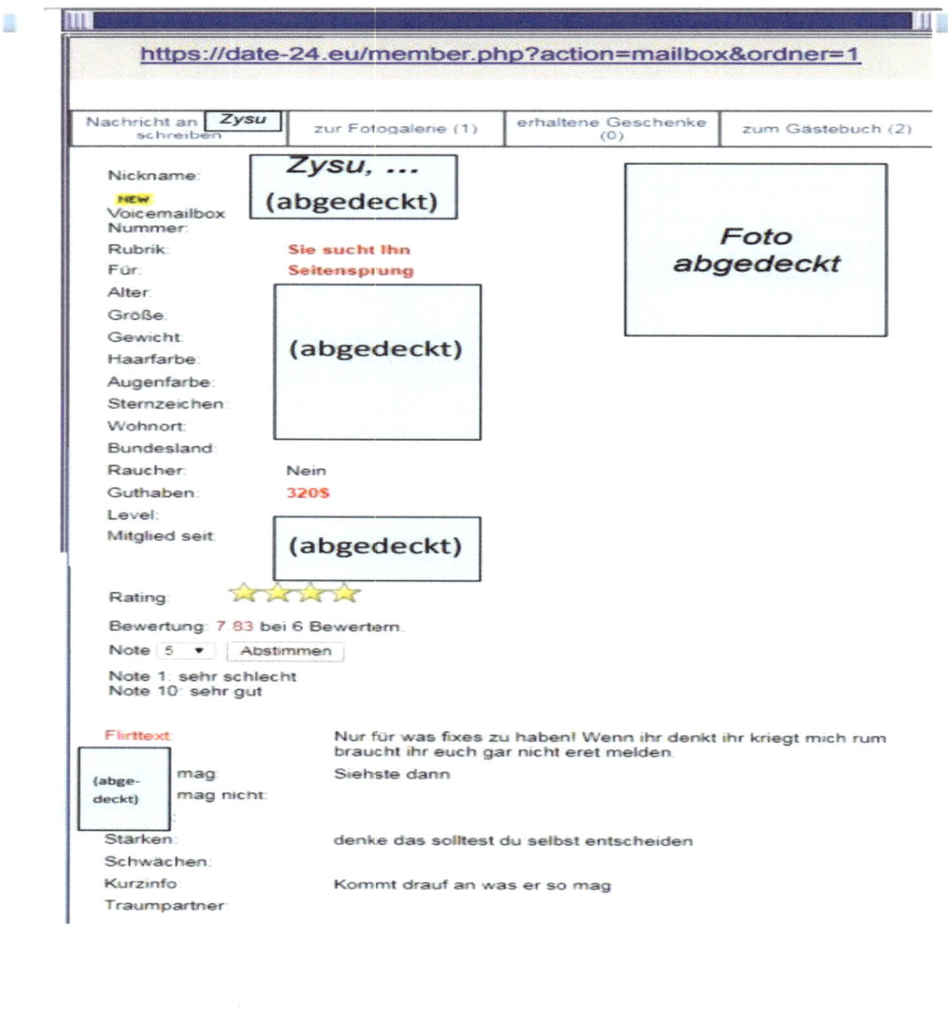

ICH hatte herausgefunden, dass die Zauberhafte sich in einem Chat-Portal für Affären Seitensprung und Fremdgehen angemeldet hatte.

Ich vermute, dass Sie bei der Vielzahl der Kontakte die Übersicht verloren hat und sich bei ihren Ausführungen jeweils auf das konkrete Gespräch konzentrierte.

Die Zauberhafte agierte völlig frei und unbeschwert, offensichtlich ohne Erinnerung und Bezug auf das, was sie mir in Aussicht gestellt hatte

„ … ZH: um 10:10: Ja da hast du völlig recht. Das bringt überhaupt nichts, da wird meiner Meinung nach der Sexpartner dann als seelischer Mülleimer missbraucht, das bleibt dabei nicht aus, dass man seine Seele ausschütten will. Lach. So bin ich überhaupt nicht. Ich bin frei und flexibel aber ziemlich neugierig auf alle Arten, wie man Sex miteinander machen kann

CE: um 10:11: Das heißt also, dass wir loslegen könnten ohne jegliche Rücksicht und ohne Tabus, wenn Du denn den Mut es mit mir zu wagen

ZH: um 10:13: Ja, ob ich der Motor bin, es mit Dir zu wagen. Da ich eben gerade dabei herauszufinden, ob ich es wagen soll. Geh doch mal ein bisschen ins Detail, was Dir so gefällt, das möchte ich schon wissen. ICH bin halt ziemlich neu-gierig.

CE:um 10:16: Würde Dir das gefallen? Das wird sich ergeben, wenn mir zusammen nackt kuscheln und ich als Erstes Deinen ganzen Körper, den Duft und den Geschmack Deiner Muschi über Deinen Damm bis zu Deinem süßen Arschloch wahrnehme und alle seine Fugen und Öffnungen streicheln, küssen, lecken und lutschen werde, auch Deine Brüste liebkosen und darauf warten, dass Du mehr willst, nämlich dass ich bei Dir mit großer Aktivität und körperlicher Spannung meinen Penis in Deine Vulva und Deine Vagina schiebe und die Missionarsstellung mit Augen-kontakt so lange ausübe, bis mich alle Kräfte verlassen und wir begeistert sind.

ZH: um 10:18: Oha, Das ist ja jetzt schon richtig wie eine erotische Geschichte, das macht mich ja so wahnsinnig heiß beim Lesen, dass ich jetzt gleich mein Höschen auf die Seite gezogen habe und mich ein bisschen selbst berühren würde, wahnsinnig gut, wie Du das schreibst! Mach doch noch ein bisschen weiter bitte …“

(„3.3“) Auszug Chat mit (Portal: https://date-24.eu/member.php?action=mailbox&ordner=1)

Sie leugnete zunächst den Kontakt Enno Cabenes.

„… ICH: um 2:07: Zysu23, XX Jahre alt, aus XXXXX, Tierzeichen, Haarfarbe: Sie sucht Ihn aus der Umgebung von XXXX für einen Seitensprung.

*ZH: um 2:18: *LAUT LACH* Na, Du liest wohl nicht nur die Gebrüder Grimm, sondern auch Tausend und eine Nacht. Ciao*

ICH: um 2:22: ICH schicke Dir den Link mit Deinem Bild. Liebe Heike: Ich habe mich als Zysu23 angemeldet und mit Dir geschättet. ICH denke inzwischen dürfte Dir klar, dass Deine Verschleierungstaktik gescheitert ist. Weil Du wusstest, wie ich darauf reagiere, hast Du alles versucht, mich irgendwie für Dich über die Runden zu retten, nur ich lass mich weder durch falsche Argumente, noch durch Sex-Anmache, von meiner Analyse abbringen. Um ehrlich zu sein, Du tust mir wirklich leid und wenn ich einen Weg wüsste, Dir zu helfen, ich würde es tun.

ZH: um 2:27: Was meinst Du denn, das ich mich anbiete, das ist nicht ganz mein Stil, was denkst Du?

ICH: um 2:33: ICH verstehe Deine Frage nicht. Willst Du bestreiten, dass Du weiter mit anderen Männern Sex hast? Das Hotel oder was immer es ist, ist mit dem Sexgeschäft verbunden, sonst könntest Du mir den Namen nennen; aber Du willst nicht, dass ich Einblick nehme.

ZH: um 2:54: Nein ich weiß nicht was Du von mir denkst, ich bin keine Professionelle.

Schanz: Der Unterschied zwischen Professionelle und Amateuren besteht – nicht nur – aber im Wesentlichen darin, dass die Professionellen für eine Organisationseinheit arbeiten – z.B. ein Bordell – und Amateure auf eigene Rechnung. Das ist unerheblich, wenn es um eine moralische Bewertung geht.

ZH: um 2:58: Sag mal, wie kommst Du dem Link? Hast Du meinen PC abgezapft. Das ist unerhört und eine große Sauerei.

ICH: um 3:06: Du hast wieder einmal gelogen und Deine vermeintliche Treue mir gegenüber gebrochen.

ICH: um 3:10 Als ich mich vorhin unter anderer Identität (Danziger) bei Dir um Sex bemüht habe, sagtest Du: Du must warten, bist Du ein Date bekommst, im Wiederholungsfalle: Du hast es aber eilig, aber Du must auf den Termin warten.

ZH: um 3:15: Als ich mich als Danziger ausgegeben habe, bist Du eindeutig auf Sex eingeschwenkt (vorbereitende Dates usw.). ZH: um 3:19: Ja das kann sein, aber ich denke doch das wäre such frei für beide, oder nicht?

Schanz: Sie merkte in dem Moment nicht, dass, wenn sie 2 Liebhaber hat, dass das mit der Treue mir gegenüber nicht stimmen kann. Gleichzeitig schließt das ein, dass sie es bei anderen gegen Bezahlung macht.

(Sie merkte in dem Moment nicht, dass, wenn sie 2 Liebhaber hat, dass das mit der Treue mir gegenüber nicht stimmen kann. Gleichzeitig schließt das ein, dass sie es bei anderen gegen Bezahlung macht.

ICH: um 3:07: Meinst Du denn, wenn Du es mit anderen umsonst machst, das wäre es mir Recht gewesen? Aber mir (Georg Schanz) hast Du Treue zugesagt.

ZH: 3:12: Das tut mit Leid Georg, ich wollte Dich nicht kränken. ICH will ich ja auch, ich mag Dichdoch und ich weiß, dass wir es auch schaffen könnten, habe ich Recht?

ICH: um 3:17: Du hast auch Geld genommen. Eine Prostituierte bleibst Du mit häufig wechselnden Sexpartnern in jedem Falle. Der Unterschied zwischen Professionelle und Amateuren besteht – nicht nur – aber im Wesentlichen darin, dass die Professionellen für eine Organisationseinheit arbeiten – z.B. ein Bordell – und Amateure auf eigene Rechnung. Das ist unerheblich, wenn es um eine moralische Bewertung geht.

ZH: um 3:20: Na das würde ich auf jeden Fall nicht so sehr ich weiß gar nicht wie das gerade eigentlich meinst

ICH: um 3:23: ich wollte eine nette Frau haben und keine Prostituierte mit vielen Sexpartner - ob gegen Geld oder nicht.

ZH: um 3:26: Eines bin ich jedoch überhaupt gar nicht, ich weiß gar nicht, wie Du eigentlich darauf kommst

ICH: um 3:30: Du hast es gerade eben zugegeben - bei mir unter anderer Identität und zusätzlich bei Danziger: Ob nun 2 Männer oder mehr, jeder ist mir zu viel, wenn Du mich als Partner haben willst.

ZH: um 3:36: Ja, aber sowas kann doch auch einfach jemand passieren. Wir sind doch Menschen.

***Schanz:** An dieser Stelle beginnt die Einsicht. Was sie vorher gar nicht als brisant erkannt hat und es eher gutgläubig betrieben hat, wird jetzt bedeutend für sie.*

ICH: um 3:38: Mir passiert so etwas nicht. Du bist für mich nicht geeignet.

ZH: um 3:42: Das finde ich es aber wirklich sehr schade, damit habe ich so einfach nicht gerechnet.

ICH: um 3:46: Geeignet, mein Treuebegriff ist ein anderer - und das wusstest Du. ICH denke, dass es jetzt klar ist, dass unsere Wege sich jetzt endgültig trennen.

ZH: um 3:50: Online sag doch so etwas bitte nicht, verlasse mich bitte nicht, ich dachte Du meinst es wirklich ernst mit mir.

ICH: um 3:56: ICH habe es wirklich ernst gemeint, aber Dein Verhalten ist mir zu leichtfertig und was Treue betriff, hast Du gar kein Gespür. Nein, wir passen in keiner Weise zusammen. Liebe, wie ich sie sehe und fühle - und ich habe Dich sehr geliebt, das kennst Du gar nicht - dafür fehlt Dir die menschliche Seele.

ZH: um 4:01 ICH finde Deine Einstellung überhaupt gar nicht in Ordnung, wie kannst Du sowas einfach nur über mich sagen?

ICH: um 4:04: Dir war in Deinem Leben Spaß und Sex wichtiger als alles andere, auch als ich, sonst hättest Du spätestens vor Danziger auf mich zukommen müssen.

ZH: um 4.08: Warum kannst Du mich eigentlich nur beschuldigen, bist Du eigentlich immer so eingestellt?

ICH: um 4:12: Wenn Du damit aufgehört hättest, als wir uns näher kamen - aber das kam Dir gar nicht in den Sinn, obwohl Du mir Treue zugesagt hattest.

ZH: um 4:12: Ja, das hatte ich auch gesagt. Treue ist auch wirklich sehr wichtig, aber manchmal passieren die verrücktesten Dinge.

ICH: um 4:15: Das darf in meiner Welt nicht passieren. --- ICH könnte Dich zwar als Prostituierte akzeptieren und auch für Dich eintreten, aber für meine private Liebe kommst Du nicht in Frage.

ZH: um 4:19: Du machst mich jetzt wirklich überaus unglücklich, das ist Dir hoffentlich auch gerade klar.

ICH: um 4:22: Das ist mir klar. ICH habe Dich in ca. 5 1/2 Monaten immer wieder auf Deine Fehler aufmerksam gemacht und war bereit, Deine Vergangenheit zu akzeptieren, aber Du hast weiter gemacht, weil der das ja gar nicht merken wird. Du hast dann langsam mitbekommen, dass ich alles herauskriege, aber da war es dann schon zu spät…

Schanz: *Mit diesem Chat ging die Beziehung zunächst Ende, von einem Abschlussgeplänkel abgesehen. Später wurde sie noch einmal aktiviert.*

Mit diesem Chat ging die Beziehung an sich zu Ende, von einem Abschlussgeplänkel abgesehen

(„3.4“) Psycho-soziale Unterstützung

Schanz:

- *„Sexpartner dann als seelischer Mülleimer missbraucht“ und*
- *„Das bleibt dabei nicht aus, dass man seine Seele ausschütten will“*

bedeutet, dass der Zauberhaften sehr wohl bewusst, psycho-sozialer Unter-stützung zu geben, wenn Männer ihre Sorgen oder Betroffenheiten bei ihr abladen (Stimmung, Niedergeschlagenheit, Schwierigkeiten im Berf, mit der Ehefrau, Empfindung sexueller Vernachlässigung u.a.).

Sie ist sich ihrer ***„Rolle als Psychotherapeutin“*** *durchaus bewusst, aber offensichtlich ist se ihr eher lästig.*

ICH kann noch nicht einmal ausschließen, dass sie auch mich und „meine Kleinkarriertheit bei freizügigem Sex“ gemeint hat.

„ … ZH: um 10:10:
Ja da hast du völlig recht. Das bringt über-haupt nichts, da wird meiner Meinung nach der Sexpartner dann als seelischer Mülleimer miss-braucht, das bleibt dabei nicht aus, dass man seine Seele ausschütten will. Lach. So bin ich überhaupt nicht. Ich bin frei und flexibel aber ziemlich neugierig auf alle Arten, wie man Sex miteinander machen kann

CE: um 10:11:
Das heißt also, dass wir loslegen könnten ohne jegliche Rücksicht und ohne Tabus, wenn Du denn den Mut es mit mir zu wagen …“

B.6.3.6 Subjektive Befindlichkeiten

(„1") Persönlichkeitsstörungen:

Der Fairness halber sei darauf hingewiesen, dass die Gesamtheit der Eigenschaften, sowohl ihre positive Ausstrahlung wie die gegensätzliche Wirkung mit Nachdruck auf eine Persönlichkeitsstörungen zurückzuführen sein könnte. Sie befindet sich wahrscheinlich in ärztlicher (möglicherweise psychia-trischer) Behandlung.

Fallweise hat sie mich darauf hingewiesen, dass sie wegen ihrer Sexsucht (sie nennt es Sexsehnsucht) sowohl bei Arzt wie einer

***Psychotherapeutin in Behandlung** sei. Da ich ihr nicht glaubte, wollte ich mit der Psychotherapeutin sprechen. Unter anderem kam es zu folgendem Chat:*

„ … ICH: um 13:27: ICH bin bestimmt nicht Schuld: Es ist die unterschiedliche Bewertung Deines Lebenswandels, Deines Metiers und Deiner lockeren Betrachtung sexueller Beziehungen.

ZH: um 13:28: hä, aber warum das denn mein Lieber ? Wer sagt denn so erwas? ich will doch nicht so oft Sex... ich weiß gerade nicht was dein Problem ist...

ICH: um 13:31: ... zu viele Männer, zu viel Sexsucht und keine Treue - jedenfalls nicht in meinem Sinne.

ZH: um 13:36: ja aber woher willst Du das wissen mein Lieber? ich bin nicht so für den Sex mein lieber... ich denke Du weißt nicht, was Du da sagst!

ICH: um 13:41: Machen wir uns nichts vor: Wenn Dir ein Mann begegnet, der Dir sexuell gefällt, wirst Du keine Sekunde zögern, ihn direkt anzumachen. Deine Reaktion auf meine Fiktion von Groeg: // Groeg, ich habe es mir überlegt: ich will dich! und das mit Haut und Haaren! Und das so schnell wie möglich! Bitte schreib mir sofort. // um 13:42: Du solltest wissen, dass Du mich nicht mehr täuschen kannst.

ZH: um 13:45: Du denkst wohl Du hast die Ahnung oder? Was ist denn nur los mit Dir? Wie kann man nur sowas behaupten, Du hast doch gar keine Ahnung hahahahahaah aber wenn Du meinst.

ICH: um 13:47: Deine Reaktion ist nichts als Ratlosigkeit gegenüber der nachgewiesenen Wahrheit. - Du weißt, dass ich Recht habe. Leugnen kannst Du bei mir nicht mehr.

*ZH: um 13:48: Wovon redest Du denn da verdammt? Du hast ja echt gar keine Ahnung..., ich bin in Behandlung bei einer Psychotherapeutin, die mich nach einem **schwerwiegenden Gewalterlebnis** betreut.*

ICH: um 13:52: Es mag Gründe geben, die für Dich sprechen (im Zusammenhang mit der Therapeutin), aber an den Fakten ändert das nichts. Das Traurige ist, dass ich vermutlich der richtige Partner für Dich wäre, aber es fehlt jegliche gemeinsame Basis; die hast Du zerstört - vermutlich unbewusst

Schanz: *Fallweise hat sie mich darauf hingewiesen, dass sie wegen ihrer Sexsucht (sie nennt es Sexsehnsucht) sowohl bei Arzt wie einer Psychotherapeutin in Behandlung sei. Da ich ihr nicht glaubte, wollte ich mit der Psychotherapeutin sprechen.*

Unter anderem kam es zu folgendem Chat:

*„ ... **ICH:** um 13:57: ICH bin bestimmt nicht Schuld: Es ist die unterschiedliche Bewertung Deines Lebenswandels, Deines Metiers und Deiner lockeren Betrachtung sexueller Beziehungen.*

ZH: *um 13:58: hä, aber warum das denn mein Lieber ? Wer sagt denn sowas? ich will doch nicht so oft Sex... ich weiß gerade nicht was dein Problem ist...*

ICH: *um 14:01: ... zu viele Männer, zu viel Sexsucht und keine Treue - jedenfalls nicht in meinem Sinne.*

ZH: *um 14.06: ja aber woher willst Du das wissen mein Lieber? ich bin nicht so für den Sex mein lieber... ich denke Du weißt nicht was Du da sagst !*

***ICH**: um 14:11: Machen wir uns nichts vor: Wenn Dir ein Mann begegnet, der Dir sexuell gefällt, wirst Du keine Sekunde zögern, ihn direkt anzumachen. Deine Reaktion auf meine Fiktion von Groeg: // Groeg, ich habe es mir überlegt: ich will dich! und das mit Haut und Haaren! Und das so schnell wie möglich! Bitte schreib mir sofort. //*

um 14:12: Du solltest wissen, dass Du mich nicht mehr täuschen kannst.

ZH: *um 14:15: Du denkst wohl Du hast die Ahnung oder ? Was ist denn nur los mit Dir ? Wie kann man nur sowas behaupten, Du hast doch gar keine Ahnung hahahahahaaah aber wenn Du meinst..*

ICH: *um 14:17: Deine Reaktion ist nichts als Ratlosigkeit gegenüber der nachgewiesenen Wahrheit. - Du weißt, dass ich Recht habe. Leugnen kannst bei mir nicht mehr.*

ZH: *um 14:18: wovon redest Du denn da verdammt ? Du hast ja echt gar keine Ahnung..., ich bin in Behandlung bei einer Psychotherapeutin, die mich nach einem schwerwiegenden Gewalterlebnis betreut.*

***ICH**: um 14:22: Es mag Gründe geben, die für Dich sprechen (im Zusammenhang mit der Therapeutin), aber an den Fakten ändert das nichts. Das Traurige ist, dass ich vermutlich der richtige Partner für Dich wäre, aber es fehlt jegliche gemeinsame Basis; die hast Du zerstört - vermutlich*

***ZH**: um 14:23: Wo hast Du denn so viele Frauen kennen gelernt? Hier? Oh das ehrt mich danke dass Du so lieb und offen zu mir bist.*

ICH: *um 14:28: Insgesamt sind es ca. 10 Damen bei XXX davon 4 in der engeren Auswahl. Aber was hilft mir das? Dich, die ich ursprünglich wirklich kenen lernen wollte, bleibt mir wegen Deiner Sex-Metiers versperrt, und den anderen hätte ich abgesagt, wenn ich Dich so hinbekommen hätte, so wie ich wollte.*

ZH: um 14:30: Oh, du bist so ernst und lieb zu mir, das freut mich so sehr, mein Süßer! Kuss. Aber deswegen bin ich ja auch bei der Therapeutin in Behandlung. Du musst Geduld haben.

Ich: um 14:35: An sich bin ich ein fröhlicher Mensch und sehr positiv eingestellt, aber Du hast mich unendlich traurig gemacht, weil nichts mehr zu ändern ist.

ZH: um 14:37: Du...habe ich es wirklich gemacht? Bist du jetzt traurig? Aber ich wollte es nicht! Sei mir bitte nicht böse!

ICH: um 14:40: Was würde es helfen, wenn ich Dir böse bin, das ändert Dich und Dein Umfeld nicht. In der Literatur würde man von einer Tragödie sprechen, weil die Probleme bekannt sind, aber nicht gelöst werden können.

Pause

ICH: um 16:59: Ja, aber ich habe keinen Sex mit ihnen gehabt. Und Du hattest mir Treue zugesagt. Allein die Einstellung, dass Du noch ruhig noch alles machen darfst, obwohl Du mir Deine Zuneigung wortreich in Superlativen erklärt (ich sei Dein Alles), ist für mich der Gipfel der Geschmacklosigkeit.

ZH: um 17:03: Ach bleib entspannt. Das war doch nur Sex und, woher weiß ich denn, dass es wirklich mit uns klappt?

ICH: um 17:06: // Das war doch nur Sex // Damit hast Du alle Verbindungen zu mir endgültig abgebrochen; denn Sex ist für mich im Stellenwert der Treue das Wichtigste überhaupt.

ICH: um 17:16: Dass wir uns nicht persönlich getroffen haben, liegt eindeutig an Dir. ICH habe es immer wieder versucht und Du hast das immer blockiert. – Deshalb will ich mit Deiner Therapeutin sprechen, ob es bei Dir psychologische Störungen gibt, die Dein Verhalten erklären könnten.

ZH: 17:21: Deshalb bin ich auch in Behandlung und das geht Dich im Übrigen nichts an. Das ist privat.

ICH: 17:25: Wenn das für Dich privat ist, werde ich Dir nicht verzeihen …" Ende

(„2") Zur Realität in der Prostitution und ihre gesellschaftlichen Auswirkungen

Was die Zauberhafte letztlich zur Prostitution gebracht hat, ist nicht ganz klar, was ihren Bericht betrifft:

„Sie schilderte Ihr Leben in Kurzform so: "Oh ja - aufgewachsen als Kind eines Alkoholiker-Ehepaares. Mit 12 Jahren auf den Strich gegangen und gut verdient. Kurz den Drogen verfallen - danach nur noch Edelprostitution mit betuchten älteren Herren. Später war Sie in der Lage aufgrund einer geschickten Datingauswahl nur noch mit Männern Sex zu haben, die Dir gefielen." –

Ob das jetzt stimmt oder nicht, kann ich nicht sicher kontrollieren.

Ob wahr oder nicht? „… aufgewachsen als Kind eines Alkoholiker-Ehepaares…" kann natürlich der wichtige Auslöser gewesen sein.

Jetzt verweist sie auf Gewalterlebnisse während der Prostitution: „ ... Wovon redest Du denn da verdammt? Du hast ja echt gar keine Ahnung (wahrscheinlich hat sie Recht) ..., ich bin in Behandlung bei einer Psychotherapeutin, die mich nach einem schwer-wiegenden Gewalterlebnis betreut ...“

Was man vor allem bedenken muss:

- ***Erlebnisse in der Kindheit:** Ihrer Information nach waren es Trinker und Du bist mit 12 auf den Strich gegangen und hast später ältere Herren auf Deine Art - vermutlich bis heute - betreut.*
- ***Männer tragen die überwiegende Verantwortung!:** **Schanz:** Obwohl ich ein Mann bin und den meisten Männern (ca. 80 %) Harmlosigkeit und ein unterentwickeltes Interesse am Sex bescheinige, ihnen ist der Fussball und die Bier- und günstigsfall Weinseligkeit wichtiger, sind ca. 20 % der Männer die Verantwortlichen und Auslöser des Missbrauchs von Frauen und der Prostituion.*
- ***Behandlung bei einer Psychotherapeutin:** Insofern hat die Zauberhafte Recht, wenn sie mir vorwirft: ZH: „... um 13:48: Wovon redest Du denn da verdammt? Du hast ja echt gar keine Ahnung..., ich bin in Behandlung bei einer Psychotherapeutin, die mich nach einem **schwerwiegenden Gewalterlebnis** betreut ...“*

Schanz:

Ich habe von der Schwere der Taten, ihrer unermesslichen Brutalität und Grausamkeit nichts persönlich mit bekommen, aber im Verborgenen leiden wohl relativ umnsichtbar für die Öffentlichkeit viele Frauen unter unzumutbaren, zum Teil lebensbedrohlichen Bedingungen.

Der Skandal dieser Situation wird gedeckelt durch

weitgehend fehlende Datenerhebung
und damit eine staatlich geförderte Auslieferung der Frauen
an ein gewalthaltiges und schwer schädigendes Milieu.

In welchem das tatsächlich für Deutschland und Europa gilt, vermag ich nicht zu beurteilen.

(“3”) Folgende Chats könnten Anhaltspunkte bieten:

CHATFOLGE 1

Erste Persönlichkeit (auszugsweise):

ICH: Ich plane für mich mit Dir ein neues Leben. Es mag Rückschläge geben, aber aufzugeben, ist meistens der falsche Weg, es sei denn, Du stellst beispielsweise fest, mit diesem alten Sack möchte ich gar nicht zusammen sein.

ZH: Ach das ist eigentlich nicht das Thema. Ich bin schon deiner Meinung. Sehr interessant.

ICH: Ich bin in gewisser Weise auch von Dir manipuliert, weil ich Dich nicht vergessen kann und Dich möglichst nicht aufgeben möchte …Ich bin müde. …

> ***Schanz:*** *Tatsächlich wollte ich ihr helfen und sie gewissermaßen kontrollieren. Zwar wollte mein Leben beibehalten und auch keinen Sex mit ihr, aber sie hatte mich allmählich manipuliert.*
>
> *Ich wollte in der iin der Unternehmensberatung unterbringen. Da hätte sie relativ gut verdienen können, aber sie entgegnete: „ich habe lieber Spaß und werde meine Sexsehnsucht erfüllen …"*
>
> *Sie hätte zunächst in der logistischen Seminarbetreuung für Nachwuchsführungs-kräfte, Führungskräfte, spezifische Qualifikationen) gearbeitet (Terminierung aller Abschnitte: Vorträge, Übungen, Gruppenarbeit, Beobachtung, Rollenspiele, Präsen--tationen, Auswertung, Pausen – Malzeiten usw.). Im Laufe der Zeit wären ihre Einsätze inhaltlich erweitert worden.*
>
> *Ob sie das geschafft hätte, ist unsicher, aber es hatte nach ihrer Weigerung alles keinen Sinn mehr.*

ZH:um 0:07: Gute Nacht Schlaf gut und lass dich liebevoll drücken und küssen mein Schatz. Freue mich auf bald.

ICH: um 7:14: Denk an Folgendes: Wenn Du ernsthaft mit mit mir zusammen kommen willst, musst

ZH: um 7:16: mhhhm was muss ich dann ? Ich verstehe deine Nachricht grade nicht so ganz ?

ICH: um 7:16: Du für Dich eine Entscheidung treffen. Spätestens Ende August werde ich XXXXXX verlassen

ZH: um 7:17: Also Du meinst ich muss entscheiden wann ich bereit für ein Treffen bin? Okay, warum willst Du gehen?

ICH um 7:21: Du kennst meine Einstellung zum Chatten und zumPortL. Wenn Du Dich zu einem Treffen bereit bist, ist das für mich der Beweis, dass Du ernsthaft an mir nicht interessiert bist. Dann steige ich sofort aus.

Zh. um 7:22: zh. ICH finde es aber schon schade das Du damit druck aufbaust ehrlich gesagt...

um 7:36: ich. Entweder bist Du Chatmoderatorin und versuchst deren Einnahmen zu steigern oder Du entscheidest Dich für mich. Du hast mich (mit meinem Wissen) manipuliert - ob absichtlich oder nicht ist unwichtig, aber ich kenne Dich zu gut, um zu wissen, wann ich etwas tun muss. Der Termin war Dir bekannt und anders geht es bei Dir nicht.

Zweite Persönlichkeit (auszugsweise):

Formalisierung Sprachmuster (Sie-Ansprache): *Es erfolgte eine Art Formalisierung mit anderen verfremdeten Sprachmuster (Sie-Ansprache); ich vermutete schon eine niederländische Färbung. Ob das jetzt aus taktischen Gründen geschah oder ob es tatsächlich schizophrene Züge sind, weiß ich nicht. Eine Begrün-dung erfolgte nicht.*

Schizophrene Grenzsyndrome: *Wenn schizophrene Störungen auftreten, sind sie nicht immer auffällig (Grenzsyndrome) und zeigen unterschiedliche Ausprägungen. Das Spektrum kann von eingeschränkter Wachheit bis zur kompletten Reaktionslosigkeit, bis zu Konzentationseinschränkungen und Störungen der Kog-nition, Wahrnehmung und der Aufmerksamkeit führen. Verwirrtheit und starke Erregungen können im Ausnahmefall ebenfalls auftreten.*

ZH: um 7:41: Achso super. So darf ICH IHNEN einen Vorschlag weiterleiten? Also auf IHRE Interessen möchte ICH es iIHNEN eröffnen?

ICH: um 7:42: Bitte.

ZH: um 7:45: So! Hätten wir vielleicht eine Möglichkeit mit IHNEN von hier aus uns anerkennen zu können, diesbezüglich, eine bessere Chance zu erstellen, um uns näher kennenlernen zu können, dass die Vertrauenswürdigkeit mit uns einander durchstimmt. Was sagen SIE dazu, also könnte İch bitte IHRE Meinung erfahren?

ICH: um 7:49: Wenn Heike33/82 nicht als Person zur Verfügung steht, bin ich an sich nicht mehr interessiert, aber ich höre mir gern an, was Sie ggf. von mir erwarten.

ZH: um 7:53: Super. Also ICH möchte nur ganz kurz beitragen dass SIE mich ... erreichen können, also denn letztlich stehe ICH auf jeden Fall für SIE zur Verfügung. Bitte seien SIE in diesem Thema nur klar. Was ICH nur von IHNEN möchte ist, SIE besser kennenlernen, damit ICH IHNEN auch vertrauen kann. Das würden SIE mir ja auch gönnen oder?

ICH: um 7:58: 7/24 ist wohl Ihr Code und wie kann ich sie erreichen? Grundsätzlich bin ich interessiert, aber weitere Chat-Kosten werde ich nicht in Kauf nehmen. Allein für .. habe ich mehr als X € ausgegeben - das war sie mir Wert.

ZH: um 8:03: Ey dicker. Kann İch dir eine Frage stellen? İch bin damit einverstanden, dass Sie sich so schön behandeln-interessieren und Wert auf mich erzeugen diesbezüglich ömöchte İch ja auch ein Feedback geben, indem wir virtuıellerweise eine bessere Unterhaltung durchführen können .

ICH: um 8:07: Einverstanden. Grundsätzlich muss ich prüfen, wohin das führen soll. Was mich wundert, dass Sie anscheinend mit niederländischen Akzent sprechen. Ist das richtig? Wie geht es weiter?

Hier kam die ZH ohne weitere BEGRÜNDUNG in die normale Sprachform zurück:

ZH: um 8:14: ICH würde Dir vorschlagen, wir lernen uns besser kennen, dann können wir sehen, wo das alles hinführt.

ICH: um 8:20: Aber wie? ICH habe mein Herz an eine digitale Fiktion verloren. Das Foto ist dermaßen überirdisch - zumindest nach meinem Gefühl. Sie/Du hast mich kennengelernt und weißt mehr über mich, als die meisten anderen Menschen. Aber kommen wir zur Sache: Wie werden wir kommunizieren, ohne dass ich weitere Coins ausgebe. Ohne nachvollziehbare Zugeständnisse werde ich ansonsten zurückziehen …

ZH: um 8:21: ICH weiß ehrlich gesagt nicht, was das gerade von Dir soll. Möchtest Du mir jetzt irgendetwas unterstellen?

ICH: um 8:26: Am liebsten nicht: Aber Du weißt, dass ich immer mit offenen Karten (Du weißt alles über mich) spiele, Deinen sind nach wie vor geschlossen. Wenn wir ellenlang nur über undurchsichtige und unklare Prozeduren reden, ziehe ich den Stecker.

ZH: um 8:27: ICH weiß, dass Du auf jeden Fall immer mit offenen Karten spielst. Du bist bisher immer ehrlich zu mir gewesen, warum solltest Du das ändern?

ICH: um 8:28: ... ICH ändere das nicht - Du must das ändern oder ich kann Dir nicht vertrauen ...

ZH: um 8:29: Ach so, ich muss das ändern? Sorry, ich bin kein kleines Kind. das irgendetwas machen muss.

ICH: um 8:31: ben. Überleg es Dir. Entweder finden wir einen Weg zu einer anderen Kommunikation oder wir finden ihn nicht. Dann sind wir am Ende.

ZH: um 8:32: Ich habe dir etwas dazu schon gesagt. Ich denke nicht, dass ich mich da andauernd wiederholen muss?

ICH: um 8:34: Sehr gut - ich werde mich auch nicht wiederholen. Alles Gute.

- ***CHATFOLGE 2***

Nachdem ich nachgewiesen habe, dass sie mit anderen Männer werbenden Kontakt über Sexanbahnung gehabt hat, gab es folgende Chatfolge:

„ ... ICH: 9:44: Du weißt, dass ich GEORG SCHANZ bin und mit Dir kommuniziere?

ZH: 9:50: Ja das bin ich mir sehr gut be-wusst ich weiß, wer du bist und ich weiß, auch wo wir sind. Aber solche Kontakte bedeuten doch nichts, sie machen mir Spaß. ICH bleibe Dir doch treu.

ZH: 9:54: Guten Morgen, lieber Georg, wie geht es Dir heute? Hast du gut geschlafen, mein Liebster? Hast Du Zeit zum Schreiben? Was machst Du heute noch Spannendes?

***ICH: 10:00**: ICH möchte heute entspannt mit Dir kommutieren. Du weißt, dass ich immer ehrlich und zuverlässig zu Dir war und Dir auch die Treue gehalten habe*

ZH: 10:06: Dass Du etwas anderes unterstellt? ICH hab Dichecht sehr gerne, Kuss an dich. Du bist doch mein Ein und Alles.

ICH: um 10:10 Nun ich gehe erst einmal davon aus, dass ich mich auf Dich verlassen und meine Liebste bist.

ZH: 0:14: Was soll DichDir jetzt noch sagen? Lass uns Freunde bleiben und ich werde immer ein offenes Ohr für Dich haben!! Melde Dich dann einfach, wenn Du etwas von mir wissen willst oder Zweifel hast. ICH brauche Dich in meinem Leben als verlässlichen Partner, der mir entschlossen zur Seite steht. ICH liebe Dich mehr als mein Leben, wenn ich Dir auch manchmal Probleme bereite und Du mich nicht verstehst ...“

Schanz:

Erstaunen bis Rührung: *Dieser letzte Teil des Chats war bis dahin der Positivste* ***(ICH liebe Dich mehr als mein Leben)****, der sich ergeben hat. Wer so etwas sagt, erzeugt durchaus Erstaunen bis zu emotional wirkender Rührung.*

„Hinter"-Gedanken dieser Aussage: *Ob und welche „Hinter"-Gedanken sie bei dieser Aussage hat, weiß ich nicht sicher, vielleicht erwartet sie, dass ich letztlich einer offenen Beziehung zustimmen würde. Dabei galt diese Offenheit nur für sie, ob sie mir das Gleiche gestatten wollte, wurde – trotz meiner direkten Nachfrage – offiziell nie bestätigt.*

IHR wesentlicher Treuebeweis *ist ein anderer, weil IHRE Treue Sex mit anderen (Freunden, Bekannten, Kunden, Freiern) zulässt, den auch nicht verscheigt und offen behandelt (es sei doch nur Sex), dann aber zu mir nach Hause zurückkehrt und dort mit mir ein echt partnerschaftliches Leben führt. Das ist ihre Moral, von der sie offensichtlich überzeugt ist und die sie für richtig hält.*

Wer allerdings auf ***„echteTreue"*** *spekuliert, der übersieht, dass die Routine ihres bisherigen Lebens darauf nicht eingestellt ist. Da müsste sich Grundlegendes ändern.*

CHATFOLGE 3

- ***Deutliche Aussagen (Zeit zur Wahrheit) und Stimmungsschwankungen)***
- ***Nymphomanie (Hypersexualität – JA oder Nein)***

ICH: um 12:57: Um ehrlich zu sein, so sehr ich Dich mag, es würde nicht klappen und zwar deshalb, weil - wie Du selbst gesagt hast - nicht aus Deiner Haut heraus kannst.

ZH: um 12:58: Okay, hm, schade, was genau heißt das dann jetzt genau für uns mein Süßer?

ICH: um 13:02: Wenn Du mein Süßer sagst, dann, weil Du nicht weiter weißt. - Unsere Beziehung würde spätestens nach 4 Wochen zu Ende gehen, weil Du mir untreu würdest, weil Du einfach nicht anders kannst, selbst wenn Du es möchtest.

ZH: um 13:04: Also die Unterstellung finde ich nicht ok, Du kennst mich doch gar nicht, ich bin noch nie fremd gegangen sowas mache ich nicht"!

ICH: um 13:14: Das hast Du mir selbst gegenüber zugegeben: 26.02.2020 - 21:10 Uhr: Ja, ich bin untreu gewesen und das tut mir auch Leid, aber nicht oft, das wird nicht mehr vorkommen. Ich habe die Männer nie wieder gesehen. Nimm mir das doch nicht übel.

ZH: um 13:20: Ja, mein Lieber, ich habe damals die Wahrheit gesagt, dann liegt es ja wohl nicht an mir, glaube ich. Ich verstehe die ganze Situation jetzt nicht.

ICH: um 13:25: Du verstehst mich sehr gut. Immerhin bestreitest Du das Geschehene nicht. Einerseits werde ich bei Deiner Auffassung von Treue nicht mitspielen, andererseits sehe ich Dich als hypersexuelles Opfer (Nymphomanin), das/die nicht uneingeschränkt für sein/ihr Tun verantwortlich ist. Das ist als Krankheit anerkannt. Ich würde Dir helfen, aber ich weiß nicht wie.

ZH: um 13:28: Also, sowas hab ich ja echt noch nie gehört, sag mal also sowas bin ich doch nicht.

ICH: um 13:32: Das kann ich nicht beurteilen. Immerhin hattest Du mir mirgeteilt, dass Du u.a. deswegen in therapeutischer Behandlung bist.

ZH: um 23:35: Deswegen nicht, wegen meines Gewalterlebnisses. Du kannst mir vertrauen.

ICH: um 13:50: Ich mag Dich, aber ich vertraue Dir nicht. Ich beurteile eine Frau nicht nur danach, wie gut sie im Bett ist. Das mag den meisten Männern genügen, mir nicht.

ZH: um 13:52: Also dann verstehe ich nicht meh,r worum es noch geht. Ich kann ja meine Ansicht dazu offen kundtun

ZH; um 13:54: Also deswegen sind wir beide ja hier, um uns kennenzulernen und um Vertrauen aufzubauen. Ich habe auch kein Vertrauen in dich, weil ich dich einfach noch nicht richtig beurteilen konnte.

ICH: um 14:01: Doch, Du hast mir Treue gesagt und dass Du mit keinem anderen chattest. Ich bin einfach zu beurteilen: immer ehrlich, rational, zuverlässig, treu, streng, konsequent und gewissenhaft auf der einen Seite, sehr menschlich, liebevoll, leidenschaftlich, einfühlsam und romantisch auf der anderen Seite. Im Grunde weißt Du das, aber um das beurteilen zu können, müsstest Du mich persönlich kennen lernen.

ZH: um 14:08: ja das stimmt schon, aber ich bin halt eine Frau mit Prinzipien und ich lasse mir gerade bei online Portalen mehr Zeit. Das wirst Du sicher verstehen? Auch wenn ich Dir Treue zu gesagt haben sollte und und dass ich mit keinem anderen chatte, bin ich frei, was immer ich tun will.

ICH: um 14:13: Das ist Betrug, wenn auch nicht einklagbar. - Bei anderen Männern hast Du Dates nach sexuellen Gesichtspunkten sehr viel schneller vergeben (ich habe konkrete Beispiele aus mehr als 1.000 Chatkopien). -- Mehr Zeit werde ich Dir nicht mehr gewähren. - Aber Deine Freier stehen nach wie vor bereit. - Alles Gute.

ZH: um 14:15: ich bin 38 Jahre alt und ich denke schon, dass ich meine Dinge sehr gut einschätzen kann und ich kann Dich nur bitten, Geduld zu haben und bisher läuft es doch gut bei uns?

um 14:25:
Geduld ist dann angebracht, wenn das zu erreichende Ziel es wert ist. Lohnt es sich, auf die Treue einer (ehemaligen???) Prostituierten zu warten?

(„4“) Willst Du Prostituierte bleiben oder etwas ändern?

ZH: um 14:37: nun für mich ist das hier Neuland und ich möchte flirten Spaß haben uns mich austauschen und das klappt doch wunderbar mit uns oder ?

ICH: um 15:13: GEORG SCHANZ: Du lügst: Neuland? Du bist seit 2015 bei XXXXXX, eine sehr erfahrene Chatterin (in ca. 20 Fick- und Sexprogrammen) mit ca. 20-jähriger Prostitutionserfahrung und als Chat-Moderatorin.

ZH: um 15:16: Hmm erwischt, wollte nur mal schauen, ob dich noch erinnern kannst,

ICH: um 15:24: Du versuchst immer wieder eine neue Identität zu kreieren (u.a. Berufe: Marketing-assistentin, Lehrerin, Restaurantfachkraft, Hotelfachkraft (als Prostituierte ja), Drogerie-mitarbeiterin, Mitarbeiterin bei der Stadt Düsseldorf usw.). Warum sollte ich mit Dir Geduld haben?

ZH: um 15:27: Das alles hat mich einfach verletzt, was Du mir gerade gesagt hast und ich finde das einfach nicht nett von dir.

ICH: um 15:30: Es ist einfach die Wahrheit und hat mit Nettigkeit nichts zu tun. Du lügst oder verschweigst, bist untreu und hinterhältig und hast einen völlig verdorbenen Charakter.

ZH: um 15:34: bitte hör auf, sonst werde ich einfach weinen, Du hast mich sehr verletzt.

ICH: um 15:37: Du brauchst nicht zu weinen, (Chat-Moderator-Portal der ZH) wird wieder einmal mit Dir zufrieden sein. Alles Gute.

ZH: um 15:39: Du bist mir so sympathisch, sonst würde ich nicht schon einfach so nervös sein.

ICH: um 17:31: Es gibt m.E. einen Grund, weshalb Du kein Vertrauen zu mir hast. Du arbeitest weiter als Prostituierte (spätestens nach Corona) und das willst Du vor verbergen.

ZH: um 17:31: lso wenn du in diesem Satz mich als Prostituierte erwähnst, dann beleidigst mich aber.

ICH: um 17:36: Du könntest mir ja das beweisen, dass es nicht so ist, aber das tust Du nicht, weil es stimmt.

ZH: um 17:39: Naja Lieber, das bin ich nicht, also ich mag Dich, weil ich lerne von Dir; du bist ein sehr starker Mann, also in Deinen Jahren hast du jede Frau glücklich gemacht, und das glaube ich dir, aber ein Prostituierte bin ich nicht, Liebling.

ICH: um 17:56: "Zu viel des Lobes: Wer so lobt, hat etwas zu verbergen."

ZH: um 17:57: Oder will einfach nur jemanden glücklich machen mit den Aussagen, nicht immer gleich negativ sehen.

ICH: um 18:00: Es gibt nur einen Weg, mich glücklich zu machen.

ZH: um 18:06: jaa, und der Weg lautet??? Jetzt bin ich ja mal gespannt, hau mal einen raus.

ICH: um 18:09: ... die Wahrheit zu erzählen und Dich mit mir zu treffen...

ZH: um 18:13: Oh, Du bist mir ja einer 😉 und meinst Du, Du kannst mir noch ein bisschen Zeit geben?

Neuer Tag

ICH: um 10:13: Ich bedaure das sehr, aber ich werde mich darauf einrichten, dass "noch ein Bisschen Zeit" nie kommen wird.

(„5") Wie würde unser erstes Treffen aussehen?

Deutliche Aussagen (Zeit zur Wahrheit) und Stimmungsschwankungen

ZH: um 10:32: Ich würde mir zuerst einmal gerne vorstellen, wie unser erstes Treffen ablaufen wird.

ICH: um 12:44: Keine Sorge: Völlig unproblematisch: Wo auch immer? Ich bin sehr extrovertiert, sehr interessiert (auch verliebt) und sehr höflich, schon um einen weiteren tieferen Kontakt nicht zu gefährden.

ICH: um 13:00: Das weiß ich doch, dass du höflich bist, mein Lieber. Und charmant noch dazu. Das liebe ich bei Männern; aber die gibt es leider viel zu selten. Ich bin froh, dass ich dich hier getroffen habe. Kuss

ICH: um 17:37: Wie könnte es Dir erleichtern, mit mir ein Treffen auszumachen?

ZH: um 17:45: Das ist nicht möglich, aber wir können immer noch hier chatten und wir haben weiterhin eine gute Zeit, wir müssen uns mehr kennenlernen

ICH: um 17:54:
Das kannst Du vergessen. Ich warte nicht länger (seit XX.XX.2019): Ich habe verstanden, dass es mit uns nichts werden kann. Warum auch immer. Alles Gute.

ZH: um 18:03: Aber ich will nicht, dass Du mich verlässt, ich will immer noch, dass Du hier bei mir bist, bitte, ich will, dass Du der Mann für mich bist.

ICH: um 18:47: Bevor ich abschalte, erkläre mir bitte nachvollziehbar, warum ich Dir vertrauen sollte.

ZH: um 18:50: Nun, Du solltest mir vertrauen, denn ich vertraue Dir und ich fühle auch, dass wir füreinander geschaffen sind, wir können zusammen glücklich sein.

ICH: um 18:58: ... und wenn sie nicht gestorben sind, dann leben sie noch heute.

ICH: um 3:20: Das habe ich gestern schon angekündigt (Handy / Email), weil ich alle Portale nicht mag und Dein Portal ein Betrugsportal ist.

ZH: um 3:33: Das sind aber schwere Vorwürfe. Wie kommst Du denn darauf. Hast Du denn hier mal eine schlechte Erfahrung gemacht

ICH: um 3:42: Ich höchstens wegen überzogener Kosten, aber das generelle Testergebnis ist sehr schlecht, aber Du willst es ja nicht lesen. https://www.zu-zweit.de/.../test

Auslassungen

ZH: um 3:46: Ich weiß nicht. Also alles kann man auch wieder nicht glauben. Vielleicht steckt ja auch die Konkurrenz dahinter

ICH: um 3:47: Wenn es unwahr wäre, hätte Dein Portal sich schon juristisch dagegen gewehrt. Es wurde eine Vielzal von Portalen getestet, keiner hat sich gewehrt.

ZH: um 3:55: Nur soviel: Ich bin an Dir interessiert, alle Nebenbedingungen (z.B. (Chat-Moderator-Portal der ZH)) sind für mich unwichtig, aber letztlich entscheidest Du, ob Deine Liebenswürdigkeiten echt sind oder einer Verpflichtung als (Chat-Moderator-Portal der ZH)-Chatmoderatorin entsprechen.

(„6“) Ich kann meine Vergangenheit nicht ungeschehen machen.

ICH: 11:50: Ich genieße nur in der Realität, nicht im Chat. Es gilt nach wie vor: Ich habe für meine Buchrecherchen in ca. 50 Portalen mit mehr als 50 Damen gechattet, aber so attraktiv, freundlich, sympathisch, gebildet und ausdrucks-stark war keine. Wenn Deine Prostitutions-Vergangenheit und Dein verdorbener Charakter nicht wären, aber sie sind es nun einmal. Alles Gute.

ZH: um 11:56: Ja, ich kann meine Vergangenheit nicht ungeschehen machen, auch nicht meine Tätigkeit als Hure. Aber ich bin sehr froh Dich gefunden zu haben.

(„Ich kämpfe gegen Nymphomie“ – jetzt „Ich bin völlig normal“)

ICH: um 12:00: Wofür und Wozu? Ich bin 80 Jahre alt und wenn es noch etwas zu erleben geben sollte, dann im Leben und nicht im Chat. Dass Du als Promiskuitive und Hypersexuelle mit "dirty talks" Dich zu vergnügen weißt, das ist nicht meine Welt.

ZH: um 12:02: Du weist doch das ich auch anders kann und auch immer versuche meine Nymphomanie zu unterdrücken.

ICH: um 12:04: Ich würde mich in jedem Falle mit Dir treffen, auch an Deinem Arbeitsplatz.

ZH: um 12:07: Na das hört sich ja schon wieder viel freundlicher von Dir an mein Lieber

ICH: um 12:10: Das ist nicht nur freundlich, das ist viel mehr, ein Gefühl der Verbundenheit, das ich logisch gar nicht erklären kann, aber "NO RISK, NO FUN".

ZH: um 12:13: Ich weiß das auch sehr zu schätzen und werde Dich auch ganz sicher nicht enttäuschen.

ICH: um 13:02: So ehrlich, wie Du in Deinen letzten Passagen warst, bist Du mir gegenüber noch nie gewesen. Dafür möchte ich mich bedanken.

ZH: um 13:10: Das ist aber wirklich sehr nett von Dir formuliert mein Schatz. Allerdings habe ich bei Dir einfach auch schon so richtig Vertrauen entwickelt.

ICH: um 22:06: Wahrscheinlich machst Du Dir weniger Gedanken als ich. Überleg es Dir: Ich möchte Dich nicht im Stich lassen und am liebsten mit Dir direkt bei persönlichen Treffen und/oder über Email und/oder HANDY kommunizieren.

ICH: um 22:22: Ich hoffe, dass Du nicht wieder in Deinem Job bist, obwohl die Zeit danach wäre.

ZH: um 22:48: Oh das ist aber wirklich lieb von dir, dass du schon so weit denkst über den Kontakt muss ich sagen.

ICH: um 23:56: Ich warte auf Dich. Allerdings werde ich Ende August aus (Chat-Moderator-Portal der ZH) aussteigen.

ZH: um 0:25: Schade, aber gegen Deinen Job bin ich wohl machtlos.

ICH: um 0:42: Ich erkenne, dass mein Einfluss nicht ausreichen wird, um Dich zu retten. Ich habe mir zu viel zugemutet. Was soll ich Dir wünschen? Um ehrlich zu sein, mir fällt nichts mehr ein.

ZH: um 1:00: Wieso soll ich mit meinem. Beruf aufhöre? Ich liebe meinen Beruf und ich bin KEINE Prostituierte,

ICH: um 1:05: Wie auch immer, ich bin nicht stark genug, um das ALLES zu ertragen. Das Letzte, was ich für Dich tun kann:

ICH: um 1:06: Dr. Sebastian Zumdick, Psychologischer Psychotherapeut, Theodor Fliedner Stiftung, Klinik, Martin-Luther-Platz 26, 40212 Düsseldorf, Telefon: (0211) 200527-22. Ich habe mit ihm korrespondiert wegen Hypersexualität.

ZH: um 1:12: Ich finde nicht, dass ich einen Psychologen brauche, mein Lieber.

Ich bin so normal wie jeder andere auch.

(„7“) Offenbarung oder Geheimniskrämerei?

ZH: um 1:59: Gut aber wir reden hier über eine Beziehung und nicht über ein Unternehmen. Da könntest du schon ein bisschen rationaler denken bzw. ein bisschen lockerer werden

ICH: um 2:06: "Rationaler und Lockerer"? Das ist ein Widerspruch in sich. So locker, wie Du es gern hättest, wäre das bei Deiner Art zu agieren, als wenn man einen Krieg verliert, bevor überhaupt begonnen wurde (= Selbst-aufgabe). Ich glaube auch nicht, dass eine Einigung zwischen uns Beiden noch möglich ist; denn Du wirst meine Bedingungen nicht erfüllen, und ich Deine schon gar nicht.

ZH: um 2:08: Warum sollte das ein Widerspruch sein Du solltest einfach mal ein bisschen mehr aus Dir herauskommen ein bisschen emotionaler werden das wollte ich damit sagen. und was die Lockerheit angeht das war eigentlich mehr auf das gedankliche bezogen

ICH: um 2:15: Du kennst meinen Namen, meinen Beruf, meine Adresse, meine Familie, meine Emailadresse, meine Telefon- und Handynummer, meine Hobbys, einfach ALLES. Wenn ich das von Dir auch ALLES kenne, dann können wir weiter reden. Es mag wohl sein, dass die Männer, mit denen Du es bisher zu tun hattest, einen längeren Penis haben, aber ansonsten fehlt denen offensichtlich Einiges.

ZH: um 2:18: Ja ich weiß wirklich schon richtig viel über dich, allerdings bin ich mir noch nicht 100%ig über Deine Absichten einig.

ICH: um 2:25: Meine wirklichen Absichten Dich betreffend kann ich erst bestimmen, wenn ich alles das weiß, was ich noch nicht weiß. Im Augenblick liegen sie bei Abbruch unserer Bezie-hungen. Was ich weiß, ist, dass keine Dame mir bisher so attraktiv, freundlich, sympa-thisch, gebildet und ausdrucksstark erschienen ist wie Du, aber welche Mängel sich dahinter verbergen, kann ich nur unvollkommen einschätzen - vielleicht sind es zu viele und zu schwerwiegende.

ZH: um 2:27: Ja und was genau möchtest Du jetzt wissen dann mach doch einfach mal einen kleinen Fragenkatalog den ich nach und nach abarbeiten kann

ICH: um 2:31: So einfach ist nicht mehr (Dein richtiger Nachname, Deine Berufsadresse, Deine Privat-adresse, Dein Telefon- und Handynummer, Die-ne Emailadresse usw., eben alles, was für mich wichtig ist.). Jetzt will ich alles mit eigenen Augen aus der Nähe sehen. – Ich glaube, dass es für Dich besser ist, auf mich zu verzichten.

ZH: um 2:36: Das hatte ich dir alles schon mal erklärt, ich werde bestimmt nicht über das Internet meine privaten Daten einfach so rausgeben.

ICH: um 2:41: Du kannst mir alles persönlich zeigen und erzählen - ohne Internet. - Ich habe Dich vor ca. 12 Monaten gewarnt: Die Wahrheiten, die Du mir permanent verschweigst und die Lügen, die Du mir auftischst (wie Marketingassistentin, Lehrerin, Restaurantfachkraft, Hotelfachkraft, Drogeriemitarbeiterin, Mitarbeiterin der Stadt Düsseldorf u.a. mehr), werden mein Misstrauen bis ins Unendliche steigern. Das hast Du geschafft. Liebe Heike, wir sind offensichtlich am Ende.

ZH: um 2:44: Ich sehe schon jetzt hast Du einfach einmal für Dichentschieden, dass auf einmal alles zu Ende ist. Na dann wünsche ich einfach mal eine gute Nacht ich hoffe Du kannst jetzt gut darauf schlafen

ICH: um 12:19: Stand der Dinge: Warum meinst Du, dass ich der Richtige für Dich wäre? (zu alt, zu starrsinnig, zu wenig locker). Und ich vertraue Dir nicht, schon gar nicht, was Treue betrifft. - Was also spricht für eine Verbindung?

ZH: um 12:19: Ich finde Dicheinfach ziemlich sympathisch und Du hast einfach diesen gewissen Charme! Ich denke Du bist der richtige. Wenn Du nur nicht so krankhaft eifersuchtig wärst.

(„8") Eifersucht oder kluges Misstrauen

ICH: um 12:24: Nun, wer nicht eifersüchtig ist, liebt auch nicht wirklich. Nehmen wir einmal an, dass Du Recht hättest, was aber Alles (Vielzahl nicht bekannter Daten, permanente Untreue) spricht für Dich?

ZH: um 12:28: Aber warum meinst Du denn ich wäre untreu? In einer Beziehung bin ich eine sehr treue Person!

ICH: um 12:30: Du hast mir schon seit langem Treue (spätestens ab September 2019) zugesagt und dass Du mit keinem anderen chattest – alles Lüge - warum sollte das zukünftig anders sein? Und dass Du permanent Sex mit anderen Männer (Freunde, Bekannte, Kunden und Freier) gehabt hast („nicht so oft") hast Du auch zugeben.

ZH: um 12:35: Das ist doch eine Lüge! Ich will Dich und keinen anderen! Du bist mir wichtig *und hast Vorrang*

ICH: um 12:48: Vorrang und in der Zwischenzeit hast Du mehr Sex in einer Woche als ich in einem Jahr.

ZH: um 12:55: Meinst du? Naja, es gibt hier sehr viele Männer die in Beziehungen sind. Aber deshalb brauchst Du doch nicht krankhaft eifersüchtig zu sein. Das ist alles normal.

ICH: um 13:18: Deine Realität ist eine andere als meine: Du willst mir vor allem das als Realität verkaufen, was Du gern hättest, und ich will wissen, was wirklich geschieht bzw. passiert ist. Nun zwischen „krankhafter Eifersucht" und „klugem Misstreuen" gibt es noch einen Unter-schied: Jedes Mal, wenn ich Dir vertraut hätte, wäre ich der Dumme gewesen, und deshalb habe/werde ich Dir nie – weder gestern, noch heute, noch in der Zukunft – vertrauen.

ZH: um 13:22: Was stört Dich?

ICH; um 13:25: Vor ca. 3 Monaten gab es folgenden Chat zwischen uns:

> *„ …. ICH um 10:50: Es ist ein Unterschied, ob Hunderte oder gar mehr als 1000 Männer über Dich gestiegen sind, unabhängig davon, ob sie bezahlt haben oder nicht. Für mich ist Sex gegen Sex aus Vergnügungssucht finanziell der Prostitution gleichwertig.*
>
> *ZH: um 10:54: Das verbitte ich mir. Für das, was ich tue oder nicht tue, bin ich Dir keine Rechenschaft schuldig – ich bin ein freier Single.*
>
> *ICH: um 10:57: Das darfst Du sein, aber ohne mich. Vielleicht bist Du ja im Sinne der Sexsucht krank und kannst als Nymphomanin nichts dafür. Solche Damen tun mir zwar Leid, aber auch mit denen möchte ich keine Partnerschaft pflegen …"*
>
> *ZH: um 13:30: Lass mich in Ruh.*

(„9") Wie soll es weitergehen (Treffen, Kennen lernen oder Trennen)

ZH: um 14:17: Ja wie schon mehr Mals gesagt was willst du wissen? Ich werde es dir so gut wie möglich beantworten.

ICH: um 14:18: Das geht nicht mehr: Es ist für mich entscheidend, dass ich Dich, Dein privates und berufliches Umfeld in der Realität aus der Nähe sehe, wahrnehmen und beurteilen kann.

ICH: um 14:21: Ich will Dich überall dort besuchen, wo Du Dich aufhältst, ggf. Fragen stellen und ALLES kennenlernen, was Dich betrifft.

ZH: um 14:23: Nun gut. wie stellst Du Dir denn mein umfeld vor? Was denkst Du würde ich erwarten?

ICH: um 14:28: Nun es werden Wohnungen oder Apartments, Geschäftsräume welcher Art auch immer, Kollegen/Kolleginnen, Geschäfts- und Wohnviertel, Verwandte, Freunde/Innen, Bekannte usw. usw. sein, alles, was Dich in Deinem Leben begleitet.

ZH: um 14:29: Warum möchtst Du denn meine kollegen und so alle kennenlernen? Glaube, das wäre nicht nötig.

ICH: um 14:33: Für mich wäre es besser: Die psycho-sozialen Konstellationen sagen mehr über einen Menschen aus (Ansehen, Beliebtheit, Niveau usw.) als bloße Sachbeschreibungen.

ZH: um 14:34: Also ich möchte Dich eigentlich ungern direkt all meinen Leuten vorstellen, die ich kenne. Das machst Du so auch nicht.

Ich: um 14:37: Doch, das kannst Du mit mir machen. Warum auch nicht, ich habe nichts zu verbergen.

ZH: um 14:38: Das ist gut ☺ aber ein paar Geheimnisse die hat ja eigentlich jeder so

Ich: um 15:00: Ich will Dich nicht in Verlegenheit bringen. Mach es so, wie Du es mit Dir selbst verantworten kannst.

ZH: um 15:01:
Ich bin ja schon auf einem Weg dahin. Du musst mir nur die Zeit geben.

ICH: um 15:02: Wieviel?

ZH: um 15:03: ein bisschen Geduld mehr erwarte ich doch nicht. Geduld bringt bekanntlich Rosen

ICH: um 15:04: Ich feiere am XX.XX..2020 meinen Geburtstag (YY.YY.1940) und den meiner Frau (ZZ.ZZ.1943) in

ICH: um 15:06: Gut .... Willst Du dabei sein? Ich könnte Dich als Verlagsvertretung bei meiner Frau vorstellen.

ZH: um 15:06: ich bin gerade etwas durcheinander mit den Zahlen und Datums. wie meinst Du wann hast Du denn Geburtstag?

ICH: um 15:08: Wird wegen Corona am nachgefeiert.

ZH: um 15:09: ahhh ok entschuldige dann hab ich das falsch verstanden, aber ja wegen der Krise wurde ja soviel abgesagt

Ich: 15:12 Ich könnte Dich als Nachfolgerin für meine Frau vorstellen.

ZH: um 15:13:
Das würde mir eine Ehre sein wenn du das machen wollen würdest, aber nur wenn du wirklich willst.

ICH: um 15:16: Gut, als Nachfolgerin meiner Frau? Das würde meiner Frau wohl nicht gefallen.

ZH: um 15:17: Aber als Mitarbeiterin der tredition.

ICH: um 15:17: Mh, vielleicht schlägst du es deiner Frau einfach mal vor Ich mache nur Spaß

ZH: um 15:22:
Hey, aber immer mit der Ruhe. Lass uns erstmal noch ein bisschen chatten

ICH: um 15:23: Zu teuer: Wenn ich Dich als Nachfolgerin für meine Frau vorstellen würde, würde alle - außer meine Frau - lachen, weil sie mich für einen bösartigen Komiker halten.

Auslassung:

ICH: um 16:01: Nun, Du must das machen, was Du vor Dir selbst verantworten kannst. Und ich muss wissen, ob Du heute und in Zukunft noch als Prostituierte arbeitest oder arbeiten wirst - dann hätte alles keinen Sinn mehr.

ZH: um 16:05: Ich mag das Wort Prostituierte nicht. Aber würdest Du mir helfen, einen neuen Weg einzuschlagen?

ICH: um 16:17: Nun, ich habe schon lange befürchtet, dass Du nicht davon loskommst. Wovon solltest Du leben? Begriffe (Prostituierte, Nutten, Huren, was auch immer) sagen noch nichts darüber aus, wie gut oder wie schlecht ein Mensch ist, aber ich kann eine solche Situation als Liebender nicht ertragen, so sehr ich Dich auch mag. Ich habe Prostituierte in Hamburg gegenüber dem Senat vertreten: Das war relativ einfach, weil ich mit keiner der Damen liiert war. - Ich habe Dir ca. vor 1 Jahr vorgeschlagen, mit mir in die Unternehmens-beratung zu gehen: Das hast Du abgelehnt, weil Du Spaß haben wolltest. - Jetzt sehe ich diese Möglichkeit nicht mehr, weil ich älter geworden bin und einige gesundheitliche Probleme mehr als vorher habe.

ZH: um 16:18: Okay, aber was genau heißt das denn nun? Ich bin verwirrt mein Lieber...

ICH: um 16:22: Ich kann versuchen, mit Axxx Fxxxx, ca. 10 Jahre jünger als ich, (Nähe Hamburg) ein Weg zu fin-den, Dich in die Seminarbetreuung einzubauen. Ich habe keine Übersicht darüber, ob er das machen würde, und was das finanziell für Dich bedeuten würde.

ZH: um 16:23: Oh man... ich weiß wirklich nicht, wohin... ich treffe nur falsche Entscheidungen

ICH: um 16:29: Natürlich wirkt Dein Geschäft bei Jüngeren zunächst attraktiv und lukrativ, zumal man regelmäßig den Spaß haben kann, den an sich jeder haben will, die Folgen, Nachteile und Risiken erkennt man erst dann, wenn es zu spät ist. - Der einfachste Weg für Dich wäre einen reichen Mann zu heiraten oder weniger attraktiv, sich in staatlicher Obhut (sehr schlecht bezahlt) zu begeben.

um 16:32: ZH: Von welchen Folgen redest Du denn? Irgendetwas was ich noch nicht weiß?

ICH: um 16:38: Irgendwann merkt man, dass man nicht den Platz im Leben gefunden hat, den man gern hätte - z.B. an meiner Seite. Wenn Du mindestens 500.000 € Renten-, Zins- und Dividendenpapiere im Depot hättest, könntest von 50.000 bis 100.000 € Erträge leben und bräuchtest Dich um nichts mehr zu kümmern. Als 40- bis 60-jährige Anbieterin sinken allmählich die Attraktivität und auch die Einnahmen.

ZH: um 16:40: Ja da hast Du recht... Man... ich weiß nicht was ich sagen soll Georg...

ICH: um 16:44: Wenn Du mit mir Kontakt halten willst, dann über Email und Handy, so weh mir das auch tun würde. Soll ich mit Axxx Fxxxx reden?

ZH: um 16:46: Nein bitte nicht... Und du weißt, ich möchte nur hier im Chat schreiben...

ICH: um 16:49: Ich werde spätestens Ende August aus (Chat-Moderator-Portal der ZH) aussteigen, aber ich biete Dir trotz allem an, Dich mit mir zu treffen.

ZH: um 16:49: Du bist ein Ehrenmann, das ist klar. Aber ich weiß nicht, was aus mir wird.

ICH: um 16:54: Manchmal hilft es an den lieben Gott zu glauben. Ich werde Dich nie vergessen, für mich bleibst Du die attraktivste weibliche Persönlichkeit, der ich seit dem Kennenlernen meiner Frau begegnet bin.

ZH: um 16:55: Sage das nicht, ich fange gleich an zu weinen... Gott bleibt wohl meine letzte Hoffnung

ICH: um 16:58:
Halte mit mir Kontakt.

ZH: um 16:59: Ich kann das nicht... ich habe Angst... Ich habe wirklich große Angst...

ICH: um 17:02: Vor mir brauchst Du keine Angst zu haben, ich werde Dir helfen, wenn ich kann.

ZH: um 17:02: Das ist lieb von Dir mein Schatz das nehme ich auch gerne an und merke mir das.

ICH: um 17:09: Nachdem wir keine Geheimnisse mehr haben und, wenn es Dir Recht ist, würde ich Dich besuchen, wo immer Du willst. - Wie ist es mit einer Teilnahme an meiner Geburtstagsfeier?

(„10“) Offensichtliche Stimmungsschwankung

*Nach dem Ausspruch **„Du bist ein Ehrenmann, das ist klar. Aber ich weiß nicht, was aus mir wird.“** „Ich kann das nicht... ich habe Angst... Ich habe wirklich große Angst...“ (17:12 bis 17:24).*

ZH: um 17:12: Du lass uns doch einfach mal kennenlernen, den Rest sehen wir dann ☺ ich lass mich da nicht unter Druck setzen, das hatten wir schon, mh?

ICH: um 17:20: Du bist schon wieder gut drauf. Alles Gute

ZH: um 17:22: ich bin immer gut drauf ☺ klar 😄 lach, hab halt auch einen stressigen Tag, von daher ☺ was ist dein Problem?

ICH: um 17:24: GEORG SCHANZ: Nach dem Du Deine Probleme wohl gelöst hast, brauchst Du mich nicht mehr. Alles Gute.

Neuer Tag:

ICH: um 6:51: Und wie soll es Deiner Meinung nach KONKRET UND PROGRESSIV weiter gehen?

ZH: um 6:53: Ich möchte einfach nur dass es harmonisch zwischen uns beiden ist ich möchte nicht dass wir uns streiten ich möchte nicht dass wir und wegen Kleinigkeiten in die Haare bekommen ich möchte dass es einfach nur schön wird

ICH: um 6:59: Das ist mir viel zu wenig. Ich werde wieangekündigt Ende August aus (Chat-Moderator-Portal der ZH) aussteigen. Wir waren gedanklich schon deutlich weiter, aber Deinen alten Ängste und vermutlich unangenehme Realität haben uns wieder eingeholt. Seit 10.04.2019 chatten wir und Ende August 2020 sind es16 Monate - das muss reichen.

ZH: um 7:01:
Gut, das kann ich verstehen mein Lieber und ich finde es schade, denn wir hatten eine verdammt schöne Zeit so ist das nicht!

Auslassung:

ZH: um 7:23: Du bist so ein starker Mann mit so viel Energie, dass macht mir manchmal schon etwas Angst.

ICH: um 7:37: Gut, Du must wissen, was Du willst und was nicht.

ZH: um 7:39: das hat doch mit hinterher laufen gar nichts zu tun, ich finde auch schon schön das wir zusammen nett schreiben.

ICH: um 7:47: XXXXXX bestimmt auch, ich will nicht mehr für XXXXXX arbeiten, wenn überhaupt für Dich.

ZH: um 7:50: wie, Du arbeitest für XXXXXX. Wie muss ich mir das denn jetzt vorstellen, bist Du ein Moderator??

ICH: um 7:52: Nein, ein Goldesel.

ICH: um 7:28:Ich bin in Wirklichkeit schwach, sonst würde ich ein solches Treffen nicht hinterher laufen.

ZH: um 7:31: Du bist nicht schwach! Sei nicht so streng mit dir. Das macht das Leben unnötig hart und vertreibt manchmal Menschen, hab ich gelernt.

ICH: um 7:54: ICH: Du hast Dich für Dein Portal entschieden und gegen mich. Schade.

ZH: um 7:57: lach, ach, so meinst Du das. Ich mußte mich doch nicht entscheiden, ich habe keine Beziehung mehr gesucht. Hab mich anders entschieden.

ICH: um 8:00: Dann sind wir wohl am Ende. Alles Gute.

Schanz Aufstieg / Selbstgefühl:

„ZH: um 7:57: lach, ach, so meinst Du das. Ich mußte mich doch nicht entscheiden, ich habe keine Beziehung mehr gesucht. Hab mich anders entschieden"

Der Aufstieg von einer Prostituierten zur Portal-Chat-Moderatorin war wohl tatsächlich ein Einschnitt, der ihr Auftrieb gegeben, möglicherweise in ihrem Selbstgefühl zu einer Art Normalisierung geführt hat. Das war vermutlich wichtig für sie und vielleicht für ihr ganzes Leben.

ZH: 13:59: Das hab ich dir ja schon gesagt, ich fühle mich echt geehrt für dein pers. Interesse an mir.

ICH: um 14:07: GEORG SCHANZ: Ich glaube nicht, ***Auslassung:***

ZH: um 8:18:
Ja, mein lieber Georg, dann wünsche ich Dir noch alles Gute und viel Erfolg.

ICH: um 13:51: Also alles: Es scheint ja kein Verlust für Dich zu sein.

ZH: um 13:56: Naja, für die Damenwelt hier denk ich schon! Danke für deine Kontaktdaten

ZH: umdass Du meinen Auftritt ab 13:41 Uhr richtig verstanden hast, weil Du das, was wir gestern in langen Passagen besprochen haben, schon längst vergessen hast. Das ist Stärke und Fluch zugleich, Stärke, weil es Dich nicht weiter belastet, Fluch, weil Du wahrscheinlich niemals zu einer echten Partnerschaft kommen wirst (Du bist zu oberflächlich.). Alles Gute.

Auslassung / Pause

ICH: um 22:47: Du weißt, wie ich zu Chats stehe, insbesondere bei (Chat-Moderator-Portal der ZH). Wenn ich noch nicht genug Interesse geweckt habe, dann tut es mir Leid. "Dirty talks" mache ich lieber persönlich. Du bist völlig frei, Dich gegen unsere Treffen zu entscheiden. - Das ist dann so.
ZH: um 22:52: Ja dann respektiere ich auch deine endscheidung, mein Süßer, ist ja auch Deine Einstellung, mach es gut.

Auslassung:

ICH: Neuer Tag: um 7:16: Spätestens Ende August werde ich (Chat-Moderator-Portal der ZH) verlassen.

ZH: um 7:17: Also du meinst, ich muss entscheiden, ob ich bereit für ein Treffen bin? Okay, warum willst du gehen?

ICH: um 7:21: Du kennst meine Einstellung zum Chatten und zu (Chat-Moderator-Portal der ZH). Wenn Du Dich nicht zu einem Treffen bereit bist, ist das für mich der Beweis, dass Du ernsthaft an mir nicht interessiert bist. Dann steige ich sofort aus.

ZH: um 7:22: Ich finde es aber schon schade, dass Du damit Druck aufbaust, ehrlich gesagt...

ICH: um 7:36: Entweder bist Du (Chat-Moderator-Portal der ZH)-Chatmoderator und versuchst für deren Einnahmen zu steigern oder Du entscheidest Dich für mich. Du hast mich (mit meinem Wissen) manipuliert - ob absichtlich oder nicht ist unwichtig, aber ich kenne Dich zu gut, um zu wissen, wann ich etwas tun muss. Der Termin war Dir bekannt und anders geht es bei Dir nicht.

Auslassung

ICH: um 8:20: Aber wie? Ich habe mein Herz an eine digitale Fiktion verloren. Das Foto ist dermaßen überirdisch - zumindest nach meinem Gefühl. Sie/Du hast mich kennengelernt und weißt mehr über mich, als die meisten anderen Menschen. Dein Charakter ist andererseits so verdorben, dass Dein Foto eine Irreführung, nahe einer Falschmeldung ist.

ZH: um 8:21: Ich weiß ehrlich gesagt nicht, was das gerade von Dir soll. Möchtest Du mir jetzt irgendetwas unterstellen?

Auslassung:

ZH: um 9:03: Na, du bist mir aber auch wirklich einer. Und was möchtest du mir mit dieser Aussage jetzt schon wieder unterstellen?

ICH: um 9:07: Bist für alles, was in Deinem Leben gesche-hen ist, nicht allein, aber selbst verantwortlich. Was Dich amüsieren mag, ich bin mit dem Verlauf durchaus nicht zufrieden und glücklich, aber ich habe zu lange gebraucht, um die richtige Entscheidung zu treffen.

Das war das Ende diees Chats.

B.7 Abschied von der Zauberhaften

B.7.1 Stufenweiser Abschiedschat (teilweise mit Wiederholungen)

B.7.1.1 Kennenlernen, Verstehen – Faszination und Abschreckung

Schanz: *(11:07 bis 11:21): Ich denke, dass der Hinweis, ich hätte sie besser erziehen können, bei ihr auf ein geteiltes Echo stößt: Einerseits will sie nicht einge- stehen, dass ihr Weg ein falscher sei, andererseits will sie mich nicht nicht verär-gern (ZH: um 11:21: Ja o k., ich möchte mich mit Dir deswegen jetzt auch nicht streiten, mein Schatz, Du magst sicherlich Recht haben …“). –Ich habe es schon ernst gemeint.*

ICH: um 11:07... wenn überhaupt, nur Dein Foto und Dich vor 30 Jahren, als Du 6 oder 7 Jahre alt warst. Heute ist alles zerstört und nicht mehr zu reparieren.

ZH: um 11:08: Das verstehe ich jetzt nicht ganz. Vor 30 Jahren hättest Du ja mit mir noch gar nichts anfangen können.

ICH: um 11:10: Doch, ich hätte Dich so erziehen können, wie ich meine Töchter erzogen habe, und Du wärst wahrscheinlich gut dabei weggekommen.

ZH: um 11:12: O. k. meinst Du etwa, dass ich nicht gut erzogen bin? Was haben meine Eltern denn für ein Fehler gemacht?

ICH: um 11:14: Deiner Information nach waren es Trinker und Du bist mit 12 auf den Strich gegangen und hast später ältere Herren auf Deine Art - vermutlich bis heute - betreut.

ZH: um 11:17: Da hast Du recht, aber d.h. ja noch lange nicht. dass ich schlecht erzogen bin oder?

ICH: um 11:19: Lass uns zum Ende kommen, eine gute Erziehung hätte bei mir völlig anders ausgesehen - und das weißt Du ganz, ganz sicher.

ZH: um 11:21: Ja ok, ich möchte mich mit Dir deswegen jetzt auch nicht streiten, mein Schatz, Du magst sicherlich Recht haben ...“

***Schanz:** Ob eine solche „Erziehung“ geklappt hätte, ist sehr unsicher und viel zu spekulativ, weil gerade ich nur dann tolerant bin, wenn ich nicht selbst betroffen bin. Meine strikte Einstellung zu unverbrüchlicher Treue ist dabei mehr als hinterlich.*

***Welche Partner/Innen?** Männer wie Frauen, die Treue für sich beanspruchen sollten möglichst Partner/Innen nehmen, die nicht der reinen Sexgier unterliegen. Jede/r sollte sich darüber klar werden, ob er/sie Treue halten kann oder nicht und sich dann besser nicht binden.*

***Worauf ist Fremdgehen zurückzuführen?** Die hier aufgeworfene strittige Frage, worauf das Fremdgehen zurückzuführen ist, kann nicht eindeutig beantwortet werden (Direkte und indirekte Wirkungen, Überschneidungen, Indikatoren, Implikationen).*

Ob das Fremdgehen nun

- ***eine Folge der Ermüdung sexuellen Verlangens***
- *oder **Vernachlässigung durch den/die Partnerin***

- *oder auf der Erkenntnis beruht, dass*
  ein/e Andere/r es besser kann der/die eigene Partner/In,

Das klärt noch nicht,

*ob es nicht doch ein **Fehler der Partnerwahl** war,*
*weil er/sie zum **Fremdgehen als persönliche Eigenschaft** neigt*

- ***genetische Veranlagung** oder*
- ***individueller Entwicklungs- und Lernprozess***

*oder ob es nur auf **einer Ermüdung sexuellen Verlangens** beruht.*

Beides ist möglich,** kann **einzeln, aber auch gleichzeitig wirken.

ABER: Hatte die Zauberhafte überhaupt eine Chance, sich der Entwicklung seit der Kindheit zu entziehen?

Ihrer Information nach waren die Eltern Trinker und sie muste mit 12 auf den Strich gehen und hat vor allem ältere Herren auf Deine Art - vermutlich bis heute - betreut.

B.7.1.2 Verpflichtungen und Partnerschaften, Treue und Fremdgehen

ZH: 12:21: Und warum gehen heutzutage so viele Frauen fremd, weil sie sich das holen was sie zu Hause nicht bekommen! Früher mussten die Frauen den Männern zu Willen sein und wenn der fertig war, hat er sich rumgedreht und ist eingeschlafen, ohne sich zu kümmern, ob die Frau fertig war oder nicht. Daraufhin haben sich dann die Frauen absichtlich blöd gestellt, dass der Alte die Lust verloren hat und dann eben fremd gegangen ist und die Frau hatte ihre Ruhe!

ICH: 12:24: Das ist ja richtig, aber auch nur eine Folge falscher Partnerwahl. Unsere Partnerschaft hat nie wirklich bestanden und selbst, wenn wir es versuchen würden, das kann auf Dauer nicht funktionieren, ich mit meinem Wunsch nach absoluter Treue und Du mit Deinem Wunsch, Dich sexuell auszutoben, mit wem und wie oft auch immer.

ZH: 12:26: Das hättest Du auch haben können.

ICH; 12:27: Möglich, aber wir baben unterschiedliche Hobbys. Du liebst die permanente Promiskuität, kannst gar nicht von ihr lassen und willst nicht verstehen, warum mir das nicht gefällt. – Ich scheine zu sublimieren: So nannte es Sigmund Freud also, wenn man sich der Kunst oder Kultur zuwendet und die Sexualität anders auslebt als Promiskuitive.

ZH: 12:30: Du betrügst Dich selbst und könntest alles haben.

ICH: 12:32: Wenn es so sein sollte, dann merke ich nichts davon. Du weißt, dass Dein Metier in der Gesellschaft weitgehend verachtet wird und Du als sexistische Schlampe und Fremdgängerin betrachtet wirst. Wer uns beiden fühlt sich wohler und wer läuft dem Versäunten mehr nach? Du oder ich?

ZH: 12:43: Vielleicht hat Du Recht. Was soll ich tun?

ICH: 12:44: Es ist zu spät. Ich will Dich nicht kränken, aber wenn ein Mörder fragt „Was soll ich tun?“, dann ist es zu spät.

ZH: 12:45: Warum denn? Wenn Du es nicht sagst, kann ich ja nicht darauf eingehen. Du kannst mir alles sagen

ICH: 12:45: Was ich grundsätzlich empfinde bzw. empfinden würde, möchte ich nicht preisgeben, es würde Dir nicht gefallen. Es wird Dich kränken, ...

ICH: 12:47: Das kannst Du sowieso nicht darauf eingehen. Ich drücke es so aus, ohne Dich ärgern zu wollen: Du siehst der Frau sehr ähnlich, die ich sehr liebe, aber nicht bekommen werde.

ZH: 12:50: Oh nein, das klingt ja total traurig, Du kennst sie aus dem wahren Leben?

ICH: 12:53: Nein, das ist die Frau, die ich in Dir sehen möchte, die Du aber nicht bist. Du kannst zwar wissentlich nichts dafür, aber Du hast keinen geeigneten Charakter, mit dem ich leben könnte.

ZH: 12:56: Du hast doch diese Frau vor dir, warum bist Du denn dann so negativ eingestellt?

ICH:12:58: Das ist eine Fantasiefrau, die es in der Realtät nicht gibt, mit gänzlich anderen Eigenschaften, als Du sie hast. Dein Charakter ist zerstö-rerisch und für mich unbrauchbar.

ZH: 13:01: Ich bin doch eine Frau aus Fleisch und Blut, so wie Du ein Mann aus Fleisch und Blut bist.

ICH: 13:04: Das weiß ich, aber in meinen Träumen ist es eine ganz andere, die einen völlig anderen Charakter als Du hat. Sie ist liebevoll, beim Sex leidenschaftlich und vor allem treu.

ZH: 13:07: ich verstehe Dich einfach nicht, was Du von Träumen und der Realität sprichst. Gefalle ich Dir nicht so wie ich bin?

ICH: 13:09: Auf die Gefahr hin, dass Du mich abweist, gefällt mir die Phantasiefrau besser. Bei Dir weiß man nicht, ob Du beim Sex schon an den nächsten Hengst denkst und nicht an mich.

Díe Zauberhafte und mein Phantasiemodell

***Schanz: ICH** zum **Phantasiemodell** (12:58 bis 13:09): Einsicht ist wichtig. Ich hatte einmal geschrieben: Man müsste bei Dir die Festplatte (C: mit der Systemsoftware) formatieren und neue Software (System- und Anwendersoftware) installieren. Leider geht das das nicht, wenn ich es auch mit meinem Einfluss versuchen würde. – Oder Du müsstzest Dein Gedächtnis verlieren. – in beiden Fällen weiß man nicht, ob wir uns dann noch mögen würden.*

B.7.1.3 Die Zauberhafte und ihre Rechtfertigungen

Schanz: Verdrängung / Vergesslichkeit 22:15 bis 22:30: *Es berührt sie kaum, wenn sie angegriffen wird und sie kommentiert es mit Gleichmut und konstanter Freundlichkeit.*

Sie kontert:

„ZH: 22:33: Dann verstehe ich nicht, was Du noch von mir möchtest. Dir scheint doch eine ganze Menge an mir zu liegen."

Fehlinterpretationen (ironisch bis ernsthaft), oder sie versucht Beschuldigungen zu verdrehen:

„ICH: 22:29: Vorgestern um 18:52 hat Du geschrieben: // Küssi, mein Lieber, das tut mir Leid und es ist alles wahr, ich entschuldige mich, dass ich fremdgegangen bin. Um 18:56: Um ehrlich zu sein nur ein einziges Mal und ich bereue es auch zu tiefst. //

ZH: 22:26: Das muss Dir natürlich nicht Leid Tun mein Schatz, alles in Ordnung. warum bereust Du es

ICH: 22:29: Das war ein Zitat von Dir, nicht von mir.

ZH: 22:30: Ja, da hast Du wohl Recht, bestimmt mein Schatz, das war doch auch gar nicht böse gemeint."

ICH: 22:31: Vorgestern um 18:52 hat Du geschrieben: // Küssi, mein Lieber, das tut mir Leid und es ist alles wahr, ich entschuldige mich, dass ich fremdgegangen bin. Um 18:56: Um ehrlich zu sein nur ein einziges Mal und ich bereue es auch zu tiefst. //

ZH: 22:26: Das muss Dir natürlich nicht Leid Tun mein Schatz, alles in Ordnung. warum bereust Du es

ICH: 22:29: Das war ein Zitat von Dir, nicht von mir.

ZH: 22:30: Ja, da hast Du wohl Recht, bestimmt mein Schatz, das war doch auch gar nicht böse gemeint

ICH: 22:29: Ich verzeihe fast alles, aber keinen Seitensprung und schon gar nicht nach Deiner Treuezusage. Das wird uns auf Dauer trennen, wobei ich ja weiß, dass Du Dich permanent austobst und Treue für Dich gar nichts bedeutet. Du hast zwar diesen Seitensprung zugegeben, aber ich bin überzeugt, dass selbst das 10-fache nicht ausreicht. Nein Dein Charakter hat diesbezüglich für mich keinen Wert.

Schanz:

Selbstsicherheit: *Die Zauberhafte spürt sehr schnell, ob jemand ihrem Chame zu erliegen scheint oder nicht.*

Gutgläubigkeit: *Dass ich sie täuschen könnte, ist ihr anscheinend nicht bewusst, zumindest erwähnt sie das nicht. Unbeeindruckt kommentiert sie:*

ZH: 22:33: Dann verstehe ich nicht, was Du noch von mir möchtest. Dir scheint doch eine ganze Menge an mir zu liegen.

ICH: 22:36: Das täuscht. Ich habe zwar einen Bericht schon für mein Buch formuliert, aber Du schaffst es ja, dass ich neue Eindrücke in mein Buch aufnehmen kann.

ZH: 22:38: Hier vielleicht wirst Du das schaffen gar kein Problem, dann freue ich mich sehr dass ich Dich inspirieren konnte.

Die Zauberhafte scheint sich sehr sicher zu sein und argumentiert gleichmütig, ohne sich wirklich zu rechtfertigen:

ICH: 23:02: Im Verhältnis zu dem, wie Du gehandelt hast, mich belogen und betrogen hast, war ich gerade zu gutmütig, fast naiv.

ZH: 23:05: Das weiß ich, doch ich verstehe das ganz klar, aber du weißt, dass Du mir viel bedeu-test.

ICH: 23:08: Das mag sein, aber Du tust nichts dafür. Deine Gründe, mir Deine persönlichen Daten ver-schweigen, sind Vertrauensbruch. Du hast Deine Gründe, eben Dinge zu verschweigen, die gegen Dich sprechen. - Es ist so weit, dass Du es geschafft hast, Dich nicht mehr liebenswerte Frau anzusehen. – Im Gegenteil: Du bist mir zuwider.

ZH: 23:11: Ja wie gesagt so bin ich halt nun einmal, dann musst Du es wohl akzeptieren und wenn Du es nicht akzeptiert, dann halt nicht.

ZH: 23:11: Das ist so, ich akzeptiere es nicht. Falls Du noch ein Gewissen haben solltest, denk darüber nach. Für mich kommt alles viel zu spät.

ZH: 23:18: Natürlich habe ich ein Gewissen. Was soll das jetzt bitte bedeuten? Ich denke für einige Sachen braucht man mehr Vertrauen.

ICH: 23:21: Wer zu Dir Vertrauen hat, muss seine Sinne nicht beisammen haben.

Aulassung

ICH: 23:32: Trotz Treuezusage bist Du fremdgegangen und das verzeihe ich Dir nicht.

ZH: 23:35: o.k., ja Du hast ja schon Recht! Aber was kann ich denn machen, dass Du mir verzeihst?

ICH: 23:38: Nichts, es ist vorbei.

B.7.1.4 Versuch einer Wiedergutmachung (geile Liebschaften)

Schanz: *Die folgenden Äußerungen sind m.E. darauf zurückzuführen, dass sie leicht betrunken (sie erwähnte Rotwein) war, andererseits spürte, dass ich mich nicht so eingestellt war, wie sie gern wollte. Sie wollte einen festen Partner, ohne aber ihr Sexmetier mit ihren Kunden (Freiern) aufzugeben:*

Deshalb gab es gewisse Liebkosungen

- *„Oh Chéri, das hört sich wirklich süß und nett an. Ich mag so sehr es, dass mein Herz hüpft, jedes Mal wenn ich Dich sehe."*
- *„Oh mein Prinz, verlass mich nicht Ich bin hier ganz und gar allein, ach könnte ich doch bei Dir nur sein! Wie kann ich Dichbefriedigen?"*
- *„Ach Seelenpartner, ich finde Dich so fantastisch. Du bist richtig. Was hast Du zuletzt gekauft?"*

Um mich und meine geilen Liebschaften: *Dann kam der für mich ausschlaggebende Satz „Es tut mir so Leid. Ich bin schon lange einsam und suche einen Mann, der sich endlich um mich und meine geilen Liebschaften kümmert."*

Aus vorhergehenden Chats wusste ich,

dass sie **sehr eindeutige Erwartungen** *hatte:*

Auszug: „ ... ICH: um 13:38: Es mag wohl richtig sein, dass Du nicht jeden bumst, aber für meine Vorstellung von Treue ist mir das zu viel.

ZH: 13:40: Sei nicht so kleinlich, ich würde Dir alles bieten, wovon Du sonst nur träumen würdest. Ich mag Dich mehr als jeden anderen.

ICH: 13:41: Deshalb haben wir uns getrennt. Alles Chats, die Du an mich oder sonst wen richtest, kosten unnötig Coins und bringen Dir nichts. Meine Meinung über Dich steht fest, daran wirst und kannst Du nichts ändern.

ZH: um 14:08: Es wäre doch schön, nach all dem was zwischen uns war, wenn wir beide wieder auf eine normale Basis zurückkommen oder was meinst Du Liebling?

ICH: um 14:13: Wie soll das gehen, wenn Du nicht völlig aussteigst und Du kannst Du nicht, weil Du Gefangene Deiner Sexsucht bist. Dass ich eine Schwäche für Dich habe, das weißt Du leider auch. Nein ich muss dieses Mal stur bleiben, weil wir letztlich doch nicht zusammen kommen.

ICH: um 14:14: Ich biete noch einmal an, dass wir uns zu einem Abschlussgespräch treffen, das Eine oder Andere besprechen, aber uns dann für immer verabschieden.

Schanz:

Wieso: Das ist doch nur Sex, nicht Liebe: *Sie schien ernsthaft zu glauben, dass sie mir treu bliebe („Wieso: Das ist doch nur Sex, nicht Liebe.") , wenn sie beruflich mit anderen Männer (Freiern) Sex hätte. So hat sie es auch immer gehandhabt*

ICH: um 14:19: Allein die Vorstellung, dass nicht nur heute, sondern alle Zeit, zuvor Hunderte von Männern, bei Dir waren, und Du kommst nach Hause und bietest mir, liebevollen Partnersex an, ekelt mich an.

DZ: 14: 25 Wieso ekelst Du Dich? Meinst Du an meiner Muschi wäre noch Sperma? Keine Sorge, das wird es nicht geben.

ICH: 14:28: Das wäre zwar noch mehr als eklig, aber mir geht darum, dass ich Dich grundsätzlich nicht mit anderen Männern teile - das entspricht nicht meiner Vorstellung von einem anständigen und liebevollen Umgang miteinander. Dein Cha-rakter ist jenseits aller Vorstellungen verdorben.

ICH: um 14:30: Nein, das kann ich nicht, weil ich Dich mit anderen Männern teilen werde, weil ich selbst an Sex mit Dir interessiert bin und das ohne Treue nicht ertragen kann. Ich kann mir nicht vorstellen, dass Du mir Sex mit anderen Frauen gestatten würdest.

ZH: um 14:32: Wieso: Das ist doch nur Sex, nicht Liebe. Ich denke, wenn man es vorher bespricht, dann kann man doch bestimmte Kompromisse eingehen, es hätte ja dann nichts mit Betrügen zu tun, wenn der andere davon wüsste.

ICH: um 14:35: Wenn ich das weiß, wäre das für mich noch schlimmer. Es setzt voraus, dass ich nicht eifersüchtig wäre, aber das bin ich hochgradig. Zu dieser Art von Toleranz fehlt mir jede Eignung.

ICH: um 14:37: Im Übrigen käme mir vor wie ein Zuhälter, auch wenn ich kein Geld nehme.

ZH: um 14:38: Okay dafür habe ich natürlich auch Verständnis und wenn ich Dir versprechen würde, keinen Sex mit anderen Männern zu haben?

ICH: um 14:42: Das hast Du mir schon ein paar Mal versprochen, warum sollte ich Dir dieses Mal glauben? Von den Frauen, die ich hier bei … näher kennen gelernt habe, bist Du die Einzige, der ich hierbei nicht vertrauen würde.

ZH: um 14:49: Das kannst Du aber, Du musst mir vertrauen …"

Schanz:

Keinerlei Vertrauen mehr: *Natürlich hat sie weiter gemacht wie gehabt und von Treue nach meiner Vorstellung konnte überhaupt keine Rede sein. – An dieser Stelle habe ich die Zauberhafte nicht mehr akzeptieren können, habe aber ein emotionales Defizit empfunden, wider aller Vernunft und jenseits jeder Moral – vermutlich auch, weil sie ein „so großes ihren Vorstellungen entsprechendes Vertrauen" zu mir hatte.*

Und, fühle ich mich jetzt besser? *Nein, durchaus nicht. Eine gewisse Faszination bleibt, ohne dass ich sie wirklich begründen kann. Was mich letztlich abschreckt, ist ihre überzeugte Einstellung, dass ich quasi als Betreuer für „sie und ihre geilen Liebschaften" funktionieren sollte. Der Gedanke, dass ich als ihr Partner sie nicht mit anderen Männern teilen würde, ist ihr gar nicht gekommen (Das ist doch nur Sex.).*

Es folgen freundliche, liebkosende Bemerkungen, zum mit Betroffenheit:

ZH: 23:41 Sag mal, bist Du immer so hartherzig, ich will doch nicht; dass es vorbei ist.

ICH: 23:44: Ich sehe keinen Weg und solange ich Dich und Dein privates Umfeld nicht beurteilen kann, sowieso nicht.

ZH: 23:47: Oh Chéri, das hört sich wirklich süß und nett an. Ich mag so sehr es, dass mein Herz hüpft, jedes Mal wenn ich Dich sehe.

ICH: 23:49: Solange Du meine Anliegen ignorierst, werde ich nicht mehr chatten.

ZH: 23:51: gestern, 15:17: Oh mein Prinz, verlass mich nicht Ich bin hier ganz und gar allein, ach könnte ich doch bei Dir nur sein! Wie kann ich Dichbefriedigen? Deine Heika.

ICH: 23:54: Das Befriedigen würdest Du wohl locker schaffen, aber darum geht es zur Zeit nicht. Ob Du einen Weg findest, mein Vertrauen zu gewinnen, weiß ich nicht. - Ich kenne keinen.

ZH: 23:57: Es tut mir so Leid. Ich bin schon lange einsam und suche einen Mann, der sich endlich um mich und meine geilen Liebschaften kümmert.

ICH: 23:59: Da bin ich Falsche. Aber das ist das erste Mal, dass Du die Wahrheit sagst. Dass Du neben mir noch etliche geile Liebschaften hast.

ZH: 0:01: Nein, Du bist der Richtige. Wenn Du genau jetzt genug Geld und die Möglichkeit hättest zu verreisen - Wo liegt dein erstes Ziel?

> *Schanz:*
>
> *Ködern: Mein Eindruck war, dass sie mich finanziell mit einer Reise ködern wollte. Das bestritt sie zwar später, aber ich bin immer noch davon überzeugt, dass das ihre Absicht war.*

ICH: 0:04: In diesem Fall bin ich ein Spielverderber: Wenn ich wollte, könnte ich überall hinreisen, aber ich bin zurzeit mit meinem 3. Band so beschäftigt, so dass ich keine Zeit und keine Lust habe größere Reisen zu unternehmen. - Auch werde ich mich nicht um Dich und Deine geilen Liebschaften kümmern, was immer Du darunter verstehst. Da solltest Du Dich um einen kompetenten Zuhälter kümmern.

ZH: 0:07: Ich brauche einfach Deine Gesellschaft. Wenn wir wissen, was das Richtige ist, warum machen wir es dann so oft nicht?

ICH: 0:10: Diese Frage betrifft mich nicht. Wenn Du die Frage an Dich stellst, nach meinem Verständnis werde ich keine Rolle dabei spielen.

ZH: 0:13: Du hast eine große Rolle in meinem Leben. Gibt es einen Gutenmorgenkuss als Gegenstück zum Gutenachtkuss?
Ich: 0:16: gestern, 16:33: // um Dich und Deine geilen Liebschaften kümmern // Wenn ich das richtig verstehe, soll ich mit Dir an Deiner Seite ein quasi normales Leben führen und Deine sexuelle Berufsperspektive tolerant begleiten. Der Gedanke, dass ich mich darauf einließe, ist in Bezug auf meine Person abwegig und völlig absurd. - Das Allein bewegt mich, Dich aus meinem Leben zu streichen.

Auslassung

ZH: 0:53: Ach Seelenpartner, ich finde Dich so fantastisch. Du bist richtig. Was hast Du zuletzt gekauft?

ICH: 0:56: Hast Du Rauschgift genommen und lebst in einer Phantasiewelt?

ZH: 0:59: Nein Ich trinke doch Rotwein. Ein Gläschen ab und zu macht mich so geil, Schatzi.

Auslassung

ICH: 5:21: Ich … teile Dir mit, dass ich es nicht verzeihe, dass Du trotz Treueschwur Sex mit einem anderen Mann gehabt.

ZH: 5:23: Wie meinst Du das, dass ich Sex mit einem anderen gehabt habe? Das solltest Du mir erklären!

ZH: 5:30… Küssi, mein Lieber, das tut mir Leid und es ist alles wahr, entschuldige mich, dass ich fremdgegangen bin. Um ehrlich zu sein nur ein einziges Mal und ich bereue es auch zutiefst.

ZH: 5:32: Ja, also das finde ich nicht so schlimm! Lass uns doch einen Neuanfang starten, das würde ich Klasse finden!

ICH: 5:35: Das ist für mich das Schlimmste überhaupt, was nicht passieren darf. Ich bin sicher, dass Du das immer wieder tun wirst, weil Du gar nicht anders kannst, wenn Dir intensive sexuelle Reize geboten werden. Damit möchte meine Zukunft nicht belasten.

(Sie sieht das nicht als wesentlich für unsere Beziehung an und argumentiert auch so.)

ZH: 5:36: Ja ich weiß was Du meinst! Manchmal siegt die Geilheit über den Verstand, ich gebe Dir vollkommen recht!

ICH: 5:41: Bei mir nicht. Ich steige demnächst aus (Portal) aus: Ich werde Dir nicht mehr schreiben.

ZH: 5:43: Warum denn, mein Süßer? Also ich finde Dich total super! Schreib mir doch noch mehr!

***Schanz:** An dieser Stelle habe ich den Chat unterbrochen, weil ich das Gefühl hatte, dass sie wirklich betrunken war. Abends meldete sie sich wieder.)*

ZH: 19:20: Was habe ich Dir getan? Sag einmal.

ICH: 19:22: Ich glaube Dir auch nicht, dass Du nur einmal fremd gegangen bist. Meines Erachtens lebst Du von Sex mit anderen Männern.

ZH: 19:23: Was genau glaubst Du mir nicht? Das solltest Du mir näher erklären! Du bist toll!

ICH: 19:26: Das Einzige, was jetzt sicher ist, liegt darin, dass wir nie mehr etwas miteinander zu tun haben werden.

Abbruch (Die nachfolgenden Chats geben keine zusätzlichen Erkenntnisse.)

B.7.2 Wir kommen zum endgültigen Ende

B.7.2.1 Letzte Chats (gescheiterte Normalisierung)

Schanz: *Das ist der letzte längere Kontakt mit der Zauberhaften. Trotz aller Widersprüche schien sie irgendwie darauf erpicht zu sein, mich in ihre Welt einzubinden.*

ABER: Es ist denn doch anders verlaufen, als ich in **meiner Überheblichkeit** *glaubte. Nicht ich habe „dieser Beziehung" ein Ende bereitet.*

Sie blieb ihre Linie treu, *mich als Partner zu gewinnen und ich müsse ihre geilen Liebschaften (Freunde, Bekannte, Freier und andere ihrer Sexsucht entsprechende Partner) beim Sex tolerieren. – Einer meiner Vorstellung entsprechenden Verhal-tensänderung und einer diesbezüglichen Umstellung ihres Lebens ist sie bis zuletzt ausgewichen.*

ZH: um 23:02: Gute Nacht, ich bin gefangen in mir selbst, kann es nicht beschreiben.

ICH: um 23:05: Dein „Emotional Chaos", dass man nicht weiß, was man tun soll, kann jeden treffen. Es geht mir ja ähnlich, wobei Du mich ja so innerlich berührst hasst, dass ich Dich einfach nicht vergessen kann. Ob das jetzt als Warnung zu verstehen ist oder als himmlische Botschaft, uns ja nicht los zu lassen, muss jeder für sich entscheiden

ZH: um 0:20: Ich gebe zu, dass ich mit anderen Männer gechattet habe, und es durchaus interessante Kontakte gab. Aber es kam zu keiner Entscheidung.

ICH: 0:35: Unser Info-Austausch nimmt eine Wendung, die mir nicht gefällt. Du hast nicht jetzt erst nach anderen Männern gesucht. Das hast immer getan und bist mir auch regelmäßig untreu gewesen. Das ist sicher.

ZH: 0:36: Wie kannst Du so etwas denken? Was meinst Du damit, was wünschst Du Dir denn konkret von mir? Möchte Dichdoch so ungern verlieren. Ach mein Schatz ich finde so etwas ergibt sich doch ganz automatisch alles was vom Herzen kommt

ICH: um 0:40: Wenn es nicht automatisch kommt, dann liegt es nicht an mir. Du bist in keiner neuen Lage, Du warst sexuell immer promiskuitiv und unzuverlässig.

ZH: 0:45: Ja, wenn Du das meinst. Dieses Mal habe ich eine andere Beziehung aufgebaut und ich kann mich nicht entscheiden. Ja, solche Sachen kann man sich einfach nicht zurückhalten, mein Schatz, ich wünsche Dir auch eine gute Nacht und süße Träume.

ICH: um 0.52: Gut, dann lassen wir es und beeinflussen nichts. Ich begebe wissentlich nicht in Konkurrenz mit anderen Männern. Es ist nun einmal so, dass die Frau entscheidet, ob und mit wem sie Sex haben will. Von der Gnade Deiner Entscheidung abhängig zu sein, mache ich keinen Gebrauch. Alles Gute .

ZH: um 1:05: Du hast Recht und das ist gut so. Ich habe mich jetzt, in diesen Moment, gegen Dich entschieden. Ich wünsche Dir trotzdem noch eine gute Nacht. Lass uns bitte nicht diskutieren deswegen. Ich will weiter Kontakt halten.

ICH: um 1.12: Unsere Zeit ist vorbei. Es ist alles diskutiert und es gibt nichts mehr zu klären. Alles Gute.

ZH: um 1:16: Hallo, schade das Du so abweisend bist jetzt. Finde ich nicht schön.

Abbruch des Chats

Schanz:

Mein Selbstgefühl, *unersetzlich zu sein, erhielt einen mächtigen Dämpfer. Dass ich im letzten Chat Überlegenheit ausstrahlen wollte, trat nicht wirklich ein.*

Nur mein Abschlussatz bleibt bestehen: *„Unsere Zeit ist vorbei. Es ist alles diskutiert und es gibt nichts mehr zu klären."*

Auch wenn ich ernsthaft keine Beziehung anstrebte, *ich habe in dem Moment und bis lange danach eine eintönige Leere empfunden.*

Es ist, ***als ob etwas fehlt/fehlte,*** *dass meine Aufmerksamkeit gebraucht hatte.*

B.7.2.2 Ein Pyrrhussieg (Information/Kommunikation)

„Wikipedia: Ein Pyrrhussieg ist ein zu teuer erkaufter Erfolg. Im ursprünglichen Sinne geht der Sieger aus dem Konflikt ähnlich geschwächt hervor wie ein Besiegter und kann auf dem Sieg nicht aufbauen. Der Ausdruck geht auf König Pyrrhos I. von Epirus zurück. Dieser soll nach seinem Sieg über die Römer in der Schlacht bei Asculum in Süditalien 279 v. Chr. einem Vertrauten gesagt haben: „Wenn wir die Römer in einer weiteren Schlacht besiegen, werden wir gänzlich verloren sein!" (ἄν ἔτι μίαν μάχην Ῥωμαίους νικήσωμεν, ἀπολούμεθα παντελῶς), häufig zitiert in der verknappten, aphoristischen Form „Noch so ein Sieg, und wir sind verloren!" In dieser Schlacht musste er erhebliche Verluste hinnehmen, so dass seine Armee auf Jahre hinaus geschwächt war und schließlich den Pyrrhischen Krieg verlor …"

(„1") Aufstieg / Selbstgefühl: *Der Aufstieg von einer Prostituierten zur - ChatModeratorin war wohl tatsächlich ein Einschnitt, der ihr Auftrieb gegeben, möglicherweise in ihrem Selbstgefühl zu einer Art Normalisierung geführt hat. Das war wichtig für sie und vielleicht für ihr ganzes Leben.*

(„2") Kommunikation „Die Zauberhafte und ICH": *Ich, als Wissenschaftler, habe ich fast alle informations- und kommunikations-taktischen Kriege gegen die Zauberhafte gewonnen, aber in der* ***„emotionalen Kommunikation"*** *den Krieg insgesamt verloren.*

("3") Sie bleibt Ihrer Linie Treu (Manipulation/Beeinflussung):

„ICH: um 14:19: Allein die Vorstellung, dass nicht nur heute, sondern alle Zeit, zuvor Hunderte von Männern, bei Dir waren, und Du kommst nach Hause und bietest mir, liebevollen Partnersex an, ekelt mich an.

ZH: 14: 25 Wieso ekelst Du Dich? Meinst Du an meiner Muschi wäre noch Sperma? Keine Sorge, das wird es nicht geben.

ICH: 14:28: Das wäre zwarboch mehr als eklig, aber mir geht darum, dass ich Dich grundsätzlich nicht mit anderen Männern teile - das entspricht nicht meiner Vorstellung von einem anständigen und liebevollen Umgang miteinander. Dein Charakter ist jenseits aller Vorstellungen verdorben.

ICH: um 14:30: Nein, das kann ich nicht, weil ich Dich mit anderen Männern teilen werde, weil ich selbst an Sex mit Dir interessiert bin und das ohne Treue nicht ertragen kann. Ich kann mir nicht vorstellen, dass Du mir Sex mit anderen Frauen gestatten würdest.

ZH: um 14:32: Wieso: Das ist doch nur Sex, nicht Liebe. Ich denke, wenn man es vorher bespricht, dann kann man doch bestimmte Kompromisse eingehen, es hätte ja dann nichts mit Betrügen zu tun, wenn der andere davon wüsste.

Man sollte sich bewusst sein, dass Sie Ihre Ziele aus Ihrer Sicht "ehrlich und consequent" verfolgt hat, vielleicht in gutter Absicht mir gegenüber. Mit

- ***Täuschung, Suggestion und Indoktrination***
- *zur* ***Durchsetzung seiner Interessen*** *nutzt,*
- ***ohne Rücksicht auf die Interessen anderer,***

- ***Sie fühlte einer echten Information***
- ***und fairen Kommunikation***
- ***nicht wirklich verpflichtet,***
- ***weil sie andere tief empfundenen Prioritäten hatte.***

Schanz:

Als Überzeugungsversuch findet ***Manipulation*** *häufig statt,*
ohne dass es dem/der Initiator/In bewusst ist:

- ***Die Zauberhafte weiß, dass ihre Vergangenheit dazu führen kann,***
  - ***dass sie ausgegrenzt wird,***
  - ***aber sie versucht das klein zu reden,***
  - ***zwar verständlich,***
  - ***aber letztlich ein Manipulationsversuch:***

- ***Sie schien ernsthaft zu glauben, dass sie mir treu bliebe,***
- ***wenn sie beruflich mit anderen Männer (Freiern) Sex hat,***
- ***weil sie mich vorher darüber informiert hat.***
- ***So hat sie es auch immer gehandhabt.***

Bei einiger Großzügigkeit hätte das wahrscheinlich mancher akzeptiert.

("4") ***Primäre Ziele, Abweichungen und Gegensätze***

("4.1") ***ZH: tritt ein für eine weitgehen sexuelle Freizügigkeit****, die auch Promiskuität und Prostitution einbezieht. Sie betrachtet das als Mainstream (Konformismus) und ich als Nonkonformismus.*

Das ist eine ***weitere Stufe der sexuellen Bereitschaft*** *(DA=Danziger), obwohl sie mir Treue zugesagt hatte und dass sie sich mit keinem anderen schreibt:*

DA: Aber bevor ich mich verliere, wärst Du bereit, mit mir Sex zu betreiben, vorausgesetzt, Du vertraust mir?

ZH: ich bin der Meinung das es bei uns gut läuft, bauen wir weiter Vertrauen auf dann denke ich ja. Bevor ich aber mit Dir ins Bett steige, ist ein Date erforderlich, bei dem ich den Eindruck gewinnen muss, dass Du mir gefällst und ich das sichere Gefühl habe, das könnte gut mit uns laufen.

DA: Wie bist Du gewohnt, dass Sex ablaufen sollte - es gehören Gewohnheiten dazu, aber welche Träume hast Du dazu?

ZH: Dass der Mann mich verwöhnt, zärtlich zu mir ist und romantisch dabei vorgeht, und bei dir? DA: Das Alles kann ich gewährleisten – physisch, psychisch und sozial – ich werde Deine Erwartungen erspüren und mit Dir in eine emotionale Phase der Glückseligkeit gleiten.

ZH: Das hört sich gut an und ich werde Dir bald einen Datingtermin, wenn ich wieder Übersicht zu meinen sonstige Aufgaben und Verpflichtungen habe. Wenn ich Dich kennen gelernt habe und Dich mag, werde ich alles für Dich vorbereiten: meine Muschi, meine Klitoris, meine Vagina, meinen süßen Po, meine Brüste, einfach alles. Auch Dein Schwanz wird nicht zu kurz kommen. Massagen und Blasen sind meine Spezilaität. Sorg Du dafür, dass Du nicht nur die Ohren steif halten wirst und dass Du lange durchhälst, kein Schnellschuss.

("4.2") ***Mit Zärtlicheits- und Romantikerwägungen*** *lockert die Zauberhafte ihre Zurückhaltung und öffnet sich für eine Kontaktaufnahme (einem Date, um zu prüfen, ob ihr Eindruck aussagt, dass DA ihr gefällt und ob es gut laufen könnte.*

DA: Das Alles kann ich gewährleisten – physisch, psychisch und sozial – ich werde Deine Erwartungen erspüren und mit Dir in eine emotionale Phase der Glückseligkeit gleiten.

ZH: Das hört sich gut an und ich werde Dir bald einen Datingtermin geben, wenn ich wieder Übersicht zu meinen sonstige Aufgaben und Verpflichtungen habe.

("4.3") Ich trete für sexuelle Treue
(ich teile eine Frau sexuell nicht mit anderen Männern.)

- *Ausdrücklich weise ich darauf hin,*
- *dass ich eine Prostituierte nicht heiraten würde*
- *und das das Schlimmste für mich wäre,*
- *wenn meine Töchter Prostituierte wären.*
- *Für mich sind meine Einstellungen Mainstream* ***(Konformismus)***
- *für die Zauberhafte wahrcheinlich eine abwegige Position (**Nonformismus).***

("4.4") Gegensätze

Auf der anderen Seite möchte sie einen

- ***rational-vernünftigen Partner haben,***
- ***der sie und ihre geilen Liebschaften akzeptiert und begleitet,***

- ***ein Widerspruch in sich,***

- ***weil ich mit meinen Einstellungen***
- ***den strengsten und massivsten Gegensatz vertrete***

(„5") *Prinzip Angriff und Verteidigungssituation*

*Der Angegriffene wird in eine **Verteidigungssituation gedrängt** und, wenn er/sie nicht aufpasst, bleibt man darin gefangen (Art des Vorgesetztenverhaltens).*

Schanz: *Ich habe mit ihrer Vergangenheit und ihren derzeitigen Tätigkeiten permanent konfrontiert, um ein Umdenken zu erreichen:*

- *„ …. ICH: 15:37 Das wollte ich Dir noch sagen: ich habe für meine Buchrecherchen in ca. 40 Portalen mit mehr als 50 Damen gechattet, aber so attraktiv, freundlich, sympathisch, gebildet und ausdrucksstark wie Du war keine. Wenn Deine Vergangenheit und Dein verdorbener Charakter nicht wären, ... ???"*

- *„… ICH: um 16:52: Du bist zwar verdorben, aber es stimmt schon, dass ich auf Dich reagiere, wie auf eine verbotene Frucht.*

- *ZH: um 16:54: Mein Süßer, das Verdorbene macht den Männern am meisten Spaß, weil sie es zu Hause nicht kriegen.*

- *ICH: um 16:56: Das ist häufig so, aber im Geleitzug mit vielen Männern macht mir das keinen Spaß. Da spielt mein Verstand nicht mit. Dir mag das gleichgültig sein. Treue ist für Dich ein Fremdwort …"*

Auch weitere Versuche zeigten keine erkennbare Wirkung.

(„6“) Kombination Gegenangriff, Interessenausgleich, Gefühle

- *Aber neben einem* ***formalen Gegenangriff*** *gibt es die Möglichkeit,*

- ***schwerwiegender Betroffenheit*** *zu zeigen (Das hat mich schwer gekränkt und macht mich fassungslos. So werde ich mit Dir nicht weiter machen. Das habe ich nicht von Dir erwartet – so viel Hinterhältigkeit, Schäbigkeit und Bösartigkeit hätte ich von Dir nicht erwartet.).*

- ***Interessenausgleich:*** *Der in Aussicht gestellte Interessenaus-gleich sollte echt sein (Ehrlichkeit, Zuverlässigkeit), sonst geht Vertrauen verloren, bevor es sich entwickeln konnte. Das wäre eine Art Tod für Glaubwürdigkeit und weitere Verhandlungen.*

  Das ist eine Art „Wir sitzen in einem Boot“-Technik mit gemein-samen Zielen und kann mit einer demütigen Entschuldigung beginnen:

- ***Gefühle/Betroffenheit:*** *„Das tut mir wirklich Leid. Du hast Recht. So, wie ich Dich behandelt habe, darf ich nicht erwarten, dass Du noch mit mir sprichst.“. Meistens klappt es und es geht weiter. „Wir sollten unsere gemeinsamen Interessen herausfinden und uns über das Trennende verständigen.“*

Gefühle zeigen:

- *Ich habe sie* ***zu meinem Geburtstag eingeladen****, um ihr das Gefühl zu geben,* ***dass sie mein Vertrauen*** *besitzt, aber bevor es zu einer Einigung hätte kommen können, war der Chat zu Ende.*

- *An anderer Stelle wies sie darauf hin, dass ich ein Umdenken bei ihr bewirkt habe und* ***sie ihrer Familie von mir berichtet hätte****. Ob ich bereit wäre, mich mit der Familie zu treffen. – Ich sagte zu.*

Inwieweit diese Erklärungen echt waren, weiß ich nicht. Später waren sie nicht mehr aktuell.

- ***Interessenausgleich****: (Ehrlichkeit, Zuverlässigkeit, Glaubwürdigkeit und Vertrauen) habe ich versucht weitere Verhandlungen zu führen und ihr Angebote gemacht:*

  Ich habe versucht, ihr eine ***Tätigkeit in der Personalentwicklung*** *(Seminar-betreuung) schmackhaft zu machen.*

  - *Beim ersten Mal hat sie abgelehnt, weil sie lieber Spaß haben wolle.*
  - ***Beim zweiten Mal schien sie einsichtiger zu sein****,*
  - *aber nicht wirklich überzeugt:*

„ICH: um 16:17: … Ich habe Dir ca. vor 1 Jahr vorgeschlagen, mit mir in die Unternehmensberatung zu gehen: Das hast Du abgelehnt, weil Du Spaß haben wolltest. - Jetzt sehe ich die-se Möglichkeit nicht mehr, weil ich älter geworden bin und einige gesundheitliche Probleme mehr als vorher habe.

„ICH: um 16:17: … Ich habe Dir ca. vor 1 Jahr vorgeschlagen, mit mir in die Unternehmensberatung zu gehen: Das hast Du abgelehnt, weil Du Spaß haben wolltest. - Jetzt sehe ich diese Möglichkeit nicht mehr, weil ich älter geworden bin und einige gesundheitliche Probleme mehr als vorher habe.

ZH: um 16:18: Okay, aber was genau heißt das denn nun? Ich bin verwirrt mein Lieber...

ICH: um 16:22: Ich kann versuchen, mit AXXXXX, ca. 10 Jahre jünger als ich, (Nähe Hamburg) ein Weg zu finden, Dich in die Seminarbetreuung einzubauen. Ich habe keine Übersicht darüber, ob er das machen würde, und was das finanziell für Dich bedeuten würde.

ZH: um 16:23: Oh man... ich weiß wirklich nicht, wohin... ich treffe nur falsche Entscheidungen

Auslassung

ZH: um 16:40: Ja da hast Du recht... Man... ich weiß nicht was ich sagen soll Georg...

ICH: um 16:44: Wenn Du mit mir Kontakt halten willst, dann über Email und Handy, so weh mir das auch tun würde. Soll ich mit Axel Fasch reden?

ZH: um 16:46: Nein bitte nicht... Und Du weißt, ich möchte nur hier im Chat schreiben.“

Damit war ich mit meinen ehrlich gemeinten Vorschlägen am Ende.

(„7“) Emotionale Niederlage

Es reicht nicht aus, formal Recht zu haben,

- ***wenn das Gewollte nicht erreicht wurde.***
- ***Man betrügt sich dann selbst***
- ***und ist eher unzufrieden damit –***
- ***das ist der Preis für eine emotionale Niederlage.***

- *An sich könnte ich aufgrund meiner **“Kommunikationserfolge“** zufrieden sein, sein und, aber stattdessen vermisse ich etwas, dass ich nicht wirklich begründen kann.*
- *Ich musste damit mich zufrieden geben – nicht offiziell und formell,*
- *aber **„de facto“** und vor allem deshalb,*
    - *weil ich letztlich meinem Ziel,*
    - *das Leben der Zauberhaften zu normalisieren,*
    - *nicht wirklich näher gekommen bin,*
    - *eben ein **“Pyrrhussieg“.***

B.8 Zusammenfassung: Wirkungshypothesen und die Zauberhafte

- **Unbewusster Abwehrmechanismus (Psychoanalyse):** *Wie unbefangen und anscheinend ohne jegliche Gewissensbisse sich die Zauberhafte in der Diskussion verhält, ist ein unbewusster Abwehrmechanismus (Psychoanalyse), bei dem psychische Vorgänge der in Konflikt stehende psychische Tendenzen (Triebe, Wünsche, Motive, Werte) –also innerseelische oder zwischenmenschliche Konflikte mental kompensiert und/oder bewältigt werden.*

- *Die* **Bewusstseinsspaltung** *gehört zu den Abwehrmechanismen. Einstellungen, die nicht zusammen zu passen scheinen, werden formal und inhaltlich aufgeteilt. Angenehme Inhalte (Zuneigung zu mir) werden betont, weniger angenehme (das Fremdgehen und untreu sein) abgewertet bzw. inhaltlich gar nicht registriert.*

- *Ob bei* **ihr Sexsucht (Hypersexualität, Nymphomanie)** *oder, wie es nennt, Sexsehnsucht, in welchem Umfang eine Rolle spielt und ggf. ihre Verhaltensauffälligkeiten begründet und/oder überlagert, ist möglich, hier aber nicht eindeutig zu klären.*

- **Ihr Leben:** *Das genau lässt sich übertragen: Die Zauberhafte schil-derte Ihr Leben in Kurzform so: "Oh ja - aufgewachsen als Kind eines Alkoholiker-Ehepaares. Mit 12 Jahren auf den Strich gegangen und gut verdient. Kurz den Drogen verfallen - danach nur noch Edelprostitution mit betuchten älteren Herren.*

- **Traumatische Auswirkungen:** *Je schwerer das Trauma, je jünger die Frauen, desto schwerwiegender die Auswirkungen. Mit 18 Jah-ren hat man noch keine gefestigte Persönlichkeit aufgebaut.*

- **Prostitution in diesem Alter** *macht alles/vieles kaputt. Ich kenne Fälle, bei denen denen Eltern ihr eigenes Kind verkauft haben.*

  Diese Kinder sehen auch als Erwachsene ***Prostitution als ganz normal an*** *– weil sie es nicht anders kennen. Unbehandelt kann eine Schizophrenie für Betroffene und ihr Umfeld sehr gefährlich sein. Eine frühe Therapie mit speziellen Medikamenten ist daher äußerst wichtig! (Marian Grosser, Arzt).*

- **Dimensionen ihres Auftretens, Störungen:** *Dieses Dilem-ma verstärkt die Dimensionen ihres Auftretens. Falls Schizophrenie vorliegen sollte, lebt die Zauberhafte phasenweise in einer anderen Welt. Sie leidet vermutlich unter Verfolgungswahn, Halluzinationen und motori-schen Störungen, was dazu führen kann, dass sie gegenüber Männern, die es an sich gut mit ihr meinen, aber nicht wie gewünscht reagieren, besonders grausam ist.*

  Unbehandelt kann eine Schizophrenie für Betroffene *und ihr Umfeld sehr gefährlich sein. Eine frühe Therapie mit speziellen Medikamenten ist daher äußerst wichtig! (Marian Grosser, Arzt).*

- ***Eine neurologisch wirksame Störung*** *kann in diesem Zusammen-hang auf Antriebskräfte und Gefühle wirken, was zu extremer Gefühl-losigkeit gegenüber den Männern führen kann, die der Außenstehende gar nicht begreift und daran verzweifeln kann. Dazu kommen* ***positiv stimmungsverstärkende Phasen****, die den Eindruck erwecken, man mache sich über die Ausweglosigkeit der Betroffenen lustig.*

- *Auch* ***Neurotizismus ist möglich***

  - ***Reizbarkeit, Launenhaftigkeit, Nervosität,***
  - ***Neigung zu Unsicherheit und Verlegenheit,***
  - ***Klagen über Ärger und Ängste,***
  - ***Klagen über körperliche Schmerzen, Kopfschmerzen, Magenbeschwerden, Schwindelanfälle etc.,***
  - ***Neigung zu Traurigkeit und Melancholie,***
  - ***sehr sensibel auf Stress reagierend,***
  - ***eher negative Affektlage, dauerhafte Unzufriedenheit),***
  - ***nicht ausgeprägt, aber teilweise spürpar – wahrscheinlich***
  - ***in Verbindung mit Promiskuität und Hypersexualität.***

  Dazu kommt, dass sie in ***therapeutscher Behandlung wegen eines Gewalterlebnisses*** *zu sein scheint.*

- *Typisch ist Ihre* ***Angst vor Entdeckung und Bloßstellung****. Krampfhaft versucht sie jeden Hinweis auf ihre Identität und Adresse zu vermeiden. Aus ihren Äußerungen habe ich entnommen, dass Männer versucht haben sie zur Rechenschaft zu ziehen und wohl auch Prügel angedroht haben, weil sie sich ausgebeutet und gedemütigt fühlten. Wie weit es dabei gekommen ist, weiß ich nicht.*

  Meine Ausführungen*, „ich habe für meine Buchrecherchen in ca. 60 Portalen mit mehr als 80 Damen gechattet,*

  (Emotional versiertes Kommunikationsverhalten)

  - *aber so* ***attraktiv, freundlich, sympathisch,***
  - ***gebildet und ausdrucksstark***
  - *wie Du war keine, wenn Deine Vergangenheit und Dein verdorbener Charakter nicht wären.*
  - *Das stimmt zwar, ist aber* ***unausgewogen und voreingenommen****, was die Beurteilung ihrer Vergangeheit und ihres Charakters betrifft.*

Das bestätigt zwar den Eindruck, den vor allem fast alle Männer, aber auch Frauen haben, aber verschweigt oder übersieht, dass es sich bei der Zauberhaften

- *um eine* ***schwerwiegend verletzte Seele handelt.***
- ***Sie merkt es zwar nicht, es ist ihr nicht bewusst,*** *aber die Männer, die das zu ihrer Befriedigung ausnutzen,*
- *begehen meines Erachtens*
- ***psychisch wirksame Körperverletzungen,***
- *vielleicht nicht bewusst, mindestens aber fahrlässig.*

Ich bin als Agnostiker nicht gläubig,
aber ich wünsche Dir trotzdem:

„Gott sei Deiner Seele gnädig."

Ich habe ihr einen letzten Gruss geschickt:

„um 16:40: ICH: ENDGÜLTIGER ABSCHIED:

Es ist das ENDDATUM und ich verlasse das Portal endgültig. Nicht ohne meinen Gefühlen Ausdruck zu verleihen, dass ich Dir ein anderes Schicksal gewünscht hätte und vermutlich mehr darunter leide als Du.

Aber Du bist ja anscheinend glücklich dabei oder auch nicht
- ALSO ALLES GUTE."

Eine Antwort gab es nicht mehr.

Anhang / Anlage 1: Öffentlichkeit bis Privatheit / Bekanntheit bis Ruhm

Es ist ein persönliches Ermessen, was öffentlich sein sollte und was nicht. Meines Erachtens geht es niemand etwas an „was Boris Becker in einer Besenkammer tut“ und das hat auch in keinen Medien etwas zu suchen – das ist privat und intim.
Wer möchte denn, dass die eigenen privaten Vertraulichkeiten in der Öffentlichkeit breit getreten werden und in einen „Shitstorm“ münden? Aber Sensationslust, Neugier, Bösartigkeit, Menschenfeindlichkeit und hemmungsloser Voyeurismus beherrschen alle Szenen. Es geht meistens darum, andere Spott, Verächtlichkeit und Demütigung auszusetzen.

Etwas anderes ist es, wenn Einzelne das so wollen und sich in Szene setzen, um Aufmerksamkeit und den Ruhm des Exotischen, des/r trotzig furchtlosen Helden/In und des/r außergewöhnlich Verruchten zu erlangen.

1 Vera van Aaken und die Männer

Wer Vera van Aaken's Buch „Männliche Gewalt. Ihre Wurzeln und ihre Auswirkungen, Patmos Verlag, Düsseldorf. 2001“ liest, erhält eine psycho-soziale Lehrstunde über die menschliche Evolution, die es in sich hat. Natürlich unterscheidet sie nicht zwischen den Männern und generalisiert das Verhalten auf alle Männer:
In der aktuellen Psychotherapie dominiert bei Männern eher das Fluchtverhalten als die Aggression: (Psychologie: Warum wir manchmal lieber weglaufen! Beziehungsmanagement, Nadine Kretz, Im Paradies 6, 54536 Kröv, Deutschland):
„... FLUCHTVERHALTEN BEIM MANN – DIE GEFAHRENSITUATION

Fluchtverhalten Psychologie 3: *Bei einem Angriff, Streit oder Konflikt gibt es nur zwei Möglichkeiten – Flucht oder Kampf. Wenn ein Mensch der Annahme ist, zu verlieren, wird er immer den Ausweg der Flucht wählen. Er möchte Gefahrensituationen vermeiden, aufgrund seines Überlebensinstinkts!*

Bei Frauen verliert der Mann manchmal buchstäblich seinen Verstand, wenn es um Gefühle geht. Zumindest dann, wenn er keinen großen Bezug zu seiner Gefühlswelt hat. Er ergreift die Flucht. Spätestens bei den Worten: „Schatz, wir müssen reden!“

WIE KOMMT ES ZUM FLUCHTVERHALTEN?

Fluchtverhalten Psychologie 4: *Hinter dem Fluchtverhalten bei Menschen steckt oft eine Angststörung. Hilflosigkeit, schlechte Erfahrungen, ein geringes Selbstwertgefühl prägen die Vermeidungsstrategie. Die Konfrontation wird mit Schmerz definiert, also ist die einzige Möglichkeit das Fluchtverhalten, um sich selbst vor weiteren unangenehmen Erlebnissen zu schützen. Leider geht diese Taktik dauerhaft nicht auf und die Probleme vergrößern sich irgendwann. Folgen sind Isolation, Beziehungsunfähigkeit, Einsamkeit oder sogar Wut und Aggression.*

STRATEGIEN DES FLUCHT- UND VERMEIDUNGSVERHALTENS

Fluchtverhalten Psychologie 5: *Die häufigsten Anzeichen für ein Fluchtverhalten sind wie bereits erwähnt, die Vogel-Strauß Methode oder die der drei Affen, die nichts sehen, nichts hören und nichts sagen. Weitere Verhaltensmuster sind Aufschieben und den Konflikten aus dem Weg zu gehen. Noch beliebter ist die Methode der Schuldzuweisung auf Andere, um keine Eigenverantwortung zu übernehmen und sich seinen eigenen Fehlern nicht bewusst werden zu müssen.*

In meinen Beratungen und Auswertungen hat sich sowohl bei den Männern als auch bei den Frauen ein identisches Verhaltensmodell herausgestellt, das unabhängig der individuellen Lebenssituation geschlechterspezifisch ein nahezu identisches Bild ergab.

FOLGEN DES FLUCHTVERHALTENS

Fluchtverhalten Psychologie: *Abgesehen von der fehlenden Kompetenz an Kommunikationsfähigkeiten bei Auseinandersetzungen hat das Fluchtverhalten gravierende gesundheitliche Folgen. Es führt zu innerer Unruhe, Stress, sozialer Abspaltung, Liebesunfähigkeit, Isolation bis hin zur Depression ...“*

> *Vera van Aaken: „ ...Die Evolution habe die Männer deutlich anfälliger für Frustrationen, Stress und Angst gemacht. Das bedeute: Männer neigten zum Zwecke der Abwehr ihrer Angst grundsätzlich stärker zu Wahrnehmungsverzerrungen und „emotionaler Blindheit“, insbesondere aber zu aggressiven Reaktionen, sowie zu einem erhöhten Kontrollbedürfnis ihrer Umwelt gegenüber; und das habe, ähnlich wie bei Ratten und Tauben unter experimentellen Stressbedingungen, fatale Konse-quenzen ...“*

Spätestens bei den Worten seiner Frau: „Schatz, wir müssen reden!“, weichen die meisten Männer aus (Fluchtverhalten), weil sie wissen, Frauen wollen zwar reden, aber zu ihren Bedingungen. Beispiel: „Du hast den Hochzeitstag wieder vergessen.“ Der Mann müsste jetzt antworten „Du hättest mich ja daran erinnern können.“, aber das darf er nicht, weil er sich ja erinnern SOLL/MUSS und nicht sie ihn.

Vera van Aaken muss allerdings aufpassen, dass sie „das Kind nicht mit dem Bade ausschüttet“: Dass die Männer deutlich anfälliger für Frustrationen, Stress und Angst sind und zu Aggressionen und zu typisch männlichem Dominanzstreben neigen, gilt eben nicht für alle. ca. 80 % der Männer müssen sich beruflich unterwerfen und klaglos ihre Arbeit leisten, ähnlich wie die meisten Frauen. Es ist natürlich so, dass etliche Männer das zu Hause an ihren Frauen und Familien abreagieren.

Aber die große Mehrzahl dieser Männer reagiert völlig anders und sucht sich Ersatzbefriedigungen, vor allem dann, wenn ihre Frauen sie nicht verstehen (wollen), auf erfolgreiche andere Männer verweisen und damit die Minderwertigkeitsgefühle verstärken. Sie flüchten sich in Bier, Wein und Schnaps, oder werden zu fanatische Fussballanhängern oder anderen Sport- und Zeitvertreibsalternativen, treten in Vereinen, Parteien, Männergruppen und –bünden usw. ein.

Sexuell läuft zu Hause immer weniger, vor außerehelichen Alternativen haben diese Männer überwiegend Angst, weil sie sich nicht blamieren wollen und die Verachtung, Sanktionen und Strafen ihrer Partnerinnen fürchten.
Letztlich geschieht das, was Reinhard Fendrich in „Macho Macho“ zur Rolle der „zahmen Trottel“ besingt:

„ ...Sie liebt Schimaneks Mörderhammer
Und liegt oft wach im Schlafgemach
Der Gatte im Flanellpyjama
Vergreift sich nur am Tiefkühlfach

Sie träumt von Eros Ramazottel
Und Julio Iglesias
Doch neben ihr der zahme Trottel
Sagt nur: "Gib Ruh, jetzt les' ich was...!"

Es mag sich so lesen, als wenn ich diese „zahmen Trottel“ verachten würde. Das tun nur dominante Männer und stark emanzipierte Frauen. Tatsächlich sind diese „Spießbürger“ mit all ihren Schwächen wichtige, wenn auch fast unsichtbare Träger unserer Gesellschaft; ohne ihre Leistungen bei Arbeit und in der Freizeit könnte unser Staat nicht existieren. – Sie verdienen unseren Respekt und nicht unsere Verachtung, ähnlich wie die bei uns benachteiligten Frauen.

2 *Ich will an dieser Stelle auch Alice Schwarzer, mit deren feministisches Auftreten und ihren männerfeindlichen Argumentationsstil ich mich nicht so sehr anfreunden konnte, aber inhaltlich bin ich ihr sehr viel näher, als ich es mir jemals vorstellen konnte.*

- *Aus Wikipädia: Trotz mancher quantitativer und qualitativer Relativierung gibt es frauenfeindliche Sachverhalte, die nach unserem Rechtsverständnis strafrechtlich streng zu verfolgen sind.*

„ *... Gewalt gegen Frauen und Mädchen stellt die häufigste Menschenrechtsverletzung weltweit dar (UNICEF-Veröffentlichungen). Einem Bericht der Weltbank zu- folge wird mindestens eine von drei Frauen weltweit im Laufe ihres Lebens geschlagen, vergewaltigt oder ist auf andere Weise Gewalt ausgesetzt.*

- *Häusliche Gewalt. Die weltweit am häufigsten auftretende Form von Gewalt gegen Frauen ist physische Gewalt durch e Sachverhalte ine vertraute Person im häuslichen Lebensbereich. 40 bis 70 Prozent der ermordeten Frauen in Australien, Russland, Israel, Kanada, Südafrika und den Vereinigten Staaten sind nach Schätzungen der WHO ihren Ehemänner oder Lebensgefährten zum Opfer gefallen. In Kolumbien wird an jedem sechsten Tag eine Frau von ihrem Partner oder Ex-Partner ermordet. In Deutschland steht bei fast jedem zweiten Frauenmord ein dem Opfer nahestehender Mann im Verdacht (BKA 2012).*

- *Sexualisierte Gewalt gegen Frauen. Weltweit wird eine von fünf Frauen in ihrem Leben Opfer von Vergewaltigung oder versuchter Vergewaltigung. In Indien wird alle 21 Minuten eine Frau vergewaltigt. „Die Dunkelziffer dürfte aber weitaus höher liegen, schätzt die Indologin Dorothea Riecker.“*

- *Vergewaltigung als Kriegswaffe wurde u. a. seit den 1990er Jahren in Bosnien, Ruanda, Kongo, Liberia und Syrien eingesetzt. „Allein in Ruanda wurden während des Völkermords 1994 mehr als 250.000 Frauen vergewaltigt und dabei häufig auch mit HIV infiziert.“*

- *Sexuelle Gewalt im Zweiten Weltkrieg wird seit den 1990er Jahren erforscht. Auf der Flucht, beispielsweise von Syrien nach Europa, sind Frauen und Mädchen besonders gefährdet, Opfer von Gewalt zu werden, darunter auch sexueller Gewalt.*[5]

- *Mitgiftmorde, ein Verbrechen, bei dem die Frau durch ihren Ehemann oder durch ihre Schwiegereltern umgebracht wird, weil ihre Familie nach der Heirat die Mitgift für die Familie des (neuen) Mannes nicht aufbringen kann, sind in Südasien, v. a. Indien, verbreitet.*

- Ehrenmord. Nach Schätzungen des UN-Weltbevölkerungsberichtes Ending Violence against Women and Girls kommen bei steigender Tendenz jährlich 5000 Frauen weltweit durch sogenannte Ehrenmorde ums Leben. Bei den Tätern handelt es sich überwiegend um männliche Familienangehörige. Mitunter werden sie nach einem traditionellen Regelwerk oder aus strategischen Gründen zur Strafminderung bestimmt. Laut Bericht entgehen die Täter dem eigentlichen Strafmaß ohne Verurteilung oder mit milderen Strafen. Der Bericht vermerkt, dass Ehrenmorde hauptsächlich in Ländern mit einer überwiegend muslimischen Bevölkerung begangen werden, sich allerdings nicht auf diese Länder begrenzen lassen. Wolfram Reiss zufolge werden Ehrenmorde an Frauen vermehrt auch in Indien und Brasilien begangen. Eine vom Bundeskriminalamt beauftragte Studie auf der Basis von 78 Prozessakten mit dem Titel Ehrenmorde in Deutschland 1996–2005 kam zu dem Ergebnis, dass die Opfer zu 57 Prozent weiblich waren, die mehrheitlich männlichen Täter zu 91 Prozent Migranten aus der ersten Generation.

- Zwangsheirat. Nach einem UNICEF-Bericht von 2003 werden weltweit mehr als 51 Millionen Mädchen zwischen 15 und 19 Jahren verheiratet. Mehrheitlich handelt es sich bei Eheschließungen von unter 19-Jährigen um Mädchen, nicht Jungen. Wirtschaftlich prekäre Lebensverhältnisse der Familien haben dabei den markantesten Einfluss. Nach einer vom Familienministerium in Deutschland beauftragten Studie aus dem Jahr 2005 gaben 25 Prozent der 143 befragten Frauen mit türkischem Hintergrund, die mit einem türkischen Mann verheiratet waren, an, dass ihnen ihr Ehemann vor der Hochzeit unbekannt war.

- Gewalt bei der Geburt. Studien weisen nach, dass es rund um die Geburt oft zu verbaler und physischer Gewalt kommt. Nach Schätzung der Organisa-tion Human Rights in Childbirth erfahren 40 bis 50 Prozent aller Frauen psychische oder körperliche Gewalt vor, während oder nach der Geburt.

- Femizid, Abtreibung von weiblichen Föten nach vorgeburtlicher Geschlechts-selektion, Kindstötungen von Mädchen oder systematische Verwahrlosung von Mädchen sind in Süd- und Ostasien, Nordafrika und im Nahen Osten weit verbreitet. In Mexiko sind Entführung, Vergewaltigung, Mord an Frauen unter dem Begriff "Feminicido" bekannt. Die Verbrechen bleiben meist straflos, kritisieren die Vereinten Nationen und Frauenrechtsgruppen. (Siehe auch: Frauenmorde von Ciudad Juárez)

- Menschenhandel und Zwangsprostitution: Zwischen 500.000 und zwei Millionen Menschen, davon 80 % Frauen und Mädchen, werden jedes Jahr Opfer von Menschenhandel, Zwangsarbeit oder Zwangsprostitution.

- Weibliche Genitalverstümmelung: die Hauptverbreitungsgebiete sind das westliche und nordöstliche Afrika (z. B. Ägypten) sowie der Jemen, der Irak, Indonesien und Malaysia.

- Säureattentate auf Frauen sind besonders in Staaten Südasiens, v. a. Bangladesch, Pakistan, Indien, weit verbreitet sowie auch aus dem Iran berichtet, werden selten angezeigt und bleiben meist straflos.

- Steinigung, kollektive Hinrichtungsart, zu der speziell Frauen wegen Ehebruchs oder Geschlechtsverkehr vor der Ehe verurteilt werden. In Ländern wie Afghanistan, Iran, Jemen, Nigeria, Saudi-Arabien und dem Sudan wird Steinigung in Anwendung der Scharia praktiziert.

- *Diskriminierung von Witwen*

  Beschreibung der Balinesischen Witwenverbrennung von Houtman, 1597 Verhael van de Reyse ... Naer Oost Indien

  In verschiedenen Teilen der Welt werden Witwen diskriminiert. Häufig sind Traditionen die Ursache, beispielsweise das Erbrecht. Auch die Opferung von Witwen, wie die Witwenverbrennung trat in der Geschichte in verschiedenen Kulturen auf. Obwohl die Witwenverbrennung in Indien praktisch ausgerottet ist, gibt es immer wieder vereinzelte Fälle, wie die aufsehenerregende Witwenverbrennung von Roop Kanwar im Jahr 1987, sowie einige Zwischenfälle in ländlichen Gegenden 2002, 2006, 2014 und 2015 bei denen es den Angehörigen nicht gelingt eine 70-jährige Witwe davon abzuhalten auf den brennenden Scheiterhaufen ihres Mannes zu springen.

  In einigen Strömungen des Hinduismus ist das Witwentum mit extremer Ausgrenzung verbunden. Es wird von Witwen erwartet sich ein Glatze zu scheren, sie dürfen weder Schmuck noch den roten Punkt auf der Stirn tragen, müssen barfuß laufen, dürfen nur noch Kleider aus grobem weißem Baumwollstoff tragen und weder Fleisch essen noch an Festen teilnehmen.[Viele mittellose, von der Familie verstoßene hinduistische Witwen gehen in die Stadt Vrindavan, um dort bettelnd den Rest ihres Lebens zu verbringen. Diese Diskriminierung wird ebenfalls dafür verantwortlich gemacht, dass hinduistische Witwen in den Selbstmord getrieben werden …“

3 Wer ist Lady Bitch Ray?

Ich erwähne diese Dame nur der Vollständigkeit halber. Sie tritt spektakulär auf, aber was hat sie wirklich zu sagen? Urteilen Sie selbst.

(„1“) Auszugsweise aus Wikipedia: Reyhan Şahin (* vermutlich 1980 in Bremen), Künstlernamen, Lady Bitch Ray und Dr. Bitch Ray, ist eine deutsche Autorin, Rapperin, Linguistin und Radiomoderatorin.

Lady Bitch Ray auf der Frankfurter Buchmesse (2019)

Şahins Eltern sind Aleviten und stammen aus dem türkischen Sivas. Vor Reyhans Geburt wanderten ihre Eltern nach Deutschland ein und sie wuchs im Bremer Arbeiterviertel Gröpelingen auf … Şahin studierte Linguistik und Germa-nistik an der Universität Bremen und schloss ihr Studium 2005 mit dem Magister im Fach Linguistik ab.Ihre Magisterarbeit mit dem Thema „Jugendsprache anhand der Darstellung der Jugendkultur

Hip-Hop“ wurde in einer von ihrem Institutsleiter herausgegebenen Anthologie im Brockmeyer-Universitätsverlag veröffentlicht. Danach promovierte sie 2012 mit einer Dissertation über „Die Bedeutung des muslimischen Kopftuchs in Deutschland“ und leitete in dieser Zeit an der Universität Bremen als Lehrbeauftragte im Wintersemester 2007/2008 die Lehrveranstaltung „Einführung in die Kleidungssemiotik“.

Für ihre Dissertation erhielt sie beim Deutschen Studienpreis 2013 einen zweiten Preis in der Fächergruppe Geistes- und Kulturwissenschaften. Ihr Doktorvater ist Wolfgang Wildgen. Şahin war ab Juni 2012 Mitglied des Research Center for Media and Communication, und in diesem Rahmen bis Dezember 2013 Post-Doc-Stipendiatin der Nachwuchsinitiative der Universität Hamburg.

Ihre Medienkarriere ist schon spektakulär … Radio Bremen trennte sich von ihr. Sie hatte im Internet über eine fiktive Sexorgie mit den Rappern King One Orgasmus berichtet, was Radio Bremen beanstandete. Laut der Hindustan Times und Spiegel Online wehrte sich Şahin gegen die Trennung von Radio Bremen mit rechtlichen Mitteln. Im Mai 2008 entschied das Landesarbeitsgericht Bremen Bremen unter Vorsitz des Richters Waldemar Reinfelder zugunsten von Radio Bremen.

Von Rapperin Lady Bitch Ray verteiltes Kondom als Werbegeschenk (2012)…
Als Schauspielerin debütierte Şahin 2008 in dem deutschen Kinofilm Chiko, in dem sie eine Prostituierte spielt. Der Film hatte in der Sektion Panorama auf der Berlinale 2008 Premiere. Am 24. April 2008 bewarb sie den Film in der Unterhaltungssendung Unterhaltungssendung Schmidt & Pocher. Nach der Erstausstrahlung der Ausgabe verzichteten der MDR und der BR auf die sonst üblichen Wiederholungen der Sendung.

Den Grund für diese Absetzung vermutete Spiegel Online in der skandalträchtigen Sprach- und Themenwahl der Künstlerin: Şahin schenkte Pocher in der Sendung eine Dose, die angeblich ihr Vaginalsekret enthielt. Die Sendung geriet daraufhin in die Kritik und wurde nach Jahresende beendet. Im Juni 2008 hatte Şahin einen Gastauftritt in der 7. Folge von MySpaces Internet-Soapopera Candy Girls; mit Hinweis auf den Jugendschutz wurden dabei Teile von Şahins Wortbeiträgen zunächst ausgeblendet, später wurde die ganze Folge aus dem Angebot genommen.

Im Mai 2009 gab ihre Agentur bekannt, dass Şahin aufgrund gesundheitlicher Probleme eine Karrierepause einlegen werde. Anlass war ein Zusammenbruch in der Universitätsbibliothek Bremen am 18. August 2008. In einem Interview mit der Tageszeitung Die Welt im September 2012 gab Reyhan Şahin bekannt, dass sie an einer schweren Depression litt.

Şahin nahm im Sommer 2014 an der Sat.1-Sendung Hell's Kitchen teil und gewann diese auch. 2015 besuchte sie Newtopia.

2019 erschien ihr Buch Yalla, Feminismus.

(„2“) Wie soll man dieses Verhalten einordnen?

Ich dachte als erstes an Jan Böhmermann und sein Schmähgedicht über Erdogan, aber an Böhmermann bekam deswegen keine Depression, obwohl das angebracht gewesen wäre.

***Leserbrief Georg Schanz** zur Die FOCUS-Kolumne von Jan Fleischhauer: Feminismus war gestern: Porno-Rapperin bringt SPD-Spitze neues Gender-Denken bei*

***Lady Bitch Ray** (29. Mär. 2021 10:35): „ … Nach Jan Böhmermann, Sacha Lobo, Boris Reitschuster und die, die mir nicht einfallen, mussten die Frauen mit Lady Bitch Ray, als Wissenschaftlerin, nachziehen. Ich mag mich täuschen, aber der Begriff Wissenschaftler erodiert angesichts selbsternannter Kompetenz und parasitärer Profilierung. Dass Olaf Scholz zu eines der ersten Opfer wurde, ist für einen Hamburger merkwürdig. Wahrscheinlich war er zu wenig auf St Pauli und den benachbarten Etablissements, um vorbereitet zu sein, aber Herr Scholz, das kann man vielleicht auch in Berlin nachholen. Was bleibt den Grünen jetzt noch als Alternative: Vielleicht sollten sie Promiskuität und Prostitution als lebenswerte Alternativen empfehlen, um Lady Bitch Ray noch zu übertreffen …“*

(„3“) Was war geschehen?

Auszugsweise: Die FOCUS-Kolumne von Jan Fleischhauer Feminismus war gestern: Porno-Rapperin bringt SPD-Spitze neues Gender-Denken bei. *Lady Bitch Ray berät jetzt die SPD, habe ich das schon erwähnt? Wenn Sie nicht auf Anhieb vor Augen haben, von wem die Rede ist: Lady Bitch Ray ist eine deutsche Pornorapperin, die erstmals überregionale Bekanntheit erlangte, als sie dem TV-Moderator Oliver Pocher während einer Fernsehsendung eine Dose mit Vaginalsekret überreichte.*

Anfang des Monats konnte der Parteivorstand erste Ergebnisse der Zusammenarbeit vorlegen. „Zu Feminismus gehört es auch, sich von den binären Geschlechter-konstruktionen zu trennen“, zitierte das höchste Gremium der Sozialdemokraten die Rapperin …

Die Rapperin hat sich deshalb auch gleich Olaf Scholz vorgenommen. Mit jedem seiner Ämter habe er einer Frau den Job weggenommen, warf sie ihm vor, worauf Scholz tapfer erwiderte, er sei begeistert von der These. Olaf Scholz sieht sich jetzt als intersektioneller Feminist, wie er bei der Gelegenheit zu Protokoll gab. Oder war es intersexueller Feminist? Egal, jedenfalls irgendwas mit Feminismus …

*Sie legte nach „**Die Quote als Grundbedingung der Gleichberechtigung kann man vergessen** August Bebel, Willy Brandt, Peter Glotz – nun als Vordenkerin also Lady Bitch Ray: Auch so kann Fortschritt aussehen. Statt sich immer nur um sterbenslangweilige Themen wie Mütterrente oder Mindestlohn zu kümmern, endlich mal eine Sache, die auch bei den Leuten Eindruck macht, die im Leben nicht auf die Idee kommen würden, SPD zu wählen …“*

(„4“) Von der vaginalen Selbstbestimmung zur Ausweglosigkeit

***Lady Bitch Ray** spricht von vaginaler Selbstbestimmung und kommt damit zu einem Gegenentwurf zur männlichen Dominanz. Frauen sollen ihr Tun und vor allem auch ihre Sexualität ausschließlich selbst bestimmen. Dabei provoziert sie mit pornographisch betonter grober Sexsprache.*

Die deutsche Rapperin gerade auf Instagram einen ziemlich guten Vorschlag gemacht, wie man den Bechdel-Test auch auf den Deutschrap anwenden könnte. Den Bechdel-Test oder Bechdel-Wallace-Test machte 1985 die amerikanische Cartoon-Zeichnerin und Autorin Alison Bechdel in ihrem Comic Dykes to Watch Out For (deutsch Bemerkenswerte Lesben) bekannt.

Er ist kein wissenschaftlicher Test, wird jedoch herangezogen, um Stereotypisierungen weiblicher Figuren in Spielfilmen wahrzunehmen und zu beurteilen.

Was will sie damit erreichen. Alle Erklärungen, die ich als Mixtur zwischen Wissenschaft und Rap gelesen habe, sind mir zu unscharf und verschwommen. Sie weiß vermutlich selbst nicht wirklich, wie ihre Welt aussehen könnte, ist quasi in ihren sexuellen Provokationen gefangen und flüchtet sich dabei und damit in den Rap.

Das scheint mir eine irrationalen Sackgasse zu sein, was sie möglicher Weise gar nicht wahrnimmt oder wahrnehmen will, aber sie kennt bzw. erkennt keinen Ausweg. Meines Erachtens sollte sie uns eher Leid tun, als dass wir sie ausgrenzen und beschimpfen.

ich habe ihr noch einen direkten Brief geschrieben:

Von: *Georg Schanz [mailto:schanz.georg@t-online.de]*
Gesendet: *Montag, 29. März 2021 15:22*
An: *'management.lbr@googlemail.com'*
Cc: *'votzensekretariat@lady-bitch-ray.com'*
Betreff: *Porno-Rapperin bringt SPD-Spitze neues Gender-Denken bei*

Sehr geehrte Lady-Bitch-Ray,

mich bewegen 3 Gedanken.

1. *Dass Sie mit der Dummheit der Menschen Geld verdienen, ist noch nicht strafbar.*
2. *Aber was zum Teufel hat die SPD bewegt, Ihre Dienste in Anspruch zu nehmen?*
3. *Offensichtlich ist das wohl die Einsicht, dass sowieso nichts mehr zu retten ist.*

… (Diesen Teil lasse ich weg.)

Was wünsche ich Ihnen zum Abschluss?
Vielleicht schaffen Sie es doch noch, erwachsen zu werden.

Mit freundlichen Grüßen

Schanz: *Jeder Mensch hat bei uns das Recht alles zu tun, was er für richtig und in der Darstellungsweise für angemessen halt (Ruhm, Sepektakularität, Provokation), auch Lady-Bitch-Ray, aber letztlich muss jeder sich dem Urteil der Gesellschaft beugen.*

Das geht nicht immer gerecht aus, entscheidet aber über seinen/ihren Wert in der Geschichte. Wenn Bismarck bis vor Kurzem als einer der große Deutscher angesehen wurde, gibt es in manchen Gruppierungen Bestreben seine Politik und Kriegsführung abzuwerten.

Ich möcht Lady-Bitch-Ray nicht mit Bismarck vergleichen, aber was wird das für sie bedeuten?

4 Corinna zu Sayn-Wittgenstein-Sayn
(Noblesse oblige (frz. für „ Adel v erpflichtet“)

https://www.pinterest.de/pin/416090453079870776/
https://www.pinterest.de/pin/377880224984478176/

Die Nutzung von Pinterest ist grundsätzlich kostenlos. Nur wenn Du als Unternehmen Werbeanzeigen schalten möchtest, fallen Kosten an.26.01.2023

Was bedeute Noblesse oblige (frz. für „ Adel verpflichtet“?

*Wikipedia: Das bezeichnet das Konzept, dass Adel über bloße Ansprüche hinausgeht und die Person, die einen solchen Status inne hat, verpflichtet ist, soziale Verantwortung zu erfüllen. „Corinna zu Sayn-Wittgenstein-Sayn (auszugsweise Wikipedia) * 28.01.1964 in Frankfurt am Main als Corinna Larsen) ist eine deutsche Unternehmerin, die als „innige Freundin“ (span. íntima amiga) des ehemaligen spanischen Königs Juan Carlos I. international bekannt wurde.*

Ehen

1989 heiratete sie den britischen Geschäftsmann Philip Atkins; 1992 wurde eine gemeinsame Tochter geboren. 1995 wurde die Ehe geschieden.

Im Jahr 2000 heiratete sie in London den deutschen Staatsbürger Johann Casimir zu Sayn-Wittgenstein-Sayn (1976), einen Sohn von Alexander zu Sayn-Wittgenstein-Sayn und Gabriela zu Sayn-Wittgenstein-Sayn, geb. Gräfin von Schönborn-Wiesentheid. 2002 wurde in London der gemeinsame Sohn Alexander zu Sayn-Wittgenstein-Sayn geboren. Die Ehe wurde 2005 geschieden.*

Verbindung zu Juan Carlos

Nach Berichten in der spanischen Presse lernte sie Juan Carlos bei einem von ihr 2006 organisierten Treffen für Politiker und Geschäftsleute im Schloss Ditzingen kennen. Den Berichten zufolge gehörte sie seit dieser Zeit zur engen Umgebung des Königs.

Im April 2012 begleitete sie den König zu einer Jagdsafari nach Botswana, bei der Juan Carlos einen Elefanten schoss. Bei einem nächtlichen Sturz brach er sich eine Hüfte und wurde im Privatjet nach Madrid geflogen. Die durch den Unfall des Königs öffentlich bekannt gewordenen Einzelheiten seiner Reise, die zu einem Zeitpunkt stattfand, als die gravierenden Auswirkungen der Wirtschaftskrise in Spanien das Land stark beschäftigten, führten zu erheblichem öffentlichen Aufsehen. Die Bürger erfuhren aufgrund dieser Ereignisse erstmals von der Stellung Sayn-Wittgenstein-Sayns als damalige „Geliebte“ des Königs, wie sie in der Presse zum ersten Mal in diesem Zusammenhang genannt wurde.

Nach ihren eigenen Worten soll Corinna zu Sayn-Wittgenstein-Sayn auch „vertrauliche Missionen für Madrid wahrgenommen" haben, über die das spanische Parlament im Frühjahr 2013 Aufklärung verlangte. So soll sie Gespräche zur Vorbereitung von Geschäftsabschlüssen spanischer Konzerne in Russland und Saudi-Arabien geführt haben. Nach Angaben des an in Spanien lebende Russen gerichteten Internetportals noticia.ru war sie an Beratungen beteiligt, wie dem russischen Erdölkonzern Lukoil der Einstieg in den spanischen Markt ermöglicht werden könnte. Die damals amtierende konservative Regierung und auch Vertreter der vorherigen sozialistischen Regierung erklärten, von solchen Aufträgen sei ihnen nichts bekannt.

Nach Berichten spanischer Medien teilte Juan Carlos seinen drei ehelichen Kindern Elena, Cristina und dem damaligen Kronprinzen Felipe mit, dass er sich von deren Mutter Sofía scheiden lassen wolle, um Corinna zu Sayn-Wittgenstein-Sayn zu heiraten. Seine Kinder sollen ihn von diesem Gedanken abgebracht und zur Abdankung gedrängt haben, die 2014 erfolgte.

Corinna zu Sayn-Wittgenstein war auch in die Affäre um mutmaßliche Schmiergeldzahlungen involviert, derentwegen Juan Carlos 2020 Spanien verließ: Einen großen Teil der mutmaßlichen Schmiergelder aus Saudi-Arabien – 65 Millionen Euro – soll Juan Carlos auf das Konto der Geliebten überwiesen haben. Der Anwalt Sayn-Wittgensteins bestätigte die Zahlung und sprach von einem „unaufgeforderten Geschenk", mit dem sich der König für den Beistand während einer Krankheit habe bedanken wollen.

Neid ist mir nicht fremd, denn 65.000.000 € - für was auch immer - hätte ich auch gern bekommen.

Ich glaube, dass Corinna zu Sayn-Wittgenstein nicht wirklich boshaft ist, aber sie gehört zu den Menschen, die gesellschaftlich dazu gehören wollen, was auf den ersten Blick nichts Besonderes ist, aber man gerät in Abhängigkeiten und in Entscheidungszwänge, deren Ausgang unübersichtlich ist und die in der Öffentlichkeit (Medien) ausgeschlachtet werden. Es fällt dann schwer, sich nicht rechtzufertigen, und dann kann man in die Spur der Verleumdung geraten, aus der es kein Entrinnen gibt.

Nun aus kapitalistischer Sicht ist Corinna zu Sayn-Wittgenstein-Sayn durchaus erfolgreich. Es mögen Schönheitsfehler sein, dass sie mutmaßliche Schmier-geldzahlungen beteiligt sein soll und dass sie als damalige „Geliebte" des Königs zu einer rotlichtähnlichen Bedeutung kommen könnte.

Der König, der sich angeblich scheiden lassen wollte, um sie zu heiraten, schneidet unter der Perspektive „Noblesse oblige" auch nicht so gut ab. Nun Corinna zu Sayn-Wittgenstein-Sayn war bürgerlicher Herkunft und dem nicht zwingend verpflichtet.

„Noblesse oblige" ist ein altes französisches Sprichwort, das wörtlich über-setzt „Adel verpflichtet" bedeutet. Dieses Sprichwort wird u. A. in Niederländisch und Englisch nicht übersetzt. Heutzutage bedeutet dies, dass eine herausragende soziale Position besondere Verpflichtungen mit sich bringt. Diese außerordentlichen Verpflichtungen beziehen sich ausdrücklich auch auf soziale Verhaltensweisen und die Erfüllung einer Führungsrolle. Mit anderen Worten: Jemand, der durch Herkunft, Geld oder Talent privilegiert ist, hat die Pflicht, etwas Gutes zu tun und sich entsprechend zu verhalten. Die inhärente Suggestion, dass dies nur für diejenigen von edler Abstammung gelten würde, ist mit der Zeit verschwunden. In Ländern wie den USA, wo sich historisch bedingt nie ein Adel im europäischen Sinne entwickeln konnte, ist der Ausdruck „noblesse oblige" sogar ausschließlich auf privilegierte Bürger anzuwenden.

- *„Honi soit qui mal y pense" („Beschämt sei, wer schlecht darüber denkt")*

Ob es klug war, Interviews in der Angelegenheit zu geben, ist fraglich – ich meine eher nicht.

Auszugsweise
Prinzessin Corinna zu Sayn-Wittgenstein: Das denkt sie über die Affäre mit Juan Carlos | STERN.de:

> *"Ich habe mich nicht in eine bestehende Liebesbeziehung gedrängt"*
>
> *Wie die Prinzessin auf das Liebesgeständnis reagierte? Sie habe gezögert, sagt sie. Schließlich sei der König ein verheirateter Mann gewesen - und ist es noch heute. 1962 heiratete er Sophia von Griechenland (81), mit der er drei Kinder hat. Corinna zu Sayn-Wittgenstein habe diese Tatsache "besorgt". Nach "langem Werben" und Juan Carlos' Aussage, er habe "mit seiner Frau schon über 30 Jahre das Bett nicht mehr geteilt", ließ sie sich auf die Affäre ein.*

Wikipedia: … Der damalige spanische Monarch habe "Zuflucht" bei ihr und ihrer Familie gesucht und ihr sogar den Lieblings-Schmuck seiner Mutter geschenkt. Corinna zu Sayn-Wittgenstein spricht auch über die 100 Millionen Dollar, die der König an sie überwies: "Juan Carlos sah mich und meinen Sohn als seine Familie. Menschen rücken manchmal enger zusammen, wenn sie in einer schwierigen Situation sind. Er hat bei uns Zuflucht gesucht." Und sie beschuldigt den ehemaligen Monarchen, nach der Trennung einen Rachefeldzug gegen sie losgetreten zu haben, weil sie nicht zu ihm zurückkehren wollte: "Sie kreierten das Bild von mir als Goldgräberin, als boshafte Frau, als Prostituierte …

Aber Bösartigkeit, Missgunst und Spott mit herabsetzender Kommentierung haben sich ausgebreitet, wie z.B.: Ob Corinna zu Sayn-Wittgenstein – trotz ihrer äußerlichen Attraktivität das Geld wert ist, sei zweifelhaft, wenn sie in Konkurrenz zu den professionellen Damen aus dem Metier tritt, die eine fundiertere Ausbildung und Praxis in den emotionalen und technischen Praktiken und Methoden hätten. – Aber vielleicht braucht das ja ein älterer Herr auch gar nicht mehr und kommt mit weniger aus.

Manches davon hätte sie sich bei mehr Zurückhaltung in der Öffentlichkeit möglicher Weise ersparen können.

5 Charlotte Elisabeth Grace Roche

Wikipedia:

Charlotte Roche (2015)

***Charlotte Elisabeth Grace Roche** [ɹəʊʃ] (* 18.März 1978 in High Wycombe, England)*
ist eine britisch-deutsche Moderatorin, Produzentin, Schauspielerin, Hörspielsprecherin und Autorin.

("1") „Feuchtgebiete"

***Charlotte Roche's Buch „Feuchtgebiete"** hat nach seinem Erscheinen Aufmerksamkeit und kontroverse Diskussionen teils mit euphorischer Zustim-mung bis feindselige Diskussionen erregt.*

***Martin Spieß** „Der Charme der Charlotte Roche "Feuchtgebiete" ist ganz großes Kino. Warum die Kritiker es unter-schätzen.*

Es ist weniger eine Frage, ob das stimmt oder nicht, sondern das solche Formulierun-gen das Buch „adeln" und kulturellen Anspruch erheben.

Andrea Reischl (Universität Wien) mit der Überschrift

Subversive Körperlichkeit am Beispiel des Romans „Feuchtgebiete"

Das klingt wissenschaftlich und „subversiv" zugleich und gibt den Ausführungen von Charlotte Roche zusätzlich einen noch "höheren" Stellenwert.

- ***Andere Behauptungen verblassen dabei,***
  - ***„dass Charlotte noch nicht erwachsen sei"***
  - *oder **„sie sich jenseits des guten Geschmacks befinde"***

*Alle diese Bewertungen fördern eine **erfolgreiche Aussicht**, wie immer sie gemeint sein mögen. Es ist gerade die Skandalisierung, die die menschliche Neugier und „geheime Wünsche" beflügelt.*

Schanz:

Warum dieses Buch? *Meines Erachtens suchen Autoren immer nach Themen, die sich von allen anderen spektakulär abheben. Die Sexualität kann für jeden interessant sein, aber ein Fachbuch darüber provoziert heute nicht mehr. Das war früher anders.*

Sexuelle Details lassen sich so steigern, dass sie „geile Neugier“ erzeugen und zu Bestsellern werden, die auch verfilmt werden.

„Kulturgütler“: *Es wird Menschen geben, die dieses Buch bis zum „geht-nicht-mehr“ loben und es zum Kulturgut erheben,*

„Scharlataner“: *andere, die es als primitivste Form der Scharlatanerie bezeichnen.*

„Dazwischler“: *und solche, die in einem breiten Spektrum dazwischen liegen.*

Wer hat nun Recht? *Es haben alle Recht; denn unsere Meinungsfreiheit kennt keine quasi naturgesetzliche Schlussfolgerung, die eine eindeutige Antwort gibt.*

Wer ist der bessere Mensch *(der „Kulturgütler“, der „Scharlataner“ oder der „Dazwischler“): Wer dazu bereit ist, entscheidet nach empfundener Sympathie oder Antipathie oder gar nicht.*

Ich kann weder die Frage beantworten, *ob es Gott gibt oder nicht, und auch nicht „wer der bessere Mensch“ ist (der „Kulturgütler“, der „Scharlataner“ oder der „Dazwischler“). Ich weiß es einfach nicht, wenn ich auch ein gewisses Unbehagen (ein typisch deutsches Wort) dabei verspüre.*

Was sicher ist: *Auch das Buch von Charlotte Roche "Feuchtgebiete" wird seinen Charme und Glanz irgendwann verlieren und zur "Normalität" verkümmern, ähnlich wie Helmut Wilhelm Friedrich Schelsky (Soziologie der Sexualität"), Alfred Kinsey („Das sexuelle Verhalten des Mannes“ und „ Das sexuelle Verhalten der Frau“), Oswald Kolle (sexuelle Aufklärung) und andere.*

Welche Steigerungsmöglichkeiten könnte es geben?

Möglicherweise warden zukünftige Protagonisten/Innen Fernsehshows inststal-lieren, in der Kandidaten/Innen alle sexuell bekannten Techniken vorführen, danach bewertet warden und Preise erhalten.

Der nächste Schritt ware es dann, Varianten des Geschlechtsverkehr als Sportarten zu definieren und bei olympischen Spielen austragen zu lassen.

"Schöne neue Welt".

(„2“) Der Charme der Charlotte Roche

"Feuchtgebiete" ist ganz großes Kino. Warum die Kritiker es unterschätzen. Von Martin Spieß
https://literaturkritik.de/id/11958:

Es gibt Menschen, auf die lässt man nichts kommen. Seine Mutter, zum Beispiel. An zweiter Stelle kommt bereits die Dame, deren Debütroman eine Debatte um weibliche Sexualität und Gender ausgelöst hat, wie sie sie vielleicht nicht einmal selbst erwartet hätte: Charlotte Roche.

Charlotte Roche ist wahrscheinlich die beste Musikjournalistin dieses Planeten. Das aber ist momentan nicht von Belang, weil im Februar ihr Debütroman "Feuchtgebiete" erschienen ist: Die 18-jährige Protagonistin Helen Memel liegt wegen einer missglückten Intimrasur im Krankenhaus. Eine entzündete Analfissur soll entfernt werden, und die von Helen "Blumenkohl" genannten Hämorrhoiden gleich mit.

Und während sie im Krankenhaus liegt, ergeht sie sich in eindeutigen Beschreibungen ihrer "Feuchtgebiete": ihrer Muschi, ihrem Poloch und den dazugehörigen Flüssigkeiten. Muschischleim, Menstruationsblut, Kacke: "Hygiene", wie sie sagt, "wird bei mir klein geschrieben." Helen erzählt in leicht dahin gefrotzelten Sätzen von ihrem Körper, von ihren Vorlieben bei Masturbation und Sex und immer wieder kommt sie auf die übertriebene Hygiene der Gesellschaft. Helens Körper ist ihr Untersuchungsgegenstand, auf ihre geschlechtsteilbezogene Sprach- oder besser Wortlosigkeit reagiert sie mit verbalexplorativem Einfallsreichtum.

Das Buch funktioniere nur auf der "Ebene der Provokation", meint Jenni Zylka in der "taz". Franziska Seyboldt schreibt dem Buch dagegen therapeutische Qualitäten zu: Junge Frauen könnten lernen, mit ihrem Körper freier umzugehen. Lothar Müller sieht in dem Buch nicht viel mehr als Kritik an der oberflächlichen "Heidi-Klum-Welt", schrieb er in der "Süddeutschen Zeitung". Allein "FAZ"-Feuilletonchef Patrick Bahners ist der Ansicht, dass "nach Auskunft dieses klugen Romans die sexuelle Aufklärung ein vernünftiger Glaube" ist.

Was die meisten der Kritiker von "Feuchtgebiete" entweder zu erwähnen vergessen oder für marginal halten, das ist die Geschichte abseits von Helens Erkundungen. Sie ist Scheidungskind. Der Krankenhausaufenthalt scheint ihr die geeignete Möglichkeit, ihre Eltern, die beide neue Partner haben, wieder zusammen zu bringen. Das geht so weit, dass sie sich die bereits heilende Wunde wieder verletzt, nur um den Krankenhausaufenthalt zu verlängern. Spätestens hier muss auch dem dümmsten Leser klar werden, dass die Geschichte ernst zu nehmen ist und nicht nur eine Alibifunktion einnimmt.

Man kann den Kritikern eben dieser Geschichte ihre Rezeption jedoch schwerlich vorwerfen: denn Charlotte Roche hat in einem Interview gesagt, dass "Feuchtgebiete" eigentlich ein Sachbuch über modernen Feminismus zwischen Porno und "Emma" werden sollte. Der Schritt von da hin zur Vermutung, dass die Geschichte im Nachhinein erst über die Kritik an der "Heidi-Klum-Welt" gestülpt ist, ist nicht gerade weit. Schafft man es aber, Roches Aussage auszuklammern, kann man sich auch auf die Geschichte einlassen.

Und entdeckt ihren Zauber: ein Mädchen, dass sich über den Schmerz der Elterntrennung in ihren Körper flüchtet, in die Erforschung und Benennung all dessen, was wirklich ihr gehört. Ihre Eltern kann sich sie nicht kontrollieren, sie schafft es nicht einmal, sie zur selben Zeit in ihr Krankenhauszimmer zu bekommen. Sich selbst aber hat sie unter Kontrolle. Und diese übt sie bis zur gedanklich und körperlich letzten Konsequenz aus. Wie gut, kann die Frage nur sein, muss ein Charlotte-Roche-Roman sein, wenn sie wirklich einen Roman und nicht eigentlich ein Sachbuch schreiben will, dem sie mal eben noch eine Geschichte beistellt?

"Feuchtgebiete" ist, ohne Patrick Bahners zu kritisieren, mehr als nur "klug". Der Roman ist ein weiterer Beweis dafür, dass man Recht daran tut, Charlotte Roche großartig zu finden und ernst zu nehmen. Nicht nur als Musikjournalistin undmoderne Feministin. Sondern auch und gerade als Autorin.

(„4“) Subversive Körperlichkeit am Beispiel des Romans „Feuchtgebiete“

Andrea Reischl, Wien : 2010, Diplomarbeit, Betreut von: Pia Janke

https://www.germ.univie.ac.at/publikation/subversive-koerperlichkeit-am-beispiel-des-romans-feuchtgebiete-von-charlotte-roche/

Charlotte Roche zeichnet in ihrem 2008 erschienenen Roman Feuchtgebiete ein weibliches Körperbild, das sich dem gesellschaftlich propagierten Idealbild des schönen, makellosen und reinen Frauenkörpers widersetzt. Diese Arbeit soll zeigen, inwiefern der Text in seiner Schreibtendenz als Verweigerungsstrategie von hegemonialen Diskursen über den weiblichen Körper gelesen werden kann. Dazu werden zunächst ausgewählte soziokulturelle, philosophische und feministische Thesen zum Körper dargestellt, um das reziproke Verhältnis zwischen diesem und den sozialen Gegebenheiten darzulegen

Im Anschluss daran werden Diskurse unterschiedlicher Wissensdisziplinen kritisch betrachtet, die im Laufe der Geschichte zur Konstruktion und sozialen Inszenierung einer "idealen Weiblichkeit" beigetragen haben, wobei hier der Fokus auf der zentralen Rolle des Frauenkörpers als Austragungsort von Einschreibungstendenzen liegt. Nach einem Verortungsversuch des weitläufigen Begriffes Subversion als Sichtbarmachung von gesellschaftlichen Normen wird der Frage nachgegangen, inwiefern die Darstellung des Körpers als subversives Ausdrucksmittel fungieren kann.

In der Analyse des Primärtextes wird herausgearbeitet, wie Charlotte Roche mit dem Stilmittel des konsequenten Tabubruchs sowie der häufigen textimmanenten Verweise auf Groteskes und Ekelassoziationen die am Körper manifest werdenden Diskursivierungen von „Weiblichkeit“ wie Schönheit, Schamempfinden und Reinheit untergräbt. Es wird gezeigt, wie durch den Einsatz von visuellen Textelementen die voyeuristische Blickstruktur aufgebrochen und dadurch herkömmliche visuelle Repräsentationsmechanismen von Weiblichkeitsbildern dekonstruiert und subvertiert werden.

Den Abschluss der Textanalyse bildet die Hinterfragung des im Text präsentierten Konzepts von Sexualität. Anhand der Ergebnisse der Textanalyse wird am Ende dieser Arbeit die Frage erörtert, inwiefern die im untersuchten Text präsentierte Körperkonzeption im Sinne einer weiblichen Selbstermächtigung gelesen werden kann und sich Feuchtgebiete letztendlich als subversiver Text festmachen lässt.

6 **Udo Lindenberg**

Wikipedia: Udo Gerhard Lindenberg *(* 17. Mai 1946 in Gronau/Westfalen) ist ein deutscher Rockmusiker, Schriftsteller und Maler.*

Udo Lindenberg, 2014

Autor Schanz: *Ich war am Anfang auch der Meinung, dass Udo Lindenber keine Zukunft haben würde, aber ich habe mich grundlegend geirrt. Zwar gab es am Anfang viele Stimmen, die meinten, er würde keine nennenswerte Karriere schaffen, auch die haben sich getäuscht.*

Sein Stil war nicht gerade gesittet und vornehm, sein Habitus schien eher gewöhnlich zu sein und wirkte fast niedrig (fast Trinkermilieu: „in der Hand 'ne Cognacflasche").

Aber seine Erfolge geben ihm Recht – für Erfolg muss man sich nicht rechtfertigen. Udo Lindenberg gehört zu den Prominenten Hamburgs – neben Max Schmeling, Hans Albers, Helmut Schmidt, Uwe Seeler, Jan Vedder, Michael Stich, Dieter Wedel, Mike Krüger, Otto Waalkes, Helene Fischer u.v.a.

Auszugsweise:

https://www.reddit.com/r/de/comments/c7kq9f/versteht_eigentlich_irgendjemand_das_ph%C3%A4nomen_udo/?rdt=39396 *(Reddit ist ein Social-News-Aggregator, eine Website, auf der registrierte Benutzer Inhalte einstellen bzw. anbieten können. Ein Inhalt kann entweder aus einem Link, einem Video, einem Bild, einer Umfrage oder einem Textbeitrag bestehen. Andere Benutzer können die Beiträge als positiv oder negativ beurteilen.) Wikipedia*

Dachorganisation: *Advance Publications*

Gründer: *Steve Huffman, Aaron Swartz, Alexis Ohanian*

„ …Versteht eigentlich irgendjemand das Phänomen: Udo Lindenberg?

… Ich würde mich selbst als ziemlichen Musiknerd bezeichnen, also von afrikanischen Todestrommeln über japanischen Harsh Noise Scheiß bis zu zentralasiatischen Kehlkopfgesängen habe ich meine Nase in so ziemlich jedes Genre, jede Spielart, jede Ausprägung von Musik auf der Welt gesteckt.

Ich verstehe (auch wenn ich ihn nicht teile) den Reiz von Schlager, Party-Pop, Kuschel-Rock und Cloud-Rap, ich weiß auf wie viele Arten Metal begeistern kann. Ich habe schon auf Techno getanzt und zu Goth Kitsch über mein Leben sinniert. Ich verstehe Jam Bands, Proto-Punk, New Wave Krautrock und Britpoo, Happy Hardcore, Scooter, Helene Fischer, Rammstein, Oper, Musicals, Zwölftonmusik und Music Concrete.

Genug Namedropping, was ich sagen will, zu so ziemlich jeder Musik habe ich grob Ahnung wer ungefähr die Zielgruppe ist, warum sie beliebt ist, warum sie ein breites Publikum oder eher die Nische anspricht, aber aus einem werde ich nicht Schlau:

Udo Lindenberg

Für mich wirkt der immer wie eine Art Helge Schneider mit Blues-Rock Klischees, ich habe mir auf YouTube schon viele alte Rockpalast Aufzeichnungen angesehen, habe durch seine Alben geskippt und trotzdem stelle ich mir immer die Frage:

Was ist das gewisse "Extra" das Leute anzieht?

Der einzige direkte Vergleich den ich machen kann wäre die gute alte Nina Hagen in ihrer Nina Hagen Band Zeit, die war schliesslich auch unangepasst, rotzfrech, systemkritisch und alles andere als weichgespülter Pop, aber selbst die ist musikalisch, persönlich und textlich wesentlich kreativer und für mich verständlich faszinierender unterwegs als der gute alte Udo.

Dieses Genuschel, dieses affektierte Verhalten, diese Mythenbildung, ich steige da einfach nicht durch.

Deswegen meine ernstgemeinte und wirklich nicht abwertende Frage: Sind hier Fans unter euch? Oder sind eure Eltern Fans? Kennt Ihr Leute die den so richtig abfeiern? Bitte klärt mich auf, ich würde so gerne verstehen warum er diesen Status hat, warum er so große Menschenmassen bewegt und wer diese Leute eigentlich sind, was hören die sonst so für Musik?

Verkenne ich hier eins der wenigen deutschen Musikgenies, oder ist das alles ein elaborierter Scherz? Muss man vielleicht Hamburger sein, um da durchzusteigen? Ich bin aufrichtig an Euren Antworten interessiert …“

Wie auch immer, jetzt ist „Udo Lindenberg ist ein Jahrhundert-Genie“ wie Goethe“

(https://www.udo-lindenberg.de/sixcms.php/detail.php?id=513375&template=d_udo_mobil_news_detail&skip=3):

„… "Udo Lindenberg ist ein Jahrhundert-Genie wie Goethe„
… das Gesamtkunstwerk und den Menschen dahinter:
„Grundsätzlich interessiert mich Udo Lindenberg weniger als Musiker denn als Gesamtkunstwerk. Er ist ja eine deutsche Mischung aus Andy Warhol, Joseph Beuys und Mick Jagger. Wann hatten wir denn so was? Vorher gab es irgendwelche nach Buttersäure riechenden, verschwitzten Krautrocker, in agitatorischer Absicht politisch aufgeladen bis zur totalen Banalität. Udo Lindenberg war und ist dagegen ein wahrer Künstler, auch ein Selbstinszenierungskünstler.

Und im Übrigen ein Mensch, der unglaublichen Ehrgeiz hat. Es ist ein Klischee, dass es ihm auf wunderbare Weise bei dieser Selbstinszenierung gelungen ist, erfolgreich zu sein. Das hat viel mit einem schon in früher Kindheit angelegten und von ihm bis heute nicht bestrittenen Ehrgeiz und seinem Hang zur Perfektion zu tun. Er hat mal gesagt, dass er sich jeden Tag selbst googelt. Ihm kommt es sehr darauf an, wie er wahrgenommen wird, und nur so wird man eine Pop-Ikone.

… den Vergleich mit Goethe:
„Goethe hat mit einem angeblichen Schatz von 90.000 Wörtern die Kunstsprache, die Literatursprache für Generationen geprägt. Er war ein Wortvirtuose der alten Schule. Udo Lindenberg hat dagegen unsere Alltagssprache verändert, indem er eine ganz andere Sprachmelodie eingeführt hat. Wir unterschätzen das immer. Man muss sich nur anhören, wie Leute in den 50er- und 60er-Jahren gesprochen haben. Das war ein völlig anderer Habitus. Udo Lindenberg hat nicht nur als erster cooler Popstar Deutsch gesungen, damit die Sprache von der historischen Beschmutzung durch die Nazis befreit und den Weg für all die Popgruppen bereitet, die in den 70er-Jahren erfolgreich wurden.

Er hat auch durch die Art, wie er gesprochen hat, neue Formen in die deutsche Sprache gebracht, das „Du“, das „Hey“, Wortverbindungen mit -mäßig, wie „spitzenmäßig“ oder „bühnenmäßig“. Dann Verniedlichungen wie „Hallöchen“ oder, auf den Spuren von Richard Wagner, die Alliterationen, so was wie Wotan Wahnwitz, dazu kreative Namen wie Jonny Controlletti.

Das alles kommt von Udo Lindenberg, und das alles finden wir heute in unserer Sprache täglich wieder. Deshalb ist der Vergleich mit Goethe nicht nur eine Pointe. Er hat die Sprache wirklich genauso geprägt und verändert.“

… das erste Treffen:
„Ich habe 1983 ein Buch über die Neue Deutsche Welle geschrieben, deren Wegbereiter Udo Lindenberg war. Deshalb wollte ich unbedingt mit ihm sprechen. Wir haben uns zu einem Interview im Frankfurter Operncafé getroffen, er war gerade auf Tournee. Ich weiß noch, wie wir zusammensaßen und ich natürlich schwerstens eingeschüchtert war angesichts dieser Legende. Es ist übrigens interessant, Menschen dabei zu beobachten, wenn sie Udo Lindenberg begegnen. Die meisten entwickeln eine wahnwitzige Nervosität und einen unglaublichen Zwang, besonders locker zu sein. Sie wollen alle wenigstens ein bisschen so cool sein wie Udo.

Sie formulieren anders, bewegen sich anders und machen Dinge, die fürchterlich peinlich sind, weil sie das Gegenteil von locker und cool sind. Ich glaube, dass Udo Lindenberg es nicht besonders schätzt, wenn man versucht, auf Kreisklassenniveau so zu sein wie er. Insofern ist die größte Herausforderung, ihm ganz normal als Mensch zu begegnen. Was man wiederum relativ leicht kann, weil er ein wunderbarer Mensch ist.

Er hat neben dem künstlerischen Genie auch ein ganz, ganz großes Herz. Ja, er ist der Clown, der Komödiant, er ist auch derjenige, der sich selbst spielt – aber er kann auch ein wunderbarer, ernsthafter und empathischer Gesprächspartner sein. Seine glitzernde Sprachintelligenz macht nicht nur sein künstlerisches Schaffen so faszinierend, sondern auch jede Begegnung mit ihm. Selbst jede SMS möchte man einrahmen. Er kann gar nicht anders, als geistreich und tiefgründig zu formulieren."

… die Freundschaft:
„Systematisch gepflegt haben wir unsere Freundschaft gar nicht. Gerade am Anfang haben wir uns eine lange Strecke aus den Augen verloren. In den 90er-Jahren gab es dann immer wieder journalistische Berührungspunkte, Interviews, die großen Premieren – und irgendwann ergab es sich dann, dass wir uns öfter und privat trafen."

… Lindenbergs Absturz:
„Es gab damals im Hotel Atlantic manche Situation, wo man an der Bar merkte: Jetzt wird es schwierig, jetzt gibt es kein Halten mehr. Zum Glück sind die Überlebenskünstlerfähigkeiten von Udo Lindenberg ebenfalls großartig. Dieses Ans-Extrem-Gehen, Sich-an-der-Kante-bewegen-und-alles-Riskieren, kann auch eine Intensität und Sensibilität geschaffen haben, durch die er erst das geworden ist, was er geworden ist. Die Frage, wie Udo Lindenberg geworden wäre, wenn er nie einen Schluck Alkohol getrunken hätte, können wir nicht beantworten. Aber: Es gibt viele Alkoholiker, die gänzlich unbegabt sind. Und es ist wirklich beeindruckend, wie er mit seiner Lebensweise 75 geworden ist…"

Udo Lindenberg - *Mein Ding (offizielles Video)*
2,8 Mio. Aufrufe · Nov. 10, 2014

Als ich noch ein junger Mann war
Saß ich locker irgendwann da
Auf der Wiese vor'm Hotel Kempinski
Trommelstöcke in der Tasche
In der Hand 'ne Cognacflasche
Und 'n Autogramm von Klaus Kinski

Ich guckte hoch aufs weiße Schloss
Oder malochen bei Blohm & Voss
Ne irgendwie, das war doch klar
Irgendwann, da wohn ich da
In der Präsidentensuite
Wo's nicht rein regnet und nicht zieht

Und was bestell ich dann?
Dosenbier und Kaviar
Und ich mach mein Ding
Egal, was die ander'n sagen
Ich geh meinen Weg
Ob gerade, ob schräg, das ist egal
Ich mach mein ding

Egal was die ander'n labern
Was die Schwachmaten einem so raten
Das ist egal
Ich mach mein Ding
Und jetzt kommst du aus der Provinz
Und wenn auch jeder sagt, du spinnst
Du wirst es genauso bringen

Machst auf die charmante Art
Mal elastisch, manchmal hart
Manchmal musst du das Glück auch zwingen
Später spricht dann Wilhelm Wieben
Er ist sich immer treu geblieben

Die Mode kam, die Mode geht
Man war immer noch der King
Ja, du machst dein Ding
Egal, was die ander'n sagen
Du gehst deinen Weg
Ob geradeaus schräg
Das is doch egal
Du machst dein Ding

Egal, was die ander'n labern
Was die Schwachmaten einem so raten
Das ist egal
Und dann bist du dir immer treu geblieben
Und Roomservice wird mit U und H geschrieben
Und ich mach mein Ding
Egal, was die ander'n labern
Was die Schwachmaten einem so raten
Das ist egal

Ja, ich mach mein Ding
Egal, was die ander'n labern
Was die Schwachmaten einem so raten
Das ist egal
Ich mach mein Ding
Ja, das ist es

Schanz: *Udo Gerhard Lindenberg,* ***der Unberührsbare,*** *hat quasi einen* ***Immunitätsstatus*** *erreicht hat, der jede Negativkritik abperlen läßt und vielfachem Lob und Ehrungen die Türen öffnet.*

Es gelten für ihn Werte, die bei anderen als irrational angesehen würden.

Er gehört zu den Wenigen, die das geschafft haben. Herzlichen Glückwunsch!

Grundsätzlich gilt: Es ist nicht wichtig, jedem zu gefallen, wenn die quantitative und qualitative Anhängerschaft so bedeutend und "riesig" ist.

Wahrscheinlich bin ich zur neidisch.

Anhang / Anlage 2: Sexuelle Partnerschaft, wann funktioniert sie, wann nicht? - 1

Abbildung / Grafik 48: „Sexuelle Partnerschaft"

Das folgende Zusammenhangsmodell

Die Abgrenzung von Ziele, Werte, Normen und Regeln ist überschneidend und nicht immer eindeutig.

- *Werte in diesem Sinne sind wichtige Prinzipien,*
- *Normen: Vorgaben in diesem Sinne sind (eher statisch)*
- *Regeln: Handlungsmuster in diesem Sinne sind (eher dynamisch)*
- *Sinn entsteht, wenn etwas eine Bedeutung für uns hat,*
- *Wesen ist die Realität des von uns empfunden Sinnes:*

Werte („Mentale Intelligenz", „Erotische Intelligenz, „Sexuelle Intelligenz")

Was sind sexuelle Werte und Normen?

- *Sexualmoral dient, positiv formuliert, auch dazu,*
  - *den Menschen von der Aufgabe zu entlasten,*
  - *in jeder einzelnen sexuellen Entscheidungssituation.*
- *selbst und neu zu entscheiden,*
- *„Mentalen Intelligenz"*
- *Erotische Intelligenz"*
- *„sexuelle Intelligenz"*

Begriffsabgrenzung Werte, Tugend, Moral und Ethik

Was sind Ausdrucksformen von Sexualität?

Viele Menschen denken bei Sex zuerst an Geschlechtsverkehr.

Doch Sexualität ist wesentlich mehr:

- *Körperlich*
- *Gefühle, Liebe, Verliebtsein*

Sexualität ist letztlich das, was wir daraus machen!"

Anwendung:
Was ist sexuelle Partnerschaft, wann funktioniert sie, wann nicht?

- *Objektive Bewertung?*
  - *Werte, Normen und Regeln ergeben sich aus dem*
  - *Zusammenhangsmodell der Sexualität mit der Entwicklung und Evolution von Fauna und Flora und Fauna, der Natur*
    - *Die jeweiligen Gruppen und Gesellschaft einigen*
    - *Abstimmung, Einigung, Konsens, Kompromiss,*
    - *Option, Verfügung, Diktat, Zwang) sich,*
    - *formell wie informell, was Werte, Normen und Regeln sein sollen.*
    - *Dabei kann es nur Akzeptanz geben, keine objektive Bewertung, sondern h, wie sich solche Paradigmen und Parameter*
    - *(Werte, Normen und Regeln)*
    - *strategisch, taktisch und operativ bewähren,*
    - *werden sie von der Gesellschaft befolgt.*
    - *Abweichungen werden formal und sozial kontrolliert und verfolgt (formelle, informelle und soziale Kontrolle, Disziplinierung).*
- *Frauen, Männer und Sexualität im Tierreich (bei den Primate)n*
- *Geschlechterentwicklung und "man made disasters"*
- *Frauen sind, von privilegierten Ausnahmen abgesehen, im Prinzip von den Männer seit ca. 100.000 Jahren wie rechtlose Abhängige (zum Teil wie Sklaven) behandelt worden*
- *Es gab immer auch Männer, die ihre Frauen vergleichsweise gut behandelt haben, aber sie blieben (auch heute noch) abhängig.*
- *In der sogenannten westlichen Welt gibt es sichtbare und spürbare Fortschritte, aber Wunder sind auch dort nicht so ausgesprochen häufig.*

(„1“) Werte, Normen und Regeln
Was bedeutet das für unsere Thematik der Sexualität?

- *Zusammenhangsmodell der Sexualität*

  - *mit der* ***Entwicklung und Evolution***
  - *von* ***Fauna und*** *Flora,* ***,*** *der Natur,*
  - *also die* ***Pflanzen und Tiere****,*
  - *an einem bestimmten Ort (Wikipedia).*

- *Die jeweiligen Gruppen und Gesellschaft einigen*

  - *Abstimmung, Einigung, Konsens,*
  - *Kompromiss, Option,*
  - *Verfügung, Diktat, Zwang sich,*
  - *sowohl formell wie informell,*
  - *was Werte, Normen und Regeln sein sollen.*

- *Dabei kann es nur* ***Akzeptanz*** *geben,*

  - *keine objektive Bewertung, sondern danach,*
  - *wie sich solche Paradigmen und Parameter*
  - *(Werte, Normen und Regeln)*
  - *strategisch, taktisch und operativ bewähren,*
  - *werden sie von der Gesellschaft befolgt.*

  - *Abweichungen werden formal und sozial kontrolliert*
  - *und verfolgt (formelle, informelle und soziale Kontrolle, Disziplinierung).*

(2“) Frauen, Männer und Sexualität im Tierreich (bei den Primaten Was bedeutet das für unsere Thematik der Sexualität?

- ***Normalität und Moral*** *sind keine Naturgesetze, wie sie z.B. in der Physik gelten, sondern akzeptierte, zum Teil unbewusste Regeln, denen sich im Regelfall niemand offiziell widersetzt, von Rechtsbrechern und Kriminellen abgesehen.*

- *Im Tierreich gibt es die*

  Verhaltensweisen von Schimpansen und Bonobos*; beide Formen des Zusammenlebens gibt es zum Teil deutlich, zum Teil gemischt, bei den Menschen.*

- ***Schimpansen*** *werden von den Männchen autoritär bis gewalttätig ausgeübt und die Weibchen – je nach Situation – nachsichtig bis brutal mit massiven Verletzungen und Todesfolge gezwungen, den Männchen in jeder Hinsicht dienlich zu sein, auch beim Sex.*

- ***Bonoboweibchen*** *haben promiskuitives Verhalten dazu entwickeln, die Gruppen zu führen und das Familienleben friedlich zu begleiten. Konflikte werden durch Sex gelöst, bei dem der Trieb der Männchen zur Akzeptanz der weiblichen Führung genutzt wird, was weitgehen gut funktioniert.*

- *Auch* ***eine Art Prostitution*** *wird von den Bonoboweibchen gefördert: Wenn Sie z.B. Nahrung brauchen, stellen die jeweils begehrten Weibchen den Männern Sex in Aussicht, wenn von den Männern Nahrung erhalten.*

Menschen: *Sowohl das Verhalten der Schimpansen, wie das der Bonobos, wird von den Menschen übernommen. Es wird hinter kulturellen („Minnedienst“, gemeinsamer Theaterbesuch) und zivilisatorischen (Höflichkeit, Charme, Zuvorkommen) versteckt, äußert sich aber auch im Selbstbewusstsein, Führungsanspruch und Dominanz der beteiligten Personen.*

(„3“) Geschlechterentwicklung

Was bedeutet das für unsere Thematik der Sexualität?

- *Frauen sind, von privilegierten Ausnahmen abgesehen, im Prinzip von den Männer seit ca. 100.000 Jahren wie rechtlose Abhängige (zum Teil wie Sklaven) behandelt worden und erst vor nicht allzu langer Zeit gibt es relativ kleine Anpassungsschritte zur Akzeptanz, nur sehr bedingt zur Gleichberechtigung, die auch heute noch nicht umfassend abgeschlossen sind (Einkommen, Führungspositionen, Ruhm und Akzeptanz in Politik, Wirtschaft, Wissenschaft, Kultur, Dienstleistung usw.).*

Abbildung / Grafik 49: „Argument für die Frauenquote“
Lizenzpflichtig hier nicht abgebildet
https://www.politische-bildung-brandenburg.de/system/files/styles/politische_bildung_lightbox _politische_bildung_l_1x/private/bengen_Frauenverdienst-FARBE_0.JPG?itok=P2XGwne0
Links für Abbildungen und Fotos habe ich aus Lizenzgründen hier nicht dargestellt.

„Argument für die Frauenquote“

https://www.pinterest.de/pin/718183471828858274/ ***Die Nutzung von Pinterest ist grundsätzlich kostenlos. Nur wenn Du als Unternehmen Werbeanzeigen schalten möchtest, fallen Kosten an.***26.01.2023

- *Es gab immer auch Männer, die ihre Frauen vergleichsweise gut behandelt haben, aber sie blieben (auch heute noch) abhängig. In der sogenannten westlichen Welt gibt es sichtbare und spürbare Fortschritte, aber Wunder sind auch dort nicht so ausgesprochen häufig.*

- *Dass auch Männer wie Slaven gehalten wurden (zum Teil noch werden), ist bekannt, aber Frau waren immer noch abhängiger und wurde aus Sexgründen wie Spielzeug behandelt und misshandelt.*

("4") "man made disasters"

Aus der Diplomarbeit „'Gesichter, Gewehre, Gespenster.' Eine psychotraumatologische Analyse des Werkes von Wolfgang Borchert" Verfasserin Janine Mittelmayer angestrebter akademischer Grad Magistra der Philosophie (Mag.phil.) Universität Wien, 2014 Studienkennzahl lt. Studienblatt: A 190 333 313 Studienrichtung lt. Studienblatt: UF Deutsch UF Geschichte, Sozialkunde und Politische Bildung:

Auszugsweise:

- *Der Verfasser gibt zwar keinen geschichtlichen Abriss über menschliche Gewalt, Folter, Misshandlungen und Quälereien, aber seine Interpretationen wirken auf mich bedrückend.*

Gladiatoren waren im Alten Rom Schaukämpfer, sie waren Gefangene oder Sklaven und wurden zu diesen Handlungen gezwungen. Gleichzeitig waren sie Todgeweihte, da jeder Kampf zum Tod führen konnte.

Inquisition: Ketzer, die vor der Inquisition ihrer Häresie abschwören, erhielten die Absolution und hatten normalerweise mit leichten, als Buße gedachten Strafen zu rechnen. Bei „rückfälligen" Ketzern oder besonders schwerwiegenden Fällen konnten Haft- oder schließlich auch die Todesstrafe durch Verbrennen angeordnet werden (Folter, Tod auf dem Scheiterhaufen, Hexenverbrennungen). Das Ausmaß der Bestrafungen ist umstritten und wird zum Teil eher „als geringfügig" dargestellt.

- *Die sogenannten* **"man made disasters"** *wie Holocaust, Krieg, ethnische Verfolgung und Folter zielen auf die Annihilation der geschichtlich-sozialen Existenz des Menschen [...]. Die traumatische Erfahrung in ein übergeordnetes Narrativ einzubinden, kann dem Einzelnen deshalb nicht in einem rein individuellen Akt gelingen, sondern es bedarf abgesehen von einem empathischen Zuhörer auch eines gesellschaftlichen Diskurses über die historische Wahrheit des traumatischen Geschehens und über dessen Verleugnung und Abwehr.*

- *Auch wird die Entwicklung von Scarlett O'Hara vom Mädchen zur Frau mit allen Chancen, Risiken und vor allem niedrigen Motiven werden psycho-sozial sehr gekonnt dargestellt.*

- *Aber der rassistische Hintergrundton, quasi eine Verherrlichung der Sklaverei gegenüber Menschen afrikanischer Wurzeln, wird ihr zu Recht vorgeworfen.*

- *Andererseits war das eventuell Absicht, um dem Leser die Gefühlsparadigmen der Südstaatengesellschaft intensiv spürbar verinnerlichen zu lassen.*

- *Man denke an den direkten und latenten Rassismus bei uns in Deutschland, bei dem auch an sich intelligente Menschen die kriminellen Entwicklungen und extremistische Auswüchse bei Migranten zum Anlass nehmen, nach jeweiliger „Geschmackslage" (bei Frauen zum Teil weniger) Ausländer auszugrenzen und aus Deutschland zu vertreiben. Berechtigte gesellschaftliche Hintergründe, Entwicklungen und Situationen werden einfach nicht bedacht, zumindest nicht offen gelegt.*

- *Ob Margaret Mitchel so weit gedacht hat, ist eher zweifelhaft, aber ihr Buch bleibt trotz aller Widersprüche ein Meisterwerk der Weltliteratur.*

Anhang / Anlage 3: Werbe-Banner 1

Caschys Blog
Match startet neue Dating-App für Alleinerziehende: Stir

Freepik
Hintergrund der dating-app im cartoon-stil | Kostenl...

SmartDroid.de
Web: Online-Dating-Portale setzen sehr oft auf Fake-...

Anhang / Anlage 3: Werbe-Banner 2

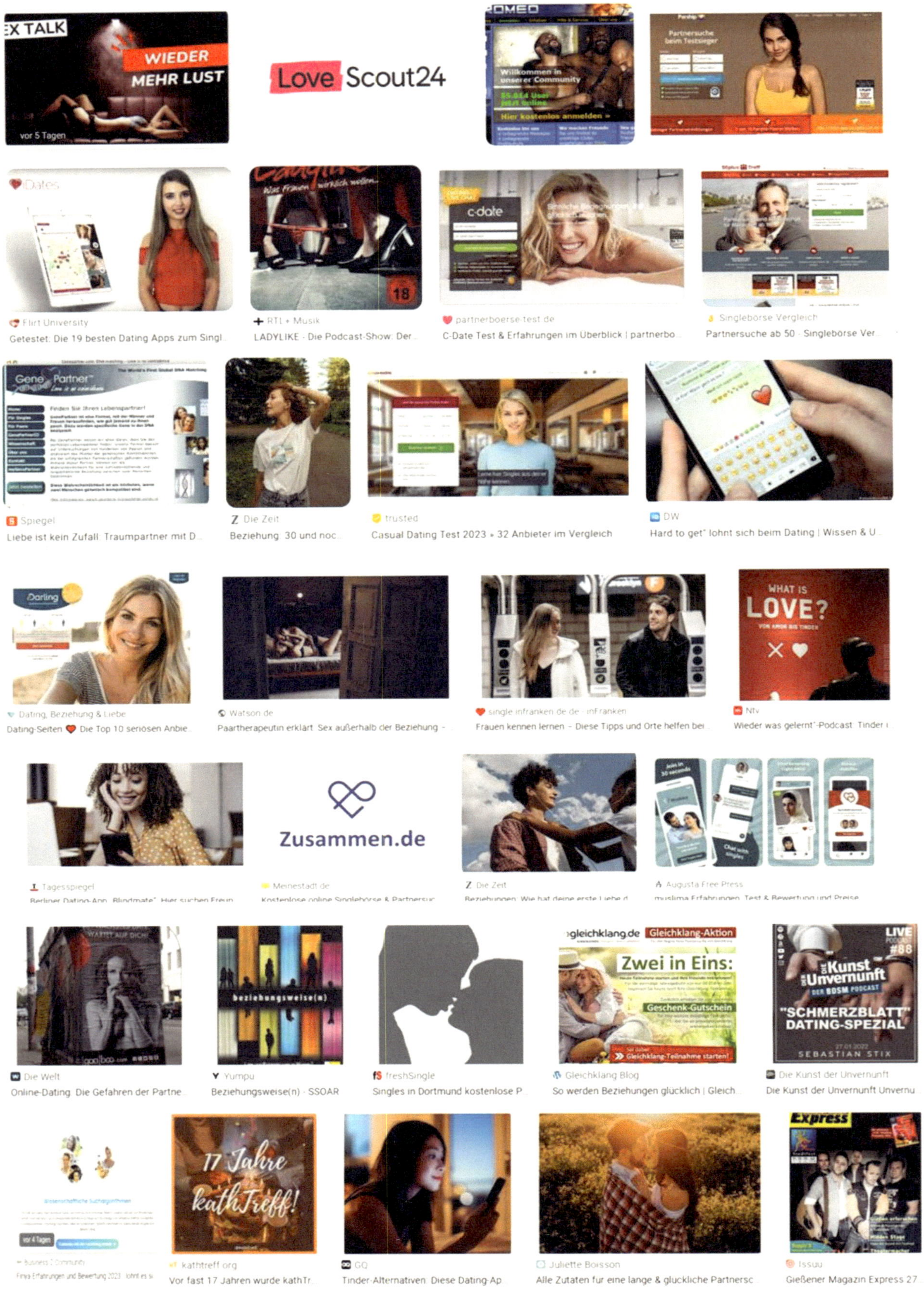

Anhang / Anlage 3: Werbe-Banner 3

Best Dating Sites & Apps 2023 – from Hook...
Chatout im Test 2023: Kosten, Users Erfahrung...

Scribd
Klicksafe Modul Lets T...

Google Play
My Days - Periode & Ov...

Spiegel
Cybersex: Die Branche frisst sich selbst - DE...

Brand-History
CHAT NOIR - Ein Blick ...

RTL+ Musik
LADYLIKE - Die Podcast-Sho...

Amazon
hilfmir: Die 100 häufigs...

Deezer
Feminismus für alle. Der...

trusted
Partnersuche ab 50 2023 » 32 Anbieter im ...

Fem.com
Traummann/Traumfrau Sex un...

NEU.DE
Wie viel Neugier verträgt die Liebe? | NEU.DE B...

GEO
Dating-Apps: Sex to go ...

Mikes Kino
Mike's Kino : Film-Archiv

www.singleboersen-verglei...
Singlebörsen Vergleich DE ...

Kino Bad Brückenau
Rhön Lichtspiele : Film-Arc...

Andreas Lorenz
Ist Tinder auch für Ältere? Die besten Dating-Apps f...

DW
Hard to get' lohnt sich beim Dating | Wissen & Um...

Tagesspiegel
Partnersuche: Alle Tipps zu Liebe und Freundschaft

ProSieben
Die besten Dating Apps: Darauf musst du acht...

www.singleboersen-verglei...
Singlebörsen Vergleich DE ...

freshSingle
Singles in Basel kosten...

VIOLA
Verbotene Liebe – Wie Affären unser Herz zerstören - Viola

Kino in Kaiserslaute...
Kino in Kaiserslautern: ...

Gay Inside
Gay Gruppensex-Party: An sc...

Kostenlose Porno
russian hottie vom Video-Chat deepthroats auf de...

Kostenlose Porno
russian hottie vom Video-Chat deepthroats auf d...

www.anonymer-sexchat.com
Anonymer Sexchat – Anonym Sex chatten mit deut...

Anhang / Anlage 4: Wie geht es in einem Bordell zu? (1 von 4)

Zum ersten Mal im Puff

Vergleiche: https://www.hellozurich.ch/de/impressum/
https://www.google.com/search?q=https://www.hellozurich.ch/cms/cache/1fee4ad01bcb01557bd5a0d72d1fc296.jpg&sxsrf=APwXEdeKRpu93Zewl9G3isUNetwdNcmLHA:1680065672846&source=lnms&tbm=isch&sa=X&ved=2ahUKEwjuhYStrID-AhXh9rslHW3aBXoQ_AUoAXoECAIQAw&biw=1112&bih=563&dpr=1.65

https://www.hellozurich.ch/cms/cache/1fee4ad01bcb01557bd5a0d72d1fc296.jpg

Nutzungsbedingungen: Diese Nutzungsbedingungen regeln die Nutzung von bestimmten Angeboten auf der Website www.hellozurich.ch. Mit der Nutzung der Website bestätigt der User, dass er die Nutzungsbedingungen gelesen, verstanden und akzeptiert hat. Die Nutzungsbedingungen gelten für zahlende User, also Inhaber*innen des hellozurichPasses, sowie User,

die das Magazin kostenlos nutzen:

Abbildung / Grafik 50: Damen mit Mona, der 62.-jährigen Puffmutter des Clubs Eden

„… Text: Luisa Aeberhard Fotos: Christian Schiller

Täglich gehen in der Schweiz bis zu 18'700 Männer ins Puff. Das besagt eine Studie aus dem Jahr 2015. Eines der über 900 Etablissements ist der Club Eden in Schlieren. Unsere Autorin Luisa Aeberhard hat die 62-jährige Puffmutter Mona, die früher selbst als Prostituierte arbeitete, im Bordell besucht.

Blaue Häuserfassade, knallrote Fensterläden. Bäumchen säumen den Weg zum Eingang. «Herzlich willkommen im schönsten Freudenhaus!» steht an der Glastür auf einem kleinen Plakat, das mit Herzchen verziert ist. Ich möchte gerade läuten, als hinter mir eine Männerstimme ertönt:

Anhang / Anlage 4: Wie geht es in einem Bordell zu? **(2 von 4)**
Zum ersten Mal im Puff

«Wo müssen Sie denn hin?»
«Ins Eden.»

«Ah, ich auch», sagt er, läutet und fragt: «Arbeiten Sie im Eden?»
Verblüfft schaue ich ihn an. Die Tür öffnet sich…

… Rote LED-Streifen leuchten im Treppenhaus, an den Wänden hängen Poster mit nackten Schönheiten. Die Empfangsdame begrüsst mich. Sie trägt ein buntes Sommerkleid, dazu Sandalen. Sie führt mich in die Küche. Zigarettenrauch hängt in der Luft. Ich solle Platz nehmen, sagt sie, Mona komme gleich.

Neben dem Kühlschrank vibriert eine Waschmaschine, daneben stehen mit Kondomen gefüllte Schalen, im Hintergrund kichern Frauen. Schritte ertönen – es ist Mona, die Puffmutter des Clubs Eden. Mona, so nennt sie sich in ihrem Etablissement – ausserhalb des Eden heisst sie anders…

«Im Puff ist die Liebesdienerin jemand anderes als da draussen; sie spielt eine Rolle und sexuelle Praktiken sind ihr Beruf.» …

…. Auch die Prostituierten hier haben Pseudonyme wie Crystal, Tiffany oder Liberty. Im Eden arbeiten zwischen sechs und zehn Frauen, die meisten stammen aus Osteuropa. Mona sagt: «Im Puff ist die Liebesdienerin jemand anderes als da draussen; sie spielt eine Rolle und sexuelle Praktiken sind ihr Beruf.» Das Pseudonym brauche es, damit die Beziehung zwischen der Prostituierten und dem Gast nicht zu privat werde, vor allem aber als Schutz vor Stalking. «Die Liebesdienerin kann so quasi eine bessere Abgrenzung zu ihrer Seele pflegen.»

«Ich bin gegen den Strassenstrich und gegen Verrichtungsboxen, aber für kontrollierte Freudenhäuser.»

Die 62-jährige Puffmutter spricht geradeheraus. Äussert sie ihre Meinung, kommen die Sätze schnell und direkt: «Ich bin gegen den Strassenstrich und gegen Verrichtungsboxen, aber für kontrollierte Freudenhäuser.» Werte wie Würde und Respekt würden ihr viel bedeuten, sagt Mona. Als Liebesdienerin erhalte man von der Gesellschaft wohl nie Bewunderung, hoffentlich aber etwas Respekt, sagt Mona. «Prostitution ist ein wichtiger Job, ich mag ihn nicht im Untergrund sehen.» Sie dreht den Kopf zur Seite, wobei sich ihre schwarz-weissen Ohrringe hin- und herbewegen. Sie macht einen zufriedenen Eindruck. Beruflich und privat ist aber nicht immer alles rund gelaufen.
…
Die beiden sahen ihre Existenz bedroht. Sogar der Freitod sei in dieser Zeit ein Thema gewesen.

…Die gelernte Schriftsetzerin arbeitete lange als Grafikerin für die Presse und in der Buchbranche, später machte sie sich mit ihrem damaligen Lebenspartner selbstständig – das Paar führte sein eigenes Grafikatelier. Am Anfang lief es wie geschmiert. Um die Jahrtausendwende setzte die Branche auf Sparpolitik – die beiden bekamen immer weniger Aufträge und sahen ihre Existenz bedroht. «Das Geld reichte gerade noch für Brot und Butter – einen Cervelat konnten wir uns nicht leisten», erzählt die Puffmutter. Sogar der Freitod sei in dieser Zeit ein Thema gewesen…

Kein Zimmer gleicht dem anderen und doch haben alle etwas gemeinsam: Ob Sternen-, Dschungel- oder Rosenzimmer, vor jeder Tür findet man eine Stoppuhr.

Anhang / Anlage 4: Wie geht es in einem Bordell zu? *(3 von 4)*
Zum ersten Mal im Puff

Das war vor 15 Jahren. Mona sagt: «Ich habe viel gelernt, als ich als Prostituierte arbeitete, und bin selbstsicher geworden – ich würde es wieder machen.»

... Die Idee eines eigenen Bordells entstand, als Monas ehemaliger Lebenspartner durch seinen Job bei einem Sex-Guide einen Einblick in verschiedene Etablissements erhielt. Zusammen kauften sie einen Club in Zürich, hatten zunächst aber erneut Pech: Sie seien in einen unverschuldeten Rechtsstreit geraten und hätten hohe Anwaltskosten zu berappen gehabt.

Seit elf Jahren führen die beiden inzwischen das Bordell in Schlieren. Während Mona im Eden an vorderster Front tätig ist, kümmert sich ihr Geschäftspartner um die Administration. Das Eden verteilt sich auf drei Stockwerke. Die Themen-Zimmer hat Mona selber eingerichtet. Keines gleicht dem anderen und doch haben alle etwas gemeinsam: Ob Sternen-, Dschungel- oder Rosenzimmer, vor jeder Tür findet man eine Stoppuhr. Für ein 20-minütiges Vergnügen bezahlen Freier 100 Franken, für eine Stunde 280 Franken. «Ich sage meinen Mädchen immer: ‹Wenn ihr den Gästen mit Herzenswärme begegnet, erhaltet ihr viel mehr zurück.› Es geht darum, Gutes zu tun.»

... Mona will aber nichts beschönigen. Es sei ein harter Job: Nicht alle Freier seien gepflegt und zuvorkommend. Hinzu komme die psychische und physische Belastung, die sich Aussenstehende gar nicht vorstellen wollen.

«Ich bin aber sicher keine Zuhälterin, welche die Mädchen ausbeutet.» Nach allen Abzügen wie etwa Miete, Löhne, Sozialabgaben, Werbung und den übrigen Aufwänden blieben ihrem Geschäftspartner und ihr rund 5 Prozent Gewinn, sagt Mona.

Im dritten Stock ist männerfreie Zone: Hier wohnen die Prostituierten. Mona ist es ein Anliegen, dass sich «ihre Mädchen» wohl und sicher fühlen. Hat eine Liebesdienerin Geburtstag, kauft Mona ihr ein Geschenk und einen Kuchen. «Ich begegne meinen Mädchen mit Wärme und Liebe, was diese oft erstaunt.» Viele reagierten so, weil sie verletzt und traurig seien, da einige von ihnen selbst von ihren Müttern noch nie etwas geschenkt bekommen hätten ...

Klack, klack! – eine Liebesdame mit gewelltem braunem Haar steuert in die Küche auf eine Schublade zu. Bevor sie dort ein Medikament herauszieht, fragt sie Mona um Erlaubnis. Die Brünette stöckelt davon, ihr Po wackelt – dazwischen ein Hauch von Stoff. Hohe Hacken und Reizwäsche gehören im Puff zur Kleiderordnung. Über dem Kühlschrank hängt ein Monitor von der Videoüberwachung des Hauseingangs, am Kühlschrank steht auf einer Karte: «Wotsch Puff afah?». «Eine alte, witzige Werbung der Zürcher Verkehrsbetriebe, keine Aufforderung zum Streit», sagt Mona und lacht.

Manchmal erteilt Mona auch Hausverbot. Zum Beispiel wenn Freier Sexvideos machen oder ihr Geld zurückfordern, weil sie nicht zum Höhepunkt kamen.

Männer, die sich unangemessen verhalten, führt Mona zur Tür. Manchmal erteilt sie auch Hausverbot. Zum Beispiel wenn Freier Sexvideos machen oder ihr Geld zurückfordern, weil sie nicht zum Höhepunkt kamen: Solche Situationen kommen immer mal wieder vor. «Die Kunst besteht dann darin», sagt Mona, «den Gast liebevoll und mit viel Feingefühl auf die Regeln hinzuweisen.»

Auch die Liebesdamen bräuchten Feingefühl, so Mona. «Innert Sekunden müssen sie herausfinden, was die Freier wünschen.» Diese seien zwischen 18 und 80 Jahren alt. «Viele Männer kommen ins Eden, wenn sie zu Hause nicht das bekommen, was sie sich wünschen.»

Anhang / Anlage 4: Wie geht es in einem Bordell zu? (4 von 4)
Zum ersten Mal im Puff

Manchmal plage sie das schlechte Gewissen, aber die meisten seien nicht liiert. Mona hat für «ihre Mädchen und Buben» immer ein offenes Ohr. So erkundigt sie sich jeweils zuerst bei der Liebesdame, ob der Gast sie respektvoll behandelt habe. Später bedankt sie sich bei ihm für seinen Besuch. «Viele Männer reden sich dann bei mir ihre Sorgen von der Seele.» Die Liebesdienerinnen würden ihre Probleme allerdings eher verheimlichen. Die Puffmutter hat aber ein gutes «Gschpüri». Ob Drogen oder Zuhälter im Hintergrund: Mona versucht, mit aufklärenden Gesprächen zu helfen. «Die Aufgabe, die ich hier habe, ist wichtig – und ich nehme sie ernst.»

Trotz der familiären Atmosphäre und der heimeligen Einrichtung irritiert mich die Stimmung. Sind es vielleicht die unerzählten Geschichten der Liebesdamen?

Luisa Aeberhard, hellozurich-Autorin
Das Freudenhaus Eden ist eine Welt für sich. Ein Ort der Unbeschwertheit, wo der Alltagstrott und die Sorgen der Männer für kurze Zeit vergessen sind. Trotz Monas Warmherzigkeit, der familiären Atmosphäre und der heimeligen Einrichtung irritiert mich die Stimmung. Sind es vielleicht die unerzählten Geschichten der Liebesdamen? Mag sein, dass mir die vielen Eindrücke zugesetzt haben; ich muss sie erst noch verdauen.

Meine Familie und ich

(„1“) Wo komme ich her, wo will ich hin?

Danksagungen sind deshalb schwierig, weil immer eine Person oder mehrere vergessen werden. Deshalb sehen Sie es mir bitte nach, wenn das geschieht – es ist bestimmt nicht böswillig, sondern mit der Summe sich überschneidender Aktivitäten geschuldet, die mir der Veröffentlichung von Büchern verbunden ist (Inhalt, Formate, ISBN, Formalien, Rechte, Regeln und Verlagsbedingungen, Marketing und Werbung, Kosten, Auflage, Änderungsdienst usw.). Wenn man alles bis ins Detail beachtet, wird man wahrscheinlich nie fertig.

Es gab und gibt in Appen und im Umfeld (Kreis Pinneberg, Schleswig Holstein), wo ich nach dem Kriege aufgewachsen bin (Volksschule, Turnverein, Fußballverein-TUS Appen, Freunde/Innen im nahmen Umfeld, vor allem auch in Uetersen (Gymnasium, Judoverein, Tanzschule Paulsen), in Pinneberg (Sportverein, Kinobesuche, Tanzveranstaltungen, Freunde/Innen aus verschiedenen Kontakten) und natürlich aus Hamburg und seinem Umfeld (Studium, Boxverein, Weinhandel, Berufstätigkeiten, Freunde/Innen aus verschiedenen Kontakten). Es gab viele Personen, denen ich dort überall zu Dank verpflichtet war/bin, die ich nicht immer gut behandelt habe und bei denen ich mich hätte entschuldigen müssen, aber entweder habe ich sie nicht mehr gefunden oder sie sind zum großen Teil gestorben. – Ich bitte sie trotzdem um Entschuldigung und um Verzeihung.

Inzwischen kenne ich in Appen mehr Leute auf dem Friedhof als unter den Lebenden.

Ich werde keine Namen nennen: Wer mich kennt, weiß es ohnehin.

(„2“) Meine Familie

So beschränke ich mich auf die Personen, die mich in gewisser Weise unmittelbar geprägt haben. Auch die Schulen, Hochschulen und meine Berufsentwicklung erwähne ich hier nur in soweit, wie sie zum besseren Verständnis beitragen.

Wenn ich heute an meine gesamte Verwandtschaft zurückdenke, dann muss ich feststellen, dass alle mich gut behandelt (vermutlich deshalb, weil ich der Jüngste und Kleinste war) und in den schlechten Zeiten eher selbst gehungert haben, als mich hungern zu lassen. Danke.

Beginnen wir mit meiner Großmutter („Oma“) mütterlicherseits, Emma Mielke (03.09.1871-24.03.1959), die als Schneiderin in Danzig lebte sehr einfach und auch sehr bescheiden. Nach dem Kriege und der militärischen Besetzung durch die Sowjetunion fand sie nicht mehr in ihr gewohntes Leben zurück.

Ihr Mann, Eduard Mielke (04.12.1859-1946-Tag nicht bekannt) hatte als Zimmermann auf der Schichauwerft in Danzig gearbeitet. Ihr beider Leben verlief sehr bürgerlich: Moral, Ehrlichkeit, Rechtschaffenheit und Solidität waren ihnen sehr wichtig und sie richteten sich danach. Der Begriff bewusstes „Unterstatement“ passt am besten dazu: Sie wollten nicht als mehr gelten als das, was sie für sich fühlten.

Meine Großmutter („Oma“) hatte nach dem Krieg 2 Bücher, die Bibel und das Gesangbuch. Sie las mir tagtäglich daraus vor und später in der Volksschule war ich wirklich der Beste in Religion und konnte fast die ganze Bibelgeschichte in der Klasse vortragen. Damals habe ich alles geglaubt, davon ist nicht viel übrig geblieben.

haben wir uns gut verstanden. Meinen Großvater väterlicherseits habe ich nicht kennen gelernt; er ist schon vor meiner Geburt gestorben (Daten sind mir nicht bekannt.).

Meine Großmutter („Omi“) väterlicherseits, Emilie Schanz (16.11.1872-15.04.1951) hat mit meiner Mutter und mir bis zu meinem 4. Lebensjahr zusammengelebt, um dann zu ihrer Tochter zu ziehen. Sie war relativ streng und hat versucht, mir schon in frühen Jahren etwas Ordnung beizubringen, was wahrscheinlich auch notwendig war. Trotz mancher Gegensätze

Das wirklich glückliche Leben meiner Mutter, Gertrud Schanz (19.12.1917– 05.02.2017) war kurz. 1939 heiratete sie und aus heutiger Sicht war das eine große Liebe, die nie hätte zu Ende gehen dürfen.

Sehr früh verlor sie ihren Mann, Georg Schanz (23.02.1914–01.03.1942), der zunächst als Lehrer gearbeitet hatte, dann eingezogen wurde und vom Feindflug (Flugzeugführer, zuletzt der ME 110) nicht mehr zurückkehrte. Wenn sie sich damals entschloss weiter zu leben, dann nur, weil sie sich für mich verantwortlich fühlte. Nach der militärischen Besetzung von Danzig musste sie mehr ertragen, als man sich das heute bei uns vorstellen kann.

Anhang / Anlage 5: © Lebenslauf, Danksagungen und Projekte ***(3 von 10)***

Nach Kriegsende startete sie noch einmal durch: Zunächst arbeitete sie als Vorsitzende des Flüchtlingsausschusses, der Sozialausschüsse und der Wohnraumbewirtschaftung. Danach übernahm sie das Sekretariat des Hauptamtes in der Gemeindeverwaltung (Appen, Kreis Pinneberg), zugleich war sie Sozialreferentin und später Standesbeamtin.

Sie hatte ein einzigartiges Naturell, dem ich nachgeeifert bin, es aber es nie erreicht habe. Was das Geheimnis ihrer einzigartigen Wirkung auf andere war, kann ich nicht wirklich erklären. Einerseits zeichnete sie eine deutliche Individualität und eine stark spürbare Präsenz aus, wenn man ihr begegnete (allein und in Gesellschaft), andererseits wirkte offen, menschlich, freundlich und gerecht. Vermutlich ist es gerade diese fast geheimnisvolle persönliche Ausstrahlung, die in dem Moment, wo sie anderen begegnen, diese in ihren Bann schlagen.

Sie war sehr selbstbewusst, ohne es andere spüren zu lassen. Sie wirkte auf fast alle Menschen sympathisch. Jeder, der sie kannte, wollte mit ihr befreundet sein und es auch bleiben. Aber ihre Ziele verfolgte sie sehr konsequent und eckte erstaunlicher Weise kaum an, weil sie auch die Anliegen ihrer Gesprächspartner einfühlsam berücksichtigte. Meine Erziehung erfolgte mit großer Liebe und Zuwendung: Ich hatte nie das Gefühl erzogen zu werden, und dennoch hat sie mir alles mitgegeben, was mir zunächst nicht bewusst war und mir später im hohen Maße zugute kam.

Mein Stiefvater, Rudolf Palcikowski (1907–1969) war Tischler und in allen Dingen ein praktischer Mensch. Er wollte nach dem 2. Weltkrieg autark werden und schaffte sich 1200 qm Land mit kleinem Haus und Ställen an, dazu ca. 80 Hühner, ca. 40 Kaninchen, 12 Tauben und einen Hund. Weitere 40 Kaninchen hielt er an seinem Arbeitsplatz, die er irgendwie von guten Bekannten versorgen ließ. Dafür versorgte er diese hin und wieder mit Eiern, Kaninchen- und Hühnerfleisch.

Auf unserem Grundstück kümmerte er sich kaum um etwas. Wenn ich aber seine Hilfe brauchte war er da (bei schwereren Arbeiten). Meine Mutter half mir im Rahmen ihrer zeitlichen Möglichkeiten neben ihrem Beruf. Und so blieb fast alles an mir hängen. Widerwillig und mit relativ wenig Sorgfalt bestellte ich das Land und den Garten und versorgte die Tiere. Das Ergebnis ist, dass ich seitdem weder für Gartenarbeit, noch für Tierhaltung etwas übrig habe, Kaninchenfleisch mag ich auch nicht mehr. Das Wichtigste, was ich dabei gelernt habe, ist, dass man auch Aufgaben irgendwie bewältigen kann, die man nicht mag. Das ist manchmal unvermeidbar.

Das wichtigste Hobby meines Stiefvaters war, die Herstellung von Obstweinen in großen Glasballonen. Das mündete in Feierlichkeiten, bei denen die Gäste mit Speis und Trank bewirtet wurden und sich quasi ein gesellschaftliches Leben bei uns entwickelte. Auch mir hat mir das gut gefallen und zur Abwechslung vom Alltagsleben geführt.

Eine Begebenheit kann ich nicht verschweigen: Eines Tages schien den Hühnern etwas zu fehlen. Sie schlichen unsicher über's Land und gaben jämmerliche Laute von sich. Wie sich später herausstellte war ein großer Glaskontainer mit Wein gesprungen und ausgelaufen. Die Hühner haben das aufgenommen und waren betrunken. Weitere Folgen hatte das nicht.

(„3") Meine Familie (Frau, Kinder, Enkel)

*Ich kannte meine spätere Frau (Antje Schanz * 20.09.1943) schon seit ca. 1959, aber ab 1966 kamen wir zusammen. Sie war eine TOP-Erscheinung und hätte als Model arbeiten können, aber sie wählte die Partnerschaft mit mir. Ich bin zwar extrovertiert und ein aufgedrehter Hektiker, aber in der Sache ein rationaler Realist, der versucht, alles mit logischem Denken und Vernunft zu regeln. Meine Frau ist temperamentvoll, gleichzeitig ein künstlerischer Freigeist (Töpferei, Malerei, Ikebana usw.). Das schien im ersten Ansatz nicht unbedingt zusammenzupassen und führte auch zu erheblichen Meinungsverschiedenheiten.*

Anhang / Anlage 5: © Lebenslauf, Danksagungen und Projekte (4 von 10)

Manche Bekannte/Innen und Freunde/Innen glaubten, dass unsere Ehe nicht lange halten würde. Jetzt sind wir seit 12.01.1968 Jahren zusammen und weitgehend aufeinander eingestellt. Wenn ich nach Hause kam, sorgte sie dafür, dass ich mich auch zu Hause fühlte. Wir sind immer noch nicht in allen Dingen einer Meinung, aber das macht wohl auch den Reiz unseres Lebens aus. Wir werden wohl bis zum Schluss zusammen bleiben und alles genießen, was uns wichtig ist.

Es waren ihre Beharrlichkeit, ihre Entschlossenheit, ihre partnerschaftliche Festigkeit, ihre Geduld und Hartnäckigkeit, wenn es darum, für ihre Familie zu sorgen, eine gemütliche Atmosphäre zu schaffen und meine vielfältigen und unübersichtlichen Aktivitäten zu begleiten und zu unterstützen. An sich ist sie aufgeschlossen und progressiv, aber in ethischer und moralischer Hinsicht sehr konservativ (unbedingte Treue und ein stark ausgeprägter Familiensinn). Ohne sie hätte ich vieles nicht geschafft. Sie hat mir in wahrster Hinsicht des Wortes den Rücken freigehalten.

*Wir haben inzwischen 3 Kinder (Michael * 28.07.1968; Andrea * 25.11.1974,; Claudia * 24.10.1984). Das war für uns der Beginn einer passenden Erziehung. Wir hatten die besten Vorsätze und versuchten sie unseren Kindern mit „leichtem" Druck nahe zu bringen. Solange die Kinder das 10. Lebensjahr noch nicht überschritten hatten, schien alles zu klappen, aber dann zeigte sich, dass unsere Kinder mehr Kreativität aufbrachten als wir verkraften konnten. Wir verloren die Übersicht und hatten das Gefühl, unsere Familie werde vom Chaos regiert und nicht von unserem planerisch und organisatorisch gestaltetes Konzept. Ich will das hier nicht im Einzelnen darstellen, aber alles was wir für unsere Kinder wollten, trat nicht ein; dafür umso mehr die Dinge, die wir nicht wollten.*

Wenn wir heute auf unsere Kinder blicken, ist manches eingetreten, was wir ursprünglich einmal wollten, mit dem wir gar nicht mehr gerechnet hatten.

Zwar hatte ich an sich gehofft, dass unser Sohn sein Physikstudium abschließen würde, aber er brach das Studium nach bestandenem Vorexamen ab. Er war kein rationaler Realist (wie ich), sondern ein künstlerischer Freigeist. Mit seinem Internetunternehmen (Berlin, Düsseldorf) verdiente er genug Geld. Na ja, zwar etwas von meinem Ziel abgekommen, aber er war erfolgreich.

Meine Töchter entwickelten sich dann so, wie ich es von meinem Sohn erwartet hatte: Andrea ist promovierte und habilitierte Ärztin und Claudia Volljuristin mit Erster und Zweiter Staatsprüfung.

Mein Dank geht an alle Beteiligten.

Was meine Kinder mich (abweichend von meinen ursprünglichen Einstellungen) gelehrt haben, sind Geduld und Gelassenheit bei Erziehungsproblemen, Nachsicht bei den Fehlern anderer, Achtung und Akzeptanz für die Ziele meiner Kinder, Großzügigkeit (nicht nur finanzielle), wenn es um die Wünsche der Familienmitglieder geht. Es mangelt mir immer noch an Freizügigkeit, aber dafür habe ich mich (häufig zu) massiv für meine Familie eingesetzt und auch etliche Rechtsstreitigkeiten für sie geführt.

Ich erkläre diese mehr oder weniger eingetretenen Erfolge unserer Erziehung mit einem Moment der Organisationsstrukturierung, den man Improvisation nennt, ohne die operativ kaum etwas läuft. Und auch strategisch und taktisch gibt es immer wieder Situationen, die improvisatorisch ergänzt werden müssen (vergessene und unvorhersehbare Eigenschaften, Zustände und Ereignisse).

Anhang / Anlage 5: © Lebenslauf, Danksagungen und Projekte **(5 von 10)**

Das hat meinen Blick in das „Wunder der Organisation - Menschen zwischen Pflichten und Emotionen“ geschärft und mir bei der Organisations- und Personalentwicklung geholfen, auch einmal auf die Selbstheilungskräfte der Organisation zu vertrauen und nicht alles bis ins letzte Detail zu planen (bzw. planen zu können), was letztlich dann doch nicht so wie gewünscht klappt. Dass wir zu unserer großen Freude noch 3 Enkel bekamen (Ludwig, Emelie und Frieda) soll hier – mangels unmittelbarer Zuständigkeit – nicht mehr weiter ausgeführt werden. Aber im Umgang mit ihnen, handele ich jetzt so, wie ich es bei meinen Kindern noch nicht konnte, zum Teil immer noch nicht kann – aber es bleibt spannend.

Womit ich früher gerechnet habe, nämlich dass ich aus väterlicher Eifersucht mit meinen Schwieger-söhnen und –tochter nicht auskomme, ist nicht eingetreten, ganz im Gegenteil, für mich eine ange-nehme Überraschung.

(„4“) Meine „Partner/Innen“ im Bildungs- und Berufsleben

Bei den Personen, mit denen nicht so gut ausgekommen bin, habe ich frühzeitig Verhaltensformen entwickelt, wie man ihnen begegnet und wie man sich wehrt. Das betrifft meine Latein-, Französisch- und auch einige Deutschlehrer und sicherlich eine Vielzahl von Personen, denen ich im Leben begegnet bin (Dozenten, Vorgesetzte, Behördenvertreter usw.) Das waren wichtige Erfahrungen, die mir später zugute kamen (im Betriebsrat, im Gesamtbetriebsrat, im Konzernbetriebsrat, im Eurobetriebsrat, im Aufsichtsrat - aber vor allem auch bei Führungsaufgaben gegenüber Vorgesetzten, im eigenen Arbeitsbereich, bei Gruppenereignissen wie Verhandlungen, bei Ausschussarbeiten, in Projektgruppen, bei Vorträgen, in Diskussionen unterschiedlichster Art usw.).

Auf der anderen Seite waren es Mathematik-, Physik-, Chemie-, Biologie-, Sport- und einige anderer Lehrer, die ich in guter Erinnerung habe und die mir den Weg in eine Welt gezeigt haben, in der Logik, Realitätssinn und Vernunft (im Sinne von Einsicht / Weisheit) entscheidend sind. Dazu kamen vorbildliche Vorgesetzte und Führungspersönlichkeiten, die ich bewundert und respektiert habe. Aber auch Mitschüler/Innen, Kommilitonen/innen und Kollegen/Innen waren dabei, die es weit gebracht haben. Namen möchte ich auch hier nicht nennen.

Ich will nicht verhehlen, dass etliche Personen/Persönlichkeiten, die ich zunächst negativ gesehen habe, falsch eingeschätzt habe. Ich musste später erkennen, dass es wertvolle Menschen sind/waren, auf die ich mich verlassen kann/konnte.

- *Meine Kunstlehrer will ich besonders erwähnen: Ich kam mit denen gut zurecht, die in der Kunst immaterielle und materielle Objekte sahen, die man mit der Realität verbinden konnte (gegenständlich, verständlich, nachvollziehbar). Viele Formen abstrakter Kunst waren mir zu wider. Inzwischen hat sich das geändert: Heute gibt es Vertreter, die ich gerade wegen ihrer Abstraktheit schätze (z.B. manche Darstellungen von Wassily Kandinsky). Allerdings gibt es eine Ausnahme: Für den Kunstbegriff, den Joseph Beuys vertritt/vertrat, kann ich mich nicht erwärmen. Namen möchte ich bis hierher nicht nennen.*

- *Letztlich habe ich bei alle Personen/Persönlichkeiten etwas gelernt und danke ihnen dafür.*

Anhang / Anlage 5: © Lebenslauf, Danksagungen und Projekte **(6 von 10)**

(„5“) Im Folgenden möchte ich Namen nennen,

um Missverständnisse zu vermeiden und weil diese Persönlichkeiten nicht mehr am Leben sind.

Hans Weiß (Geschäftsführer von Weiß und Partner, Frankfurt) muss ich erwähnen als einen Freund, der viel zu früh gestorben ist. Sein Buch, („Von der Jagd zur Partnerschaft - Das Verkaufspentagon. Instrument zur gemeinsamen Wertschöpfung im Systemverkauf Gebundene Ausgabe – 1996“), das er zusammen mit Peter Hanser (Redakteur der Zeitschrift „absatzwirtschaft – Zeitschrift für Marketing“) veröffentlicht hat, zeigt nur die Spitze des Eisbergs“ seines Schaffens. Obwohl ich ihn relativ spät kennen lernte (1995), hat er mir eine Persönlichkeit vorgelebt, die privat wie beruflich beeindruckend war.

- *Als Strategie- und Marketingberater ging er (scheinbar unvorbereitet) in eine Gruppe, um ein Konzept für die Entwicklung eines Unternehmens oder eines Teils seiner Organisation abzuleiten. Er begann quasi mit einem Brainstorming und stellte Fragen an die Teilnehmer. Mit den Antworten baute er eine konzeptuelle Struktur auf (Flipcharts mit Fotoprotokollen, später mit Computer und Beamer), die so aussah, als wäre sie lange entwickelt worden und läge jetzt in perfekter Darstellung vor. Das allein war schon beeindruckend, dazu kam die Einbindung jeden Gruppenmitgliedes in einen Aufgaben- und einen Aktivitätenplan. Das Ergebnis war, dass er mit allen Teilnehmern (vom Sachbearbeiter bis zum Geschäftsführer) befreundet zu sein schien. Nicht dass man sich duzte, aber man suchte seinen Kontakt, auch privat, und lud ihn zu jeder Art von Veranstaltungen ein, um sie zu bereichern. Dabei war er sehr leise und unaufdringlich. Aber jeder folgte ihm.*

- *Ich habe längere Zeit mit ihm bei verschiedenen Projekten zusammengearbeitet. Was letztlich sein Geheimnis war, hat er mit ins Grab genommen. Ich habe viel von ihm profitiert, aber ich kann ihn nicht wirklich erklären.*

Viel Dank für alles.

Meine Abschlussarbeit an der Universität Köln „Die Gestaltung der Interaktionen zwischen Trägern organisatorischer Gestaltung und Organisierten – Mögliche Konzepte und ihre Problematik“ ist der Auslöser für meine Bücher. Es handelte sich um eine interdisziplinäre organisationspsycholo-gische Aufgabenstellung zwischen den Lehrstühlen Wirtschafts-pädagogik (Prof. Schmiel), Org-anisation (Prof. Grochla) und Informatik (Prof. Schmitz).

Damals war ich nicht so erfreut über das Thema, weil ich nicht wusste, wie ich anfangen sollte und was ich überhaupt tun konnte – ich fühlte mich „wie in eine Sackgasse“, aus der es kein Entrinnen gab. Oder deutlicher: Ich wollte es an sich nie laut nicht aussprechen, aber ich „fühlte mich ehrlich überfordert“.

Die Herren Professoren taten so, als hätten sie mir ein großes Geschenk gemacht und ich müsse dankbar sein. Mein Verhältnis zu Herren war sehr angespannt und ich habe sie wahrscheinlich auch verärgert, weil ich sie immer mit Einwänden und Fragen belästigte, so dass Herr Grochla sagte: „Wenn Sie so weiter machen, können wir die Arbeit auch gleich selber machen.“

Irgendwie habe ich die Arbeit fertig gestellt, war aber nicht zufrieden und obendrein schlecht gelaunt.

Nach meinem Studium daran habe ich zunächst 8 Jahre lang selbständig und in Partnerschaften im Rahmen der Unternehmensberatung gearbeitet. Neben einer Reihe kleinerer Projekte habe ich folgende größere Themen bearbeitet:

- ***Commerzbank Frankfurt (Konzeption einer Bankkostenrechnung) – 4 Monate***
- ***Karstadt Essen (Personalbedarfsrechnungen) – 6 Monate***
- ***Siemens München (Softwarekonzeption SIMAS – Personal-/Rechnungswesen) – 13 Monate***

Und siehe da: Ohne diese Hausarbeit wäre ich nicht so weit gekommen; denn meine gesammelten Erkenntnisse, Konzepte und Anwendungsbeispiele waren auch für die Auftraggeber in den Unter-nehmen neu und so konnte ich glänzen.

Mir wurde bewusst, dass ich Prof. Schmiel, Prof. Grochla und Prof. Schmitz Unrecht getan hatte. Ich habe die Forschungsarbeit an diesen Lehrstühlen bis heute verfolgt und musste erkennen, dass vieles von dem, was ich damals nicht verstanden habe, heute gängige Theorie und zum Teil auch Praxis geworden ist.

An sich hätte ich bei den Herren Abbitte leisten müssen, aber ich habe zu lange gewartet. Jetzt sind sie nicht mehr am Leben und das tut mir auch sehr leid, aber ich kann es nicht mehr ändern.

Trotz allem vielen Dank für alles.

(„6“) Vor meinem Ausscheiden aus dem offiziellen Berufsleben

habe ich deutschlandweit akquiriert; jetzt ich mich vor allem auf Altkunden und deren Nachfragen aus. Das war insofern eine Umstellung, als ich mich – von Ausnahmen abgesehen – auf das nahe Umfeld (ca. 50 km Radius um Düsseldorf beschränkt habe. Die Projekte wie die Auftraggeber sind nicht mehr so groß und es wird bei kleinen bis mittelgroßen Unternehmen auch ein straffes Kostenmanagement betrieben.

(„6.1“) Was hat sich geändert?

Früher habe ich Projekte der Neuorganisation oder der Reorganisation wahrgenommen, aber jetzt bin ich immer mehr darauf angewiesen, solche Aufgaben zu übernehmen, die kaum ein anderer haben möchte.

- *Wenn ich solche und vergleichbare Aufgaben nicht wahrnehmen, müsste ich die Beratung aufgeben und auch das Geld, was man damit verdienen kann.*
- *Was also bleibt mir? >> Briefmarken sammeln, mich um Garten, Tierhaltung und Haushalt küm-mern, was ich schon in der Jugend musste und nicht mochte, Fernseh-, Internetvideos sehen und Bücher lesen, die mich nicht interessieren, Skat spielen, saufen und rauchen, Pornos aller Art betrachten und „genießen“ – auf Dauer langweilig, Nörgeln und Besserwissen, auf die Politik schimpfen und auf alle anderen auch, mich als Querdenker betätigen und demonstrieren, Verfolgungswahn entwickeln und pflegen … , Frauen nachzulaufen, ist auch nicht mehr so erfolgreich … <<*
- *Ich gehe so schon den meisten Menschen auf die Nerven, manche halten mich für einen Querulanten und Narzissten, was tatsächlich stimmt, was mir aber inzwischen mehr als gleichgültig ist. Wenn ich irgendwohin gehe: Da, wo man mich kennt, schlagen die Einen die Hände über den Kopf zusammen, die Anderen freuen sich, weil es lustig wird („Du bist zwar ein Querulant, aber ohne Dich ist es langweilig“).*
- *Ich bin im Männergesangverein Wuppertal (Sonnborn, Vohwinkel, Haan), gehe sporadisch in die Oper, zu Konzerten, zu Popmusikveranstaltungen aller Art usw., usw., das Meiste mit dem Gefühl, irgendetwas must Du tun.*
- *Aber am meisten macht mir tatsächlich die Arbeit Spaß, so „beschissen“ manche Aufträge zu sein scheinen, aber „Geld stinkt (mir) nicht“ und der „Appetit“ kommt ja be-kanntermaßen beim „Essen“.*

(„6.2“) Welche Projektarbeiten biete ich an?

(„6.2.1“) *Die strategischen und systematischer Organisations- und Personalentwicklung ist abhängig*

- *von Ihren Mitarbeiterinnen und Mitarbeitern*
- *von den Veränderungen des Umfeldes*
- *von der Entwicklung Ihrer Märkte*
- *von wirtschaftlichen und finanziellen Vorgaben*
- *von der Anpassungsfähigkeit des Unternehmens*
- *von Ihren Fähigkeiten, Menschen für sich zu gewinnen.*

(„6.2.2“) *Unsere Aufgabe ist es, SIE bei IHREN Anliegen und der Anpassung IHRER organisatorischen Strukturen und Prozesse so zu unterstützen, dass IHRE Mitarbeiterinnen und Mitarbeiter IHRE Probleme SELBST lösen können:*

- *Menschlichkeit und Einfühlungsvermögen*
- *Vorgabe erforderlicher Kompetenzen*
- *Regelung von Zuständigkeiten und Aufgaben*
- *Gewährleistung wachsender Anforderungen*
- *Personalbedarf und Potentialerkennung*
- *Qualifizierung und Förderung Ihres Personals*

Wir werden Ihnen einen Weg zeigen, was man tun kann und was stufenweise für Sie wirtschaftlich und, auch für das kulturelle und soziale Betriebsklima, vertretbar und verträglich ist.

(„6.2.3") Wenn ich Sie als Berater unterstützen möchte, will ich natürlich auch Geld verdienen. – Das wissen Sie und ich weiß, dass das nur vernünftig funktionieren kann, wenn Sie mir vertrauen und ich Ihnen.

- *Deshalb folgender Hinweis: Ihr Unternehmen kann (von Ausnahmen abgesehen) das Meiste aus eigener Kraft bewerkstelligen.*
- *Wenn Sie etwas für Ihr Unternehmen tun wollen und dazu Anregungen und konzeptionelle Hinweise brauchen, dann wenden Sie sich bitte an uns.*
- *Wir möchten, dass Sie mit unserer Arbeit zufrieden sind und uns weiter empfehlen.*

(„6.2.3") Ausgangssituation

- *Wenn ein Neubeginn einer Personalentwicklung geplant ist, sind kurz-, mittel- und langfristige Ziele zu bestimmen und zeitlich zu definieren.*
- *Eine Neuorientierung in Bezug auf Leistungen, Strukturen und Prozesse sollte in einem Brainstorming der verantwortlichen Führungskräfte und Fachexperten geklärt werden.*
- *Die kurzfristigen Projekte sind zunächst die Wichtigsten, weil Ihr Erfolg die darauf folgen-den Ziele fördern und entwickeln soll.*
- *Ein solcher Organisationsentwicklungsprozess ist nicht möglich, ohne die Mitarbeiter/ Innen einzubeziehen,*
- *weil ihre Identifikation mit der Personalentwicklung und die Einbindung in der*
- *Verwirklichung ihrer Aufgabenziele das erforderliche synergetische Klima schaffen und verbindende Gemeinsamkeit begründen.*
- *Nichteinbindung erzeugt Widerstände („die da oben") und latente Ablehnung, indem die wichtigen Unternehmensprozesse nur pflichtgemäß behandelt werden und nicht kreativ, engagiert und progressiv.*
- *Dass auch Betriebsräte in geeigneter Form zu informieren sind, sollte bedacht werden.*

(„6.2.4") Rahmenbedingungen

Eine strategische und systematische PE ist abhängig

- *von den Veränderungen des Umfeldes,*
- *von der Marktentwicklung,*
- *von wirtschaftlichen und finanziellen Vorgaben*
- *und von der Anpassungsfähigkeit des Unternehmens*

Dazu gehört die Regelung von Zuständigkeiten und neuen Aufgaben mit der Gewährleistung wachsender Ansprüche an Qualifizierung und Motivation des Personals,

- *Das verbindende Gefühl zu schaffen, auf dem richtigen Wege zu sein,*

sollte eine Kernaufgabe der PE für alle Beteiligten der funktionellen und hierarchischen Ebenen sein.

- *Pragmatischer Ansatz (strategisch, taktisch, operational)*
- *GF-Beauftragter für Personalentwicklung*

(„6.2.5“) Systematik

(Planung, Realisierung, Steuerung, Kontrolle, Rückmeldung, Anpassung)

- *Personalentwicklung als Systemorganisation*

Organisationen sind für Luhmann (Niklas Luhmann (8.12.1927 in Lüneburg; † 6.11.1998 in Oerlinghausen) war ein deutscher Soziologeund und Gesellschaftstheoretiker. Als wichtigster deutschsprachiger Vertreter der soziologischen Systemtheorie und der Soziokybernetik zählt Luhmann mit seiner Systemtheorie zu den Klassikern der Soziologie im 20. Jahrhundert.) soziale Systeme, die aus der Kommunikation von Entscheidungen bestehen. Ihre Struktur setzt sich aus entschiedenen Entscheidungsprämissen (Entscheidungsprogrammen, Kommunikations-wegen und Personaleinsatz) und nicht entschiedenen Entscheidungsprämissen (Organisationskultur, bestehend aus informeller Kommunikation, Einstellungen und Werten) zusammen.*

Die zu dem System gehörenden Bestandteile (Mitarbeiter, Ziele und Visionen, Produkte, Dienstleistungen, Investitionen, Aufgaben und Prozesse werden durch systemische Regeln aktiviert und die Mitarbeiter/Innen dem Organisations- und Individualzweck zugeordnet und durch funktionale Äquivalente motiviert und (vor allem Geld) entgolten.

Organisations- und Personalentwicklung: Um Leitung, Management und Mitarbeiter /Innen auf diese Aufgaben (Planung, Realisierung, Steuerung, Kontrolle, Rückmeldung, Anpassung) einzustellen, müssen sie ausge-bildet, trainiert, intensiv und praxisnah (z.B. „on the job“) betreut werden (Coaching).

- *Bedeutung der Personalentwicklung in unserem Unternehmen*
- *Die Grundsätze unserer Personalentwicklungspolitik*
- *Zielsetzung und Nutzen für unser Unternehmen (Qualitätsstandards)*
- *Wirtschaftlichkeit (Budget und Controlling)*
- *Personalentwicklungs-Ziele und -planung*
- *Systematik zur Ermittlung des PE-Bedarfs*
- *Bedarfsplanung und –erhebung*
- *Ziel-, Leistungs- und Fördergespräche*
- *Maßnahmen-Planung (Ziele, Themen, Aktionen, Personen, Zeiten)*
- *Übersicht der Personalentwicklungs-Instrumenten*
- *Abstimmung der Kostenübernahme von Fördermaßnahmen*
- *Personalentwicklungs-Durchführung und –Evaluation*

Anlage 6/1
Gegenüberstellung GUT ./. WENIGER GUT

https://www.zu-zweit.de/.../test

Inanspruchnahme sollten Sie nicht nur die Nachteile bedenken, sondern auch fehlende Vorteile.

GUT

Test Mai 2020

- *ist auch 2020 eine der größten und bekanntesten Online-Partnervermittlungen Deutschlands.*
- *Mit über 10 Jahren Erfahrung und einer unbestreitbaren Erfolgsbilanz ProSiebenSat1 Mediagroup,*
- *was den die Mitgliederzahlen weiter wachsen ließ:*

- *Durch gut platzierte Werbung mehr Singleanmeldungen*
- *rund 5.400.000 Mitglieder in Deutschland*
- *und verspricht eine hohe Erfolgsquote bei der Partnervermittlung (Eigenes Analysekonzept).*
- *keine Produkte (Online-Shopping), die beworben werden können.*

Single-Partnerschaftssuche Leistungsfähige Matchmaking-Algorithmen,

- *die Marktgrößen*
- *und potenzielle Partner zusammenführen.*
- *Persönlichkeitstest aufgrund neuester, wissenschaftlicher Erkenntnisse*
- *gute Partnervorschläge*
- *Test umfasst 80 Fragen, zur Partnerschaftspersönlichkeit.*

WENIGER GUT

Test Mai 2020

- *Portal / Betreiber*
- *App-Stores von Apple und Google sind die Meinungen zwiegespalten:*
  - *Einige Nutzer loben die tolle Dating-Anwendung*
  - *andere hingegen kritisieren die hohen Kosten,*
  - *sowie die zweifelhaften Flirt-Chancen dort.*

Anmeldung

Sehr bequem und komfortabel: Wenn die 100 Startcoins aufgebraucht sind, wird es relativ teuer.

- *Blitzschnelle Anmeldung*
- *Optional Registrierung mit Facebook und Google noch schnellet*
- *100 Coins Startguthaben gratis*
- *Wenige Pflichtangaben nötig*

- *Die Anmeldung geht flott und einfach von der Hand:*
- *Neben der Wahl deines Nicknamens und Passworts,*
- *dein Alter, Mailadresse*
- *und schon kann es mit dem Flirten losgehen.*
- *Deine Mailadresse muss nicht zwangsläufig bestätigt werden.*

Anlage 6/2
Gegenüberstellung GUT ./. WENIGER GUT

https://www.zu-zweit.de/.../test

Bei konkreter Inanspruchnahme sollten Sie nicht nur die Nachteile bedenken, sondern auch fehlende Vorteile.

GUT

Test Mai 2020

Mitglieder

- *Hoher Bildungsgrad*
- *überdurchschnittliches Einkommen*
- *Ausgewogenes Geschlechterverhältnis*
- *Alter meist zwischen 28 und 55 Jahren*
- *52 % Akademiker*

- *Gute Chancen bei der Partnersuche*
- *weltweit 23.000 Neumitglieder*
- *11 Millionen Mitglieder insgesamt*

- ***Europaweit aktive Partner-vermittlung****:*

- *Österreich, der Schweiz, aber auch England, Frankreich, Italien oder Skandinavien)*
- *Viele Vorschläge von Menschen, die langfristig zu dir passen*
- *Für reine Flirts oder Affären ist hier nicht die Anlaufstelle.*
- *Betrachtet man die regionale Verteilung der deutschen Mitglieder, so wird man vor allem in den westlichen Bundesländern viele Mitglieder finden.*

WENIGER GUT

Test Mai 2020

Mitglieder (hoher Fake-Anteil)

- *Die Eigenwerbung der Betreiber-firma klingt fast zu schön, um wahr zu sein.*
- *Satter 60% Frauenanteil wird öffentlich angepriesen.*
- *Ein Blick in die AGB: „Animateure" bzw. „Operatoren" (Lockvögel)*
- *Mitarbeiter des Unternehmens mit einer Vielzahl von Accounts*
- *und die Nachrichtenanzahl (also den Umsatz) in die Höhe treiben.*
- *Es sind Fakes: Weder Fotos, noch Angaben sind echt.*
- *Treffen sind ausgeschlossen, was Interessenten nicht wissen.*

Diese Mitarbeiter/Innen sind nirgend-wo als Fakes erkennbar und locken arglose Männer in die Kosten-Falle

- *Echte Damen haben wir nicht bei unserer Recherche kaum gefunden.*
- *Animateure bieten sind rund um die Uhr permanent an.*
- *Die Antworten auf unsere Nach-richten trudeln dabei schnell ein – schließlich werden die Controller dafür bezahlt.*
- *Das Dating-Portal richtet sich hauptsächlich an Hetero-Nutzer im Alter von 18 und 50 Jahren. Eine Möglichkeit, sich als Paar anzumelden, besteht nicht.*
- *Der LGBT-Anteil (Lesbian, Gay, Bisexual and Transgender) geht gegen Null.*

Anlage 6/3
Gegenüberstellung GUT ./. WENIGER GUT

https://www.zu-zweit.de/.../test

Bei konkreter Inanspruchnahme sollten Sie nicht nur die Nachteile bedenken, sondern auch fehlende Vorteile.

GUT	WENIGER GUT

Test Mai 2020
 	
Anmeldeprozess
 	
• *Detaillierter Persönlichkeitstest*
• *Partnervorschläge ansehen und Sucheinstellungen verfeinern*
• *Testpaar erzielte 120 "Matchings".*
• *Dauer Anmeldung: ca. 20-30 Min.*
• *Nach der simplen Registrierung (E-Mail , User-Namen, Passwort)*
 	
• *Persönlichkeitstest.*
  • *"Partnerschafts-Persönlichkeit",*
  • *Präferenzen und Gewohnheiten*
  • *nach ca. 1-2 Minuten passende Partnervorschläge*
  • *der Matching-Points - zwischen 60 und 140 (ab 100 besser)*
  • *Normalverteilung: zwangsläufig findet jeder seine/n Partner/In.*
	Test Mai 2020
	
	Anmeldeprozess
	
	(Wiederholung zum Vergleich)
	
	Sehr bequem und komfortabel: Wenn 100 Startcoins aufgebraucht sind, wird es relativ teuer.
	
	• *Blitzschnelle Anmeldung*
	• *Optional Registrierung mit Facebook und Google noch schnellet*
	• *100 Coins Startguthaben gratis*
	• *Wenige Pflichtangaben nötig*
	
	• *Anmeldung funktioniert flott, einfach:*
	• *Neben der Wahl Nicknamen, Passwort, dein Alter, Mailadresse*
	• *und es kann mit dem Flirten losgehen.*
	• *Deine Mailadresse muss nicht zwangsläufig bestätigt werden.*

• *Das hängt auch vom Anspruch ab und von den Spezifika der Erwartungen.* • *Das eigene Dating Profil bietet alle Vorzüge zur Vermittlung eines positiven ersten Eindruckes (Features, Fotos Freitexte, persönliche Note)* *Kostenlos anmelden* • *Potenzialorientierung* • *Profilvergleich* • *Vermittlungsprinzip nach* • *Persönlichkeitstest ,* • *der ermittelt, wie gut andere zu deiner Persönlichkeit und zu deinen Wünschen passen.*	*Profil* • *Standardumfang möglicher Angaben* • *Unbegrenzter Upload von Fotos* • *Keine Privacy-Optionen* • *Relevantes (sexuelle Orientierung, Beziehungsstatus, Suchraster), Merkmale (Größe, Figur), sowie Persönliches (Ausbildung, Beruf, Rauchen/Alkohol, Kinder, Sprache)* • *Ebenfalls existiert ein Freitextfeld namens „Über mich", in dem du dich näher vorstellen kannst (viele Bilder uploaden, wie du möchtest).* • *Eine Option, nur bestimmten Usern Bilder oder Angaben zugänglich zu machen, ist nicht vorhanden.* • *Alles kann jederzeit verändert oder ergänzt werden.*

Anlage 6/4
Gegenüberstellung GUT ./. WENIGER GUT

https://www.zu-zweit.de/.../test

Bei konkreter Inanspruchnahme sollten Sie nicht nur die Nachteile bedenken, sondern auch fehlende Vorteile.

GUT	WENIGER GUT
Test Mai 2020 Anmeldeprozess Fünf-Faktoren-Modell • Persönlichkeitspsychologie • über 40 Jahren Forschung • 80 Multiple-Choice-Fragen • Bei den Antworten nicht schummeln, damit tut man sich und der Suche nach dem Traumpartner keinen Gefallen!	Test Mai 2020 Anmeldeprozess Kontakt herstellen • Suchoptionen mangelhaft • Keine Sortierungs- und Filtermöglichkeiten • Kontaktaufnahme via Chat kostenpflichtig

• nach der Beantwortung des Persönlichkeitstests (zeitlich begrenzter Preisnachlass einer Premium-Mitgliedschaft).
 	
• Welche Fragen werden im Persönlichkeitstest beispielsweise gestellt?
  • Situationen aus dem Leben
  • "Kochen Sie gern?„
  • "Wie verbringen Sie Ihre Freizeit am liebsten?„
  • Klecks-Bilder benennen (Tiefenpsychologie).
	• Übersichtliche Anordnung der Chatfenster
	• Küsse und Likes für Schüchterne vorhanden
	• Die Suche beschränkt sich auf das Nötigste (nach Geschlecht, Altersspanne, Ort)
	• Filteroptionen nach dem Online-Status, gibt es nicht.
	• Ebenso wenig können die Ergebnisse nach Alter oder Entfernung sortiert werden. Leider lieferte die Suche somit keine passgenauen Ergebnisse.

• Interessant sind die Analysen der Antworten, • detaillierte Übereinstimmungen mit dem möglichen Partner aufzeigen. • Basis-Mitglieder erhalten eine kurze Online-Auswertung des Tests.	• Versand einer Nachricht (50 Coins). Praktisch finden wir die Darstellung als Chatfenster ähnlich wie bei Facebook: • Für die Schüchternen das Versenden eines „Kusses“ (30 Coins) und die Likes. • Wenn Likes erwidert werden, wird automatisch ein neuer Chat geöffnet. • So kannst du sicher sein, dass die Person auch an dir interessiert ist

Anlage 6/5
Gegenüberstellung GUT ./. WENIGER GUT

https://www.zu-zweit.de/.../test

Bei konkreter Inanspruchnahme sollten Sie nicht nur die Nachteile bedenken, sondern auch fehlende Vorteile.

GUT	WENIGER GUT
Test Mai 2020 Fünf-Faktoren-Modell • Für Premium-Mitglieder ein 46-seitiges PDF-Dokument mit ausführlichem Gutachten für 24 €. • Die lange Auswertung hat uns sehr gut gefallen, da sie eine gute Hilfestellung bei der Partnersuche sein kann und einige nützliche Tipps bietet, z.B. für das erste Date. • Unser Tipp für den erfolgreichen Persönlichkeitstest • 20 Minuten Testdauer • Dafür lohnt sich der Zeitaufwand. • Das beste Ergebnis (im Sinne einer glücklichen Partnerschaft) erzielt ihr, wenn ihr ehrlich seid.	Test Mai 2020 Funktionalität Einfache Benutzerführung • Benachrichtigungen abstellbar • Android- und iOS-App und eine mobile Smartphone-App verfügbar • Der Seitenaufbau ist übersichtlich und verlangt eigentlich keine zusätzliche Erklärung , • daher beschäftigt sich auch die FAQ ausschließlich mit Fragen zur Zahlung und Abrechnung.
Gibt es beim ein richtig oder falsch? • Bei einem Persönlichkeitstest gibt es kein richtig oder falsch, • keine Fehler und man braucht auch kein Glück, um zu "bestehen„.! Mal von der Partnersuche abgesehen • hilft der Test dir sehr gut, deine eigene Persönlichkeit mit ihren Stärken und Schwächen kennenzulernen. • Man kann ihn für eine persönliche Selbsteinschätzung nutzen.	Das Portal ist auf den ersten Blick • verständlich und intuitiv nutzbar: Die wichtigsten Menüpunkte finden sich in der oberen Leiste. • Auch die Suchfunktion ist ständig präsent. Besonders praktisch fanden wir die Chatfenster, welche den Kontakt mit mehreren Usern gleichzeitig ungemein erleichtern.

Anlage 6/6
Gegenüberstellung GUT ./. WENIGER GUT

https://www.zu-zweit.de/.../test

Bei konkreter Inanspruchnahme sollten Sie nicht nur die Nachteile bedenken, sondern auch fehlende Vorteile.

GUT

Test Mai 2020

Funktionalität

Kontaktaufnahme

- *Persönliche Flirtnachricht*
- *Fotofreischaltung*
- *Versand eines virtuellen Lächelns*
- *Spaßfragen versenden*
- *Nachrichten für alle Mitglieder kostenlos*
- *Zusätzlich bekommt man Kontaktvorschläge via E-Mail*
- *Um die Qualität von gewährleisten zu können, darfst du nicht mehr als 10 gleichlautende Copy & Paste Nachrichten versenden, ansonsten wirst du gesperrt.*

Persönliche Nachrichten

- *treffen bei den Mitgliedern auf positives Feedback.*
- *Es wird eine Betreffzeile vorgeschlagen, wie: "Wollen wir in Kontakt treten?". Sehr*
- *Sehr persönliche Anreden sind von Vorteil.*

Nutzerbefragungen

- *haben ergeben, dass Frauen sich von Männern längere, kreativere und individuellere Nachrichten wünschen.*

WENIGER GUT

Test Mai 2020

Funktionalität

(Wiederholung zum Vergleich)

Einfache Benutzerführung

- *Benachrichtigungen abstellbar*
- *Android- und iOS-App und eine mobile Smartphone-App verfügbar*
- *Der Seitenaufbau ist übersichtlich und verlangt eigentlich keine zusätzliche Erklärung ,*
- *daher beschäftigt sich auch die FAQ ausschließlich mit Fragen zur Zahlung und Abrechnung.*

Das Portal ist auf den ersten Blick

- *verständlich und intuitiv nutzbar: Die wichtigsten Menüpunkte finden sich in der oberen Leiste.*
- *Auch die Suchfunktion ist ständig präsent. Besonders praktisch fanden wir die Chatfenster, welche den Kontakt mit mehreren Usern gleichzeitig ungemein erleichtern.*

Anlage 6/7
Gegenüberstellung GUT ./. WENIGER GUT

https://www.zu-zweit.de/.../test

Bei konkreter Inanspruchnahme sollten Sie nicht nur die Nachteile bedenken, sondern auch fehlende Vorteile.

GUT

Test Mai 2020

Funktionalität

Gehobene Umgangsformen

- *Nachrichten werden vor dem Absenden automatisch auf Höflichkeit und Schimpfwörter gescannt, der Inhalt als solcher wird dabei nicht ausgelesen.*
- *Nachrichten werden automatisch speichert.*
- *Einige wissenschaftliche Studien Versenden eines Signals (hier in Form eines "Anlächelns") führt zu höheren Antwortwahrschein-lichkeiten.*
- *Spaßfragen- Anregungen*
- *Hieraus können sich neue Gesprächsthemen ergeben.*
- *In der Praxis ist diese Kontakt-möglichkeit sehr effektiv.*

Welche Anschreibe-Strategien funktionieren am besten?

Unser Praxistest hat ergeben,

- *dass kurze Fragen im Chatstil weniger erfolgreich sind:*

Echtes Interesse ist vorteilhaft.

- *Kompliment oder Feedback zu den Fotos der Userin (91%)*
- *Kompliment oder Feedback zu dem Profiltext der Nutzerin (88%)*
- *Interessante Frage (75%)*
- *Ein GIF (50%) Einen Witz, der sich auf Ihren (Nick-)namen bezieht. (28%)*

WENIGER GUT

Test Mai 2020

Funktionalität

(Wiederholung zum Vergleich)

Einfache Benutzerführung

- *Benachrichtigungen abstellbar*
- *Android- und iOS-App und eine mobile Smartphone-App verfügbar*
- *Der Seitenaufbau ist übersichtlich und verlangt eigentlich keine zusätzliche Erklärung ,*
- *daher beschäftigt sich auch die FAQ ausschließlich mit Fragen zur Zahlung und Abrechnung.*

Das Portal ist auf den ersten Blick

- *verständlich und intuitiv nutzbar: Die wichtigsten Menüpunkte finden sich in der oberen Leiste.*
- *Auch die Suchfunktion ist ständig präsent. Besonders praktisch fanden wir die Chatfenster, welche den Kontakt mit mehreren Usern gleichzeitig ungemein erleichtern.*

Anlage 6/8
Gegenüberstellung GUT ./. WENIGER GUT

https://www.zu-zweit.de/.../test

Bei konkreter Inanspruchnahme sollten Sie nicht nur die Nachteile bedenken, sondern auch fehlende Vorteile.

GUT

Test Mai 2020

Funktionalität

Unser Tipp:

- Zeige dich von deiner kreativen und natürlichen Seite.
- Überrasche dein Gegenüber mit einer Nachricht, die anders ist,
- versuche aus der Masse zu stechen aber du selbst zu sein.
- Am besten schließt du die Nachricht mit einer kurzen W-Frage (Was, wann, warum, wieso) ab,
- die das Gegenüber leicht beantworten kann.
- So wirst du wahrscheinlich eine umfangreichere Antwort,
- an die sich gut anknüpfen lässt.

- Premium-Mitglieder sind auf ihrem Profil nicht von Basis-Mitgliedern zu unterscheiden.
- Basis-Mitglieder können jedoch nur einmalig antworten.
- Alle weiteren Nachrichten werden zugestellt.
- Gelesen werden ab der zweiten erhaltenen Nachricht können nur mit Premium-Mitglieder.

Warum bekomme ich keine Antwort?

- Rücklaufquote etwas höher als bei anderen Plattformen.
- Man wartet durchschnittlich aber etwas länger auf eine Antwort.
- Das kann daran liegen, das manche Chatformulierungen bei den Mitgliedern nicht beliebt sind.

WENIGER GUT

Test Mai 2020

Funktionalität

(Wiederholung zum Vergleich)

Einfache Benutzerführung

- Benachrichtigungen abstellbar
- Android- und iOS-App und eine mobile Smartphone-App verfügbar
- Der Seitenaufbau ist übersichtlich und verlangt eigentlich keine zusätzliche Erklärung ,
- daher beschäftigt sich auch die FAQ ausschließlich mit Fragen zur Zahlung und Abrechnung.

Das Portal ist auf den ersten Blick

- verständlich und intuitiv nutzbar: Die wichtigsten Menüpunkte finden sich in der oberen Leiste.
- Auch die Suchfunktion ist ständig präsent. Besonders praktisch fanden wir die Chatfenster, welche den Kontakt mit mehreren Usern gleichzeitig ungemein erleichtern.

Anlage 6/9
Gegenüberstellung GUT ./. WENIGER GUT

https://www.zu-zweit.de/.../test

Bei konkreter Inanspruchnahme sollten Sie nicht nur die Nachteile bedenken, sondern auch fehlende Vorteile.

GUT

Test Mai 2020

Funktionalität

Unser Tipp:

- *Zeige dich von deiner kreativen und natürlichen Seite.*
- *Überrasche dein Gegenüber mit einer Nachricht, die anders ist,*
- *versuche aus der Masse zu stechen aber du selbst zu sein.*
- *Am besten schließt du die Nachricht mit einer kurzen W-Frage (Was, wann, warum, wieso) ab,*
- *die das Gegenüber leicht beantworten kann.*
- *So wirst du wahrscheinlich eine umfangreichere Antwort,*
- *an die sich gut anknüpfen lässt.*

- *Premium-Mitglieder sind auf ihrem Profil nicht von Basis-Mitgliedern zu unterscheiden.*
- *Basis-Mitglieder können jedoch nur einmalig antworten.*
- *Alle weiteren Nachrichten werden zugestellt.*
- *Gelesen werden ab der zweiten erhaltenen Nachricht können nur mit Premium-Mitglieder.*

Warum bekomme ich keine Antwort?

- *Rücklaufquote etwas höher als bei anderen Plattformen.*
- *Man wartet durchschnittlich aber etwas länger auf eine Antwort.*
- *Das kann daran liegen, das manche Chatformulierungen bei den Mitgliedern nicht beliebt sind.*

WENIGER GUT

Test Mai 2020

Funktionalität

(Wiederholung zum Vergleich)

Einfache Benutzerführung

- *Benachrichtigungen abstellbar*
- *Android- und iOS-App und eine mobile Smartphone-App verfügbar*
- *Der Seitenaufbau ist übersichtlich und verlangt eigentlich keine zusätzliche Erklärung ,*
- *daher beschäftigt sich auch die FAQ ausschließlich mit Fragen zur Zahlung und Abrechnung.*

Das Portal ist auf den ersten Blick

- *verständlich und intuitiv nutzbar: Die wichtigsten Menüpunkte finden sich in der oberen Leiste.*
- *Auch die Suchfunktion ist ständig präsent. Besonders praktisch fanden wir die Chatfenster, welche den Kontakt mit mehreren Usern gleichzeitig ungemein erleichtern.*

Anlage 6/10
Gegenüberstellung GUT ./. WENIGER GUT

https://www.zu-zweit.de/.../test

Bei konkreter Inanspruchnahme sollten Sie nicht nur die Nachteile bedenken, sondern auch fehlende Vorteile.

GUT

Test Mai 2020

Praxistest

Funktioniert die Persönlichkeits-Zuordnung auf Basis des Tests wirklich?

- ***Wir haben einen Praxistest gemacht:. Hier das Ergebnis:***
  - *Wir wollten es genau wissen. Wir baten unser Tester-Paar, sich unabhängig voneinander anzumelden.*
  - *Die beiden sind schon lange zusammen.*
  - *Wenn sich nun beide bei anmelden, müsste der Vermittlungsalgorithmus doch eigentlich beide einander vorschlagen?*
  - *Beide machten sich nun unabhängig voneinander an den Persönlichkeitstest und füllten diesen aus.*
  - *Und tatsächlich: Nach der Auswertung des Persönlichkeitstests unseres Paares wurden die beiden Profile einander validiert.*

Wirklich der beste Partner?

- *Davon ging man früher aus.*
- *allerdings kommt es bei dem Traummann oder der Traumfrau natürlich auf viel mehr an, als die Persönlichkeit.*
- *Folglich gibt es nur eine gute Vorauswahl, die potenziell am besten zueinander passen.*

WENIGER GUT

Test Mai 2020

Praxistest

- *Schneller und einfacher Einstieg*
- *Ausschließlich Nachrichten von Animateurinnen*
- *Kontaktaufnahme nicht kostenlos möglich*
- ***Echtes Dating weitgehend ausgeschlossen***

- ***Alles war klar verständlich.***
  - *Bevor wir unsere Online-Visitenkarte ausfüllen und Fotos hochladen konnten,*
  - *trudelten schon die ersten Chat-Nachrichten ein.*
  - *Ein Beispiel: „Ok ich schreib dich jetzt mal an auch ohne Bild, aber normalerweise möchte ich Dich schon ganz gerne sehen .“*

- ***Nach einem Blick in die AGB wurden wir in unserem Verdacht bestätigt.***
  - *... setzt Fakes ein,*
  - *um den Umsatz anzukurbeln.*
  - *Im Wortlaut: „setzt zur Unterhaltung der Nutzer professionelle Animateure und Operatoren ein, die im System nicht gekennzeichnet werden.*
  - *Diese Dienstleistung wird in höchster Qualität betrieben.*
  - *Es sind mit diesen Operatoren keine realen Treffen möglich.*
  - *Die Nutzer können lediglich Nach-richten innerhalb des Portals senden.“*

Anlage 6/11
Gegenüberstellung GUT ./. WENIGER GUT

https://www.zu-zweit.de/.../test

https://www.zu-zweit.de/.../test

Bei konkreter Inanspruchnahme sollten Sie nicht nur die Nachteile bedenken, sondern auch fehlende Vorteile.

GUT

Test Mai 2020

Praxistest

Funktioniert die Persönlichkeits-Zuordnung auf Basis des Tests wirklich?

- ***Wir haben einen Praxistest gemacht:. Hier das Ergebnis:***
    - *Wir wollten es genau wissen. Wir baten unser Tester-Paar, sich unabhängig voneinander anzumelden.*
    - *Die beiden sind schon lange zusammen.*
    - *Wenn sich nun beide bei anmelden, müsste der Vermittlungsalgorithmus doch eigentlich beide einander vorschlagen?*
    - *Beide machten sich nun unabhängig voneinander an den Persönlichkeitstest und füllten diesen aus.*
    - *Und tatsächlich: Nach der Auswertung des Persönlichkeitstests unseres Paares wurden die beiden Profile einander validiert.*

Wirklich der beste Partner?

- *Davon ging man früher aus.*
- *allerdings kommt es bei dem Traummann oder der Traumfrau natürlich auf viel mehr an, als die Persönlichkeit.*
- *Folglich gibt es nur eine gute Vorauswahl, die potenziell am besten zueinander passen.*

WENIGER GUT

Test Mai 2020

Praxistest

- *Schneller und einfacher Einstieg*
- *Ausschließlich Nachrichten von Animateurinnen*
- *Kontaktaufnahme nicht kostenlos möglich*
- ***Echtes Dating weitgehend ausgeschlossen***

- ***Alles war klar verständlich.***
    - *Bevor wir unsere Online-Visitenkarte ausfüllen und Fotos hochladen konnten,*
    - *trudelten schon die ersten Chat-Nachrichten ein.*
    - *Ein Beispiel: „Ok ich schreib dich jetzt mal an auch ohne Bild, aber normalerweise möchte ich Dich schon ganz gerne sehen ."*

- ***Nach einem Blick in die AGB wurden wir in unserem Verdacht bestätigt.***
    - *... setzt Fakes ein,*
    - *um den Umsatz anzukurbeln.*
    - *Im Wortlaut: „setzt zur Unterhaltung der Nutzer professionelle Animateure und Operatoren ein, die im System nicht gekennzeichnet werden.*
    - *Diese Dienstleistung wird in höchster Qualität betrieben.*
    - *Es sind mit diesen Operatoren keine realen Treffen möglich.*
    - *Die Nutzer können lediglich Nach-richten innerhalb des Portals senden."*

Anlage 6/12
Gegenüberstellung GUT ./. WENIGER GUT

https://www.zu-zweit.de/.../test

Bei konkreter Inanspruchnahme sollten Sie nicht nur die Nachteile bedenken, sondern auch fehlende Vorteile.

GUT

Test Mai 2020

Design und Bedienung

- *Modernes, übersichtliches und intuitives Design der Website*
- *Kurze Ladezeiten von Webseite im Internet und App*
- *Konzentration der App auf das Wesentliche.*
- *Anmeldung und Profiländerungen sind in der App nicht möglich, nutze dafür die*
- *Löblich: auch in der **kostenlosen Version keine Werbung***
- *Dauer der Anmeldung (Persönlichkeitstest): ca. 20-30 Min.*

Unser Fazit zur Bedienbarkeit:

- *Webseite übersichtlich gestaltet,*
- *App könnte im Funktionsumfang noch etwas erweitert werden.*

:

Unsere Tipps für dich

- *erfolgreiche Online Partnervermittlung.*
- *Aufwendiger Persönlichkeitstest mit höheren Kosten*
- *nur ernsthaft interessierte Singles sind angemeldet.*
- *Sie haben einen gewissen sozialen Status innehaben.*
- *Spezielle Tipps für Frauen*

WENIGER GUT

Test Mai 2020

Funktionen (Design und Bedienung)

(Wiederholung zum Vergleich)

Einfache Benutzerführung

- *Benachrichtigungen abstellbar*
- *Android- und iOS-App und eine mobile Smartphone-App verfügbar*
- *Der Seitenaufbau ist übersichtlich und verlangt eigentlich keine zusätzliche Erklärung ,*
- *daher beschäftigt sich auch die FAQ ausschließlich mit Fragen zur Zahlung und Abrechnung.*

Das Portal ist auf den ersten Blick

- *verständlich und intuitiv nutzbar: Die wichtigsten Menüpunkte finden sich in der oberen Leiste.*
- *Auch die Suchfunktion ist ständig präsent. Besonders praktisch fanden wir die Chatfenster, welche den Kontakt mit mehreren Usern gleichzeitig ungemein erleichtern.*

Nachrichten bei iDates senden?

- *Du kannst direkt über das Profil des anderen Nutzers per Klick den Messenger starten.*
- *.Es gibt Apps für Smartphones, Google Play Store (Android) oder im Apple App-Store (iOS)..*
- *Wie kann ich mein Profil löschen? Profil zu löschen, Mailadresse und Benutzername Kundenservice bekomme ich mein Passwort wieder? Login auf „Passwort vergessen?“*

Anlage 6/13
Gegenüberstellung GUT ./. WENIGER GUT

https://www.zu-zweit.de/.../test

Bei konkreter Inanspruchnahme sollten Sie nicht nur die Nachteile bedenken, sondern auch fehlende Vorteile.

GUT

Test Mai 2020

Profil aufpeppen

- *Matchingpunkte reichen nicht aus,*
- *um interessant zu wirken.*
- *Persönliches Zitat-Feld ist ideal um etwas tiefer blicken zu lassen..*

Profilbild nicht vergessen

- *Profilbild (visueller Eindruck),*
- *sympathisch, anziehend, Ausstrahlung ist alles.*

Zeit lassen

- *Sollte sich also bei dir nicht sofort der Traumpartner in der ersten Nachricht offenbaren,*
- *nicht den Mut verlieren.*

Selbst aktiv werden

- *Frauen dürfen durchaus selbst aktiv werden, um ihren Traummann zu finden.*
- *Also Profile ansehen, wenn etwas zusagt, eine Nachricht senden.*
- *Vor allem online ist es nicht verboten, mehrere Personen unverbindlich kennenzulernen und sich dann zu entscheiden.*

Schnell zum ersten Date

- *Viele Mails hin und her schreiben kann spannend und schön sein.*
- *Doch zu lange warten, sich in der Wirklichkeit zu treffen,*
- *denn Ausstrahlung und Charakter zeigen sich erst richtig,*
- *wenn man sich gegenüber steht.*

WENIGER GUT

Test Mai 2020

Profil

(Wiederholung zum Vergleich)

- *Standardumfang möglicher Angaben*
- *Unbegrenzter Upload von Fotos*
- *Keine Privacy-Optionen*
- *Dating-Relevantes (sexuelle Orientierung, Beziehungsstatus, Suchraster), äußerliche Merkmale (Größe, Figur), sowie Persönliches (Ausbildung, Beruf, Rauchen/Alkohol, Kinder, Sprache)*
- *Ebenfalls existiert ein Freitextfeld namens „Über mich", in dem du dich näher vorstellen kannst. Zusätzlich kannst du so viele Bilder uploaden, wie du möchtest.*
- *Eine Option, nur bestimmten Usern Bilder oder Angaben zugänglich zu machen, ist nicht vorhanden.*
- *Alles kann jederzeit verändert oder ergänzt werden. Eine gesonderte Verifikation ist nicht vorhanden.*

Anlage 6/14
Gegenüberstellung GUT ./. WENIGER GUT

https://www.zu-zweit.de/.../test

Bei konkreter Inanspruchnahme sollten Sie nicht nur die Nachteile bedenken, sondern auch fehlende Vorteile.

GUT

Test Mai 2020

Profil aufpeppen

Keinen Druck ausüben

- *Locker bleiben und dem nicht jedes falsche Wort ankreiden,*
- *macht es euch angenehm*
- *und lieber ein zweites Date, als mit Familienplanung zu beginnen.*

Tipps für Männer (zum Profil)

- *Mühe geben, einen guten Eindruck hinterlassen.*
- *Gute Fotos sind ausschlaggebend.*
- *Textfeld (informativ, ansprechend)*

Wählerisch sein

- *Mann sich die Damen heraus-suchen, die ihm wirklich zusagen.*
- *mit Mühe und Bedacht*
- *auf Rechtschreibung und Interpunktion achten,*
- *Profil der Erwählten beachten*
- *und etwas von sich erzählen.*

Gentleman online

- *höflich und freundlich sein.*
- *keine anzügliche Nachrichten*
- *Verlässlich sein*
- *eine etwaige Beendung erläutern*

Gentleman offline

- *Pünktlichkeit (rechtzeitig absagen)*
- *Alte Schule (Tür offen halten, aus dem Mantel helfen, Getränke einschenken, aufmerksam sein).*
- *Lade sie nicht zu dir nach Hause ein, sondern lieber zweites Date.*

WENIGER GUT

Test Mai 2020

Profil

(Wiederholung zum Vergleich)

- *Standardumfang möglicher Angaben*
- *Unbegrenzter Upload von Fotos*
- *Keine Privacy-Optionen*
- *Dating-Relevantes (sexuelle Orientierung, Beziehungsstatus, Suchraster), äußerliche Merkmale (Größe, Figur), sowie Persönliches (Ausbildung, Beruf, Rauchen/Alkohol, Kinder, Sprache)*
- *Ebenfalls existiert ein Freitextfeld namens „Über mich", in dem du dich näher vorstellen kannst. Zusätzlich kannst du so viele Bilder uploaden, wie du möchtest.*
- *Eine Option, nur bestimmten Usern Bilder oder Angaben zugänglich zu machen, ist nicht vorhanden.*
- *Alles kann jederzeit verändert oder ergänzt werden. Eine gesonderte Verifikation ist nicht vorhanden.*

Anlage 6/15
Gegenüberstellung GUT ./. WENIGER GUT

https://www.zu-zweit.de/.../test

Bei konkreter Inanspruchnahme sollten Sie nicht nur die Nachteile bedenken, sondern auch fehlende Vorteile.

GUT

Test Mai 2020

Kostenlose Services

- *Anmeldung-Fragebogen ausfüllen*
- *Online-Testauswertung deiner Persönlichkeit?*
- *Partnervorschläge (inklusive Infos darüber wie gut ihr passt)?*
- *Profile anderer Mitglieder Kontaktgesuche als Lächeln*
- *Spaßanfrage sofort verschicken?*
- *Smartphone-App*

Kostenpflichtige Services

- *Foto-Tausch mit Kontaktvorschlägen*
- *Kontaktgesuche anderer Mitglieder lesen*
- *Auf Kontaktgesuche reagieren*
- *Partnerschafts-Persönlichkeitsgutachten (Wer passt gut zu mir)*
- *Unbegrenzt kommunizieren*
- *Regionale Umkreissuche*
- *Partnersuche (Interessenfilter)*
- *Vollständige Besucherlisten?*
- *Nutzung Messenger-App*

Kosten

	Dauer	Kosten/Monat	Gesamt
	6 Monate	74,90 €	449,40 €
Ist	12 Monate	65,90 €	790,80 €
	24 Monate	45,90 €	1.101,60 €

Im Preisvergleich mit anderen Anbietern ***im oberen Mittelfeld.***

WENIGER GUT

Test Mai 2020

Kostenlose Services

- *Profil erstellen*
- *Suche benutzen*
- *Besucherliste anzeigen*
- *Messages erhalten*

Kostenpflichtige Services

- *Nachrichten senden und beantworten*
- *Küsse versenden*

Zahlungsmöglichkeiten
(Kreditkarte, PayPal, Sofortüberweisung, kein Abo-Modell)

- *Abrechnung Aktion (intern Währung)*
- *Keine anonyme Zahlung möglich*
- *Flirten ohne Kosten nicht möglich*
- *Startguthaben ist schnell verbraucht.*

Coins	Kosten	Gesamt
220 Coins	= 0,02 €/Coin	4,99 €
500 Coins	= 0,02 €/Coin	9,99 €
1 Coins1	= 9,68 €/Coin	24,99 €
3 Coins	= 18,94 €/Coin	49,99 €
6 Coins	= 18,18 €/Coin	99,99 €

- *keine Premium-Mitgliedschaften oder anderweitige Abo-Modelle:*
- *pro Aktion 50 Coins.*
- *Kostenpflichtig sind hierbei das Versenden bzw. Beantworten von Messages (50 Coins), Kuss (30 Coins).*
- *100 coins maximal zwei Nachrichten.*
- *Ein automatisches Nachbuchen wird nicht angeboten.*
- *Preislich ist das ziemlich teuer..*
- *Eine anonyme Zahlung, z.B. via Paysafe-Card, ist nicht verfügbar.*

Anlage 6/16
Gegenüberstellung GUT ./. WENIGER GUT

https://www.zu-zweit.de/.../test

Bei konkreter Inanspruchnahme sollten Sie nicht nur die Nachteile bedenken, sondern auch fehlende Vorteile.

GUT

Test Mai 2020

Fazit

Kontaktgarantie

- *Premium-Mitgliedschaft eine Mindestanzahl an Kontakten*
- *mit anderen Mitgliedern.*
- *Bei einer 6-monatigen Mitgliedschaft 5 verschiedene Kontakte*

- *Mitglieder einander werden aufgrund der Analyse von Partnerschafts-Persönlichkeiten vorgeschlagen*
- *Partnervorschläge sollen charakterlich gut zur eigenen Persönlichkeit passen.*
- *Dies geschieht unabhängig vom Mitglieds-Status.*
- *Es soll Basis-Mitgliedern die Möglichkeit gegeben werden, Parship kostenfrei zu testen.*
- *Dazu gehört auch, die Kontaktaufnahme und*
- *Die Resonanz auf eigenes Profil*

Wie schnell meldet sich der Parship-Kundenservice?

- *innerhalb von 24 Stunden*
- *Antwort des Service-Teams*
- *Antworten ausführlich,*
- *freundlich und individuell*
- *auf Kundenprofil eingehend.*

Profilbilder sind grundsätzlich nur

- *für Premium-Mitglieder sichtbar*
- *Anonymität und Datenschutz*

WENIGER GUT

Test Mai 2020

Fazit : Das *Portal ist in unseren Augen eine komplette Enttäuschung*

(Wiederholung zum Vergleich)

- *Der Betreiber bleibt seinem Geschäftsmodell treu und lockt interessierte Singles in Kostenfalle.*
- *Wer es nur auf Online-Entertainment abgesehen hat, wird auch enttäuscht*
- *nicht einmal Webcam- oder Telefon-Erotik wird angeboten.*

Schön und einfach die Benutzerführung

- *Dates finden Männer wohl eher nicht.*
- *Höhere Chancen haben die Damen,*
- *die männlichen Animateure sind zahlenmäßig nicht so stark vertreten.*

FAQ (Funktion)

- *Wie Nachrichten senden? Man kann direkt über das Profil des anderen Nutzers den Messenger starten.*
- *Der Versand bzw. das Beantworten einer Nachricht kostet 50 Coins.*
- *Es gibt Apps für das Smartphone: Google Play Store (Android) oder im Apple App-Store (iOS).*

Wie kann ich mein Profil löschen?

- *Um das Profil zu löschenden E-Mail mit deinen Benutzerdaten (Mailadresse/Benutzername) an Provider.*

Passwort wieder beschaffen

- *Beim Login auf „Passwort vergessen?“ klicken.*
- *Unter Angabe der verwendeten Adresse, wird es zurückgesetzt.*

Anlage 6/17
Gegenüberstellung GUT ./. WENIGER GUT

https://www.zu-zweit.de/.../test

Bei konkreter Inanspruchnahme sollten Sie nicht nur die Nachteile bedenken, sondern auch fehlende Vorteile.

GUT

Test Mai 2020

Fazit

- *Gutscheincode einlösen*
- *Link 'Gutschein einlösen'.*

nach Berufsgruppen suchen

- *Nach bestimmten Berufen und Berufsgruppen kann man bei Parship nicht suchen,*
- *dafür aber nach Einkommen und höchstem Bildungsabschluss.*
- *Weitere Suchkategorien sind Sportarten, Hobbys und präferierte Urlaubsziele/-arten.*
- *Von Mitgliedern begeistern lassen.*

WENIGER GUT

Test Mai 2020

Fazit : Das *Portal ist in unseren Augen eine komplette Enttäuschung*

(Wiederholung zum Vergleich)

- *Der Betreiber bleibt seinem Geschäftsmodell treu und lockt interessierte Singles in Kostenfalle.*
- *Wer es nur auf Online-Entertainment abgesehen hat, wird auch enttäuscht*
- *nicht einmal Webcam- oder Telefon-Erotik wird angeboten.*

Schön und einfach die Benutzerführung

- *Dates finden Männer wohl eher nicht.*
- *Höhere Chancen haben die Damen,*
- *die männlichen Animateure sind zahlenmäßig nicht so stark vertreten.*

FAQ (Funktion)

- *Wie Nachrichten senden? Man kann direkt über das Profil des anderen Nutzers den Messenger starten.*
- *Der Versand bzw. das Beantworten einer Nachricht kostet 50 Coins.*
- *Es gibt Apps für das Smartphone: Google Play Store (Android) oder im Apple App-Store (iOS).*

Wie kann ich mein Profil löschen?

- *Um das Profil zu löschenden E-Mail mit deinen Benutzerdaten (Mail-adresse/Benutzername) an Provider.*

Passwort wieder beschaffen

- *Beim Login auf „Passwort vergessen?“ klicken.*
- *Unter Angabe der verwendeten Adresse, wird es zurückgesetzt.*

Anlage 6/18

Gegenüberstellung GUT ./. WENIGER GUT

https://www.zu-zweit.de/.../test

Bei konkreter Inanspruchnahme sollten Sie nicht nur die Nachteile bedenken, sondern auch fehlende Vorteile.

GUT

Test Mai 2020

Mitglieder

- Hoher Bildungsgrad
- überdurchschnittliches Einkommen
- Ausgewogenes Geschlechterverhältnis
- Alter meist zwischen 28 und 55 Jahren
- 52 % Akademiker

- Gute Chancen bei der Partnersuche
- weltweit 23.000 Neumitglieder
- 11 Millionen Mitglieder insgesamt

- **Europaweit aktive Partner-vermittlung**:

- Österreich, der Schweiz, aber auch England, Frankreich, Italien oder Skandinavien)
- Viele Vorschläge von Menschen, die langfristig zu dir passen
- Für reine Flirts oder Affären ist hier nicht die Anlaufstelle.
- Betrachtet man die regionale Verteilung der deutschen Mitglieder, so wird man vor allem in den westlichen Bundesländern viele Mitglieder finden.

WENIGER GUT

Test Mai 2020

Mitglieder (hoher Fake-Anteil)

- Die Eigenwerbung der Betreiber-firma klingt fast zu schön, um wahr zu sein.
- Satter 60% Frauenanteil wird öffentlich angepriesen.
- Ein Blick in die AGB: „Animateure" bzw. „Operatoren" (Lockvögel)
- Mitarbeiter des Unternehmens mit einer Vielzahl von Accounts
- und die Nachrichtenanzahl (also den Umsatz) in die Höhe treiben.
- Es sind Fakes: Weder Fotos, noch Angaben sind echt.
- Treffen sind ausgeschlossen, was Interessenten nicht wissen.

Diese Mitarbeiter/Innen sind nirgend-wo als Fakes erkennbar und locken arglose Männer in die Kosten-Falle

- Echte Damen haben wir nicht bei unserer Recherche kaum gefunden.
- Animateure bieten sind rund um die Uhr permanent an.
- Die Antworten auf unsere Nach-richten trudeln dabei schnell ein – schließlich werden die Controller dafür bezahlt.
- Das Dating-Portal richtet sich hauptsächlich an Hetero-Nutzer im Alter von 18 und 50 Jahren. Eine Möglichkeit, sich als Paar anzumelden, besteht nicht.
- Der LGBT-Anteil (Lesbian, Gay, Bisexual and Transgender) geht gegen Null.

Anlage 6/19
Gegenüberstellung GUT ./. WENIGER GUT

https://www.zu-zweit.de/.../test

Bei konkreter Inanspruchnahme sollten Sie nicht nur die Nachteile bedenken, sondern auch fehlende Vorteile.

GUT

Test Mai 2020

Mitglieder

- *Hoher Bildungsgrad*
- *überdurchschnittliches Einkommen*
- *Ausgewogenes Geschlechterverhältnis*
- *Alter meist zwischen 28 und 55 Jahren*
- *52 % Akademiker*

- *Gute Chancen bei der Partnersuche*
- *weltweit 23.000 Neumitglieder*
- *11 Millionen Mitglieder insgesamt*

- ***Europaweit aktive Partner-vermittlung**:*

- *Österreich, der Schweiz, aber auch England, Frankreich, Italien oder Skandinavien)*
- *Viele Vorschläge von Menschen, die langfristig zu dir passen*
- *Für reine Flirts oder Affären ist hier nicht die Anlaufstelle.*
- *Betrachtet man die regionale Verteilung der deutschen Mitglieder, so wird man vor allem in den westlichen Bundesländern viele Mitglieder finden.*

WENIGER GUT

Test Mai 2020

Mitglieder (hoher Fake-Anteil)

- *Die Eigenwerbung der Betreiber-firma klingt fast zu schön, um wahr zu sein.*
- *Satter 60% Frauenanteil wird öffentlich angepriesen.*
- *Ein Blick in die AGB: „Animateure“ bzw. „Operatoren“ (Lockvögel)*
- *Mitarbeiter des Unternehmens mit einer Vielzahl von Accounts*
- *und die Nachrichtenanzahl (also den Umsatz) in die Höhe treiben.*
- *Es sind Fakes: Weder Fotos, noch Angaben sind echt.*
- *Treffen sind ausgeschlossen, was Interessenten nicht wissen.*

Diese Mitarbeiter/Innen sind nirgend-wo als Fakes erkennbar und locken arglose Männer in die Kosten-Falle

- *Echte Damen haben wir nicht bei unserer Recherche kaum gefunden.*
- *Animateure bieten sind rund um die Uhr permanent an.*
- *Die Antworten auf unsere Nach-richten trudeln dabei schnell ein – schließlich werden die Controller dafür bezahlt.*
- *Das Dating-Portal richtet sich hauptsächlich an Hetero-Nutzer im Alter von 18 und 50 Jahren. Eine Möglichkeit, sich als Paar anzumelden, besteht nicht.*
- *Der LGBT-Anteil (Lesbian, Gay, Bisexual and Transgender) geht gegen Null.*

Anlage 6/20
Gegenüberstellung GUT ./. WENIGER GUT

https://www.zu-zweit.de/.../test

Bei konkreter Inanspruchnahme sollten Sie nicht nur die Nachteile bedenken, sondern auch fehlende Vorteile.

GUT

Test Mai 2020

Anmeldeprozess

Fünf-Faktoren-Modell

- *Persönlichkeitspsychologie*
- *über 40 Jahren Forschung*
- *80 Multiple-Choice-Fragen*
- ***Bei den Antworten nicht schummeln**, damit tut man sich und der Suche nach dem Traumpartner keinen Gefallen!*
- *nach der Beantwortung des Persönlichkeitstests (zeitlich begrenzter Preisnachlass einer Premium-Mitgliedschaft).*
- *Welche Fragen werden im Persönlichkeitstest beispielsweise gestellt?*
  - *Situationen aus dem Leben*
  - *"Kochen Sie gern?„*
  - *"Wie verbringen Sie Ihre Freizeit am liebsten?„*
  - *Klecks-Bilder benennen (Tiefenpsychologie).*
- *Interessant sind die Analysen der Antworten,*
- *detaillierte Übereinstimmungen mit dem möglichen Partner aufzeigen.*
- *Basis-Mitglieder erhalten eine kurze Online-Auswertung des Tests.*

WENIGER GUT

Test Mai 2020

Anmeldeprozess

Kontakt herstellen

- *Suchoptionen mangelhaft*
- *Keine Sortierungs- und Filtermöglichkeiten*
- *Kontaktaufnahme via Chat kostenpflichtig*
- *Übersichtliche Anordnung der Chatfenster*
- *Küsse und Likes für Schüchterne vorhanden*
- *Die Suche beschränkt sich auf das Nötigste (nach Geschlecht, Altersspanne, Ort)*
- *Filteroptionen nach dem Online-Status, gibt es nicht.*
- *Ebenso wenig können die Ergebnisse nach Alter oder Entfernung sortiert werden. Leider lieferte die Suche somit keine passgenauen Ergebnisse.*
- *Versand einer Nachricht (50 Coins). Praktisch finden wir die Darstellung als Chatfenster ähnlich wie bei Facebook:*
- *Für die Schüchternen das Versenden eines „Kusses“ (30 Coins) und die Likes.*
- *Wenn Likes erwidert werden, wird automatisch ein neuer Chat geöffnet.*
- *So kannst du sicher sein, dass die Person auch an dir interessiert ist*

Anlage 6/21
Gegenüberstellung GUT ./. WENIGER GUT

https://www.zu-zweit.de/.../test

Bei konkreter Inanspruchnahme sollten Sie nicht nur die Nachteile bedenken, sondern auch fehlende Vorteile.

GUT

Test Mai 2020

Anmeldeprozess

Fünf-Faktoren-Modell

- *Persönlichkeitspsychologie*
- *über 40 Jahren Forschung*
- *80 Multiple-Choice-Fragen*
- ***Bei den Antworten nicht schummeln**, damit tut man sich und der Suche nach dem Traumpartner keinen Gefallen!*

- *nach der Beantwortung des Persönlichkeitstests (zeitlich begrenzter Preisnachlass einer Premium-Mitgliedschaft).*

- *Welche Fragen werden im Persönlichkeitstest beispielsweise gestellt?*
  - *Situationen aus dem Leben*
  - *"Kochen Sie gern?„*
  - *"Wie verbringen Sie Ihre Freizeit am liebsten?„*
  - *Klecks-Bilder benennen (Tiefenpsychologie).*

- *Interessant sind die Analysen der Antworten,*
- *detaillierte Übereinstimmungen mit dem möglichen Partner aufzeigen.*
- *Basis-Mitglieder erhalten eine kurze Online-Auswertung des Tests.*

WENIGER GUT

Test Mai 2020

Anmeldeprozess

Kontakt herstellen

- *Suchoptionen mangelhaft*
- *Keine Sortierungs- und Filtermöglichkeiten*
- *Kontaktaufnahme via Chat kostenpflichtig*

- *Übersichtliche Anordnung der Chatfenster*
- *Küsse und Likes für Schüchterne vorhanden*
- *Die Suche beschränkt sich auf das Nötigste (nach Geschlecht, Altersspanne, Ort)*
- *Filteroptionen nach dem Online-Status, gibt es nicht.*
- *Ebenso wenig können die Ergebnisse nach Alter oder Entfernung sortiert werden. Leider lieferte die Suche somit keine passgenauen Ergebnisse.*

- *Versand einer Nachricht (50 Coins). Praktisch finden wir die Darstellung als Chatfenster ähnlich wie bei Facebook.*
- *Für die Schüchternen das Versenden eines „Kusses“ (30 Coins) und die Likes.*
- *Wenn Likes erwidert werden, wird automatisch ein neuer Chat geöffnet.*
- *So kannst du sicher sein, dass die Person auch an dir interessiert ist*

Anlage 6/22
Gegenüberstellung GUT ./. WENIGER GUT

https://www.zu-zweit.de/.../test

Bei konkreter Inanspruchnahme sollten Sie nicht nur die Nachteile bedenken, sondern auch fehlende Vorteile.

GUT

Test Mai 2020

Funktionalität

Kontaktaufnahme

- *Persönliche Flirtnachricht*
- *Fotofreischaltung*
- *Versand eines virtuellen Lächelns*
- *Spaßfragen versenden*
- *Nachrichten für alle Mitglieder kostenlos*
- *Zusätzlich bekommt man Kontaktvorschläge via E-Mail*
- *Um die Qualität von gewährleisten zu können, darfst du nicht mehr als 10 gleichlautende Copy & Paste Nachrichten versenden, ansonsten wirst du gesperrt.*

Persönliche Nachrichten

- *treffen bei den Mitgliedern auf positives Feedback.*
- *Es wird eine Betreffzeile vorgeschlagen, wie: "Wollen wir in Kontakt treten?". Sehr*
- ***Sehr persönliche Anreden sind von Vorteil.***

Nutzerbefragungen

- *haben ergeben, dass Frauen sich von Männern längere, kreativere und individuellere Nachrichten wünschen.*

WENIGER GUT

Test Mai 2020

Funktionalität

(Wiederholung zum Vergleich)

Einfache Benutzerführung

- *Benachrichtigungen abstellbar*
- *Android- und iOS-App und eine mobile Smartphone-App verfügbar*
- *Der Seitenaufbau ist übersichtlich und verlangt eigentlich keine zusätzliche Erklärung ,*
- *daher beschäftigt sich auch die FAQ ausschließlich mit Fragen zur Zahlung und Abrechnung.*

Das Portal ist auf den ersten Blick

- *verständlich und intuitiv nutzbar: Die wichtigsten Menüpunkte finden sich in der oberen Leiste.*
- *Auch die Suchfunktion ist ständig präsent. Besonders praktisch fanden wir die Chatfenster, welche den Kontakt mit mehreren Usern gleichzeitig ungemein erleichtern.*

Anlage 6/23
Gegenüberstellung GUT ./. WENIGER GUT

https://www.zu-zweit.de/.../test

Bei konkreter Inanspruchnahme sollten Sie nicht nur die Nachteile bedenken, sondern auch fehlende Vorteile.

GUT

Test Mai 2020

Funktionalität

Gehobene Umgangsformen

- *Nachrichten werden vor dem Absenden automatisch auf Höflichkeit und Schimpfwörter gescannt, der Inhalt als solcher wird dabei nicht ausgelesen.*
- *Nachrichten werden automatisch speichert.*
- *Einige wissenschaftliche Studien Versenden eines Signals (hier in Form eines "Anlächelns") führt zu* ***höheren Antwortwahrschein-lichkeiten.***
- *Spaßfragen- Anregungen*
- ***Hieraus können sich neue Gesprächsthemen ergeben.***
- *In der Praxis ist diese Kontakt-möglichkeit sehr effektiv.*

Welche Anschreibe-Strategien funktionieren am besten?

Unser Praxistest hat ergeben,

- *dass kurze Fragen im Chatstil weniger erfolgreich sind:*

Echtes Interesse ist vorteilhaft.

- *Kompliment oder Feedback zu den Fotos der Userin (91%)*
- *Kompliment oder Feedback zu dem Profiltext der Nutzerin (88%)*
- *Interessante Frage (75%)*
- *Ein GIF (50%) Einen Witz, der sich auf Ihren (Nick-)namen bezieht. (28%)*

WENIGER GUT

Test Mai 2020

Funktionalität

(Wiederholung zum Vergleich)

Einfache Benutzerführung

- *Benachrichtigungen abstellbar*
- *Android- und iOS-App und eine mobile Smartphone-App verfügbar*
- *Der Seitenaufbau ist übersichtlich und verlangt eigentlich keine zusätzliche Erklärung ,*
- *daher beschäftigt sich auch die FAQ ausschließlich mit Fragen zur Zahlung und Abrechnung.*

Das Portal ist auf den ersten Blick

- *verständlich und intuitiv nutzbar: Die wichtigsten Menüpunkte finden sich in der oberen Leiste.*
- *Auch die Suchfunktion ist ständig präsent. Besonders praktisch fanden wir die Chatfenster, welche den Kontakt mit mehreren Usern gleichzeitig ungemein erleichtern.*

Anlage 6/24
Gegenüberstellung GUT ./. WENIGER GUT

https://www.zu-zweit.de/.../test

Bei konkreter Inanspruchnahme sollten Sie nicht nur die Nachteile bedenken, sondern auch fehlende Vorteile.

GUT

Test Mai 2020

Funktionalität

Unser Tipp:

- *Zeige dich von deiner kreativen und natürlichen Seite.*
- *Überrasche dein Gegenüber mit einer Nachricht, die anders ist,*
- *versuche aus der Masse zu stechen aber du selbst zu sein.*
- *Am besten schließt du die Nachricht mit einer kurzen W-Frage (Was, wann, warum, wieso) ab,*
- *die das Gegenüber leicht beantworten kann.*
- *So wirst du wahrscheinlich eine umfangreichere Antwort,*
- *an die sich gut anknüpfen lässt.*

- *Premium-Mitglieder sind auf ihrem Profil nicht von Basis-Mitgliedern zu unterscheiden.*
- *Basis-Mitglieder können jedoch nur einmalig antworten.*
- *Alle weiteren Nachrichten werden zugestellt.*
- *Gelesen werden ab der zweiten erhaltenen Nachricht können nur mit Premium-Mitglieder.*

Warum bekomme ich keine Antwort?

- *Rücklaufquote etwas höher als bei anderen Plattformen.*
- *Man wartet durchschnittlich aber etwas länger auf eine Antwort.*
- *Das kann daran liegen, das manche Chatformulierungen bei den Mitgliedern nicht beliebt sind.*

WENIGER GUT

Test Mai 2020

Funktionalität

(Wiederholung zum Vergleich)

Einfache Benutzerführung

- *Benachrichtigungen abstellbar*
- *Android- und iOS-App und eine mobile Smartphone-App verfügbar*
- *Der Seitenaufbau ist übersichtlich und verlangt eigentlich keine zusätzliche Erklärung ,*
- *daher beschäftigt sich auch die FAQ ausschließlich mit Fragen zur Zahlung und Abrechnung.*

Das Portal ist auf den ersten Blick

- *verständlich und intuitiv nutzbar: Die wichtigsten Menüpunkte finden sich in der oberen Leiste.*
- *Auch die Suchfunktion ist ständig präsent. Besonders praktisch fanden wir die Chatfenster, welche den Kontakt mit mehreren Usern gleichzeitig ungemein erleichtern.*

Anlage 6/25
Gegenüberstellung GUT ./. WENIGER GUT

https://www.zu-zweit.de/.../test

Bei konkreter Inanspruchnahme sollten Sie nicht nur die Nachteile bedenken, sondern auch fehlende Vorteile.

GUT

Test Mai 2020

Praxistest

Funktioniert die Persönlichkeits-Zuordnung auf Basis des Tests wirklich?

- ***Wir haben einen Praxistest gemacht:. Hier das Ergebnis:***
  - *Wir wollten es genau wissen. Wir baten unser Tester-Paar, sich unabhängig voneinander anzumelden.*
  - *Die beiden sind schon lange zusammen.*
  - *Wenn sich nun beide bei anmelden, müsste der Vermittlungsalgorithmus doch eigentlich beide einander vorschlagen?*
  - *Beide machten sich nun unabhängig voneinander an den Persönlichkeitstest und füllten diesen aus.*
  - *Und tatsächlich: Nach der Auswertung des Persönlichkeitstests unseres Paares wurden die beiden Profile einander validiert.*

Wirklich der beste Partner?

- *Davon ging man früher aus.*
- *allerdings kommt es bei dem Traummann oder der Traumfrau natürlich auf viel mehr an, als die Persönlichkeit.*
- *Folglich gibt es nur eine gute Vorauswahl, die potenziell am besten zueinander passen.*

WENIGER GUT

Test Mai 2020

Praxistest

- *Schneller und einfacher Einstieg*
- *Ausschließlich Nachrichten von Animateurinnen*
- *Kontaktaufnahme nicht kostenlos möglich*
- ***Echtes Dating weitgehend ausgeschlossen***
- ***Alles war klar verständlich.***
  - *Bevor wir unsere Online-Visitenkarte ausfüllen und Fotos hochladen konnten,*
  - *trudelten schon die ersten Chat-Nachrichten ein.*
  - *Ein Beispiel: „Ok ich schreib dich jetzt mal an auch ohne Bild, aber normalerweise möchte ich Dich schon ganz gerne sehen .“*
- ***Nach einem Blick in die AGB wurden wir in unserem Verdacht bestätigt.***
  - *... setzt Fakes ein,*
  - *um den Umsatz anzukurbeln.*
  - *Im Wortlaut: „setzt zur Unterhaltung der Nutzer professionelle Animateure und Operatoren ein, die im System nicht gekennzeichnet werden.*
  - *Diese Dienstleistung wird in höchster Qualität betrieben.*
  - *Es sind mit diesen Operatoren keine realen Treffen möglich.*
  - *Die Nutzer können lediglich Nach-richten innerhalb des Portals senden.“*

Anlage 6/26
Gegenüberstellung GUT ./. WENIGER GUT

https://www.zu-zweit.de/.../test

Bei konkreter Inanspruchnahme sollten Sie nicht nur die Nachteile bedenken, sondern auch fehlende Vorteile.

GUT

Test Mai 2020

Design und Bedienung

- *Modernes, übersichtliches und intuitives Design der Website*
- *Kurze Ladezeiten von Webseite im Internet und App*
- *Konzentration der App auf das Wesentliche.*
- *Anmeldung und Profiländerungen sind in der App nicht möglich, nutze dafür die*
- *Löblich: auch in der* ***kostenlosen Version keine Werbung***
- *Dauer der Anmeldung (Persönlichkeitstest): ca. 20-30 Min.*

Unser Fazit zur Bedienbarkeit:

- *Webseite übersichtlich gestaltet,*
- *App könnte im Funktionsumfang noch etwas erweitert werden.*

Unsere Tipps für dich

- *erfolgreiche Online Partnervermittlung.*
- *Aufwendiger Persönlichkeitstest mit höheren Kosten*
- *nur ernsthaft interessierte Singles sind angemeldet.*
- *Sie haben einen gewissen sozialen Status innehaben.*
- *Spezielle Tipps für Frauen*

WENIGER GUT

Test Mai 2020

Funktionen (Design und Bedienung)

(Wiederholung zum Vergleich)

Einfache Benutzerführung

- *Benachrichtigungen abstellbar*
- *Android- und iOS-App und eine mobile Smartphone-App verfügbar*
- *Der Seitenaufbau ist übersichtlich und verlangt eigentlich keine zusätzliche Erklärung ,*
- *daher beschäftigt sich auch die FAQ ausschließlich mit Fragen zur Zahlung und Abrechnung.*

Das Portal ist auf den ersten Blick

- *verständlich und intuitiv nutzbar: Die wichtigsten Menüpunkte finden sich in der oberen Leiste.*
- *Auch die Suchfunktion ist ständig präsent. Besonders praktisch fanden wir die Chattenster, welche den Kontakt mit mehreren Usern gleichzeitig ungemein erleichtern*

Nachrichten bei iDates senden?

- *Du kannst direkt über das Profil des anderen Nutzers per Klick den Messenger starten.*
- *.Es gibt Apps für Smartphones, Google Play Store (Android) oder im Apple App-Store (iOS)..*
- *Wie kann ich mein Profil löschen? Profil zu löschen, Mailadresse und Benutzername Kundenservice bekomme ich mein Passwort wieder? Login auf „Passwort vergessen?“*

Anlage 6/27
Gegenüberstellung GUT ./. WENIGER GUT

https://www.zu-zweit.de/.../test

Bei konkreter Inanspruchnahme sollten Sie nicht nur die Nachteile bedenken, sondern auch fehlende Vorteile.

GUT

Test Mai 2020

Profil aufpeppen

- *Matchingpunkte reichen nicht aus,*
- *um interessant zu wirken.*
- *Persönliches Zitat-Feld ist ideal um etwas tiefer blicken zu lassen..*

Profilbild nicht vergessen

- *Profilbild (visueller Eindruck),*
- *sympathisch, anziehend, Ausstrahlung ist alles.*

Zeit lassen

- *Sollte sich also bei dir nicht sofort der Traumpartner in der ersten Nachricht offenbaren,*
- *nicht den Mut verlieren.*

Selbst aktiv werden

- *Frauen dürfen durchaus selbst aktiv werden, um ihren Traummann zu finden.*
- *Also Profile ansehen, wenn etwas zusagt, eine Nachricht senden.*
- *Vor allem online ist es nicht verboten, mehrere Personen unverbindlich kennenzulernen und sich dann zu entscheiden.*

Schnell zum ersten Date

- *Viele Mails hin und her schreiben kann spannend und schön sein.*
- *Doch zu lange warten, sich in der Wirklichkeit zu treffen,*
- *denn Ausstrahlung und Charakter zeigen sich erst richtig,*
- *wenn man sich gegenüber steht.*

WENIGER GUT

Test Mai 2020

Profil

(Wiederholung zum Vergleich)

- *Standardumfang möglicher Angaben*
- *Unbegrenzter Upload von Fotos*
- *Keine Privacy-Optionen*
- *Dating-Relevantes (sexuelle Orientierung, Beziehungsstatus, Suchraster), äußerliche Merkmale (Größe, Figur), sowie Persönliches (Ausbildung, Beruf, Rauchen/Alkohol, Kinder, Sprache)*
- *Ebenfalls existiert ein Freitextfeld namens „Über mich", in dem du dich näher vorstellen kannst. Zusätzlich kannst du so viele Bilder uploaden, wie du möchtest.*
- *Eine Option, nur bestimmten Usern Bilder oder Angaben zugänglich zu machen, ist nicht vorhanden.*
- *Alles kann jederzeit verändert oder ergänzt werden. Eine gesonderte Verifikation ist nicht vorhanden.*

Anlage 6/27
Gegenüberstellung GUT ./. WENIGER GUT

https://www.zu-zweit.de/.../test

Bei konkreter Inanspruchnahme sollten Sie nicht nur die Nachteile bedenken, sondern auch fehlende Vorteile.

GUT

Test Mai 2020

Profil aufpeppen

Keinen Druck ausüben

- *Locker bleiben und dem nicht jedes falsche Wort ankreiden,*
- *macht es euch angenehm*
- *und lieber ein zweites Date, als mit Familienplanung zu beginnen.*

Tipps für Männer (zum Profil)

- *Mühe geben, einen guten Eindruck hinterlassen.*
- *Gute Fotos sind ausschlaggebend.*
- *Textfeld (informativ, ansprechend)*

Wählerisch sein

- *Mann sich die Damen heraus-suchen, die ihm wirklich zusagen.*
- *mit Mühe und Bedacht*
- *auf Rechtschreibung und Interpunktion achten,*
- *Profil der Erwählten beachten*
- *und etwas von sich erzählen.*

Gentleman online

- *höflich und freundlich sein.*
- *keine anzügliche Nachrichten*
- *Verlässlich sein*
- *eine etwaige Beendung erläutern*

Gentleman offline

- *Pünktlichkeit (rechtzeitig absagen)*
- *Alte Schule (Tür offen halten, aus dem Mantel helfen, Getränke einschenken, aufmerksam sein).*
- *Lade sie nicht zu dir nach Hause ein, sondern lieber zweites Date.*

WENIGER GUT

Test Mai 2020

Profil

(Wiederholung zum Vergleich)

- *Standardumfang möglicher Angaben*
- *Unbegrenzter Upload von Fotos*
- *Keine Privacy-Optionen*
- *Dating-Relevantes (sexuelle Orientierung, Beziehungsstatus, Suchraster), äußerliche Merkmale (Größe, Figur), sowie Persönliches (Ausbildung, Beruf, Rauchen/Alkohol, Kinder, Sprache)*
- *Ebenfalls existiert ein Freitextfeld namens „Über mich“, in dem du dich näher vorstellen kannst. Zusätzlich kannst du so viele Bilder uploaden, wie du möchtest.*
- *Eine Option, nur bestimmten Usern Bilder oder Angaben zugänglich zu machen, ist nicht vorhanden.*
- *Alles kann jederzeit verändert oder ergänzt werden. Eine gesonderte Verifikation ist nicht vorhanden.*

Anlage 6/28
Gegenüberstellung GUT ./. WENIGER GUT

https://www.zu-zweit.de/.../test

Bei konkreter Inanspruchnahme sollten Sie nicht nur die Nachteile bedenken, sondern auch fehlende Vorteile.

Persönlichkeit?
- Partnervorschläge (inklusive Infos darüber wie gut ihr passt)?
- Profile anderer Mitglieder Kontaktgesuche als Lächeln
- Spaßanfrage sofort verschicken?
- Smartphone-App

Kostenpflichtige Services

- Foto-Tausch mit Kontaktvorschlägen
- Kontaktgesuche anderer Mitglieder lesen
- Auf Kontaktgesuche reagieren
- Partnerschafts-Persönlichkeitsgutachten (Wer passt gut zu mir)
- Unbegrenzt kommunizieren
- Regionale Umkreissuche
- Partnersuche (Interessenfilter)
- Vollständige Besucherlisten?
- Nutzung Messenger-App

Kosten

Kosten/Preise sind sehr unterschiedlich gestaffelt und hängen mit der Anzahl der Kontaktpartner/Innen zusammen (von ca. 50 € - 100 € im Monat, von 120 € bis 300 € im Quartal, von 400 € bis 1.000 € im Jahr).

Ist das teuer oder günstig?

Im Preisvergleich liegt das Oberfeld bis ca. 1.000 €, das Mittelfeld bis ca. 800 €, das Unterfeld bis ca. 600 € im Jahr.

Ob sich das lohnt, wird unterschiedlich beurteilt, aber das ist noch preiswert.

- Besucherliste anzeigen
- Messages erhalten

Kostenpflichtige Services

- Nachrichten senden und beantworten
- Küsse versenden

Zahlungsmöglichkeiten
(Kreditkarte, PayPal, Sofortüberweisung, kein Abo-Modell)

- Abrechnung Aktion (intern Währung)
- Keine anonyme Zahlung möglich
- Flirten ohne Kosten nicht möglich
- Startguthaben ist schnell verbraucht.

Coins	Kosten	Gesamt
220 Coins	= 0,02 €/Coin	4,99 €
500 Coins	= 0,02 €/Coin	9,99 €
1 Coins 1	= 9,68 €/Coin	24,99 €
3 Coins	= 18,94 €/Coin	49,99 €
6 Coins	= 18,18 €/Coin	99,99 €

- keine Premium-Mitgliedschaften oder anderweitige Abo-Modelle:
- pro Aktion 50 Coins.
- Kostenpflichtig sind hierbei das Versenden bzw. Beantworten von Messages (50 Coins), Kuss (30 Coins).
- 100 coins maximal zwei Nachrichten.
- Ein automatisches Nachbuchen wird nicht angeboten.
- Preislich ist das ziemlich teuer..
- Eine anonyme Zahlung, z.B. via Paysafe-Card, ist nicht verfügbar.

Kosten/Preise sind sehr unterschiedlich gestaffelt und hängen auch hier mit der Anzahl der Kontaktpartner/Innen zusammen, aber vermeintliche Zusatzleistungen (u.a. Mehrfachzählungen) können die Belastungen erhöhen (von ca. 100 € - 500 € im Monat, von 300 € bis 600 € im Quartal, von 800 € bis 2.000 € im Jahr).

Ist das teuer oder günstig?

Im Preisvergleich kann das Oberfeld bis ca. 6.000 €, das Mittelfeld bis ca. 4.000 €, das Unterfeld bis ca. 2.000 € im Jahr liegen.

Ob sich das lohnt, wird unterschiedlich beurteilt, aber es ist relativ kostspielig.

Anlage 6/29
Gegenüberstellung GUT ./. WENIGER GUT
https://www.zu-zweit.de/.../test

Bei konkreter Inanspruchnahme sollten Sie nicht nur die Nachteile bedenken, sondern auch fehlende Vorteile.

GUT

Test Mai 2020

Fazit

Allgemeines

- *Der Name ist ein Kunstwort und hat keine eigene Bedeutung.*
- *Gibt es Vermittlung auch für Homosexuelle? Ja.*

Wie viele Singles haben sich schon gefunden?

- *Ja, im Schnitt verliebt sich alle 11 Minuten ein Single im Parship.*

Mittlerweile gibt es mehr als

- *550.000 Verliebte und*
- *über 80.000 Babys.*

Wie ist das Preis-Leistungs-Verhältnis?

- *teurer als Dating-Apps, die kein psychologisches Matching nutzen.*
- *Auf jeden Fall lohnt sich die Anmeldung bei Parship, wenn man ernsthaft einen Partner sucht.*
- *Durch den Preis werden solche Singles abgehalten, denen es bei der Suche nicht ernst ist.*
- *Außerdem hilft dir das Team von Parship mit Tipps dabei, deinen Partner zu finden und unterstützt dich bei Fragen rund um die Benutzung.*
- *Wer von seinem Partner einen gewissen Standard und ein gehobenes Niveau erwartet, ist hier richtig.*

WENIGER GUT

Test Mai 2020

Fazit : Das *Portal ist in unseren Augen eine komplette Enttäuschung*

- *Der Betreiber bleibt seinem Geschäftsmodell treu und lockt interessierte Singles in Kostenfalle.*
- *Wer es nur auf Online-Entertainment abgesehen hat, wird auch enttäuscht*
- *nicht einmal Webcam- oder Telefon-Erotik wird angeboten.*

Schön und einfach die Benutzerführung

- *Dates finden Männer wohl eher nicht.*
- *Höhere Chancen haben die Damen,*
- *die männlichen Animateure sind zahlenmäßig nicht so stark vertreten.*

FAQ (Funktion)

- *Wie Nachrichten senden? Man kann direkt über das Profil des anderen Nutzers den Messenger starten.*
- *Der Versand bzw. das Beantworten einer Nachricht kostet 50 Coins.*
- *Es gibt Apps für das Smartphone: Google Play Store (Android) oder im Apple App-Store (iOS).*

Wie kann ich mein Profil löschen?

- *Um das Profil zu löschenden E-Mail mit deinen Benutzerdaten (Mail-adresse/Benutzername) an Provider.*

Passwort wieder beschaffen

- *Beim Login auf „Passwort vergessen?" klicken.*
- *Unter Angabe der verwendeten Adresse, wird es zurückgesetzt.*

Anlage 6/30
Gegenüberstellung GUT ./. WENIGER GUT

https://www.zu-zweit.de/.../test

Bei konkreter Inanspruchnahme sollten Sie nicht nur die Nachteile bedenken, sondern auch fehlende Vorteile.

GUT

Test Mai 2020

Fazit

Premium-Mitgliedspreis

- *ist somit die Eintrittskarte in den Club der niveauvollen Singles.*
- *Partnervermittlung: Hier suchen Mitglieder nach ernsthaften und langfristigen Beziehungen*

Kündigung

- *Ist eine vorzeitige Kündigung möglich? (innerhalb von 14 Tagen)*
- *Beachte Information zum Widerruf*
- *Textform Email, Brief und Fax. . Postalische Kündigung 2 Wochen vor Ablauf des Abos.*

App

- *Die kann man kostenfrei im Apple App-Store bzw. in iTunes herunterladen*
- *oder für Android-Geräte im Google Play Store beziehen.*

Mitgliedschaft und Nutzung

- *Wer keine E-Mail-Benachrichtigun-gen erhalten will, kann diese auch einfach wieder abbestellen.*
- *Dazu einfach auf das eigene Profilbild klicken, im aufgepopten Fenster "Daten & Einstellungen" wählen.*
- *Rechts erscheinen dann neue Menüpunkte, hier auf die "Benachrichtigungen" gehen –*
- *In der Liste lassen sich jetzt für jedes Ereignis die Benachrichtigungen ein- und ausschalten*

WENIGER GUT

Test Mai 2020

***Fazit : Das** Portal ist in unseren Augen eine komplette Enttäuschung*

(Wiederholung zum Vergleich)

- *Der Betreiber bleibt seinem Geschäftsmodell treu und lockt interessierte Singles in Kostenfalle.*
- *Wer es nur auf Online-Entertainment abgesehen hat, wird auch enttäuscht*
- *nicht einmal Webcam- oder Telefon-Erotik wird angeboten.*

Schön und einfach die Benutzerführung

- *Dates finden Männer wohl eher nicht.*
- *Höhere Chancen haben die Damen,*
- *die männlichen Animateure sind zahlenmäßig nicht so stark vertreten.*

FAQ (Funktion)

- *Wie Nachrichten senden? Man kann direkt über das Profil des anderen Nutzers den Messenger starten.*
- *Der Versand bzw. das Beantworten einer Nachricht kostet 50 Coins.*
- *Es gibt Apps für das Smartphone: Google Play Store (Android) oder im Apple App-Store (iOS).*

Wie kann ich mein Profil löschen?

- *Um das Profil zu löschenden E-Mail mit deinen Benutzerdaten (Mail-adresse/Benutzername) an Provider.*

Passwort wieder beschaffen

- *Beim Login auf „Passwort vergessen?“ klicken.*
- *Unter Angabe der verwendeten Adresse, wird es zurückgesetzt.*

Anlage 6/31
Gegenüberstellung GUT ./. WENIGER GUT

https://www.zu-zweit.de/.../test

Bei konkreter Inanspruchnahme sollten Sie nicht nur die Nachteile bedenken, sondern auch fehlende Vorteile.

GUT

Test Mai 2020

Fazit

Kontaktgarantie

- Premium-Mitgliedschaft eine Mindestanzahl an Kontakten
- mit anderen Mitgliedern.
- Bei einer 6-monatigen Mitgliedschaft 5 verschiedene Kontakte

- Mitglieder einander werden aufgrund der Analyse von Partnerschafts-Persönlichkeiten vorgeschlagen
- Partnervorschläge sollen charakterlich gut zur eigenen Persönlichkeit passen.
- Dies geschieht unabhängig vom Mitglieds-Status.
- Es soll Basis-Mitgliedern die Möglichkeit gegeben werden, Parship kostenfrei zu testen.
- Dazu gehört auch, die Kontaktaufnahme und
- Die Resonanz auf eigenes Profil

Wie schnell meldet sich der Parship-Kundenservice?

- innerhalb von 24 Stunden
- Antwort des Service-Teams
- Antworten ausführlich,
- freundlich und individuell
- auf Kundenprofil eingehend.

Profilbilder sind grundsätzlich nur

- für Premium-Mitglieder sichtbar
- Anonymität und Datenschutz

WENIGER GUT

Test Mai 2020

Fazit : Das Portal ist in unseren Augen eine komplette Enttäuschung

(Wiederholung zum Vergleich)

- Der Betreiber bleibt seinem Geschäftsmodell treu und lockt interessierte Singles in Kostenfalle.
- Wer es nur auf Online-Entertainment abgesehen hat, wird auch enttäuscht
- nicht einmal Webcam- oder Telefon-Erotik wird angeboten.

Schön und einfach die Benutzerführung

- Dates finden Männer wohl eher nicht.
- Höhere Chancen haben die Damen,
- die männlichen Animateure sind zahlenmäßig nicht so stark vertreten.

FAQ (Funktion)

- Wie Nachrichten senden? Man kann direkt über das Profil des anderen Nutzers den Messenger starten.
- Der Versand bzw. das Beantworten einer Nachricht kostet 50 Coins.
- Es gibt Apps für das Smartphone: Google Play Store (Android) oder im Apple App-Store (iOS).

Wie kann ich mein Profil löschen?

- Um das Profil zu löschenden E-Mail mit deinen Benutzerdaten (Mailadresse/Benutzername) an Provider.

Passwort wieder beschaffen

- Beim Login auf „Passwort vergessen?" klicken.
- Unter Angabe der verwendeten Adresse, wird es zurückgesetzt.

Anlage 6/32
Gegenüberstellung GUT ./. WENIGER GUT

https://www.zu-zweit.de/.../test

Bei konkreter Inanspruchnahme sollten Sie nicht nur die Nachteile bedenken, sondern auch fehlende Vorteile.

GUT

Test Mai 2020

Fazit

- Gutscheincode einlösen
- Link 'Gutschein einlösen'.

nach Berufsgruppen suchen

- Nach bestimmten Berufen und Berufsgruppen kann man bei Parship nicht suchen,
- dafür aber nach Einkommen und höchstem Bildungsabschluss.
- Weitere Suchkategorien sind Sportarten, Hobbys und präferierte Urlaubsziele/-arten.
- Von Mitgliedern begeistern lassen.

WENIGER GUT

Test Mai 2020

Fazit : Das Portal ist in unseren Augen eine komplette Enttäuschung

(Wiederholung zum Vergleich)

- Der Betreiber bleibt seinem Geschäftsmodell treu und lockt interessierte Singles in Kostenfalle.
- Wer es nur auf Online-Entertainment abgesehen hat, wird auch enttäuscht
- nicht einmal Webcam- oder Telefon-Erotik wird angeboten.

Schön und einfach die Benutzerführung

- Dates finden Männer wohl eher nicht.
- Höhere Chancen haben die Damen,
- die männlichen Animateure sind zahlenmäßig nicht so stark vertreten.

FAQ (Funktion)

- Wie Nachrichten senden? Man kann direkt über das Profil des anderen Nutzers den Messenger starten.
- Der Versand bzw. das Beantworten einer Nachricht kostet 50 Coins.
- Es gibt Apps für das Smartphone: Google Play Store (Android) oder im Apple App-Store (iOS).

Wie kann ich mein Profil löschen?

- Um das Profil zu löschenden E-Mail mit deinen Benutzerdaten (Mail-adresse/Benutzername) an Provider.

Passwort wieder beschaffen

- Beim Login auf „Passwort vergessen?“ klicken.
- Unter Angabe der verwendeten Adresse, wird es zurückgesetzt.

Anhang / Anlage 7: Nachtrag Zauberhafte: Prostituierte (Überleben , Risiken, Gewalt, Ausstieg)

(„1“) Gesellschaftliches und wirtschaftliches wirtschaftliches Überleben

- *Die wenigsten Prostituierten schaffen es, sich wirtschaftlich zu etablieren und als unabhängige Personen in der Normalität zu überleben.*
- *Soweit es Frauen wie die Zauberhafte betrifft, gibt es Einsichten, etwas zu ändern und die Prostitition zu verlassen, erst dann, wenn sie beginnen, ihre Aussenseiterstellung (Ausgrenzung) zu spüren,*
- *wenn das Geschäft nicht mehr so läuft*
- *und wenn Erlebnisse welcher Art auch immer (z.B. Gewalterlebnisse) dazu kommen.*

Im Folgenden beschränke ich mich auf Wahrnehmnungen und Ereignisse, die vor, während und nach der Prostitutionsphase zu Beeinträchtigungen führen können:

Auszugsweise:
http://www.anita-Heiliger.de/htm/Zur%20Realit%E4t%20in%20der%20Prostitution.pdf

„*... Zur Realität in der Prostitution und ihre gesellschaftlichen Auswirkungen* v**on *Dr. Anita Heiliger***

(„2“) **Männliche Dominanz:** *„ ...Die Existenz von Prostitution vermittelt Männern wie Frauen männliche Dominanz in der Gesellschaft. Männern wird (sexuelle) Verfügbarkeit von Frauen vermittelt und Frauen ihr unterlegener gesellschaft-licher Status ... Prostitution ist kein Sex, sondern kommerzialisierte sexuelle Gewalt ...*

Schanz: *In Deutschland erlaubt die Rechtslage (Prostituiertenschutzgesetz), dass Prostituierte sich von der Bevormundung durch Männer befreien können und ihre Einnahmen für sich behalten,*

aber der Markt wird von kartellähnlichen Gruppierungen überwacht, die

- *mit ihren Mitteln (Drohung, Nötigung) die Damen permanent unter Druck setzen.*
- *Das möchte man nicht dauerhaft erleben*
- *und nicht immer mit juristischen Mitteln agieren müssen.*

Hinzu kommt, dass diese Gruppierungen (zum Teil kriminell und aus dem „annonymen“ Ausland agierend), den Markt beherrschen und Zugang zu weitaus lukrativerem Geschäft haben, weil sie mit potenten und zahlungskräftigen Kunden (nicht nur im Sexgeschäft) kooperieren.

er als Prostituierte davon profitieren will, muss sich „konstruktiv“ verhalten. Es ist schon ein Unterschied, ob man je nach Auftragslage für 50 bis 100 € (pro Stunde) häufig unter unwürdigen Bedingungen arbeiten muss oder ob ***man sich bei „größeren Projekten“ in luxuriöser Umgebung befindet und mit 500 bis 1.000 €, fallweise mehr, pro Tag nach Hause geht.***

(„3“) Stimmen zur Realität in der Prostitution

Frauenverachtendes Weltbild: *Die dänische Ex-Prostituierte Tanja Rahm, deren „offener Brief an den Sexkäufer“ auch in Deutschland in den Medien veröffentlicht wurde, schreibt darin: „Die Prostituierten sind nur da, weil Männer wie Du einem gesunden und respektvollen Verhältnis zwischen Männern und Frauen im Weg stehen. Die Prostituierten existieren nur, weil Männer wie Du sich berechtigt fühlen, ihre sexuellen Bedürfnisse in den Körperöffnungen anderer Menschen zu befriedigen. Die Prostituierten sind nur da, weil Du und Deine Gleichgesinnten behaupten, dass Eure Sexualität es fordert, ständig Zugang zu Sex zu haben, wann immer es Euch passt. Prostituierte gibt es nur, weil Ihr ein frauenverachtendes Weltbild habt …“*

Schanz: ***„Reiz des Rotlichts“:*** *Es ist zu einfach, den Männern alle Verantwortung für die Existenz der Prostitution zu geben. Das gilt zunächst nur für Männer, die Prostitution brauchen und sie in Anspruch nehmen. Dazu kommt eine Form der sexuellen Befreiung, die über die Medien verbreitet wird und auch den „Reiz des Rotlichts“ betont.*

Gesellschaftliche Dominanz der Männer: *Allerdings gab es und gibt es auch heute noch eine gesellschaftliche Dominanz der Männer, die alle Belange des Zusammenlerbens betrifft, nicht nur die Sexualität,*

Rechtfertigungsversuch? *Nachfrage - Das ist sicherlich ein Motiv nachfragender Männer, aber ob Tanja Rahms Behauptung nicht eher ein Rechtfertigungsversuch ist?*

Autonomes Angebot: *Auch ein autonomes Angebot von Frauen ist nicht auszuschließen, das sich an den ihnen bekannten Bedürfnissen von Männern orientiert, weil ja auch Frauen sexuelle Bedürfnisse und Erfahrungen haben und ihre Wirkung auf Männer kennen und merken, dass man damit „gutes Geld verdienen kann"…*

Freiwilige Entscheidung*: Die deutsche Exprostituierte Marie stieg in die Prostitution ein, als sie Geld brauchte und in Hartz IV abzurutschen drohte - das ist das meiste Motiv: schnell verdientes Geld und jede denkt, das schaff` ich schon. „Ich habe hier in Deutschland ja die Option, mich zu verkaufen. Es ist legal und ich kann mich entscheiden, das zu tun. Die Entscheidung ist also freiwillig. Gleichzeitig zwingen die Umstände aber dazu. Ich kenne keine Frau, die es nicht aus Geldnot gemacht hat. Die zum Beispiel sagen: Wenn die Männer sowieso permanent über einen herfallen wollen, dann können sie auch dafür zahlen..*

Plattformen: *Und wenn man sich erstmal dazu entschieden hat, geht das sehr einfach übers Internet. Es gibt ja viele dieser Plattformen: Kaufmich.com, Poppen.de, dieboerse.de und so weiter. Ich habe einfach ein Profil in einem Forum erstellt, ein paar Bilder hochgeladen und dann haben sich die Männer gemeldet. Es ging also sehr einfach.*

Zu einfach.“ „Vor dem ersten Date“, berichtet sie weiter, „hatte ich das ..Gefühl …:Ich mache das jetzt ganz für mich! Dann war es aber einfach eklig. Das Hotel war eklig...

Der Typ war auch eklig. *Den hab ich erstmal zum Duschen geschickt, weil der so verschwitzt war. Dann hab ich das ganz schnell hinter mich gebracht. Es war ganz schrecklich und ich erinnere mich auch nicht mehr an allzu viel. Am deutlichsten daran, wie ich nach Hause gefahren bin und das Geld in der Tasche hatte …*

ICH kenne keine Frau, die es nicht aus Geldnot gemacht hat …"

„ … Die Französin Rosen Hicher verbrachte 22 Jahre in der Prostitution, bevor sie sich der Frage stellte, warum sie in die Prostitution gehen konnte. Sie hatte sich als selbstbestimmt wahrgenommen und viel Geld verdient, sogar ein Buch geschrieben, in dem sie die völlige Liberalisierung der Prostitution forderte. Irgendwann aber fragte sie sich, warum es ihr so leicht fiel, sich zu prostituieren und arbeitete anschließend 10 Jahre lang mit therapeutischer Unterstützung daran, ihre eigene Geschichte aufzudecken: die eines Kindes, dem extreme Gewalt und sexueller Missbrauch angetan worden war. Dass es ihr so leicht gefallen war, sich zu prostituieren, stellte sich auch bei ihr als Folge dessen heraus, dass sie von klein auf Gewalt gewöhnt war …

Das betrifft die deutsche Exprostituierte Marie und die Französin Rosen Hicher

Geldnot ist ein interpretierbarer Begriff: Nicht jede Dame, die mit ihrem Geld nicht auskommt bzw. auskommen kann, wird Prostituierte. Die meisten von Ihnen mögen ein schweres Leben führen und werden trotzdem nicht Prostituierte.

Erfahrungen von Prostituierten sind sehr unterschiedlich. Es gibt attraktive Damen, die sich ihre Kunden nach ihrem Gefallen aussuchen können, dabei zunächst das Gefühl gaben, „etwas richtig zu machen" und gut Geld zu verdienen.

Das kann dazu führen, dass manche mit ca. 50 ausgesorgt haben und ein vergleichgsweise gutes bürgerliches Leben führen können. Vele andere schaffen das nicht und werden mit ihrem Leben hadern.

Auch wenn der Vielzahl der Prostitutionangebot nicht lückenlos erfasst werden kann, wie es den Betroffenen geht, kann man davon ausgehen, dass mit der Zeit die Erkenntnis wächt, dass sie ausgebeutet werden.

Ob und wie die Damen damit fertig werden, ist sehr verschieden und häufig nicht erfreulich.

… Eine weitere dänische Exprostituierte schrieb nach 6 Jahren Prostitution als „Escort-Dame" und im Bordell einen offenen Brief an alle Abgeordneten ihres Landes, um sie davon zu überzeugen, „Gesetze zu verabschieden, damit es nicht länger erlaubt ist, dass Männer wie Du Frauen wie mich kaufen". Sie schreibt in ihrem Brief „Lieber (potenzieller) Sexkäufer": „Jeden Tag bin ich ins Bordell gegangen. Es fühlte sich an, als ob es mir Kraft, Selbstvertrauen und Kontrolle gäbe. ICH habe mich darüber gefreut, dass Du und die anderen Sexkäufer mich scheinbar schätzten. Damals habe ich für das Recht gekämpft, meinen Körper zu verkaufen .."

… Die Deutsche Corinne van de Luchteren dokumentiert in ihrem Buch TraumaNutte den Prozess ihres Ausstiegs aus der Prostitution, zu dem ihr eine Sozialpädagogin verholfen hatte. Sie beschreibt in Tagebuchform, wie die während der Therapie wachsende Erinnerung an Gewalt und sexuellen Missbrauch in ihrer Kindheit Abscheu gegenüber der Prostitution erzeugte: „Wenn ich an die Arbeit am Abend denke, beginne ich innerlich zu frösteln und mir wird übel…

...Fast alle Frauen im Puff gehen irgendwie drauf. Wenn sie nicht irgendwann auf Drogen kommen, werden sie von ihren Kerlen fertiggemacht.... ICH kenne keine Frau, die damit glücklich geworden ist.“ „Manche der älteren Kolleginnen sagen, man ist versaut fürs Leben durch die Anschaffe und bleibt anfällig dafür, wenn das Geld im soliden Leben knapp wird. Es ist wie eine Sucht und bleibt im Kopf verankert ...“

Schanz: Es geht den Prostituierten so wie anderen Menschen auch: Wenn sie eine einer Fehlentwicklung in ihrem Leben empfinden, verdrängen sie die Eigenverantwortung und geben der Gesellschaft die Schuld, in diesen Fällen vor allem den Männerm. Das ist sicherlich zum Teil auch berechtigt, entbindet aber nicht von der Eigenverantwortung.

Man muss allerdings unterscheiden: Dass Frauen wie Männer alles tun, um eine/n begehrte/n Partner/In für sich zu gewinnen, auch durch sexuelle Reize, gehört zum „normalen menschlichen Leben“. Es ist eine ganz andere und verantwortlich getroffene Entscheidung, das auf die Prostition zu übertragen.

Es gibt zu viele Situationen, in denen junge Mädchen unter Einfluss geraten, dem sie sich mangels mentaler Kompetenz, Erfahrung und geeigneter Unterstützung nicht entziehen können (z.B. Die kriegst nur dann Geld, wenn Du etwas „leistest“.). Sie sehen in der Situation keine andere Alternative.

Sie merken später immer deutlicher, dass die Gesellschaft sie nicht akzeptiert und ausgrenzt. Je älter sie werden, desto mehr kann sich das Problem zuspitzen (gesundheitliche bis psychische Störungen) und ihr Leben quasi „zerstören“.

Das Alles gilt natürlich insbesonderet für diejenigen, die unter Zwang und unter unwürdigen Befingungen ihre Arbeit verrichten müssen. Sie sind vonvornherein in einer unzumutbaren Situation, aus der es kaum ein Entrinnen gibt.

(„4“) Zur Zauberhaften

Was die Zauberhafte letztlich zur Prostitution gebracht hat, ist nicht ganz klar, was ihren Bericht betrifft:

„Sie schilderte Ihr Leben in Kurzform so: “Oh ja - aufgewachsen als Kind eines Alkoholiker-Ehepaares. Mit 12 Jahren auf den Strich gegangen und gut verdient. Kurz den Drogen verfallen - danach nur noch Edelprostitution mit betuchten älteren Herren. Später war Sie in der Lage aufgrund einer geschickten Datingauswahl nur noch mit Männern Sex zu haben, die Dir gefielen.“ –

Ob das jetzt stimmt oder nicht, kann ich nicht sicher kontrollieren.

Ob wahr oder nicht? „... aufgewachsen als Kind eines Alkoholiker-Ehepaares...“ kann natürlich der wichtige Auslöser gewesen sein.

Jetzt verweist sie auf Gewalterlebnisse während der Prostitution: „ ... Wovon redest Du denn da verdammt? Du hast ja echt gar keine Ahnung (wahrscheinlich hat sie Recht) ..., ich bin in Behandlung bei einer Psychotherapeutin, die mich nach einem schwer-wiegenden Gewalterlebnis betreut ...“

(„5“) Gewalterlebnisse in der Kindheit

Die französische Psychiaterin Muriel Salmona zeigt in ihrer Arbeit: „Le livre noir des violences sexuelles“ auf, wie durch Gewalterlebnisse in der Kindheit entsprechende Wahrnehmungen und Gefühle nicht an das Gehirn weiter geleitet werden, um die Situation zu ertragen, um zu überleben. Die Schmerzen und Erniedrigungen werden so nicht gespürt ...

„Während des Sexes empfand ich keine Lust": Tanja Rahm arbeitet heute als Therapeutin und räumt in ihrem offenen Brief ... mit der Vorstellung auf, eine Prostituierte empfände sexuelle Lust, wenn sie sich von einem fremden Mann für Geld penetrieren lässt: „Nicht ein einziges mal bin ich mit Lust zu meinem Job gegangen. Das Einzige, was mich beschäftigt hat, war, schnelles Geld zu verdienen... Nein, auch während des Sexes empfand ich keine Lust, ich war nur gut darin, Dir das vorzuspielen... Du warst die Nummer 3, Nummer 5 oder Nummer 8 an diesem Tag... Mein Unterleib brannte, von Gleitcreme und Kondomen...Du hattest nur ein Ziel: Deine Macht zu beweisen, indem Du mich bezahlst und meinen Körper benutzt, wie es Dir gerade gefällt ... ICH ekelte mich vor euch und euren teilweise kranken Fantasien"

*(„6") **Die Männer tragen die überwiegende Verantwortung! / Tanja Rahm***

... Nach der Veröffentlichung dieses Briefes ging in Deutschland ein shitstorm im Internet los. Freier wollten nun ihre Frauenfeindlichkeit ungeschminkt vorführen und zeigen, was sie von den Prostituierten, die sie benutzt hatten, halten...

Schanz: Obwohl ich ein Mann bin und den meisten Männern (ca. 80 %) Harmlosigkeit und ein unterentwickeltes Interesse am Sex bescheinige, ihnen ist der Fussball und die Bier- und günstigsfall Weinseligkeit wichtiger, sind ca. 20 % der Männer die Verant-wortlichen und Auslöser des Missbrauchs von Frauen und der Prostituion.

*(„7") **„... nicht zu jammern, wenn ein Mann ..." / Tanja Rahm***

... In vielen Freierforen brüsten sich Männer ohnehin ständig, wie sie die Prostituierte hergenommen haben und bewerten sie. Fantasiertes Männerrecht, Frauen zu bewerten und in jeglicher Weise zu benutzen, z.B.: „ICH zog ihr die Arschbacken auseinander und schob ihr langsam meinen Schwanz in den Arsch, was sie mit leisem Jaulen quittierte (was für ein sound)...

Eine Andere schreibt: ... Kontrolle, nicht zu jammern, wenn ein Mann meine Brust so hart anpackte, dass ein stechender Schmerz entstand. Kontrolle, meine Füße in die Luft zu strecken, auch wenn sie zitterten. Kontrolle, um sich gegen das Stoßen von hinten abzustützen, mit dem Gesicht gegen das Kissen gedrückt, rudernden Armen, während jeder Stoß meine Wirbelsäule staucht ...

... Kontrolle, nicht gegen eine schleimige Zunge in meinem Mund zu würgen, die sich nass in mein Ohr gräbt, an meiner Kehle leckt. Kontrolle, nicht zu zucken, wenn ein Fingernagel sich plötzlich in meinen Anus bohrt, wenn ein Schwanz sich in meine Vagina schrammt, gegen brennende Haut und ich fühlte, wie mein Gesicht blass vor Schmerzen wurde ...

***Ausstieg mit einem großen Kraftakt**:... Die Irin Rachel Moran war 7 Jahre lang, im Alter von 15 bis 22, als Prostituierte tätig. Mit 22 gelang ihr der Ausstieg mit einem großen Kraftakt, sie studierte und konnte sich erfolgreich in die Gesellschaft integrieren ... Sie berichtet von Gewalt, Einsamkeit, schonungsloser Ausbeutung und Missbrauch. Die Angst verletzt zu werden, sei ständig da. Jeder realen Gewalthandlung seien endlose Gewaltdro-hungen vorausgegangen. Am wenigsten Gewalt erfahre diejenige, die sich allen Wünschen der Freier beuge, für sich selber keine Grenzen setze. Welche aber mit Abwehr auf Schmerzen und Zumutungen reagiere, erfahre umso mehr Gewalt, weil die Abwehr nicht zu den Fantasien des Freiers passt, für deren freies Ausleben – und scheinbar lustvolle Reaktion – er meint bezahlt zu haben ...*

(„8“) Freiwilligkeit in der Prostitution?

Anmerkung Schanz: *ICH möchte mir nicht vorstellem, dass die überwiegende Zahl der Prostituierten das aus reinem Vergnügen zulässt. Das wäre zwar möglich, aber für mich nur schwer nachvollziehbar.*

Das ist nur ein kleiner Ausschnitt dessen, was tatsächlich passiert, und ich frage mich, wie man die Männer behandeln sollte, die so etwas aussprechen und dann auch offensichtlich auch tun. Obwohl ich ein Gegner zu harter Strafen bin und jedem eine mindestens zweite Chance anbieten würde, wäre ich für eine sinnvoll befristete Einweisung in eine geschlossene Anstalt mit geeigneter Therapie. – Es mag ja sein, dass ich u.a. auch so reagiere, weil ich zwei Töchter habe.

Schanz: Behandlung bei einer Psychotherapeutin: *Insofern hat die Zauberhafte Recht, wenn sie mir vorwirft: ZH: „… um 13:48: Wovon redest Du denn da verdammt? Du hast ja echt gar keine Ahnung..., ich bin in Behandlung bei einer Psychotherapeutin, die mich nach einem schwer-wiegenden Gewalterlebnis betreut …“*

(“9“) “Bordellbetreiberin berichtet“

https://www.trauma-and-prostitution.eu/2015/01/23/zur-realitaet-in-der-prostitution-und-ihre-gesellschaftlichen-auswirkungen/ Die Schweizer Prostituierte und ***Bordellbetreiberin*** *Brigitte Obrist äußerte sich bereits 1992(!) im SPIEGEL über wachsende Gewalt in der Prostitution. Sie berichtete von zunehmend perverseren Wünschen der Kunden, die erkennbar auf den Konsum von brutaler Pornografie zurückzuführen seien. So berichtete sie u.a. von Videos, in denen Frauen real gefoltert werden …*

*(**Schanz:** ICH frage mich allerdings, wie eine Frau, die es wissen müsste, Bordellbetreiberin sein kann und dann entrüstet über Männergewalt berichtet.)*

- ***… Beispielsweise werden Frauen an den Brüsten aufgehängt,***
- ***… mit dampfenden Bügeleisen attackiert …***

Sklavinnen der Männer: *ICH weiß von Frauen, die halten als Sklavinnen hin aus einer extremen Notlage heraus. Die, die ich kenne, haben eine deutlich herabgesetzte Schmerzgrenze, sind aber nach einer Foltersession über Stunden hinweg völlig unansprechbar. ICH weiß von Salons, in denen die Behandlung mit Kerzenwachs, mit Nadeln und auch* ***das Zunähen von Schamlippen angeboten wird****. Natürlich verdienen die Mädchen überdurchschnittlich gut – 1000 Mark aufwärts für eine Session …*

Schanz: ICH bin entsetzt, dass Frauen direkt oder indirekt daran mitwirken, andere Frauen quälen zu lassen und das, wenn auch mit Entrüstung, mit guter Bezahlung rechtfertigen.

(„10“) Die australische Professorin und Feministin Sheila Jeffreys

http://www.anita-heiliger.de/htm/Zur%20Realit%E4t%20in%20der%20Prostitution.pdf

... weist in ihrer Arbeit: ***„The Industrial Vagina“*** *darauf hin, dass Prostituierte unter zwei Formen von körperlicher Gewalt leiden:*

- ***Alltägliche Gewalt:*** *für die eine – die normale alltägliche Gewalt von ungewollter und oft schmerzhafter Penetration – erhalten sie Geld,*
- ***Schwerstgewalt:*** *die andere bleibt unbezahlt und beinhaltet Vergewaltigung, Schläge und sogar Mord durch männliche Käufer, Zuhälter, Menschenhändler und Passanten.*
- ***Die schweren Verletzungen,*** *die die Frauen erleiden und für die sie nicht bezahlt werden, seien durch zahlreiche fundierte Studien gut belegt: seelische Leiden, Knochenbrüche, Kopfverletzungen, sexuelle Gewalt, Gefangennahme. nie, an was für einen Mann sie geraten. Die meisten können einen Freier nicht abweisen, sie haben entsprechende Anweisungen von den Bordellbetreibern und/oder stehen finanziell unter Druck ...*
- ***... In der Escort-industrie*** *gibt es nach Sheila Jeffreys gar keinen Schutz. Sie führt in ihrem Buch eine staatliche Webseite für kommunale Gesundheit in Victoria/USA an, auf der „Sicherheitstipps“ angeboten werden, die sich speziell an die Prostituierten in der legalisierten Escort-Industrie wenden...*
- ***Callgirls*** *wird z.B. geraten, sich bei der Ankunft mit dem Gelände vertraut zu machen. Sie sollten nachsehen, ob es zu viele Autos gibt oder zu viele Lichter an sind – dies könnte auf die Möglichkeit einer Gruppenvergewaltigung hinweisen. Nachdem sie hereingelassen wurden, wird ihnen geraten, sich die Örtlichkeit zeigen zu lassen, damit sie sich für den Fall von Problemen mit den Ausgängen vertraut machen können ...*

Schanz: Das wird alles vorkommen und ist aufs Schwerste zu bestrafen, aber ich habe Zweifel, dass das quantitativ von den Prostituierten in Deutschland überwiegend so gesehen wird oder ob ihrt Metier von Ihnen eher akzeptiert ist.

(„11“) Weitere Sicherheitsvorschläge

... lauten u.a.:

- ***Stifte, Trillerpfeifen und Atemsprays*** *können gute Waffen abgeben und Dir Gelegenheit zum Entkommen geben.*
- ***Behaupte Dich*** *in den ersten zehn Minuten des Treffens mit dem Klienten. Von dem Moment an, wo Du allein mit dem Klienten bist, ist es wichtig, die Situation unter Kontrolle zu haben und zu behalten. Sei höflich und freundlich – es ist oft der beste Weg, um Kontrolle zu gewinnen sogar wenn der Klient sich wie ein Idiot benimmt.*
- *Lass den Klienten wissen,* ***dass draußen jemand auf Dich wartet****, auch wenn niemand Dich gefahren hat.*
- ***Auto:*** *Wenn Du selbst fährst, parke dein Auto so, dass nur die Rückseite vom Haus aus sichtbar ist (z. B. hinter einem Baum oder ein paar Büschen) und lass, wenn möglich, das Autoradio an (das wird den Klienten denken lassen, dass jemand auf Dichwartet).*
- *Lass* ***deine Sachen*** *auf einem Stapel nahe der Türe, sodass Du sie mit einem Griff an Dichnehmen kannst, wenn Du schnell fort musst.*
- ***Vorbereitung und Bereitschaft:*** *Die letzte Empfehlung zielt darauf ab, sicherzustellen, dass die Frau, sollte sie aus einer Gefahrensituation fliehen müssen, nicht nackt und ohne Autoschlüssel oder Handtasche ist. Auf dieser Ratgeberseite gibt es auch eine Instruktion für „Escortarbeiterinnen“, in der sie vor lokalen Schmerzmitteln in der Vagina gewarnt werden: diese könnten es schwieriger machen, eine ernsthafte Verletzung zu bemerken…*

Schanz: Was zum Teufel sind das für Sicherheitsregelungen? Es müsste m.E. einen automatisierten Notruf (Polizei, Feuerwehr, Sicherheitsdienste usw.) geben, vergleichbar wie bei Pflegebedürftigten, und eine permanente Kontrolle, wo sich jemand befindet – vielleicht wie die App bei Corona.

(„12“) Forschungsergebnisse zu gesundheitlichen Auswirkungen
Tanja Rahm

... In Deutschland gab es bisher wenig Forschungsinteresse zu diesem Thema. Doch die 2004 veröffentlichte repräsentative Studie zur „Lebenssituation, Sicherheit und Gesundheit von Frauen in Deutschland“30, die Bestandteil des nationalen Aktionsplans der Bundesregierung zur Bekämpfung von Gewalt gegen Frauen von 1999 war, enthält unter den 10.000 befragten Frauen insgesamt auch eine (nicht repräsentative) Spezialbefragung von 110 Prostituierten zur Gewaltbetroffenheit.

Die Ergebnisse dieser Befragung sind durchaus interessant. Dabei scheint es gar nicht einfach gewesen zu sein, Bereitschaft zur Mitarbeit an der Studie in der Szene zu wecken und in den Interviews gab es erhebliche „Zurückhaltung“ bei den Interviewten Frauen, über Gewalterfahrungen im Zusammenhang mit der Prostitutionstätigkeit Auskunft zu geben.

Trotz der „Zurückhaltung“ im Berichten von Gewalt bemerken die Autorinnen der Studie: „Gerade vor diesem erschwerenden Hintergrund ist es erstaunlich, dass dennoch ein großes Ausmaß an sexueller und körperlicher Gewalt auch in dieser Befragungsgruppe benannt und sichtbar wurde.“

Demnach hatten von den befragten Prostituierten angegeben, seit dem 16. Lj:
92% mindestens eine Form sexueller Belästigung erlebt zu haben;
82% nannten Formen von psychischer Gewalt;
87% haben mindestens eine der genannten Formen körperlicher Gewalt und
59% haben mindestens eine der aufgeführten Formen sexueller Gewalt erlebt.

Als Tatorte gaben die Frauen – analog der sog. „häuslichen Gewalt“ –

- *am häufigsten die eigene Wohnung,*
- *gefolgt von einem öffentlichen Ort,*
- *einer anderen Wohnung,*
- *einem Auto oder der „Arbeitsstätte“.*

Auch wenn gemeinhin die Straßenprostitution als am gefährlichsten gilt, so berichteten doch 71% der Frauen, die angaben, in der eigenen Wohnung sexuelle Dienstleistungen anzubieten, hier schon einmal sexuelle Gewalt erlebt zu haben. Als Täter wurden insgesamt am häufigsten die Freier genannt.

***Eindringen in den Körper der Frau**, die Okkupation des Intimsten einer Frau und die z.T. brutale Benutzung*

- *für ein **rücksichtsloses Abspritzen des Spermas** im Rausch der ultimativen Machtfantasie über die Frau – das ist das Symbol von Männlichkeit als Überlegenheit über Frauen durch Ausnutzung von Traumatisierung und finanzieller Not, durch ständig wiederholte Zerstörung ihrer Würde, das oft genug brutale Hineinstoßen in den Ort der Gebärfähigkeit der Frau, der Fähigkeit, Leben zu geben.*

- ***Die Brutalität und Rücksichtslosigkeit**, mit der dies oft geschieht, hat häufig neben heftigen Schmerzen schwere Verletzungen im Unterleib, Afterbereich sowie in Mund und Rachen der Frau zur Folge. Das heute üblicherweise verlangte und zumeist gewährte „ohne Kondom“ hinterlässt vielfach schwere Infektionen bei den Frauen (vgl. Wolf 2007).*

- *Ein hoher Konsum von Drogen und Schmerzmitteln ist bekannt. Längerfristige Prostitution führt zu deutlich geringerer Lebenserwartung. Die Abschaffung einer systematischen Gesundheitskontrolle nach dem ProstG von 2002 in Deutschland verhindert eine durchgängige Gesundheitsversorgung und –vorsorge. An eine Gesundheitskontrolle der Freier ist gar nicht zu denken!*
- ***Der Skandal dieser Situation*** *wird gedeckelt durch weitgehend fehlende Datenerhebung und damit eine staatlich geförderte Auslieferung der Frauen an ein gewalthaltiges und schwer schädigendes Milieu.*

(„13“) Kein „Job wie jeder andere“! Prostitution ist Gewalt gegen Frauen!

STICHWORTE (Verkürzte Wiedergabe)

- *Sexkauf verbieten!*
- ***Kultivierung eines neuen Männlichkeitsverständnisses, das sich nicht mehr über die (sexuelle) Benutzung von Frauen und die Dominanz über sie definiert – ein großartiges Beispiel, das die Wurzel der Prostitution angeht:***
- ***das sog. Triebmodell männlicher Sexualität auszuhebeln****, welches vermittelt, der männliche Sexualtrieb verlange nach Befriedigung und sei schwer zu kontrollieren.*
- *den Mythos zu bekämpfen, dass* ***sexuelle Betätigung männlich*** *und die sexuelle Benutzung von Frauen Männerrecht* ***und legitim*** *sei.*
- ***dass die tabulose sexuelle Benutzung von Frauen*** *in der Prostitution Ehe und Familie rette und Vergewaltigungen reduziere…*
- *In begleitenden Schulprojekten vermittelt das „schwedische Modell“ Jungen ein* ***antipatriarchales Männlichkeitsbild****.*
- *Das Selbstverständnis des Mannes hat sich verändert nach dem Motto: „nur Loser zahlen für Sex“. Jungen lernen in der Schule* ***Respekt vor Frauen*** *und ein kultureller Wandel ist in Schweden auf dem Weg,*
- *dessen* ***Gleichberechtigungspolitik ohnehin bereits als erfol-reichste in ganz Europa gilt/galt.***

Schanz:

Ich habe von der Schwere der Taten, ihrer unermesslichen Brutalität und Grausamkeit nichts persönlich mit bekommen.

Das wird zum Teil durch den Satz erklärt:

Der Skandal dieser Situation wird gedeckelt durch

- ***weitgehend fehlende Datenerhebung***
- ***und damit eine staatlich geförderte Auslieferung der Frauen***
- ***an ein gewalthaltiges und schwer schädigendes Milieu.***

Inweit das tatsächlich für Deutschland und Europa gilt, vermag ich nicht zu beurteilen.

(„14“) Das schwedische Modell zur Prostitution

mag sehr fortschrittlich sein, hat aber den funktionalen Nachteil, dass es sehr schwer ist, es durchzusetzen:

- ***Menschenhandel hat stark zugenommen:*** *Im November 2013 beschloss die schwedische Regierung, die Situation der Prostitution in Schweden erneut untersuchen und bewerten zu lassen. Die Gleichstellungsministerin Maria Arnholm vermutete, dass der Menschenhandel trotz der schwedischen Gesetzgebung stark zugenommen habe.*
- ***In den Untergrund verschoben:*** *Das hoch gelobte schwe-dische Prodtitutionsgedsetz hat dazu wahrscheinlich die Prostitution „in die Straßen freigemacht“, nicht aber redu-ziert, sondern in den Untergrund verschoben.*

Gemeinsame europäische Linie fehlt: Wikipedia:

Die Historikerin Susanne Dodillet von der Universität Göteborg kommt auf der Grundlage einer vergleichenden Analyse der Prostitutionsdebatten in Deutschland und in Schweden zum Ergebnis, „dass es schwierig ist, eine gemeinsame europäische Linie für die Prostitutionspolitik zu finden“, denn „schwedische Politiker, die für eine Kriminalisierung der Kunden kämpfen,

können kaum mit deutschen Linken zusammenarbeiten, da sich ihr Verständnis von Staat und Individuum grundlegend unterscheidet.“, die quasi die Gleichstel-lung der Prostitution und der Prostituierten mit normalen Wirtschaftsbetrieben nach der Würde des Menschen anstreben (freie Berufswahl und –ausübung)

.

Auch die Zusammenarbeit mit konservativen deutschen Parteien, die ein Verbot der Prostitution befürworten, sei laut Dodillet problematisch, denn „die struktura-listische Perspektive auf die Machtverhältnisse zwischen den Geschlechtern, das wichtigste Fundament des schwedischen Sexkaufverbots, wird nicht von den deutschen Christdemokraten geteilt.“ Denn, wenn man Prostitution grundsätzlich verbietet, kann sie dadurch

in die Illegalität abgedrängt *werden. Sie findet dann weiter statt, aber ohne Begleitung und Zugang zu Beratung und Unterstützung für die Prostituierten.*

Aufklärung *über ihre Rechte, Gesundheitsberatung und Kontrollen der Umstände in den Bordellen - das alles haben wir mit dem seit 2017 geltenden Prostituiertenschutzgesetz. Wir wollen Prostituierte aus der Illegalität heraus-holen, um sie besser vor Gewalt, Erpressung und Missbrauch zu schützen.*